全国水利水电类高职高专统编教材

城市水文学

主　编　拜存有　高建峰
副主编　黄泽钧　于　玲
主　审　杜守建

黄河水利出版社
·郑　州·

内 容 提 要

本书是全国水利水电类高职高专统编教材，是根据全国水利水电高职教研会制定的《城市水文学》课程教学大纲编写完成的。全书分为10章，主要内容包括：城市水文学的基本概念、城市水文资料收集与测验设备、水文统计的基本方法、地表水源的径流分析计算、城市雨洪径流与防洪、城市设计暴雨、城市雨洪径流计算、水污染基本知识、城市水污染防治与水环境治理规划、城市水功能区划与水资源保护。书中还编写了城市水污染防治与水资源保护规划实例，供读者参考。

本书可作为高职高专城市水利、水务管理以及水政水资源管理等专业的教材，也可作为从事城市水利和水务管理一线技术人员的培训教材和参考用书。

图书在版编目(CIP)数据

城市水文学/拜存有，高建峰主编. —郑州：黄河水利出版社，2009.1 （2014.7 重印）
全国水利水电类高职高专统编教材
ISBN 978-7-80734-384-4

Ⅰ.城… Ⅱ.①拜…②高… Ⅲ.城市-水文学-高等学校：技术学校-教材 Ⅳ.P33

中国版本图书馆CIP数据核字(2009)第003025号

组稿编辑：王路平 电话：0371-66022212 E-mail：hhslwlp@163.com

出 版 社：黄河水利出版社
地址：河南省郑州市顺河路黄委会综合楼14层 邮政编码：450003
发行单位：黄河水利出版社
发行部电话：0371-66026940、66020550、66028024、66022620(传真)
E-mail：hhslcbs@126.com
承印单位：河南地质彩色印刷厂
开本：787 mm×1 092 mm 1/16
印张：16.75
字数：390千字 印数：3 101—4 000
版次：2009年1月第1版 印次：2014年7月第2次印刷

定价：30.00元

前　言

本书是根据教育部《关于加强高职高专教育人才培养工作意见》和《面向21世纪教育振兴行动计划》等文件精神，以及全国水利水电高职教研会拟定的教材编写规划，报水利部批准，由全国水利水电高职教研会组织编写的水利水电类全国统编教材。

随着我国城市发展和城市化战略的加快实施，城市在整个国民经济和社会发展中的地位日益突出。目前，我国正处于城市化快速发展的时期，据预测，到21世纪中叶，我国城市化水平将达到60%，城市人口将增加到9.6亿，而作为保障城市可持续发展的水资源供给、洪涝灾害防治、水环境保护等问题，引起了方方面面的高度关注。依法治水、计划治水、综合治水、科学治水，是城市水利发展的必由之路，也是实现城市可持续发展的重要保障。

《城市水文学》是水文学的新兴分支之一，它以城市地区的水文现象为研究对象，目的在于揭示城市地区的水文规律（如雨洪形成规律、水污染及其传播规律等），为城市规划建设和城市管理提供决策依据。本学科起源于西方发达国家，其内容主要包括水文学的一般知识，城市雨洪径流的形成机制及定量计算，城市水污染规律及水环境保护等。我国在这方面研究起步较晚，目前还未形成比较完整的理论体系，虽然在国内已有《城市水文学》的一些著作，但其内容多以国外研究成果为支撑，在一定程度上可以借鉴，与我国城市建设与管理水平有差异。相信随着我国城市化进程的加快，本学科的研究和应用将越来越被人们所重视。

本书是根据高职高专城市水利及相关专业的培养目标和业务规格，以及《城市水文学》课程教学大纲，构建内容体系。力求体现高等职业教育的特色，服务于培养高等技术应用型人才的目标，淡化学科体系，基本理论以必须够用为度，突出基本知识、原理和方法的应用，尽量做到语言精练、概念清楚、重点突出。紧随城市水利发展的趋势，在重视城市水文现象（水量与水质）及其规律的同时，将水资源可持续开发利用与水环境保护相提并论，为城市给排水及水资源保护等工程的规划设计与管理运用提供依据。力争在内容中引入新标准、新规范、新技术，突出高职教育教学的实用性和针对性。

本书共分10章，内容主要包括三部分：第一部分是城市水文学的基础知识；第二部分是城市地表水源及雨洪径流的分析计算；第三部分是城市水污染与水环境保护的相关知识。

本书编写人员及编写分工如下：绪论、第一章、第三章、第八章由杨凌职业技术学院拜存有编写；第二章由重庆水利水电职业技术学院胡先学编写；第四章、第九章由山西水利职业技术学院刘贤娟编写；第五章由安徽水利水电职业技术学院于玲编写；第六章由湖北水利水电职业技术学院黄泽钧编写；第七章、第十章由安徽水利水电职业技术学院高建峰编写。本书由拜存有、高建峰担任主编，拜存有负责全书统稿，由黄泽钧、于玲担任副主编，由山东水利职业学院杜守建担任主审。

本书在编写过程中引用了国内一些专著、教材及工程资料，参考文献未能一一列出，编者在此对引用文献的作者一并表示衷心的感谢。

另外，限于编者的知识水平，不足之处在所难免，恳请广大读者批评指正，以促进教材的进一步完善，本人将不胜感激！

编　者

2008 年 10 月

目　录

绪　论

学习目标与要求　通过学习了解城市水文问题，理解城市水文学的内容与任务，正确认识我国所面临的城市水文问题。

第一节　城市化与城市水文问题

人口向城市地区集中，致使城市区域不断扩张的过程称为城市化。城市化总是和工业化互为因果关系的，代表了当今社会发展的趋势。世界城乡人口的统计和预估都说明了这点（见表0-1、图0-1）。

表0-1　世界城乡人口变动情况表

类别		1963		1970		1980		1990		2000	
		人口（亿人）	百分数（%）	人口（亿人）	百分数（%）	人口（亿人）	百分数（%）	人口（亿人）	百分数（%）	人口（亿人）	百分数（%）
总人口	全世界	32.89	100	36.35	100	44.68	100	54.56	100	65.15	100
	发达地区	10.37	31.5	10.91	30.0	12.11	27.1	13.37	24.5	14.54	22.3
	发展中地区	22.52	68.5	25.45	70.0	32.57	72.9	41.19	75.5	50.61	77.7
城市人口	全世界	11.58	35.2	13.52	37.2	18.54	41.5	25.17	46.1	33.29	51.1
	发达地区	6.51	62.8	7.17	65.7	8.64	71.3	10.21	76.4	11.74	80.7
	发展中地区	5.07	22.5	6.35	25.0	9.90	30.4	14.96	36.3	21.55	42.6
农村人口	全世界	21.31	64.8	22.83	62.8	26.14	58.5	29.39	53.9	31.86	48.9
	发达地区	3.86	37.2	3.74	34.3	3.47	28.7	3.16	23.6	2.80	19.3
	发展中地区	17.45	77.5	19.10	75.0	22.67	69.6	26.23	63.7	29.06	57.4

由于人口总数不断增长，所以逐年净增的人数也在不断加大，现在世界人口已超过60亿人，且每年净增8 000万人，预计2022年世界人口将达到80亿。据人口资料统计分析，人口增长率并非恒定的常数，长期以来存在逐年增大的趋势，这就更加剧了人口增长的速度。然而，20世纪70年代初期是个历史性转折点，增长率开始转为递减（见图0-2），但全球人口总数还在继续增加。随着城市化进程加快，城市地区人口占总人口的比例逐年上升，使城市地区人口总数上升得更为明显，在发展中国家或地区，城市人口比例和总数上升的速度更是惊人（见表0-1）。表0-1中所示的发展中地区城市人口增长率高达4.2%，这意味着只需17年人口总数就要翻一番，这就要求人们在一代

人的时间(35 年)内,把住房和其他一切相应的城市设施翻上两番,才能满足人口的增长,维持现有的居住和生活水平。

虽然我国在控制人口出生率方面作了巨大的努力,不过还是很难遏制住城市人口的增长。近年来,大量流动人口涌入城市,仅北京市粗略估计,有些季节每天流动人口可达 100 万人以上。参照世界和发达国家的城市化趋势,预计我国城市人口急剧膨胀的势头,在短期内不会缓解。

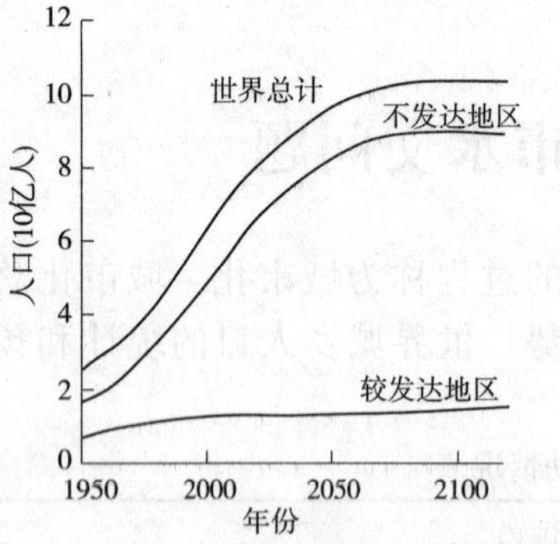

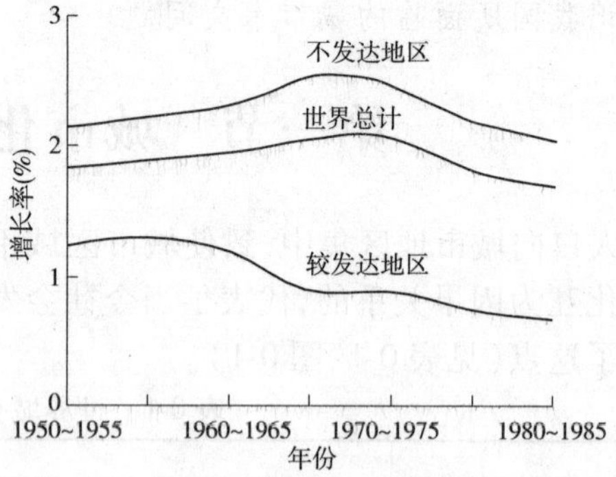

图 0-1 较发达地区、欠发达地区和世界人口变化预测(1950~2100)

图 0-2 较发达地区、欠发达地区年平均人口增长率(1950~1985)

注:较发达地区包括欧洲、北美、澳大利亚、日本、新西兰和苏联;欠发达地区包括非洲、亚洲、拉丁美洲和大洋洲,下同。

我国 1980 年以前,城市整体上处于起始期,呈初级工业文明特征;1980~1990 年为发展期;1990 年以后,我国城市进入高速发展期,现代工业文明特征明显,预计城市化率将由 1990 年的 18% 上升到 2020 年的 50%,若按我国现代化的目标进程分析,至 2035 年,我国城市化率将达到 60% 以上,城市进入稳定增长期,如图 0-3 所示。

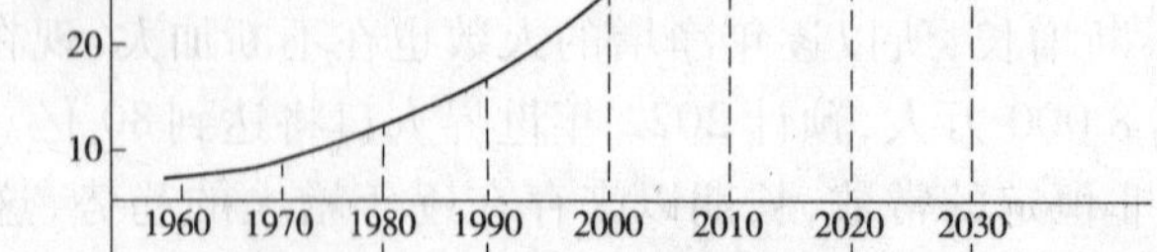

图 0-3 我国城市发展过程曲线图

现在全世界有 50% 的人口集中居住在仅占大陆面积 5% 的城市范围之内,势必要造成资源、能源、交通、住房和排污等全面紧张,尤其是水资源,它是人类生存和社会生产须臾不可或缺的。随着城市化的进展，水的供需矛盾日益尖锐，这将成为城市居民生活质量和社会福利水平有所下降的重要原因之一。各城市都通过兴建和运用各种供水、排水、水处理工程措施以及制定与实施一系列管理法规，来处理上述水资源的供需矛盾，从而提高城市居民的生活质量和社会福利水平。

长期以来，人们把水作为取之不尽、用之不竭的再生性资源，在处理有关城市水利问题时，往往强调当前和局部的利益，较少考虑城市化长远的利益和对周围环境的影响。在国内外，城市给水排水的指导思想都存在一定片面性，如用水时铺张浪费，“随用随弃”，而在排水时则采取“尽快排出了事”。

第二次世界大战以后，欧美各国城市规模和需水排水量都成倍地增大，上述指导思想已不再适用。经过多年的实践，逐渐形成了以系统理论为基础的分析途径，把城市地区水文过程作为一个系统，将充分开发利用当地水资源的效益，同时最大限度地减少洪涝、供水不足和水质污染等造成的损失，以多目标作控制，协调各地区、各部门、当前与长远、投资与效益等方面的利害关系，寻求最优的解决方案（见图0-4）。

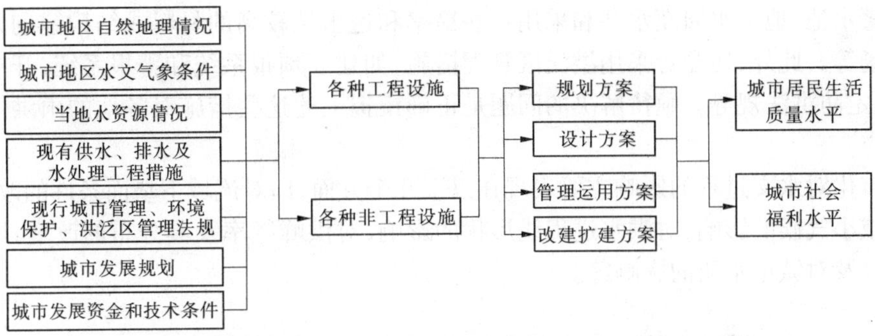

图0-4　城市供水及排水的系统分析示意图

为了进行上述多目标系统分析，就必须建立适用的模拟模型，选定符合实际的约束条件和目标函数，并且还需要对城市水文物理过程作深入的观察、剖析和研究，以便掌握其中各项影响因素及其相互关系。

城市化的发展直接或间接地改变着水环境，影响城市居民的生活质量和社会福利，主要表现为三个方面的城市水文问题（见图0-5），即水资源问题、污染控制问题和洪水控制问题。

为了解决城市发展所需的水量和水质问题，除了在现有的城市水文系统内新建或扩建蓄水、引水及水处理工程外，还可以采取其他一些“开源节流”措施，如跨流域远距离调水、地下水库人工回灌、地面地下水联合调度、改进净化设备和增加水的重复利用等工程措施及管理法规。为了研究城市水污染的控制和管理办法，必须弄清城市水污染的物理、化学过程和生物过程（由污染物的来源分成点源和非点源两类过程）。这方面需待解决的课题很多，例如测定和预测各排污点及其下游各河段的水量水质过程；面源污染物的集聚、冲洗和传输过程；合流制排水系统的漫溢水流的水量水质；水处理厂的合理布设；各项环保管理措施的效果研究以及受纳水体水质污染状况等。为了降低雨洪的灾害和潜在的威胁，不少城市已从单纯兴建或扩建排水管网、改善水力条件等排水工程措施，发展成为

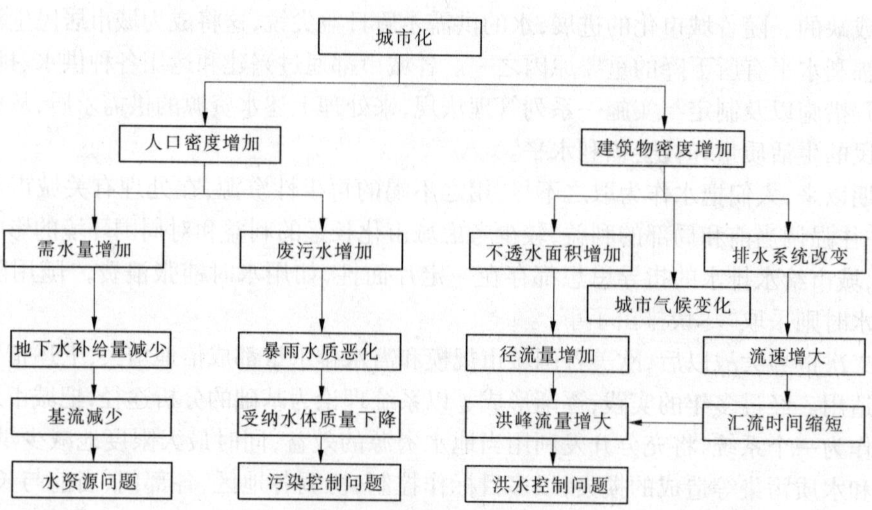

图 0-5　城市化发展带来的三个主要城市水文问题

运用滞蓄水池、地下水回灌水井和采用一些糙率和透水性较高的材料或结构铺砌人行道和停车场等。此外,还配合采用洪泛区管理措施,如建立预报系统和警报系统,开展保险业务,制定防洪法规等。亟待解决的问题是正确模拟上述这些措施对各地的雨洪效应和环境效应。

城市化对水文过程的影响主要表现在以下几个方面,即对流域下垫面条件的改变,对城市区域小气候的影响,对洪水过程线形状的影响,对洪峰频率及其分布的改变,城市水土流失以及对城市水质的影响等。

第二节　城市水文学的起源与发展

一、水文学与城市水文学

水文学是研究地球上各种水体的一门科学,属于地球物理学的一个分支。它研究各种水体的存在、循环和分布规律;探讨水体的物理性质和化学性质以及它们对环境的作用,包括它们对生物的关系。根据研究的水体不同,水文学可分为水文气象学、陆地水文学、海洋水文学和地下水文学。但是,与人类关系最为密切的是陆地水文学,它又可分为河流水文学、湖泊水文学、沼泽水文学、冰川水文学等。河流水文学发展最早、最快,内容也最为丰富。因此,一般所说的水文学主要指河流水文学。

河流水文学按其研究的任务不同,可分为以下几门主要分支学科:

(1)水文学原理。研究水循环的基本规律和径流形成过程的物理机制。

(2)水文测验与资料整编。研究如何布设水文站网,通过长期的定位观测收集较准确的、有代表性的基本水文资料。同时通过水文调查,弥补实测水文资料的不足。然后将所得资料按科学的方法和全国统一规范,进行整编刊印或建立资料数据库,供国民经济建设各部门使用。

(3)水文分析与计算。根据长期实测和调查的水文资料,运用数理统计法,并结合成因分析法、地区综合法，推估未来长期的水文情势，为水利水电工程的规划设计提供合理的水文依据。

(4)水文预报。根据实测和调查资料，在研究过去水文现象变化规律的基础上，预报未来短期内或中长期(如几天、几个月)内的水文情势，为防洪、抗旱及水利水电工程的施工和管理运用等提供依据。

(5)水利水电规划。在水文分析与计算和水文预报的基础上，根据预估和预报未来的水文情势，进行水量、水能调节计算和经济论证，对水利水电工程的位置、规模、工作情况等提出经济合理的方案，以满足合理综合开发利用水资源的目的。

城市水文学是陆地水文学的一个分支，属于应用水文学的范畴，是将水文学的基本原理和方法应用到城市的建设过程之中，并不断丰富、完善、创新而逐步形成的一门交叉学科，其主要任务是研究解决城市区域的水文问题，为城市的规划建设与管理运行服务。

城市水文学的最显著特点是研究发生在城市环境里的水文过程，它涉及到城市水利工程建设、市政工程学、城市环境学、城市气象学及市政管理学等多学科的研究与发展。它与城市规划与设计，城市防洪与排涝，城市水环境，城市水资源的开发、利用与保护，以及市政管理等有着密切的关系。

二、城市水文学的发展过程

城市水文学也称都市水文学，最先产生于西方发达国家，到20世纪70年代中期才逐步形成比较系统的内容体系。

城市化水文研究工作，开始时只是针对个别地区的个别问题，简单地满足城市规划、设计和管理运用需要进行的一些分析计算，随着研究的开展，逐渐发展形成水文学的一个分支学科——城市水文学。美国德吕尔(Delleur)列出了城市水文研究的大事年表。

该大事年表列出了1850~1981年百余年期间研究工作的进展。麦克弗森(McPherson)把这一进程分成三个阶段：

(1)1850~1967年。为形成城市水文学的孕育阶段，基本上是运用一些常规的水文学方法来解决有关城市水文问题，如推理公式、下渗曲线、单位线等方法。

(2)1967~1974年期间。建立了一些具有特色的分析方法，先后提出了一些适用于不同问题的、大型综合性的模拟模型，经过试用、修正，形成了几个通用性很强的模型软件包，如STORM、SWMM和ILLUDAS等，他把这个时期称为“方法研制时期”，是城市水文研究发展最快并逐渐形成独立学科的时期。

(3)1975年以后。进入较为定型成熟的阶段，主要的工作是应用、推广和完善上述一些通用模型程序，称为“方法推广时期”。欧美各国主要城市广泛开展了扩大供水、防止污染、雨洪排水等各项工作。在应用中，通过实践的检验，特别是由于观测手段的完善，资料更加精细，使得对城市水文物理过程的认识更加深入，因而有可能验证或修正模型建立时所采用的一些假定，使模型更加符合客观实际，进一步提高了模拟的精度。

我国的城市水文研究起步较晚，但随着城市化进程的加快，对于城市水文的研究也如雨后春笋般蓬勃发展，主要围绕城市水资源开发利用、防洪与排涝、水污染控制、水环境治理等展开，已取得了一些重要成果，但还没有形成比较系统的内容体系。

三、城市水文学的主要特征

城市水文学的主要特征有两个:综合性和动态性。

虽然水文现象都是关于水的物理-化学-生物系统综合作用的结果,然而一方面,由于城市地区空间和时间的尺度都很小,其水文要素的响应过程十分敏感;另一方面,城市化使环境的改变十分显著。这两方面原因要求城市水文研究更精细,且须考虑过程中所涉及的各项影响因素及其相互之间的作用,这就需要建立具有物理基础的、分布式的模拟模型。

在城市水文研究过程中,还得打破水文工作中一些传统的分科界限,如水量与水质,地表水文与地下水文,市区水文与流域水文等。城市水文工作往往是把这些内容综合在一起,围绕城市的水问题进行研究。城市水文观测和实验的站网布设、测验手段、仪器设备、测验方法等,都必须充分考虑上述各个方面的需求,体现出城市水文的综合性特征。

还应指出,城市是一个生态、气象、环境、水文、经济和社会等分系统耦合而成的大系统。社会、经济和法律等因素都对城市的发展起着决定性作用。

城市水文学的另一特征是动态性。由于城市地区人口和物质高度集中,加以近年来科学技术高度发展,使水环境发生异常迅速的变化。一个自然流域的演变是缓慢的,一般是以地质年代为尺度的,可将其水文过程作为“准平稳过程”来进行研究,在解决各种实际问题时,都是针对某种稳定的水平进行研究,并认为整个环境处在一种相对平衡的状态。而城市化的过程是一个不断发展的过程,水及其环境都处在动态中,分析研究城市地区的径流量、水质及雨洪过程都需要考虑这种动态性。具体而言,必须考虑在资料观测期间内城市环境已有的变化,及其对各种水文要素响应过程的影响。因此,需要同时量测或调查与城市化有关的资料,并不断更新,在这方面航空和卫星摄像已得到广泛应用。另一方面,还得考虑城市化以后的发展趋势,研究环境演变的规律,作为建立各种预测模型的基础。

第三节　我国面临的城市水文问题

一、城市化引起的水危机

城市化是我国走向现代化强国的不可阻挡的大趋向。但是,在城市化过程中,围绕以城市为中心的供水、排水、水环境保护与防洪排涝问题日益突出,水灾害加剧、水资源紧缺、水环境恶化,议论多年的水问题,在某些地区已经孕育发展为“水的危机”,并呈全面加重的趋势。

(1)水灾害加剧。20 世纪 90 年代以来,我国水灾损失急速增长,1994 年突破 1 000 亿元,1996 年超过了 2 000 亿元,其中水灾损失增长最快的是城市及快速城市化的地区。目前,我国 600 余座有防洪任务的城市中,80% 防洪标准低于 50 年一遇,一些城市防洪标准达不到 10 年一遇,其中 10% 基本不设防。1994 年柳州市 3 次受淹,梧州市 4 次受淹。其中,柳州市第一次受淹直接经济损失就达 21 亿元,占该市 1993 年国民收入的 1/4。

1998 年武汉市军民严防死守，虽然确保了长江大堤的安全，但是 7 月 21 日一场暴雨仍然造成了市区严重的内涝，大范围交通、电力、通信系统的瘫痪，甚至还有人员伤亡。

(2)水资源紧缺。我国城市缺水现象自 20 世纪 70 年代以来逐年扩大。现有 400 多座城市供水不足，其中 100 多座城市严重缺水，年缺水量达 58 亿 m^3。许多大城市供水长期处于紧张状态，对居民实行定时、定量、低压供水；消防设施由于水量不足、水压太低而无法使用；工厂被迫停产、学校被迫放假的事件时有发生。为了满足城市日益增加的用水需求，一些城市大量超采地下水，出现地下水位恶性下降、地面沉陷等严重现象；一些城市被迫采取长距离引水、跨流域调水的措施，虽然缓解了城市的困境，但也引出一系列环境问题。在严重缺水的城市，水资源短缺已成为当地国民经济和社会发展的最大制约因素。

(3)水环境恶化。随着城市工业与居民生活污水排放量的增加，城市河道水质普遍恶化，部分河道与湖泊水体的污染已达到危害居民健康的程度。目前，我国工业、城市污水总排放量为 416 亿 m^3，经过集中处理达标的只占 23%，其余大都直接排入江河。全国 90% 以上的城市水域受到不同程度的污染。城市周边农村被迫利用污水进行农田灌溉和水产养殖，如天津市污灌面积达到 15 万 hm^2，占全市耕地面积的 30% 以上，污灌作物有蔬菜、水稻、小麦、玉米等；污养面积发展迅速，近郊已达 4 500 hm^2；年利用污水量占市区排水总量的 50%。由于工业废水与生活污水混合排放，污水处理率低，污水中含有大量有毒物质，自 1986～1995 年，累计排放镉约 30 t，汞约 4.7 t，砷约 68 t，已引起农田土壤严重污染。太湖流域水质全面超标，1987～1995 年，重污染河长由 22.1% 增长到 53.2%，太湖水质由中营养发展至富营养。黄河、海滦河、辽河、松花江等监测到 50% 以上河段的水质为Ⅳ～Ⅴ级。淮河水污染事故一度震惊全国，虽经强化治理，问题依然严重。珠江水量大，但三角洲河网地区随着城市化的高速进展，水质已显著恶化。长江情况较好，但攀枝花至上海 22 个城市江段水质低于三类标准，岸边污染带长度 500 余 km，1/5 河流断面水质呈恶化趋势。与此同时，水的生态环境也在急剧恶化，举国上下，“救我湖泊、河流”的呼声日益高涨。

二、城市水危机的孕发机制

水旱灾害自古就有，水的污染虽然是工业化与经济发展的产物，但是在发达国家已经找到了解决的办法。何以在我国会孕发成水的危机呢？

城市化过程是人口向城市高度集中、城市面积持续向周边地区扩张与城市系统功能不断复杂化的过程。在这一过程中，人们的生活方式、社会的运作机制、资产的结构形式、流域的地形地貌、江河的产汇流条件及水域的水质等都在发生着显著变化。这种以人的生存与发展需求为导向，使人与自然之间的平衡不断被打破的现象，具有两重性。一方面，人为营造的城市，随着规模的不断扩大，与原有环境之间产生出大量新的矛盾，并且矛盾越来越复杂，解决矛盾的难度越来越大；另一方面，随着社会经济、技术实力的增强，对自然演化规律认识的深入，以及人类自我约束能力的提高，又为改善城市环境，维护城市的正常发展，创造了条件。

以下仅以城市型水灾害及其与水资源、水环境的关系为例，加以说明。

(1)城市型水灾害。城市化过程中，城市洪涝的水文特性与成灾机制均发生着显著的变化。例如:城市人口、资产密度提高,同等淹没情况下,损失增加;城市面积扩张,新增市区过去为农业用地,防洪排涝标准较低,而洪涝风险较大;以往城外的行洪河道变成了市内的排水渠沟,加重了防洪负担;城市空间立体开发,一旦洪涝发生,不仅各种地下设施易遭灭顶之灾,高层建筑由于交通、供水、供气、供电等系统的瘫痪,损失亦在所难免;城市资产类型复杂化,水灾之后,即使洪水退去,诸如计算机网络的破坏等所造成的损失不可估量,恢复更加困难;城市对生命线系统的依赖性及其在经济贸易活动中的中枢作用加强,一旦遭受洪水袭击,损失影响范围远远超出受淹范围,间接损失甚至超过直接损失;城市不透水面积增加,排水系统改善,径流系数加大,使河道洪峰流量成倍增加,洪峰出现时间提前,已有堤防的防洪标准相对降低;由于城市气温高、空气中粉尘大,形成所谓城市雨岛效应,即出现市区暴雨的频率与强度高于周边地区的现象;大规模城市扩张阶段,往往造成水土流失加剧,局部水系紊乱,河道与排水管网淤塞,人为导致城市防洪排涝能力下降;城市防洪排涝的安全保障要求大为提高,而城市防洪排涝工程设计施工管理的难度加大。由于这些变化与城市化进程之间存在明显的相关关系,因此除非增大治水的投入,加大治理力度,否则出现水灾损失急剧增长的恶性局面在所难免。

(2)城市水灾害、水资源与水环境问题之间的关系。对于城市河道、湖泊而言,水太多、太少、太脏,都发生在同一水域中,都威胁同一对象。在人与自然的相互作用下,形成了相互影响的复杂关系。例如:由于城市河道水质污染严重,恶臭难忍,人们迁怒与河,干脆"活埋"了事,或以此作为与河争地的借口。由此引起城市雨洪调蓄能力下降,加重内涝发生的几率;一旦污水泛滥,对沿河居民危害更大。上海城市化过程中,大量河道正在消失。南汇区7年中填埋河道321条,全长168 km;新中国成立初期杨浦区有大小河流130多条,至今仅存26条。1997年11号台风期间,虽然暴雨未停,由于内河水满为患,泵站被迫停机,使城市低洼地区出现路面集水盈尺的现象。地表水质恶化加剧水资源短缺,城市水源地建设成为棘手的问题,被迫更多依赖和超采地下水,加速地面沉降,不但直接造成城市地下管线和建筑物的损毁,而且降低防洪排涝工程系统的能力,加剧水灾风险;沿海地带由于地下水位下降过低,引起大范围的海水内侵,导致更严重的生态环境问题。洪水可以补充地下水源,增加水库蓄水量,是有利的一面;但是,由于城市需水量大,用水保证率高,许多过去为防洪和农业灌溉而建的水库被迫转为承担城市供水任务,为了预防汛期不来水,汛前往往舍不得腾出防洪库容,使得水库应急泄洪的风险大为增加,不仅削弱防汛的调控能力,甚至加剧水灾损失。

以上情况表明,城市型水问题的出现,在大规模城市化进程中是不可避免的。如果不同步加强城市水利建设,则水的问题必将日趋严重,甚至孕发水的危机,成为社会可持续发展的严重制约因素。我国人口众多,对生存空间压力大,加之水资源短缺、降水量时空分布不均,是生态环境比较脆弱的国家。同时,我国又是发展中国家,经济与法制基础薄弱,在城市化加速发展时期,容易出现投入不足、治理不力、水的危机不断加重的局面。

事实上,水太多、太少、太脏的问题,是相对而言的。随着社会经济的发展与水问题的日趋严重,人的水患意识、节水意识、水环境保护意识开始增强,水问题综合治理的技术实力与经济实力也在增强,相应的法规体系与执法体系逐步健全,从根本上又为克服水的危机创造了条件。

综上所述，我国城市所面临的水文问题十分严峻，特别是水环境污染和防洪能力过低等，严重地威胁着城市的发展以及城市居民的生活和安全。过去由于观测资料不足，未能及时开展城市水文的研究，致使一些问题积聚成堆。现在，必须引起足够重视，加强城市水文测验工作，针对城市的具体情况开展有关的分析研究工作，以及进行必要的规划设计和控制管理，给城市的发展提供可靠的资料，做到更好地为城市建设服务。

思考题

0-1　试从城市化的主要特征论述城市的主要水文问题？

0-2　什么是水文学？城市水文学与水文学之间有何联系与区别？

0-3　目前我国城市面临的主要水文问题是什么？

第一章 城市水文学的基本概念

学习目标与要求 通过学习理解水循环的概念、成因以及各个环节的主要特征，掌握河流与流域主要特征值的计算，径流的表示方法及其单位换算，面雨量的计算方法、水量平衡原理；理解城市水文学的主要概念：城市气候、热岛效应、城市水资源、水环境等。

第一节 水循环

一、地球上的水分布

地球的总表面积约为5.1亿 km^2，水圈内全部水体总储量达13.86亿 km^3。海洋面积3.61亿 km^2，占地球总表面积的70.8%，海洋水量为13.38亿 km^3，占地球总储水量的96.5%。陆地面积1.49亿 km^2，占地球总表面积的29.2%，陆地水量仅为0.48亿 km^3，占地球水储量的3.5%，且大部分在北半球。

在陆地有限的水体中并不全是淡水，淡水量只有0.35亿 km^3，占陆地水储量的73%。其中大部分分布于冰川、多年积雪、南北两极和多年冻土中，真正便于人类利用的水只是其中一少部分，主要分布在600 m深度以内的含水层、湖泊、河流、土壤中。地球上的水体分布如表1-1所示。

表1-1 地球上的水体分布

项目	总水量（$\times 10^6\ km^3$）	占总水量百分比（%）	淡水量（$\times 10^6\ km^3$）	占总水量百分比（%）
总水量	1 385.984 61	100	35.029 21	100
海洋水	1 338.0	96.5		
地下水	23.4	1.7	10.53	30.06
土壤水	0.016 5	0.001	0.016 5	0.05
冰雪总量	24.064 1	1.74	24.064 1	68.7
南极	21.6	1.56	21.6	61.7
格陵兰岛	2.34	0.17	2.34	6.68
北极	0.083 5	0.006	0.083 5	0.24
山岳	0.040 6	0.003	0.040 6	0.12
冰土地下水	0.3	0.022	0.3	0.86
地表水	0.189 99	0.014	0.104 59	0.3
湖泊	0.176 4	0.013	0.091	0.26
沼泽	0.011 47	0.000 8	0.011 47	0.03
河川	0.002 12	0.000 2	0.002 12	0.006
大气中水	0.012 9	0.001	0.012 9	0.04
生物内水	0.001 12	0.000 1	0.001 12	0.003

淡水资源在地球上不仅数量有限，而且分布也极不均匀。如果以年降水量来反映，世界各大洲水资源分布情况如表 1-2 所示。

表 1-2 世界各大洲水资源分布情况

洲名	面积（万 km^2）	年降水量		年径流量	
		mm	km^3	mm	km^3
欧洲	1 050	789	8 290	306	3 210
亚洲	4 347.5	742	32 240	332	14 410
非洲	3 012	742	22 350	151	4 750
北美洲	2 420	756	18 300	339	8 200
南美洲	1 780	1 600	28 400	660	11 760
大洋洲*	133.5	2 700	3 610	1 560	2 090
澳大利亚	761.5	456	3 470	40	300
南极洲	1 398	165	2 310	165	2 310
全部地球	14 900	800	119 000	315	46 800

注： * 不包括澳大利亚，但包括塔斯马尼亚岛、新西兰岛和伊里安岛等岛屿。

由表 1-2 可见，世界上水资源最丰富的大洲是南美洲，其中尤以赤道地区水资源最为丰富。相反，热带和亚热带地区差不多只有陆地水资源总量的 1%。水资源较为缺乏的地区是中亚南部、阿富汗、阿拉伯和撒哈拉。西伯利亚和加拿大北部地区因人口稀少，年人均占有量相当高。澳大利亚的水资源并不丰富。就各大洲的水资源相比较而言，欧洲稳定的淡水量占其全部水量的 43%，非洲占 45%，北美洲占 40%，南美洲占 38%，澳大利亚和大洋洲占 25%。

二、水循环

地球表面的各种水体，在太阳的辐射作用下，从海洋和陆地表面蒸发上升到空中，并随空气流动，在一定的条件下，冷却凝结形成降水又回到地面。降水的一部分经地面、地下形成径流并通过江河流回海洋；一部分又重新蒸发到空中，继续上述过程。这种水分不断交替转移的现象称为水分循环，也叫水文循环，简称水循环。

水循环按其范围大小可分为大循环和小循环。大循环是指海洋与陆地之间的水分交换过程；而小循环是指海洋或陆地上的局部水分交换过程。比如，海洋上蒸发的水汽在上升过程中冷却凝结形成降水回到海面，或者陆地上发生类似情况，都属于小循环。大循环是包含有许多小循环的复杂过程。地球上水分循环示意如图 1-1 所示。

形成水循环的原因分为内因和外因两个方面。内因是水在常态下有固、液、气三种状

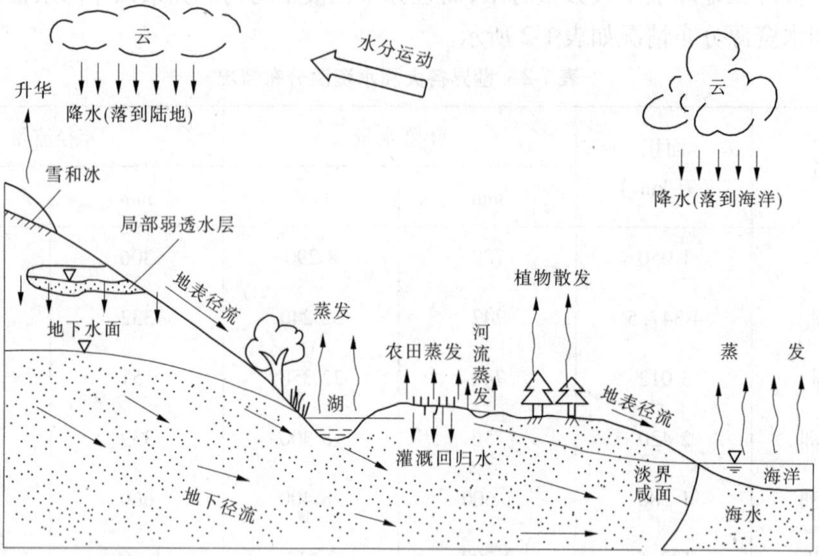

图 1-1　地球上水分循环示意

态,且在一定条件下可以相互转换。外因是太阳的辐射作用和地心引力。太阳辐射为水分蒸发提供热量,促使液、固态的水变成水汽,并引起空气流动。地心引力使空中的水汽又以降水方式回到地面,并且促使地面水、地下水汇归入海。另外,陆地的地形、地质、土壤、植被等条件,对水循环也有一定的影响。

水循环是地球上最重要、最活跃的物质循环之一,它对地球环境的形成、演化和人类生存都有着重大的作用和影响。正是由于水循环,才使得人类生产和生活中不可缺少的水资源具有可恢复性和时空分布不均匀性,提供了江河湖泊等地表水资源和地下水资源。同时,也造成了旱涝灾害,给水资源的开发利用增加了难度。

三、我国水分循环的路径

我国位于欧亚大陆的东部,太平洋的西岸,处于西伯利亚干冷气团和太平洋暖湿气团的交绥带。因此,水汽主要来自太平洋,由东南季风和热带风暴将大量水汽输向内陆形成降水,雨量自东南沿海向西北内陆递减,而相应的大多数河流则自西向东注入太平洋,例如长江、黄河、珠江等。其次是印度洋水汽随西南季风进入我国西南、中南、华北以至于河套地区,成为夏秋季降水的主要源泉之一。径流的一部分自西南一些河流注入印度洋,如雅鲁藏布江、怒江等;另一部分流入太平洋。大西洋的少量水汽随盛行的西风环流东移,也能参加我国内陆腹地的水分循环。北冰洋水汽借强盛的北风经西伯利亚和蒙古进入我国西北,风力大而稳定时,可越过两湖盆地直至珠江三角洲,但水汽含量少,引起的降水并不多,小部分经由额尔齐斯河注入北冰洋,大部分汇归太平洋。鄂霍茨克海和日本海的水汽随东北季风进入我国,对东北地区春夏季降水起着相当大的作用,径流注入太平洋。

我国河流与海洋相通的外流区域占全国总面积的 64% ,河水不注入海洋而消失于内陆沙漠、沼泽和汇入内陆湖泊的内流区域占 36% 。最大的内陆河是新疆的塔里木河。

第二节　河流与流域

一、河流及其特征

（一）河流

河流是水循环的一个重要环节，是汇集一定区域地表水和地下水的泄水通道。由流动的水体和容纳水流的河槽两个要素构成。水流在重力作用下由高处向低处沿地表面的线形凹地流动，这个线形凹地便是河槽，河槽也称河床，含有立体概念，当仅指其平面位置时，称为河道。枯水期水流所占河床称为基本河床或主槽；汛期洪水泛滥所及部位，称为洪水河床或滩地。从更大范围讲，凡是地形低凹可以排泄水流的谷地称为河谷，河槽就是被水流所占据的河谷底部。流动的水体称为广义的径流，其中包含清水径流和固体径流，固体径流是指水流所挟带的泥沙。通常所说的径流一般是指清水径流。虽然在地球上的各种水体中，河流的水面面积和水量都最小，但它与人类的关系却最为密切，因此河流是水文学研究的主要对象。

一条河流按其流经区域的自然地理和水文特点划分为河源、上游、中游、下游及河口五段。河源是河流的发源地，可以是泉水、溪涧、湖泊、沼泽或冰川。多数河流发源于山地或高原，也有发源于平原的。确定较大河流的河源，要首先确定干流。一般是把长度最长或水量最大的叫做干流，有时也按习惯确定，如把大渡河看做岷江的支流就是一个实例。直接汇入干流的支流叫一级支流；直接汇入一级支流的称为二级支流；其余依次类推。由干流与其各级支流所构成脉络相通的泄水系统称为水系、河系或河网。水系常以干流命名，如长江水系、黄河水系等。但是干流和支流是相对的。根据干、支流的分布状况，一般将水系分为扇形水系、羽状水系、平行状水系和混合型水系，其中前三种为基本类型，如图 1-2 所示。

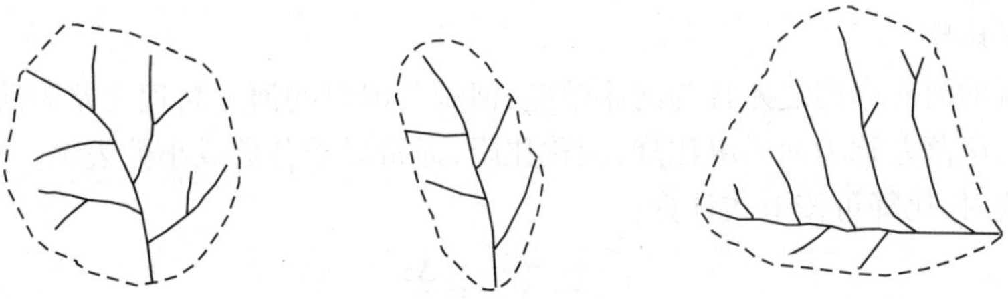

(a)扇形　　(b)羽状　　(c)平行状

图 1-2　水系形状示意图

划分河流上、中、下游时，有的依据地貌特征，有的依据水文特征。上游直接连接河源，一般落差大，流速急，水流的下切能力强，多急流、险滩和瀑布。中游段坡降变缓，下切力减弱，旁蚀力加强，河道有弯曲，河床较为稳定，并有滩地出现。下游段一般进入平原，坡降更为平缓，水流缓慢，泥沙淤积，常有浅滩出现，河流多汊。河口是河流注入海洋、湖泊或其他河流的地段。内陆地区有些河流最终消失在沙漠之中，没有河口，称为内陆河。

(二)河流的特征

1. 河流的纵横断面

河段某处垂直于水流方向的断面称为横断面,又称过水断面。当水流涨落变化时,过水断面的形状和面积也随着变化。河槽横断面有单式断面和复式断面两种基本形状,如图 1-3 所示。

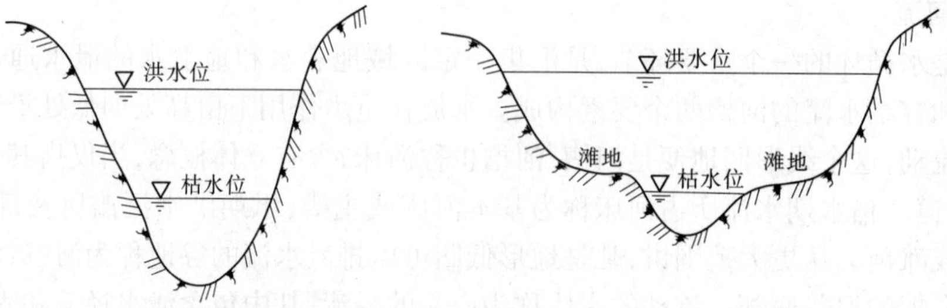

(a)单式断面　　(b)复式断面

图 1-3　河槽横断面示意图

将河流各个横断面最深点的连线叫河流中泓线。假想将河流从河口到河源沿中泓线切开并投影到铅垂平面上所得的剖面叫河槽纵断面。实际工作中常以河槽底部转折点的高程为纵坐标,以河流水平投影长度为横坐标绘出河槽纵断面图,如图 1-4 所示。

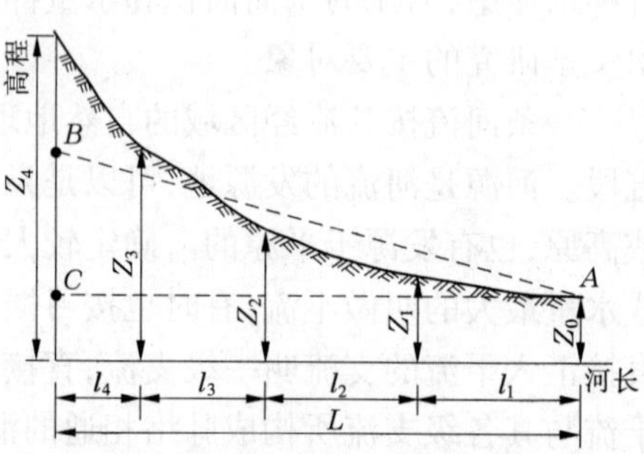

图 1-4　河槽纵断面

2. 河流长度

一条河流,自河口到河源沿中泓线量计的平面曲线长度称为河长。一般在大比例尺(如万分之一或五万分之一等)地形图上用分规或曲线仪量计;在数字化地形图上可以应用有关专业软件量计。

3. 河道纵比降

河段两端的河底高程之差称为河床落差,河源与河口的河底高程之差为河床总落差。单位河长的河床落差称为河道纵比降,简称比降,通常以千分数或小数表示。当河段纵断面近似为直线时,比降可按下式计算:

$$J = \frac{z_{上} - z_{下}}{l} = \frac{\Delta z}{l} \tag{1-1}$$

式中　J——河段的比降;

$z_{上}$、$z_{下}$——河段上、下断面河底高程,km;

l——河段的长度,km。

当河段的纵断面为折线时,可用面积包围法计算河段的平均纵比降。具体做法是:在河段纵断面图上,通过下游端断面河底处向上游作一条斜线,使得斜线以下与横轴所包围的面积与原河底线以下与横轴所包围的面积相等,此斜线的坡度即为河道的平均纵比降,如图 1-4 所示。计算公式为:

$$J = \frac{(z_0 + z_1)l_1 + (z_1 + z_2)l_2 + \cdots + (z_{n-1} + z_n)l_n - 2z_0 L}{L^2} \tag{1-2}$$

式中 $z_0, z_1, \cdots, z_n$——河段自下而上沿程各转折点的河底高程,km;

$l_1, l_2, \cdots, l_n$——相邻两转折点之间的距离,km;

L——河段总长度,km。

二、流域及其特征

(一)流域、分水线

河流某一断面以上的集水区域称为河流在该断面的流域。当不指明断面时,流域是对河口断面而言的。流域的边界为分水线,即实际分水岭山脊的连线,如秦岭是长江与黄河的分水岭,降在分水岭两侧的雨水将分别流入两条河流,其岭脊线便是这两大流域的分水线。但并不是所有的分水线都是山脊的连线,如在平原地区,分水线可能是河堤或者湖泊等。像黄河下游大堤,便是黄河流域与淮河流域的分水岭。

由于河流是汇集并排泄地表水和地下水的通道,因此分水线有地面与地下之分。当地面分水线与地下分水线完全重合时,该流域称为闭合流域;否则称为非闭合流域。非闭合流域在相邻流域间有水量交换,如图 1-5 所示。

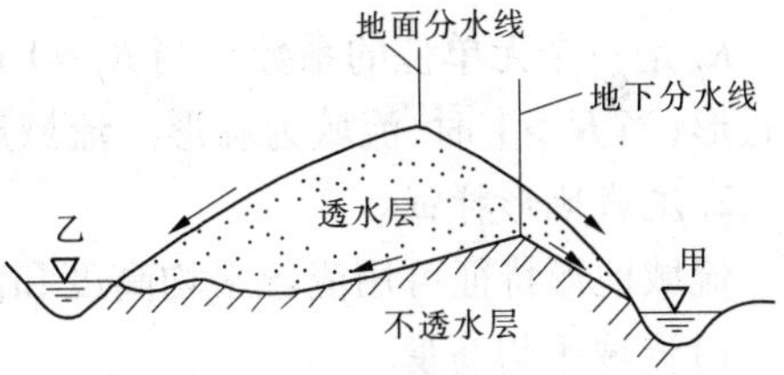

图 1-5 地面与地下分水线示意图

实际当中很少有严格的闭合流域,只要当地面分水线和地下分水线不一致所引起的水量误差相对不大时,一般可按闭合流域对待。通常工程上认为,除岩溶地区外,一般大中流域均可看成是闭合流域。

(二)流域特征

流域特征包括几何特征、地形特征和自然地理特征。

1. 流域几何特征

流域的几何特征包括流域面积(或集水面积)、流域长度、流域宽度和流域形状系数等。

1)流域面积

流域面积是指河流某一横断面以上,由地面分水线所包围不规则图形的面积,如图 1-6 所示。若不强调断面,则是指流域出口断面以上的面积,以 km^2 计。一般可在适当比例尺的地形图上先勾绘出流域分水线,然后用求积仪或数方格的方法量出其面积,当然在数字化地形图上也可以用有关专业软件量计。

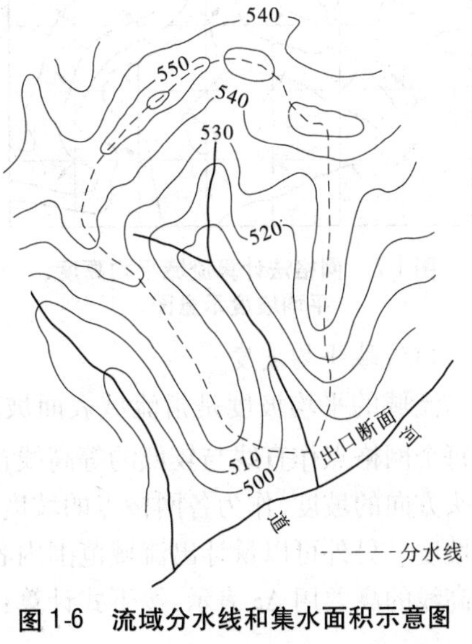

图 1-6 流域分水线和集水面积示意图

2)流域长度

流域长度是指流域几何中心轴的长度。对于大致对称的较规则流域,其流域长度可用河口至河源的直线长度来计算；对于不对称的流域，可以流域出口为中心作若干个同心圆，求得各同心圆圆周与流域分水线交得若干圆弧割线中点，这些割线中点的连线长度，即为流域长度。

3）流域平均宽度

流域平均宽度是指流域面积与流域长度的比值，以 B 表示，由下式计算：

$$B = \frac{F}{L_f} \tag{1-3}$$

式中 F——流域面积，km^2；

L_f——流域长度，km。

集水面积近似相等的两个流域，L_f 愈长，B 愈窄小；L_f 愈短，B 愈宽大。前者径流难以集中，后者径流则易于集中。

4）流域形状系数

流域形状系数以 K_f 表示，其计算公式如下：

$$K_f = \frac{B}{L_f} = \frac{F}{L_f^2} \tag{1-4}$$

K_f 是一个无单位的系数。当 $K_f \approx 1$ 时，流域形状近似为正方形；当 $K_f < 1$ 时，流域为狭长形；当 $K_f > 1$ 时，流域为扁形。流域形状不同，对降雨径流的影响也不同。

2. 流域地形特征

流域地形特征可用流域平均高度和流域平均坡度来反映。

1）流域平均高度

流域平均高度的计算可用网格法和求积仪法。

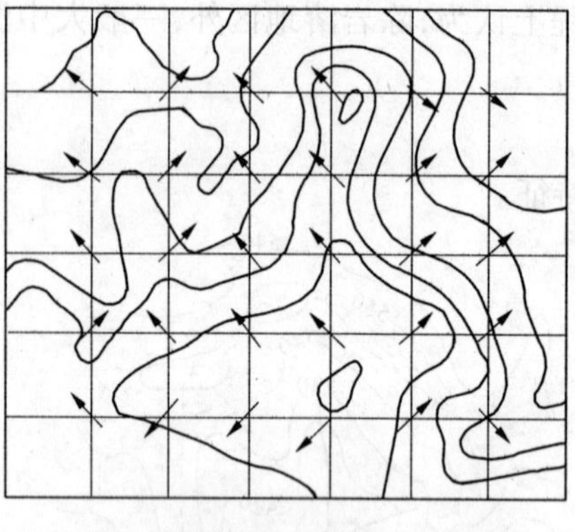

图 1-7 网格法计算流域平均高度、平均坡度示意图

网格法较粗略，具体做法是将流域地形图分为100个以上网格，如图1-7所示。内插确定出每个格点的高程，各网格点高程的算术平均值即为流域平均高度；求积仪法是在地形图上，用求积仪分别量出分水线内各相邻等高线间的面积 f_i，算出相邻两等高线的平均高程 z_i，按下式计算：

$$z_0 = \frac{f_1 z_1 + f_2 z_2 + \cdots + f_n z_n}{f_1 + f_2 + \cdots + f_n} = \frac{1}{F}\sum_{i=1}^{n} f_i z_i \tag{1-5}$$

式中 z_i——相邻两等高线的平均高程，m；

f_i——相邻等高线间的面积，m^2；

z_0——流域平均高度，m。

2）流域平均坡度

流域的平均坡度是指流域表面坡度的平均情况，以 J_f 表示。也可用网格法计算，即从每个网格点作直线与较低的等高线正交，如图1-7中的箭头所示，由高差和距离计算各箭头方向的坡度，作为各网格点的坡度，再将各网格点的坡度取算术平均值，即流域的平均坡度。另外可以量计出流域范围内各等高线的长度，用 $l_0, l_1, l_2, \cdots, l_n$ 表示，相邻两条等高线的高差用 Δz 表示，按下式计算：

$$J_f = \frac{\Delta z(0.5l_0 + l_1 + l_2 + \cdots + 0.5l_n)}{F} \tag{1-6}$$

3. 流域的自然地理特征

流域的自然地理特征包括流域的地理位置、气候条件、地形特征、地质构造、土壤性质、植被、湖泊、沼泽等。

1) 地理位置

地理位置主要指流域所处的经纬度以及距离海洋的远近。一般是低纬度和近海地区雨水多,高纬度地区和内陆地区降水少。如我国的东南沿海一带雨水就多,而华北、西北地区降水就少,尤其是新疆的沙漠地区更少。

2) 气候条件

气候条件主要包括降水、蒸发、温度、风等。其中对径流作用最大的是降水和蒸发。

3) 地形特征

流域的地形可分为高山、高原、丘陵、盆地和平原等,其特征可用流域平均高度和流域平均坡度来反映。同一地理区,不同的地形特征将对降雨径流产生不同的影响。

4) 地质与土壤特性

流域地质构造、岩石和土壤的类型以及水理性质等都将对降水形成的河川径流产生影响,同时也将影响到流域的水土流失和河流泥沙。

5) 植被覆盖

流域内植被可以增大地面糙率,延长地面径流的汇流时间,同时加大下渗量,从而使地下径流增多,洪水过程变得平缓。另外,植被还能阻抗水土流失,减少河流泥沙含量,涵养水源;大面积的植被还可以调节流域小气候,改善生态环境等。植被的覆盖程度一般用植被面积与流域面积之比的植被率表示。

6) 湖泊、沼泽、塘库

流域内的大面积水体对河川径流起调节作用,使其在时间上的变化趋于均匀;还能增大水面蒸发量,增强局部小循环,改善流域小气候。人们通常用湖泊、沼泽、塘库的水面面积与流域面积之比的湖沼率来表示。

以上流域各种特征因素,除气候因素外,都反映了流域的物理性质,它们承受降水并形成径流,直接影响河川径流的数量及其变化,所以水文上习惯称为流域下垫面因素。当然,人类活动对流域的下垫面影响也愈来愈大,如人类在改造自然的活动中修建了不少水库、塘堰、梯田,以及植树造林、城市化等,明显地改变了流域的下垫面条件,因而使河川径流发生变化,影响到水量与水质,表现为对人类有利的一面。当然,在人类活动的影响中也有不利的一面,如造成水土流失、水质污染以及河流断流等。城市区域是人类活动影响最为显著的区域,下垫面条件相对于自然流域发生了巨大的改变,因此降雨径流形成规律也有其明显的特征,这将是城市水文学研究的主要问题之一。

第三节　降　水

降水是水文循环的一个重要环节,也是陆地水资源的主要补给来源,因此降水是最为重要的气象因素。降水是指空中的水汽以液态或固态形式从大气到达地面的各种水分的总称。通常表现为雨、雪、雹、霜、露等,其中最主要的形式是雨和雪。在我国绝大部分地区影响河流水情变化的是降雨。因此,在下面我们重点研究降雨。

一、降雨的成因与分类

地球周围的大气层由于所处的位置不同,因此其温度和湿度分布不均匀,大气压力也不同,使得空气由高压区向低压区流动,处在不断地运动之中,这便产生了刮风等一系列的天气现象。在气象上把水平方向物理性质(温度、湿度、气压等)比较均匀的大块空气叫气团。气团按照温度的高低又可分为暖气团和冷气团,一般暖气团主要在低纬度的热带或副热带洋面上形成,冷气团则在高纬度寒冷的陆地上产生。当带有水汽的气团上升时,由于大气的气压下降,上升的空气体积不断膨胀,消耗内能,使空气在上升过程中冷却(称为动力冷却)降温,空气中的水汽随着气温的降低而凝结。凝结的内核是空气中的微尘、烟粒等。水汽分子凝结成小水滴后聚集成云。小水滴继续吸附水汽,并受气流涡动作用,相互碰撞而结合成大水滴,直到其重量超过气流上升顶托力时则下降成雨。因此,降雨的形成必须要有两个基本条件:一是空气中要有一定量的水汽;二是空气要有动力上升冷却。故按照空气上升冷却的原因,将降雨分为锋面雨、地形雨、对流雨和台风雨四种类型。

(一)锋面雨

当冷气团与暖气团在运动过程中相遇时,其交界面(实际上为一过渡带)叫锋面,锋面与地面的相交地带叫锋。一般地面锋区的宽度有几十千米,高空锋区的宽度可达几百千米。锋面雨便是在锋面上产生的降雨。按照冷暖气团的相对运动方向将锋面雨分为冷锋雨和暖锋雨。

(1)冷锋雨。当冷气团向暖气团一方移动,两者相遇,因冷空气较重而楔入暖气团下方,迫使暖气团上升,形成冷锋而致雨,就是冷锋雨。如图 1-8(a)所示。冷锋雨一般强度大、历时短、雨区范围小。

(2)暖锋雨。若冷气团相对静止,暖气团势力较强,向冷气团一方推进,两者相遇,暖气团将沿界面爬升于冷气团之上形成降雨叫暖锋雨。如图 1-8(b)所示。暖锋雨的特点是强度小、历时长、雨区范围大。

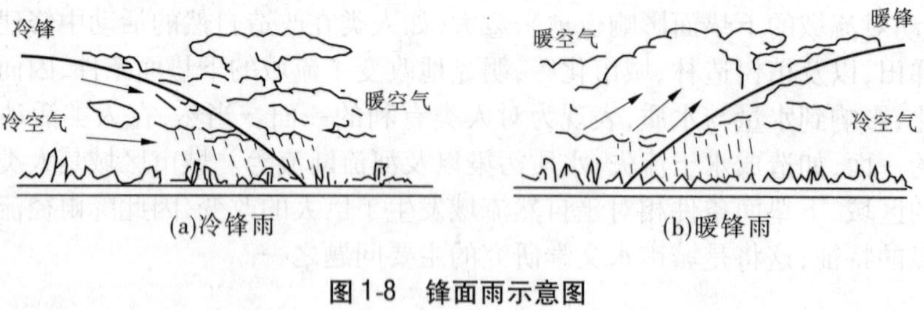

图 1-8　锋面雨示意图

(二)地形雨

当暖湿气团在运移途中,遇到山脉、高原等阻碍,被迫上升冷却而形成的降雨,叫地形雨。如图 1-9(a)所示。地形雨多发生在山的迎风坡,由于水汽大部分已在迎风坡凝结降落,而且空气过山后下沉时温度增高,因此背风坡雨量锐减。地形雨一般随高程的增加而增大，其降雨历时较短，雨区范围也不大。

（三）对流雨

在盛夏季节，当暖湿气团笼罩一个地区时，由于太阳的强烈辐射作用，局部地区因受热不均衡而与上层冷空气发生对流作用，使暖湿空气上升冷却而降雨，叫对流雨。如图1-9（b）所示。这种雨常发生在夏季酷热的午后，其特点是强度大、历时短、降雨面积分布小，常伴有雷电，故又称为雷阵雨。

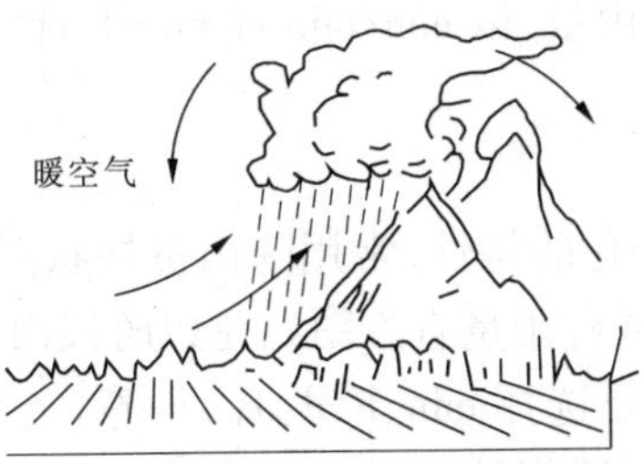

(a)地形雨

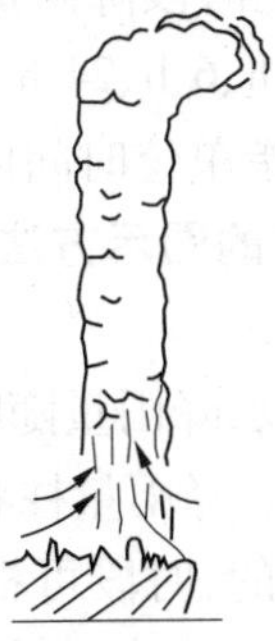
(b)对流雨

图1-9　地形雨和对流雨示意图

（四）台风雨

台风雨是由热带海洋上的风暴带到大陆上来的狂风暴雨。影响我国的热带风暴主要发生在6～10月，以7、8、9三个月最多。它们主要形成于菲律宾以东的太平洋洋面（约在北纬20°，东经130°附近），向西或向西北方向移动，影响东南沿海和华南地区各地，若势力很强则可影响到燕山、太行山、大巴山一线。台风雨是一种极易形成洪涝灾害的降雨，加之狂风，破坏性极强。如1975年8月，该年第三号台风登陆后，深入到河南省泌阳县林庄一带，造成非常罕见的大暴雨，中心最大24 h降雨量为1 060.3 mm，最大3 d降雨量达1 605.3 mm，在淮河流域形成大洪水，给人民的生命财产造成巨大损失。

在以上四种类型中，锋面雨和台风雨对我国河流洪水影响较大。其中锋面雨对大部分地区影响显著，各地全年锋面雨都在60%以上，华中和华北地区超过80%，是我国大多数河流洪水的主要来源。台风雨在东南沿海诸省，如广东、海南、福建、台湾、浙江等省发生机会较多，由台风造成的雨量占全年总雨量的20%～30%，且极易造成洪水灾害。

此外，根据我国气象部门的规定，按照1 h或24 h的降雨量将降雨分为：

（1）小雨。指1 h的雨量≤2.5 mm或24 h的雨量<10 mm。

（2）中雨。指1 h的雨量为2.6～8.0 mm或24 h的雨量为10.0～24.9 mm。

（3）大雨。指1 h的雨量为8.1～15.9 mm或24 h的雨量为25.0～49.9 mm。

（4）暴雨。指1 h的雨量≥16 mm或24 h的雨量≥50 mm。

二、点降雨特性与图示方法

所谓点降雨量，通常是指一个雨量观测站承雨器（口径为20 cm）所在地点的降雨。点降雨的特性可用雨量、历时和雨强等特征量以及雨量、雨强在时程上的变化来反映。

（一）点降雨特性

（1）降雨量。指一定时段内降落在单位水平面积上的雨水深度，用 mm 表示，计至 0.1 mm。在标明降雨量时一定要指明时段，常用的降雨时段有 min、h、d、月、年等，相应的雨量称为时段雨量、日雨量、月雨量、年雨量。

（2）降雨历时。指一场降雨从开始到结束所经历的时间。常以 h 为单位。与降雨历时相应的还有降雨时段，它是人为规定的。对某一场降雨而言，为了比较各地的降雨量大小，可以人为指定某一时段降雨量作标准。如最大 1 h 降雨量、最大 6 h 降雨量、最大 24 h 降雨量等。这里的 1 h、6 h、24 h 即为降雨时段。但在降雨时段内，降雨并不一定连续。

（3）降雨强度。指单位时间内的降雨量，以 mm/min 或 mm/h 计。

（二）点降雨特性的图示方法

1. 降雨量过程线

降雨量过程线表示降雨量随时间变化的特性，常用降雨量柱状图和降雨量累计曲线表示，如图 1-10 所示。降雨量柱状图（或称雨量直方图），是以时段雨量为纵坐标，时段次序为横坐标绘制而成的，时段可根据需要选择 min、h、d、月、年等。它显示降雨量随时间的变化特性。降雨量累计曲线是以逐时段累计雨量为纵坐标，时间为横坐标而绘制的。它不仅可以反映降雨量在时间上的变化，而且还可以反映时段平均雨强 $\bar{i} = \Delta h / \Delta t$ 随时间的变化。

2. 平均雨强历时曲线

记录一场降雨过程，选择不同历时，统计不同历时内的最大平均降雨强度，并以平均雨强为纵坐标，历时为横坐标点绘曲线，即平均雨强历时曲线，如图 1-11 所示。

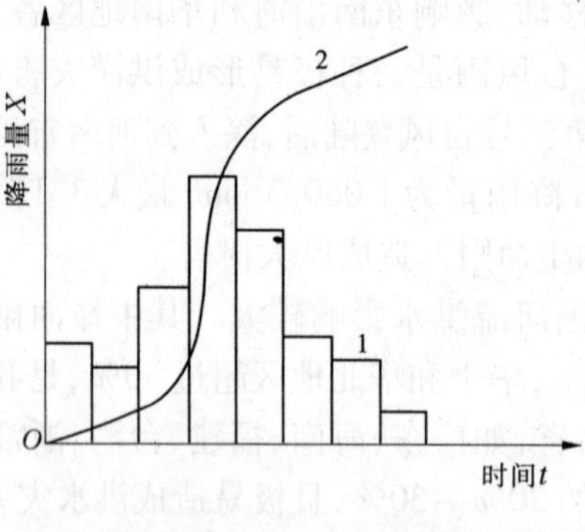

1—降雨量柱状图；2—降雨量累计曲线

图 1-10　降雨量过程线

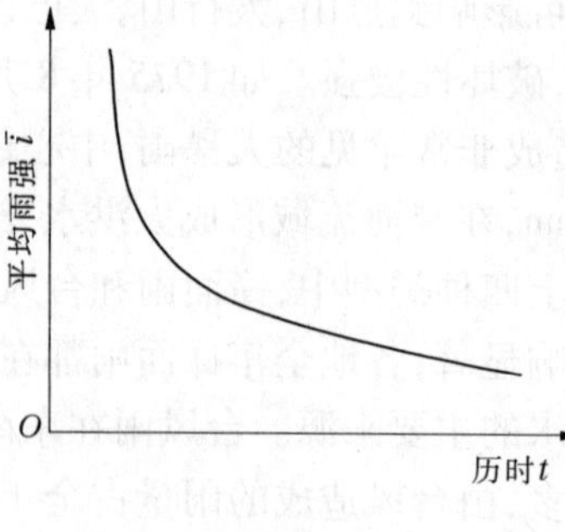

图 1-11　平均雨强历时曲线

3. 短历时暴雨公式

由图 1-11 的平均雨强历时曲线可以看出，降雨强度是随降雨历时的增长而递减的。通常把降雨历时小于 24 h 的暴雨称为短历时暴雨。其降雨强度历时曲线用数学方程来表示，即为短历时暴雨公式。目前，水利部门广泛采用的公式为：

$$\bar{i} = \frac{S}{t^n} \tag{1-7(a)}$$

或

$$X_t = St^{1-n} \tag{1-7(b)}$$

式中 t——暴雨历时，h；

X_t——历时为 t 的时段雨量，mm；

$\bar{i}$——t 历时内的平均雨强，mm/h；

S——雨力，即 $t=1$ h 的平均雨强，mm/h；

n——暴雨衰减指数，反映雨强随历时递减的程度。

三、面雨量特性与计算方法

（一）面雨量特性

所谓面雨量，是指一定区域面积上的平均雨量。在降雨径流分析中，与洪水大小相应的必须是流域面积上的面平均雨量。反映面雨量的变化特性可用以下方法。

1. 降雨量等值线

对于面积较大的区域或流域，为了表示一定时段内的降雨量空间分布情况，可以绘制降雨量等值线。具体做法与测量学中绘制地形等高线的方法相类似。首先根据需要，将一定时段流域（或区域）内及其周边邻近雨量站的同期雨量标注在相应位置上，然后按照各站降雨量的大小用地理插值法，并参考地形和气候变化进行勾绘。如图 1-12 所示。降雨量等值线图是研究降雨分布、暴雨中心移动及计算面平均雨量的有力工具。但在绘制降雨量等值线图时，要求有足够的且控制良好的雨量站点。

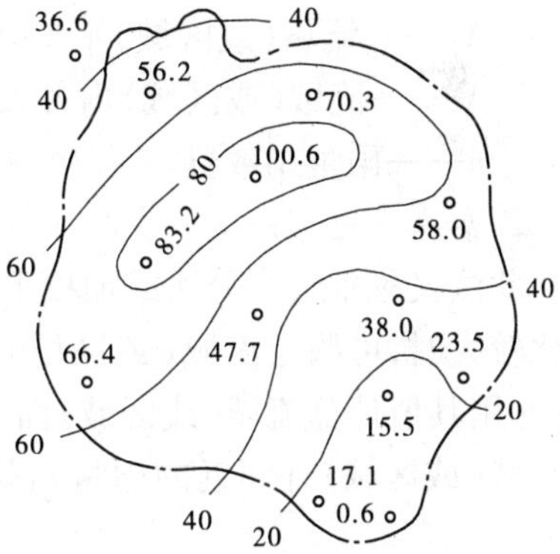

图 1-12　降雨量等值线图

2. 平均雨量—面积曲线

对一场暴雨，从等雨量线图上的暴雨中心算起，分别量取不同等雨量线所包围的面积，并计算各面积内的平均雨量，以平均雨量为纵坐标，面积为横坐标绘制曲线，如图 1-13 所示。曲线表示不同笼罩面积所相应的平均雨量，可以看出平均雨量随笼罩面积的增大而减小。

3. 平均雨量—历时—面积曲线

流域上的一次降雨，其空间分布是不均匀的，除用等雨量线表示外，还可以根据不同历时的等雨量图，从暴雨中心起分别量取不同等雨量线所包围的面积，并分别计算各条等雨量线范围内平均雨量，以平均雨量为纵坐标，面积为横坐标，历时为参数点绘成图，如图 1-14 所示。由图 1-14 可知，当降雨历时一定时，暴雨所笼罩的面积愈大，则平均雨量愈小；当暴雨笼罩面积一定时，历时愈长，雨量愈大。

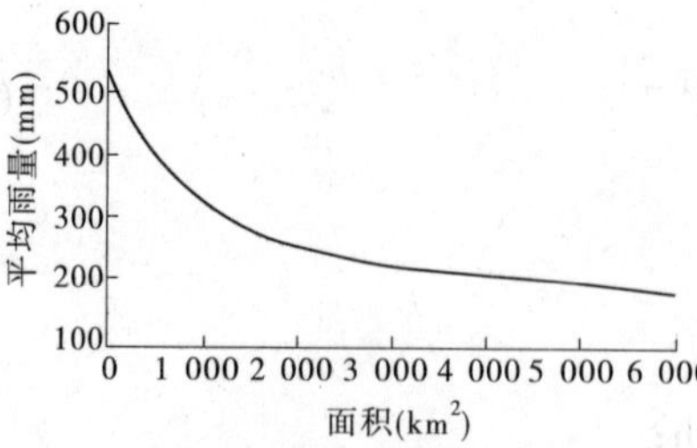

图 1-13　平均雨量—面积曲线

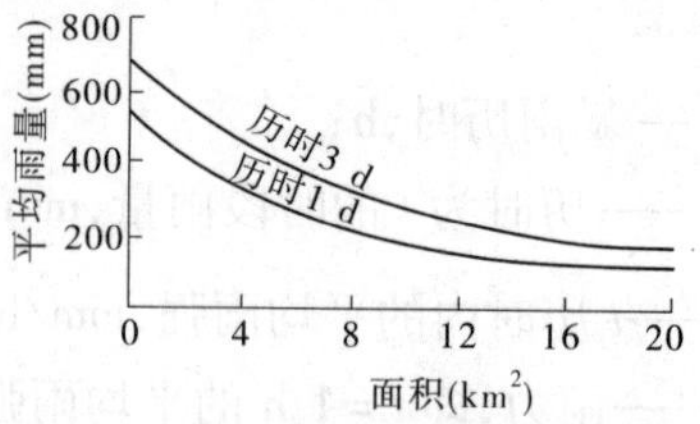

图 1-14　平均雨量—历时—面积曲线

（二）面平均雨量的计算方法

1. 算术平均法

当流域（或区域）内地形变化不大，且雨量站数目较多、分布均匀时，可根据各站同一时段内的降雨量用算术平均法计算。其计算公式为：

$$X_F = \frac{X_1 + X_2 + \cdots + X_n}{n} = \frac{1}{n}\sum_{i=1}^{n} X_i \tag{1-8}$$

式中　X_F——流域（或区域）平均降雨量，mm；

X_i——流域（或区域）内各雨量站雨量（$i = 1, 2, \cdots, n$），mm；

n——雨量站数目。

2. 泰森多边形法

此法又称垂直平分法或加权平均法。当流域（或区域）内雨量站分布不均匀或地形变化较大时，可假定流域（或区域）上不同地区的降雨量与距其最近的雨量站的雨量相近，并用其值计算流域（或区域）面上的平均雨量。具体做法是：先将流域（或区域）内及其流域（或区域）外邻近的雨量站就近连成三角形（尽可能连成锐角三角形），构成三角网，再分别作各三角形三条边的垂直平分线，而这些垂直平分线相连组成若干个不规则的多边形，如图 1-15 所示。每个多边形内都有一个雨量站，称为该多边形的代表站，该站的雨量就是本多边形面积 f_i 上的代表雨量，并将 f_i 与流域面积 F 的比值称为权重系数。该法的计算公式为：

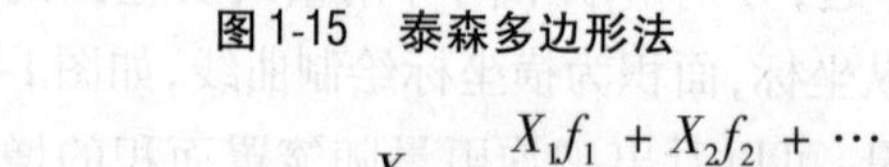

图 1-15　泰森多边形法

$$X_F = \frac{X_1 f_1 + X_2 f_2 + \cdots + X_n f_n}{F} = \frac{1}{F}\sum_{i=1}^{n} X_i f_i = \sum_{i=1}^{n} A_i X_i \tag{1-9}$$

式中　f_i——各多边形在流域（或区域）内的面积（$i = 1, 2, \cdots, n$），km²；

F——流域（或区域）面积，km²；

A_i——各雨量站的面积权重系数，$A_i = f_i / F$，$\sum_{i=1}^{n} A_i = 1.0$；

其余符号含义同前。

3. 等雨量线法

如果降雨在流域（或区域）上分布很不均匀，地形起伏大，则宜用等雨量线法计算面雨量。等雨量线法也属于以面积作权重的一种加权平均方法。具体做法为：先根据流域

(或区域)上各雨量站的雨量资料绘制出符合实际的等雨量线图,如图 1-16 所示,并量计出相邻两条等雨量线间的流域(或区域)面积 f_i,再用下列公式计算:

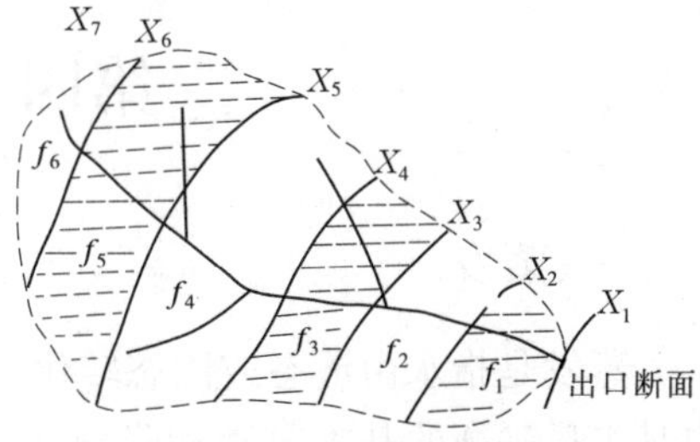

图 1-16　等雨量线法

$$X_F = \frac{1}{F}\sum_{i=1}^{n} \frac{1}{2}(X_i + X_{i+1})f_i = \frac{1}{F}\sum_{i=1}^{n} \overline{X}_i f_i \quad (1\text{-}10)$$

式中　f_i——相邻两条等雨量线间的流域(或区域)面积,km^2;

$\overline{X}_i$——相邻两条等雨量线间的平均雨量,mm;

n——等雨量线的数目。

4. 降雨点面关系法

当流域内雨量站少,或各雨量站观测不同步时,可用降雨的点面关系来计算面雨量。其计算公式为:

$$X_F = \alpha X_0 \quad (1\text{-}11)$$

式中　α——点雨量与面雨量比值,也称点面雨量折算系数;

X_0——点雨量,mm。

降雨的点面关系是指降雨中心或流域中心附近代表站的点雨量与一定范围内的面雨量之间的关系。它又可分为动点动面关系和定点定面关系。以降雨量等值线图上降雨中心的点雨量与其周围各条等雨量线所包围的面积上的平均雨量之比所建立的点面关系叫动点动面关系,如图 1-17 所示;而以流域(或区域)中心或流域(或区域)内某一雨量站作为定点,以流域(或区域)面积作为定面,计算点绘某历时各次大小不同暴雨的流域(或区域)点雨量与流域(或区域)面平均雨量之间的关系,称为定点定面关系。

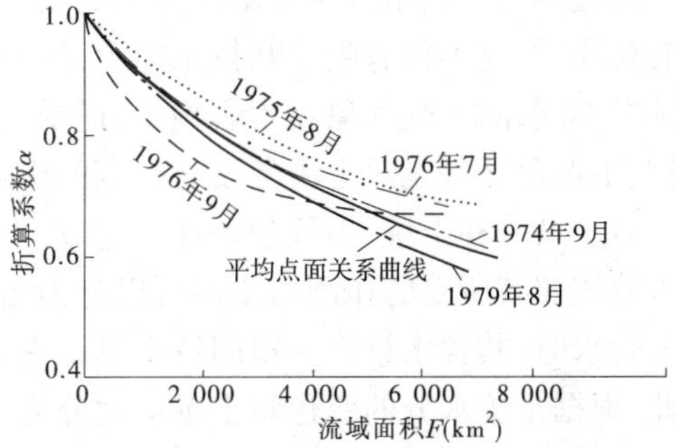

图 1-17　某地区 3 d 暴雨点面(动点动面)关系图

由于暴雨的走向,雨量大小及地区分布的随机性,定点定面关系通常很不稳定,而且建立时需要较充分的雨量资料,因此我国水文计算中采用的暴雨点面关系,一般是动点动面关系。

以上四种方法,算术平均法最为简单,但要求的条件较高;泰森多边形法适用性较强,且有一定的精度,尤其是在流域内雨量站网一定的情况下,求得各站的面积权重系数可一直沿用,或用计算机进行计算,所以在水文上应用广泛,但在降雨分布发生变化时,计算结果不一定符合实际;等雨量线法是根据等雨量线图来计算的,因此计算精度最高,但它要有足够的雨量站,且每次计算都要绘制等雨量线,并量计相邻两条等雨量线之间的流域面积,所以计算工作量大,实际当中应用有限;降雨点面关系法,计算更为简单,但需要知道点面关系图,在流域雨量资料较差或缺乏时应用较多。

第四节　蒸发与下渗

一、蒸发

蒸发是指水由液态或固态转化为气态的物理变化过程，是水文循环的重要环节之一，也是水量平衡的基本要素和降雨径流的一种损失。水文上研究的蒸发为自然界的流域(或区域)蒸发，它包括水面蒸发、土壤蒸发和植物散发。

(一)水面蒸发

流域(或区域)上的各种水体如江河、水库、湖泊、沼泽等，由于太阳的辐射作用，其水分子在不断地运动着，当某些水分子所具有的动能大于水分子之间的内聚力时，便从水面逸出变成水汽进入空中，进而向四周及上空扩散；与此同时，另一部分水汽分子又从空中返回到水面。因此，蒸发量(或蒸发率)是指水分子从水体中逸出和返回的差量，通常以mm/d，mm/月或mm/年计。影响水面蒸发的因素主要有气温、湿度、风速、水质及水面大小等。

(二)土壤蒸发

土壤蒸发是指水分从土壤中逸出的物理过程，也是土壤失水干化的过程。土壤是一种有孔介质，它不仅有吸水和持水能力，而且具有输送水分的能力。因此，土壤蒸发与水面蒸发不同，除了受气象因素影响外，还受土壤中水分运动的影响，另外土壤含水量、土壤结构、土壤色泽等也对土壤蒸发有一定的影响。

对于某一种土壤，当气象条件一定时，土壤蒸发量的大小与土壤的供水条件有关。土壤水分按照其所受的作用力不同可以分为结合水、毛管水和自由水，当土壤中只有结合水和毛管水时，其含水量称为田间持水量。它是土壤蒸发供水条件充分与不充分的分界点。因此，根据土壤水分的变化将土壤蒸发分为三个阶段。

当土壤含水量大于田间持水量时，土壤十分湿润甚至饱和，土中有自由重力水存在，且毛细管可以将下层的水分运送到上层，属于充分供水条件下的蒸发，蒸发量大小只受气象条件的影响，大而稳定。

由于土壤蒸发的耗水作用，使土壤含水量不断减少。当其减少到小于田间持水量以后，土壤中毛细管的连续状态将逐渐被破坏，使得土壤内部的水分向上输送受到影响，这时土壤蒸发进入第二阶段，供水条件不如第一阶段充分，土壤蒸发量将随土壤含水量的减少而减少。

如果土壤含水量继续减少，以至于毛管水不再以连续状态存在于土壤中，毛管向土壤表面输水的机制遭到完全破坏，水分只能以膜状水形式或汽态形式向上缓慢扩散，土壤蒸发进入第三阶段。这一阶段由于受供水条件的限制，土壤蒸发进行得非常缓慢，蒸发量也十分小，而且稳定。

(三)植物散发

植物根系从土壤中吸取水分，通过其自身组织输送到叶面，再由叶面散发到空气中的过程称为植物散发或蒸腾。它既是水分的蒸发过程，也是植物的生理过程。由于植物散发是在土壤—植物—大气之间发生的现象,因此植物散发受气象因素、土壤水分状况和植物生理条件的影响。不同的植物散发量不同;同一种植物在不同的生长阶段散发量也不同。由于植物的光合作用与太阳辐射有关,大约有95%的日散发量发生在白天。当气温降至4 ℃时,植物生长基本停止,相应地散发量也变得极小。植物生于土壤,因而植物散发和土壤蒸发总是同时存在的,两者合称为陆面蒸发,它是流域(或区域)蒸发的主要组成部分。

(四)流域(或区域)蒸发

水文上的流域(或区域)蒸发为水面蒸发、土壤蒸发和植物散发之和,即流域(或区域)总蒸发量。但是其量值在目前还不能用三个量直接相加求出,因为在一个实际流域上水面蒸发、土壤蒸发和植物散发是很难分别测算出来的,通常是把流域当成一个整体进行研究,用水量平衡法或经验公式法间接计算出流域总蒸发量。

二、下渗

下渗也称入渗,是指水分从土壤表面向土壤内部渗入的物理过程,以垂向运动为主要特征。天然情况下的下渗主要是雨水的下渗,它是降雨径流中的主要损失,不仅直接决定地面径流量的大小,同时也影响土壤水分和地下水的增长,是连接并转换地表水和地下水的一个中间过程。

(一)下渗的物理过程

水分在土壤中运动所受的作用力分别有分子力、毛管力和重力。重力总是垂直向下的。毛管力则是指向土壤含水量较小的一方。因此,雨水的入渗过程按照所受作用力及运动特征的不同分为三个阶段。

设雨前表土干燥,当雨水降落到地面后,首先受土粒分子力的作用而吸附于土粒表面形成薄膜(称为薄膜水),这为第一阶段,称为渗润阶段。当土粒表面的薄膜水达到最大时,渗润阶段逐渐消失;下渗的雨水在毛管力和重力的作用下,在土壤孔隙中向下作不稳定运动,并逐渐充填土粒孔隙,直到孔隙充满、饱和,这为第二阶段,称为渗漏阶段。有时也把一、二两阶段合称为渗漏阶段。它们共有的特点是非饱和下渗。当土壤孔隙被水充满达到饱和时,水分主要受重力作用向下作稳定的渗透运动,这为第三阶段,称为渗透阶段,属于饱和下渗。在实际的下渗过程中,以上两个阶段(渗漏和渗透)并无明显的界限,有时是相互交错的。

(二)下渗的变化规律——下渗能力(容量)曲线

从下渗的物理过程可知,水分在不同作用力的作用下由上往下运动,直至补给地下水。下渗的快慢可用下渗率来表示。所谓下渗率,又称下渗强度,是指单位面积上、单位时间内渗入土壤中的水量,常用mm/min或mm/h计。充分供水条件下的下渗率叫下渗能力或下渗容量。下渗能力(容量)随时间变化的过程线,称为下渗能力(容量)曲线。经实验证明,下渗能力随时间变化的规律是递减的。在土壤干燥的情况下,下渗能力(容量)曲线如图1-18所示。

由图1-18可见,刚开始下渗时,由于土壤干燥,水分主要在分子力的作用下迅速被表层土壤所吸收,此时下渗率最大。随着下渗的继续和土壤含水量的增加,分子力和毛管力也逐渐减弱，下渗率随之递减。当土壤水分达到田间持水量以后，水分主要在重力的作用下下渗，下渗率也逐渐趋于稳定，接近为常数。如图1-18中的A点以后趋于稳定下渗率f_c。

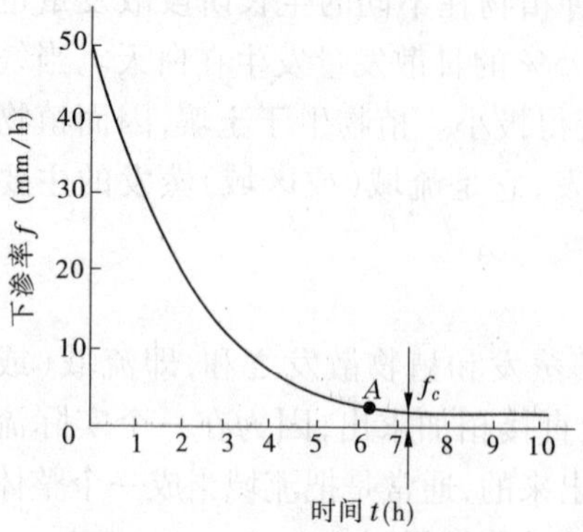

图1-18　下渗能力(容量)曲线

下渗能力(容量)曲线也可以用数学公式表示，如水文上常用的霍顿下渗公式为：

$$f_t = (f_0 - f_c)e^{-\beta t} + f_c \tag{1-12}$$

式中 f_t——t时刻的下渗能力(容量)，mm/h；

f_0——初始时刻($t=0$)的下渗能力，mm/h；

f_c——稳定(重力下渗)下渗能力，mm/h；

t——下渗时间，h；

β——反映土壤特性的指数；

e——自然对数的底(e≈2.718 3)。

霍顿下渗公式是霍顿(1931)在下渗试验资料基础上，用曲线拟合方法得到的经验公式。霍顿下渗公式表明土壤的下渗能力(容量)是随时间按指数规律递减的。

(三)天然条件下的下渗

上述下渗规律是充分供水条件下单点均质土壤的下渗规律，但在天然情况下，降雨强度和雨型是变化的，供水条件并不一定都充分，有时降雨过程还不连续。另外，土壤性质和土壤水分的时空分布也不均匀。因此，实际流域在降雨过程当中，下渗是非常复杂而多变的，通常是不稳定和不连续的。

就单点下渗而言，若以i表示时段雨强，f_p表示下渗能力，则要满足土壤的下渗能力，必须是任一时刻$i \geqslant f_p$。但在一次实际降雨过程中，有可能出现$i > f_p$、$i = f_p$、$i < f_p$三种情况。当前两种情况发生时，下渗按下渗能力进行，$f = f_p$；当$i < f_p$时，实际下渗率为$f = i$。因而，单点的实际下渗率随时间的变化与降雨时程分配、土壤性质、植被、微地形、前期土壤含水量等因素有关。

天然情况的下渗，其影响因素极其复杂，一般可归为四类：

(1)土壤的机械物理性质及水分物理性质；

(2)降雨特性；

(3)流域地面情况，包括地形、植被等；

(4)人类活动。

第五节　径　流

一、河川径流的补给源

径流就是指江河中的水流。它的补给来源有雨水、冰雪融水、地下水和人工补给等。我国的江河，按照补给水源的不同大致分为三个区域：秦岭以南，主要是雨水补给，河川径流的变化与降雨的季节变化关系密切，夏季经常发生洪水；东北、华北部分地区为雨水和季节性冰雪融水补给区，每年有春、夏两次汛期；西北阿尔泰山、天山、祁连山等高山地区，河水主要由高山冰雪融水补给，这类河流水情变化与气温变化有密切关系，夏季气温高，降水多，水量大；冬季则相反。地下水补给是我国河流水源补给的普遍形式，但在不同的地区差异很大，一般为20%～30%，最高达60%～70%，最少不足10%。其中以黄土高原北部、青藏高原以及黔、桂岩溶分布区，地下水补给比例较大。地下水补给较多的河流，其年内分配较均匀。人工补给主要是指跨流域调水。如我国规划实施的南水北调工程，就是将长江流域的水分别从东线、中线和西线调到黄河流域以及京、津地区，以缓解北方地区的缺水危机。

总体而言，我国大部分地区的河流是以雨水补给为主的。由降雨形成的河川径流称为降雨径流，它是水文学研究的主要对象。

二、降雨径流的形成过程

降雨径流是指雨水降落到流域表面上，经过流域的蓄渗等系列损失分别从地表面和地下汇集到河网，最终流出流域出口的水流。从降雨开始到径流流出流域出口断面的整个物理过程称为径流的形成过程，如图 1-19 所示。

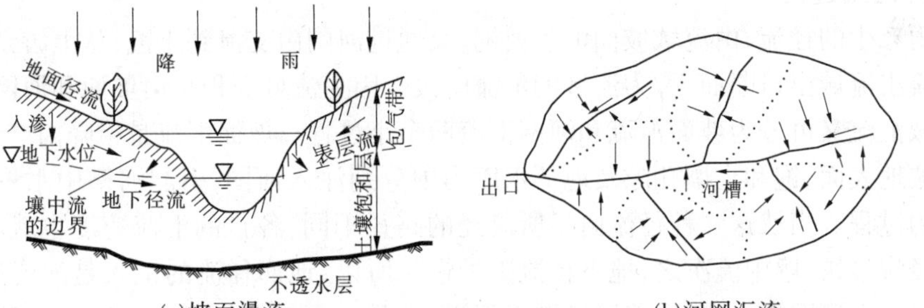

图 1-19　径流形成过程示意图

降雨径流的形成过程，是一个极其复杂的物理过程。但人们为了研究方便，通常将其概括为产流和汇流两个过程。

（一）产流过程

降雨开始时，除了很少一部分降落在河流水面直接形成径流外，其他大部分则降落到流域坡面上的各种植物枝叶表面，首先要被植物的枝叶吸附一部分，成为植物截留量，到雨后被蒸发掉。降雨满足植物截留量后便落到地面上称为落地雨，开始下渗充填土壤孔隙，随着表层土壤含水量的增加，土壤的下渗能力也逐渐减小，当降雨强度超过土壤的下渗能力时，地面就开始积水，并沿坡面流动，在流动过程中有一部分水量要流到低洼的地方并滞留其中，称为填洼量。还有一部分将以坡面漫流的形式流入河槽形成径流，称为地面径流。下渗到土壤中的雨水，按照下渗规律由上往下不断深入。通常由于流域土壤上层比较疏松，下渗能力强，下层结构紧密，下渗能力弱，这样便在表层土壤孔隙中形成一定的水流沿孔隙流动，最后注入河槽，这部分径流称为壤中流（或表层流）。壤中流在流动过程中是极不稳定的，往往和地面径流穿插流动，难以划分开来，故在实际水文分析中常把它归入地面径流。若降雨延续时间较长，继续下渗的雨水经过整个包气带土层，渗透到地下水库当中，经过地下水库的调蓄缓缓渗入河槽，形成浅层地下径流。另外，在流出流域出口断面的径流当中，还有与本次降雨关系不大，来源于流域深层地下水的径流，它比浅层地下径流更小，更稳定，通常称为基流。

综上所述，由一次降雨形成的河川径流包括地面径流、壤中流和浅层地下径流三部分，总称为径流量，也称产流量。降雨量与径流量之差称为损失量。它主要包括储存于土壤孔隙中间的下渗量、植物截留量、填洼量和雨期蒸散发量等。可见，流域的产流过程就是降雨扣除损失，产生各种径流成分的过程。

流域特征不同，其产流机制也不同。干旱地区植被差，包气带厚，表层土壤渗水性弱，流域的降雨强度和下渗能力的相对变化支配着超渗雨的形成，一旦有超渗雨形成便产生地面径流，它是次雨洪的主要径流成分，而壤中流和浅层地下径流就比较少。这种产流方式称为超渗产流。对于气候湿润，植被良好，流域包气带透水性强，地下水位高的地区，降雨强度很难超过下渗能力，其产流量大小主要取决于流域的前期包气带的蓄水量，与雨强关系不大。如果降雨入渗的水量超过流域的缺水量，流域蓄满，开始产流，不仅形成地面径流、壤中流，而且也形成一定量的浅层地下径流，这种产流方式称为蓄满产流。超渗产流和蓄满产流是两种基本的产流方式，两者在一定的条件下可以相互转换。

（二）汇流过程

降雨产生的径流，由流域坡面汇入河网，又通过河网由支流到干流，从上游到下游，最后全部流出流域出口断面，称为流域的汇流阶段。因为流域面积是由坡面和河网构成的，所以流域汇流又可分为坡面汇流和河网汇流两个小过程。坡面汇流是指降雨产生的各种径流由坡地表面、饱和土壤孔隙及地下水库当中分别注入河网，引起河槽中水量增大，水位上涨的过程。当然这几种径流由于所流经的路径不同，各自的汇流速度也就不同。一般地面径流最快，壤中流次之，地下径流则最慢。所以，地面径流的汇入是河流涨水的主要原因。汇入河网的水流，沿着河槽继续下泻，便是河网汇流过程。在这个过程中，涨水时河槽可暂时滞蓄一部分水量而对水流起调节作用。当坡面汇流停止时，河网蓄水往往达到最大，此后则逐渐消退，直至恢复到降雨前河水的基流上。这样就形成了流域出口断面的一次洪水过程。如图 1-20 所示。

产流和汇流两个过程，不是相互独立的。实际上几乎是同时进行的，即一边有产流，一边也有汇流，不可能截然分开。整个过程非常复杂。出口断面的洪水过程是全流域综合影响和相互作用的结果。

三、径流的表示方法及单位

径流分析计算中，常用的径流表示方法和度量单位有下列几种：

（1）流量 Q。单位时间通过河流某一断面的水量叫流量，单位为 m^3/s。

（2）径流量 W。一定时段内通过河流某一断面的水量，称为该时段的径流总量，或简称为径流量，如月径流量、年径流量等。常用单位有 m^3 或万 m^3、亿 m^3 等。有时也用时段平均流量与对应历时的乘积表示径流量的单位，如 $(m^3/s)\cdot$月、$(m^3/s)\cdot d$ 等。径流量与平均流量的关系如下：

$$W = QT \tag{1-13}$$

式中　Q——时段平均流量，m^3/s；

T——计算时段,s。

(3)径流深 Y。将一定时段的径流总量平均铺在流域面积上所得到的水层深度,叫做该时段的径流深,以 mm 计,其计算公式为:

$$Y=\frac{W}{1\,000F} \tag{1-14}$$

式中 W——计算时段的径流量,m^3;

F——河流某断面以上的流域集水面积,km^2。

(4)径流模数 M。单位流域面积上所产生的流量,如洪峰流量、年平均流量等,相应地称为洪峰流量模数、年平均流量模数(或年径流模数),常用单位为 $m^3/(s\cdot km^2)$ 或 $L/(s\cdot km^2)$,其计算公式为:

$$M=\frac{Q}{F} \tag{1-15}$$

(5)径流系数 α。流域某时段内径流深与形成这一径流深的流域平均降水量的比值,无因次,其计算公式为:

$$\alpha=\frac{Y}{X_F} \tag{1-16}$$

【例 1-1】 已知某小流域集水面积 $F=130\ km^2$,多年平均降雨量 $X_{F_0}=915$ mm,多年平均径流深 $Y_0=745$ mm。求该流域多年平均径流量 W_0、多年平均流量 Q_0、多年平均径流模数 M_0 以及多年平均径流系数 α_0。

解:直接代公式计算:

$$W_0=1\,000Y_0F=1\,000\times745\times130=9.685\times10^7(m^3)$$

$$Q_0=\frac{W_0}{T}=\frac{9.685\times10^7}{31.536\times10^6}=3.07(m^3/s)$$

$$M_0=\frac{Q_0}{F}=\frac{3.07}{130}=23.6\times10^{-3}(m^3/(s\cdot km^2))=23.6(L/(s\cdot km^2))$$

$$\alpha_0=\frac{Y_0}{X_{F_0}}=\frac{745}{915}=0.81$$

四、次雨洪径流过程及其特征

流域发生一场降雨,经过流域的产流和汇流,在流域出口断面便形成一次洪水过程。通常在水文分析中用流量随时间的变化过程来表示,如图 1-20 所示。

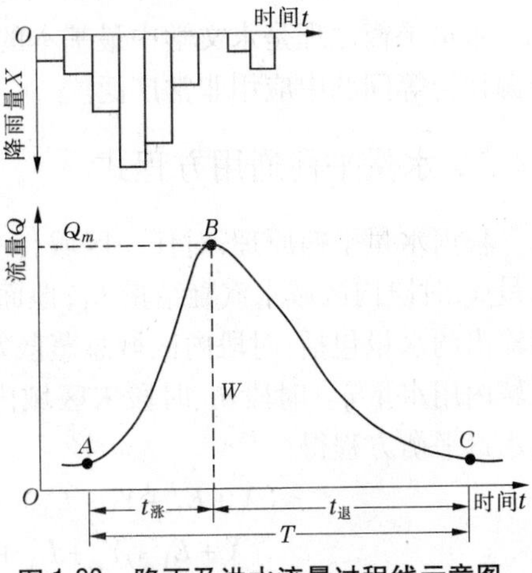

图 1-20 降雨及洪水流量过程线示意图

洪水流量过程线反映了降雨特性和流域下垫面因素的综合作用。不同的降雨过程将形成不同的洪水,即使是同样的降雨,在不同的下垫面条件下也会形成不同的洪水。在水文上描述洪水流量过程线的特征一般用洪峰流量、洪水总量和洪水总历时三个基本要素。

洪峰流量 Q_m 是一次洪水流量过程线上的最高点(即最大的瞬时流量),如图 1-20 中的 B 点。

洪水总量 W 是指洪水所形成的总径流量,即图 1-20 中过程线 $A \to B \to C$ 与横轴所包围的面积。其中包括基流水量。

洪水总历时 T 是指洪水过程从起涨到落平所经历的时间,即图 1-20 中过程线 $A \to C$ 的时间。$T = t_{涨} + t_{退}$,$t_{涨}$ 为涨水历时,$t_{退}$ 为落水历时。

按照洪水过程线的形状不同,将其分为单峰洪水(如图 1-20 所示)和复式峰洪水,后者也称为连续峰洪水。

第六节　水量平衡

一、水量平衡原理

根据自然界的水分循环,地球水圈的不同水体在周而复始地循环运动着,从而产生了一系列的水文现象。在这些复杂的水文过程中,水分运动遵循质量守恒定律,即水量平衡原理。具体而言,就是对任一区域在给定时段内,输入区域的各种水量之总和与输出区域的各种水量之总和的差值,应等于区域内时段蓄水量的变化量。据此原理,可列出一般的水量平衡方程:

$$I - O = W_2 - W_1 = \Delta W \tag{1-17}$$

式中　I——时段内输入区域的各种水量之和,m^3;

O——时段内输出区域的各种水量之和,m^3;

W_1——时段初区域内的蓄水量,m^3;

W_2——时段末区域内的蓄水量,m^3;

ΔW——时段内区域蓄水量的变化量,m^3,$\Delta W > 0$ 表示时段内区域蓄水量增加;相反,$\Delta W < 0$ 表示时段内区域蓄水量减少。

水量平衡原理是水文学中最基本的原理之一。它在降雨径流过程分析、水利计算、水资源评价等问题中应用非常广泛。

二、水量平衡通用方程式

根据水量平衡原理,对任一区域,一定时段内输入区域的水量有:时段内区域平均降水量 X;时段内区域水汽凝结量 E_1;地面径流流入量 Y_1;地下径流流入量 U_1。时段内从区域输出的水量包括:时段内区域总蒸散发量 E_2;地面径流流出量 Y_2;地下径流流出量 U_2;区域内用水量 q。时段初、时段末区域内蓄水量分别为 W_1、W_2,差值为 $\Delta W = W_2 - W_1$,代入水量平衡方程得:

$$(X + E_1 + Y_1 + U_1) - (E_2 + Y_2 + U_2 + q) = W_2 - W_1 \tag{1-18}$$

或

$$X + E_1 + Y_1 + U_1 + W_1 = E_2 + Y_2 + U_2 + q + W_2$$

若令 $E = E_2 - E_1$,称为净蒸散发量,则上式为:

$$(X + Y_1 + U_1) - (E + Y_2 + U_2 + q) = W_2 - W_1 \tag{1-19}$$

三、流域水量平衡

在河流水资源的开发利用工程中主要研究流域的水量平衡问题。因此,将水量平衡通用方程式应用到一个流域上。若是闭合流域,又无跨流域引水,则有 $Y_1 = 0, U_1 = 0$;即没有地面、地下流入量;同时流域上产生的地面、地下径流量都从流域出口断面流出,故令 $Y = Y_2 + U_2$,称径流量,流域内的用水量不计,可得到闭合流域的水量平衡方程式为:

$$X - (E + Y) = \Delta W \tag{1-20}$$

在实际工作中常取研究时段为一年,则式(1-20)称为闭合流域年水量平衡方程式。

对于多年平均情况,同样因为 ΔW 有正有负,$\frac{1}{n}\sum_{i=1}^{n}\Delta W \to 0$,故水量平衡方程为:

$$X_0 = E_0 + Y_0 \tag{1-21}$$

式(1-21)就称为闭合流域多年平均水量平衡方程。

第七节　城市气候与热岛效应

一、城市气候的一般特征

随着社会的发展,越来越多的人居住在城镇。城市扩大了,使得大片森林和田园消失了,下垫面有了大的改变。城市的生产活动和特殊地面结构共同作用于大气,使大气边界层的特性发生变化,从而影响城市地区的气流、温度、降雨和能见度等,形成与邻近乡村不同的气候情况。城市所在区域的气候因素是造成城市局部气候的背景。例如,赤道城市终年高温多雨,温带城市四季分明,寒带城市长冬无夏,季风气候区的城市夏雨冬干,沙漠气候区的城市全年干旱,地中海气候区的城市冬雨夏旱,海洋性气候区的城市全年湿润,雨水均匀等。这些都是在大气因素作用下形成的各个不同地区的气候类型。然而,城市气候是指在同一区域气候的背景上,由于受到城市特殊下垫面和人类活动的强烈影响,在城市地区形成不同于当地区域气候的局部气候。这种差异虽然还不足以改变区域气候的基本特征,但在各项气候要素(如辐射、云量、气温、风和降水等)的变化上表现得很明显。城市化对各种气候特征的影响是不同的,可概略说明如下:

(1)辐射与气温。由于城市空气中粉尘、二氧化碳、二氧化硫、一氧化碳、碳化氢等有色气体和微粒比郊区多,必然减弱空气的透明度、减少城市的日照时数和降低太阳直接辐射强度。但因城市下垫面热容量小,空气中二氧化碳等吸收地面长波逆辐射,又有人工热源等原因,城市气温一般高于郊区。根据北京市气象资料统计,城区日照时数比郊区低7.8%,主要是由于烟尘较多使能见度下降,影响日照和辐射。而城区气温则高于郊区,多年平均相差0.5~0.6 ℃,一般春季差额较大,可达1 ℃,其他季节略小。突出的极个别,例如,1966年2月22日,北京静风晴夜的绝对最低气温,郊区为 -27.4 ℃,而城区五塔寺为 -18.4 ℃,相差9 ℃。这是由城市的人工热源和二氧化碳层的温室效应造成的。

(2)风和湍流。城市热岛效应会产生热岛环流(城市地面空气向热岛中心辐合,在热岛中心上升,到一定高度空气向四周郊区辐散下沉,郊区地面气流向城区辐合)。这种局地风系在天气形势比较稳定、风速微弱时尤为显著。又由于城市中建筑物高低交错,大大地增加了地面的粗糙度。在大多数情况下,使城市的风速小于郊区,风向更为复杂多变。空气的湍流增多,湍流的结构与郊区不同,这都是由城市中特有的热力性质和动力性质造成的。

北京市的情况也很典型,市区静风天数比郊区要多,多年平均城区为76.6 d,郊区为62.0 d。平均每年风速大于17 m/s 的大风天数,城区为11.2 d,而郊区为38 d。由于北京市地形为东西向长南北向短的椭圆形,市区建筑物使地面起伏影响风速,一般东西向风的市区风速为郊区的60%,而南北向风则为郊区的80%。

(3)蒸散发和湿度。蒸散发包括地面水分的蒸发和植物水分的散发两部分。由于城市中地面大部分为不透水的路面和建筑物,人工排水管网能够迅速地排泄降水,植被减少了很多,蒸散发量理应明显低于郊区。但由于城市气温高于郊区,使城区湿度降低,提高了蒸发能力。在这些因素的综合作用下,城乡间蒸散发量的差别一般不很显著。应当指出的是,在一定条件下,城市夜间有时绝对湿度可能较大,会形成"城市湿岛"现象。

(4)雾和露。观测表明,城市中或城市周围的雾比远郊区多。这是因为城市空气中粉尘、吸湿性核极其丰富的缘故。虽然空气中的水汽并未达到饱和,但在相对湿度为70%~80%时,城市中往往就会有雾出现。有些城市因汽车尾气排放的废气在强烈阳光作用下,还会形成"光化学烟雾"。郊区空气湿度虽比市区大,但凝结核少,雾日反而稀少。露是在地面或地面物体上的水汽凝结物。郊区因土壤潮湿,又有丰富的植被,因此其凝露量远比市区多。

(5)云和降水。城市中由于有热岛中心上升气流,而且湍流又较多,加之空气中凝结核极多,因此云量比郊区多。根据多数学者的观测研究,认为城市降水亦较郊区为多,但也有少数学者持相反意见,认为城市降水比郊区少。美国近年所组织的大都市研究计划所取得的观测资料数据,有力地支持了城市降水增多的观点。

随着世界城镇数量和规模的急剧扩大,对城市气候的研究日益迫切,促使城市气候学科的形成和发展。就城市水文工作者来说,都十分关心城市化后某些气候特征变化。例如,需要了解城市化对空气的污染、对降水(包括降水的水质及水量)的影响,以及城市的热和风的情况等。这些气候特征都直接或间接地与城市排水系统、防洪、水污染防治和城市水资源有关。

二、城市热岛效应

从众多的城市小气候观察表明,城市中心的年平均气温要高出周围农村地区0.5~3 ℃,在气温水平分布上形成一个高值区,以致在城市区产生了热岛效应。城市热岛效应是城市化对气候影响的典型特征之一,其产生原因主要是城市区大量人为热量的释放以及城市内高度密集的工业、人口和众多高层建筑能够吸收较多的太阳辐射,阻碍空气的流通,减弱了风速,使城市热空气不能及时扩散,同时由于城市众多不透水道路和建筑物的覆盖,雨水迅速从排水管网排出,使得城市的蒸发较小,空气湿度也较小,因此城市空气温度要明显高于郊区温度,产生城市区的热岛现象。

城市热岛效应和变化受众多因素影响,在不同地区、不同季节和不同天气条件下,表现出不同城市热岛特征。城市热岛效应在时间上有明显的周期变化，在中低纬度的城市地区，热岛效应主要在夜间表现得较为强烈，这主要是由城乡冷却率的差异而产生的，一般在日落后 3 ~ 5 h，乡村一般以每小时 2 ~ 3 ℃的速度冷却，而城市冷却较小，此时热岛温度最大，而且日出以后乡村加热比城市快，热岛效应逐渐减弱。

根据有关专家对广州市的观察分析，广州市城市热岛效应在白天较弱，日落之后热岛强度迅速增大，21 时达一天的最大值，日出之后热岛强度迅速减弱，13 时最弱，并且热岛强度的变化呈波浪起伏，较不规则（见图 1-21（a））。而据 2002 年 5 月对南京市在晴天、阴天及雨天三种天气条件下，城区和郊区同步观测表明，夜间城市热岛效应较明显，其变化过程和广州类似，特别是晴天城市热岛效应日变化较为激烈，如图 1-21（b）所示。造成城市热岛效应的原因主要是城郊下垫面性质差异，以及由此而引起的城市和郊区的辐射收支差异所致。日落后，市区由于建筑物垂直墙壁的多次反射吸收量散发慢，郊区空旷散热快，降温比市区大，使热岛强度急剧增加，21 时达最大值，以后随市区与郊区降温差异值减小而逐渐减弱。日出后在市区由于建筑物的阻挡，太阳不易直射地面，而郊区较为空旷，当太阳高度角还很低时，地面即接受太阳辐射而迅速升温加热，使得两地差异逐渐减小，城市热岛效应逐渐减弱，在午后达到最低值，城市热岛效应日变化特征在上海的资料分析中表现出类似特征（周淑贞，1994）。

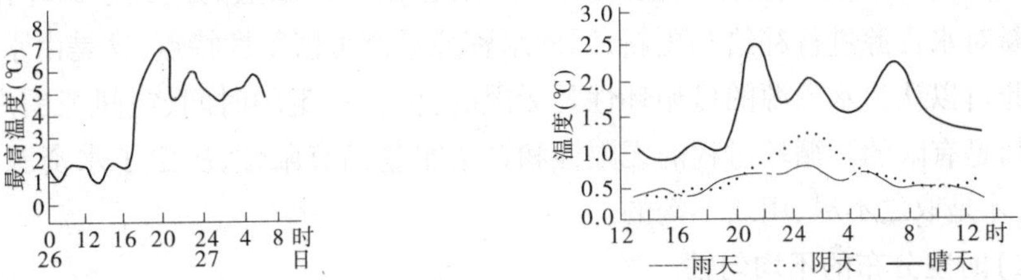

(a)广州城市热岛强度日变化(据杨士弘等，1984)　(b)南京城市热岛强度日变化(据刘海滨，2002)

图 1-21　城市热岛强度

城市热岛强度还有明显的季节变化，但季节变化的情况较为复杂，尤其地区差异较大，其变化情况因当地气候条件和城市人为因素而异。我国东部城市，城市热岛效应一般秋冬季强，春季和夏季弱，这主要是由我国受季风气候影响所致。

城市的热岛效应在我国不同地区、不同季节对城市生态环境将产生不同影响。在冬季有利于减少取暖能源的消耗，延长无霜期，而在夏季却会加剧城市高温的酷热程度，增加因空调降温而带来的能源消耗，环境污染，影响人民生活质量。

第八节　水资源与水环境

一、水资源的涵义

水是一种重要的自然资源，也是人类乃至于整个生态系统赖以存在和发展的基本物质条件。对于水资源，目前还没有非常明确的定义，但比较普遍的说法有广义和狭义之分。广义的水资源是指地球水圈内的水,它以气态、固态和液态等形式存在和运动着。如海洋水、湖泊水、河流水、地下水、土壤水、生物水和大气水等。地球上水资源的总储量达13.86亿km^3,其中海水占96.5%,天然淡水量约0.35亿km^3,占总储量的2.53%;而淡水中的99.86%是深层地下水和地球南北两极以及高山冰雪等难以为人们所利用的静态水。真正与人类活动密切相关的江、河等河槽淡水量只占淡水总储量的0.006%。如表1-1所示。

因此,从狭义角度讲,水资源是指在目前的经济技术条件下,可供人们开发利用的淡水量,是在一定时间内可以得到恢复和更新的动态量,一般包括水量和水质两个方面。由地表水、土壤水和地下水及其相互转化构成水资源系统。大气降水是其总补给来源。但是,随着科学技术和社会经济的不断发展,狭义水资源的内涵也是在不断发展变化的。现在人们常说的水资源,一般是指狭义水资源。

二、水资源的基本特点

水资源是一种动态资源,它具有以下几个主要特点。

(一)可恢复性和有限性

在人类活动中,水资源不断被开采和消耗,但由于地球上的巨大水循环作用,大气降水会不断对水资源进行补给和更新,因此水资源具有可恢复性特点,这是由水循环所决定的。由此可以认为水资源的可循环性是无限的,但在一定的时间、空间范围内,水资源的蕴藏量却是有限的。循环过程的无限性和补给水量的有限性,决定了水资源在一定数量限度内,才是取之不尽、用之不竭的。

(二)时空分布的不均匀性

水资源在时间分配的不均匀性主要表现在降水的年内和年际变化上。由于气候的原因,降水在年内随季节变化,年际随丰枯水年变化,因此水资源在时间上分配是不同的。水资源在地区上分布也不均匀,在北半球范围内,随着纬度的增高,降水量明显减少;南半球降水量也有随着纬度的增高而减少的趋势,但在40°S～60°S的降水量明显增大。沿海、内陆地区也有明显差别,一般沿海地区降水量明显高于内陆地区降水量。

我国水资源的时空分布规律表现为:在年内一般夏秋多冬春少,在年际间为旱涝相间出现,北方旱灾多于涝灾,南方则相反。在地区上总趋势是东南多,西北少;沿海多,内陆少;山区多,平原少。

(三)利害双重性

水资源对人类而言有着利和害的双重性。有利的一面主要是水资源在人类的生产生活活动中被广泛利用,它不仅广泛应用于农业、工业和生活,还用于发电、水运、水产、旅游和环境改造等,为人类造福。不利的一面主要是水量的时间变化常常导致水旱灾害。如水量过多造成洪水泛滥,水量过少又造成旱灾;另外,在人类开发利用水资源时,如果不按自然规律办事,工程的设计不当或管理不善,也可造成溃坝事故,引发土壤次生盐渍化,致使人类的生存环境恶化等。

三、我国水资源存在的主要问题

(一)水资源总量多,但人均、亩[1]均占有量少

据统计,我国平均年降水量为 648 mm,水资源总量约为 28 124 亿 m^3,其中河川径流量 27 115 亿 m^3。就总量而言,在世界主要国家中我国仅次于巴西、俄罗斯、加拿大、美国和印度尼西亚,居第六位。但我国人口众多,人均占有水资源量仅为世界平均值的 1/4,约相当于日本人均占有量的 1/2,美国的 1/4,俄罗斯的 1/12,巴西的 1/20,加拿大的 1/44。在统计的 149 个国家中,排列第 109 位,属于人均水资源贫乏的国家之一。耕地亩均占有河川径流量也只有 1 900 m^3,相当于世界亩均水量的 2/3 左右,远低于印度尼西亚、巴西、日本和加拿大。因此,我国水资源总量从绝对数来看还算丰富,但人均、亩均水量却很少。

(二)水资源地区分布不均匀,水土资源配置不均衡

我国水资源的地区分布很不均匀,南多北少,相差悬殊,与耕地和人口的分布极不相应,是我国水资源开发利用中的一个突出问题。总趋势是南方水多地少,北方水少地多。如表 1-3 所示。

表 1-3　我国水资源、耕地、人口分区统计(1993 年)

流域片	占全国(%)			人均水资源量(m^3/人)	亩均水资源量(m^3/亩)
	水资源	人口	耕地面积		
松辽河	6.9	9.7	20.2	1 704	661
海河	1.5	10.0	11.2	358	259
淮河	3.4	16.2	15.2	505	437
黄河	2.7	8.5	12.9	749	400
长江	34.2	34.3	23.8	2 388	2 795
珠江	16.7	12.1	6.7	3 327	4 842
东南诸河	9.2	5.5	2.5	2 962	5 346
西南诸河	20.8	1.6	1.8	31 914	23 089
内陆河	4.6	2.1	5.7	5 270	1 590
全国	100	100	100	2 342	1 900

根据 1993 年资料统计,北方 5 片(松辽河、海河、淮河、黄河、内陆河)人口占全国的 46.5%,耕地面积占全国的 65.2%,但水资源只占全国的 19.1%;南方 4 片(长江、珠江、东南诸河、西南诸河)人口占全国的 53.5%,耕地面积占全国的 34.8%,而水资源量占全国的80.9%。西南诸河水资源最为丰富,而海河流域片水资源最为匮乏。

[1] 1 亩 = 1/15 hm^2,全书同。

（三）水资源年际、年内变化大，水旱灾害频繁

我国大部分地区受季风的影响，水资源的年际、年内变化较大。南方地区年降水量的最大值与最小值的比值为2～4，北方地区为3～6；最大年径流量与最小年径流量的比值，南方为2～4，北方为3～8。水量的年内分配也不均衡，主要集中在汛期。汛期的水量占年水量的比重，从长江以南地区的60%左右（4～7月），到华北平原等部分地区河流的80%以上（6～9月）。大部分水资源量集中在汛期以洪水的形式出现，资源利用困难，且易造成旱涝灾害。近一个世纪以来，受气候变化和人类活动的影响，我国水旱灾害更加频繁，平均每2～3年就有一次水旱灾害，如1991年长江大水、1998年的长江和松花江大洪水，1999年、2000年北方及黄淮流域的大旱，灾害损失愈来愈严重。水旱灾害仍然是中华民族的心腹之患。

（四）水土流失和泥沙淤积严重

随着人口的膨胀，过度砍伐树木、放牧、山坡垦田和不合理的耕作，使地面被覆遭到严重破坏，水土流失严重。据统计，到1992年全国水土流失面积已扩大到367万km^2，占全国陆地面积的38.2%，每年流入江河的泥沙50亿t，流失的肥力相当于全国化肥年产量的9倍之多。水土流失不但造成土壤瘠薄、农业低产、生态环境恶化，而且同时造成河道、湖泊淤积严重，使其行洪、防洪能力减小，防洪难度加大。比如，1998年长江大洪水的洪峰流量比1954年的小，而洪水位却超过了1954年的。泥沙淤积还使水库库容减少，效益降低。此外，从多沙河流引水灌溉、供水，泥沙处理也是个难题。

（五）天然水质好，但人为污染严重

我国河流的天然水质是相当好的，但由于人口的不断增长和工业的迅速发展，废污水的排放量增加很快，水体污染日趋严重。1999年废污水日排放量达606亿t，80%以上的废污水未经任何处理直接排入水域，使河流、湖泊遭受了不同程度的污染。根据1999年水质监测结果，全国11万km长的河流中有37.6%被污染（Ⅳ类水质以上），被调查的24个湖泊中有5个湖泊部分水体受到污染，9个湖泊受到严重污染。水资源污染后失去了使用价值，严重的甚至破坏生态平衡，造成水资源的污染性短缺，加剧了缺水的危机。

四、城市水环境

水环境是指一切影响水的存在、循环、分布以及其化学和物理特性的各种自然因素的总体。在天然条件下，水环境处于相对平衡状态，其变化过程是十分缓慢的，我们一般以之作为背景环境。在人类活动比较频繁的地区，水环境受到的扰动是十分显著的。例如，在河流上修建水利工程改变了径流量随时间和空间的分布，使之满足人类生产和生活的要求；但另一方面又对气候、生物和其他自然环境产生潜在的影响。有时，这些影响可能在数年、数十年乃至数百年以后才能反映出其作用。由于人们对自然界认识的局限性或人们的急功近利，也常常造成许多不利于人类的水环境问题，如过度开采地下水引起地面沉降、干旱沙化和咸水入侵等；湖泊沼泽开发利用使洪涝灾害增加；污水排放造成水质污染等。水环境一旦受到严重污染，要在短期内恢复是非常困难的，产生的后果也是十分深远的，甚至会殃及子孙后代。因此，水环境的变化在很大程度上是受人类活动制约的。如果人类站在人与自然和谐共处的基础上科学合理地开发利用水资源，有效治理水污染，则

水环境就可以支持人类社会的可持续发展；否则，就会破坏水环境，导致水灾害，轻则影响人类的生活质量，重则影响生存环境，造成水灾难。可见，水环境问题主要是人类自身的问题，而且在人口密集、用水集中的城市地区，水环境问题显得尤为重要。这是当今社会普遍认可的共识。

城市水环境作为一门新兴的研究课题，主要研究自然的水环境和人类活动对自然水环境的影响作用，更重要的是要认识掌握水环境演变的规律。研究内容涉及城市的大气降水、地表水以及地下水的水质和水量、循环运动规律，人类活动对这些水过程的影响及其效应，更深层次涉及到城市生态环境的影响等。因而城市水环境是一门多学科交叉的综合学科，随着城市的发展以及全球城市化进程的加快，水环境问题愈来愈受到人们的重视。

城市是人类发展和社会进步的标志，随着人类进步和工业化的发展，人口大规模向城市集中，城市规模不断扩大，使得城市经济有了较大发展。城市是人类发展的必然产物，是一个社会走向现代化的必然阶段。19 世纪以来，全世界城市化潮流势不可挡，它一方面促进了社会、经济、文化和人类的进步和发展，同时由于人口大规模集中，产业密集，社会经济活动频繁，城市规模不断扩大，给城市交通、住房和资源利用带来了一系列问题，污染加剧，生态环境恶化问题日趋严重，其中最重要的是水资源短缺和水污染加剧问题日趋突出。进入 20 世纪以来，因工业化、城市化发展，对水资源需求猛增，对水资源无限制的开发使用，把江河湖泊当成天然排污沟，使得水资源枯竭、水质污染问题已成为世界性问题。

城市化主要表现为城镇人口比重稳步上升，导致农业活动的比重逐渐下降，非农业活动不断上升，城镇规模不断扩大。城市化水平主要以人口的变动指标、城市人均生产总值、城市产业结构等经济指标和城市居民人均可支配收入、人均居住面积、住房成套率、绿地面积等社会指标来分析。全世界约有 50% 的人口集中居住在仅占大陆面积 5% 的城市范围内。2001 年世界城市化水平已达 47%，发达国家城市化水平则为 75%，并且每年以 1% 的速度增长。

随着我国城市化水平的提高，城市规模不断扩大，城镇人口密度加大，城市化带来的负面影响越来越大。城市化的发展，使一大批城市和城市群涌现出来，这种大规模城市扩张带来了一系列生态环境问题，出现了城市生态系统失调，环境污染，资源短缺，人居环境恶化等一系列问题，其中水资源紧缺、水污染加剧问题最为严重。预计到 21 世纪中叶，我国城市化水平可达 60%，城市人口将增加到 9.6 亿左右，水资源供需矛盾将进一步加剧，水质保护难度也将进一步加大。

综观世界城市发展，世界各地城市化发展和水有着密切的联系。从古代城市依山傍水建设，到近代城市的发展，要综合考虑城市供水、排水以及城市水环境等有关水资源的综合要素。城市化发展对水资源需求也与日俱增，水资源在许多地区已成为制约城市发展的一个重要因素，同时城市化发展对城市水资源和水环境产生了较大影响，使其发生了显著变化。近年来，由于城市和工业化的发展，人类活动的加剧，使得水资源短缺和水污染问题日益严重，已明显影响到人类的生存和发展。

思考与练习题

1-1　什么是水循环？其形成的内、外因条件是什么？

1-2　什么是河流？反映一条河流的主要特征常用哪些参数？如何量计？

1-3　什么是流域？反映一个流域的主要特征有哪些？流域(或集水)面积如何量计(找一张小流域五万分之一地形图勾绘流域的水系图及流域分水线，并量计主河道长度、主河道平均比降、流域集水面积)？

1-4　降雨是怎样形成的？按空气动力上升冷却的原因将降雨分为哪几种类型？

1-5　降雨随时间变化的过程常用什么方法描述？点降雨的主要要素是什么？

1-6　面雨量变化特性如何表示？面平均雨量怎样计算？

1-7　已知某流域面积 $F = 120\ km^2$，流域内分布有 4 个雨量站，经绘制泰森多边形，并量计各雨量站代表面积见下表第②栏。现有一次降雨各站测得雨量见表中第③栏，试用算术平均法和泰森多边形法计算降雨的流域面平均雨量。

雨量站	①	1	2	3	4
代表面积(km^2)	②	20	30	40	30
雨量(mm)	③	12	15	18	10

1-8　何为区域总蒸发？何为下渗？充分供水条件下下渗有何规律？

1-9　降雨径流过程是怎样形成的？一次雨洪径流过程的三个要素是什么？

1-10　河川径流大小怎样描述？

1-11　已知某流域面积 $F = 120\ km^2$，查得本流域多年平均降雨量为 $X_{F_0} = 700$ mm，径流系数 $\alpha_0 = 0.3$，试计算本流域多年平均径流量 W_0、平均流量 Q_0、径流深 Y_0、径流模数 M_0。

1-12　什么是水量平衡原理？如何表示？流域年水量平衡方程和多年平均水量平衡方程有何区别？

1-13　什么是城市气候？什么是热岛效应？

1-14　水资源的基本涵义是什么？它主要有哪些特点？

1-15　什么是城市水环境？

第二章　城市水文资料的收集与测验设备

学习目标与要求　了解城市水文信息资料观测的目的和意义，主要水文气象要素的观测设备和观测方法；水文气象资料的形式和收集途径。掌握降水、蒸发、水位、流量等水文要素的观测方法与资料整理方法。

城市水文研究的重要组成部分就是精心设计的资料收集工作。研究的成功与否在很大程度上取决于资料的收集。本章介绍各种城市水文资料的收集方法，包括所需资料的类别以及各种研究所需的测验设备。由于我国目前在城市水文专门的观测工作很不健全，这里着重介绍我国水文部门进行相关水文资料观测的方法以及资料整理的方法，最后简要介绍一下美国地质调查局(USGS)正在使用城市水文资料观测的测验设备。

对于城市水文研究工作，收集资料是一个重要的先决条件，因为收集资料的工作往往受经济、技术和制度上的制约，所以必须考虑到各种不同类型的城市水文研究课题，如表2-1所示，对于不同课题要求不同的资料收集对策。

表2-1　城市水文研究的各种类型课题

着重于水量	着重于水量和水质
雨洪排水设计或复核设计 可能发生的洪水以及市区河道的水面线 现场研究定出复杂的明渠和承压管道雨排水系统的水力特性	合流式排水系统设计 雨洪排水系统的实时运行 雨洪汇入下游受纳水体的水质分析 雨洪处理方案的系统分析 雨洪水质基本过程的现场研究 为确定清扫街道，滞洪水库等措施的效益和管理研究

收集资料都需明确一些必要的问题，如流域的选择、站点位置、测次和历时等。在本章的后面还要提出满足各类研究时资料收集的有关对策。关于资料收集方面有以下几点经验必须引起注意：

(1)由于大部分研究工作是由市、县政府机构委托规划工作组进行的，政府机构和工作组都应对资料收集对策有很好的理解。此外，关于研究目标的明确说明，双方在研究开始时就达成共识，并签订协议。

(2)由于城市水文资料包含明显的自然事件成分，如河道流量、降水量等。收集资料的对策必须适应当地的水文状态。例如，事先计划要求在给定的市区面积内，经过多少年(或月)后，要求观测到若干次雨洪，这往往是不现实的。由于自然水文现象的变动性这一事实，测验人员必须时刻处于准备状态，不要由于人为原因或设备失灵而漏测资料。

(3)资料收集阶段内，在能满足需要的条件下，也尽可能调整测验工作计划和要求。例如，为了建立一个暴雨径流模型，刚一开始已测到几次适用的雨洪资料，达到对模型进行率定和验证的要求，可能使收集资料的花费大大降低。如果资料分析工作与资料收集联系在一起进行，就能实现节省开支。例如，有可能在取样计划中分辨出一些不重要的变量，若根据某一特定化学组分的监测资料分析，已发现它是固定不变的，那么就可以及时停止对该部分的测验。

第一节 降水与蒸发资料

降水是城市水文的基本变量，所以降水观测非常重要。城市水文研究中所需的降水资料可以分成两类：第一类是用于建立、率定和检验城市水文模型的降雨资料，一般是集中在研究地区，要求与其他水量水质资料配套进行。观测记录年限并不要求很长，但观测要求比较精细；第二类是用于进行长期模拟所需的长期降雨资料，这部分资料主要是依靠国家基本站（气象台站和水文站）网提供的。下面重点介绍第二类资料的测验和收集工作。

第一类资料观测主要用于专门问题研究或工程规划设计。由于雨量的变化特性，在城市地区，集水面积只要超过 1 km^2，至少得设两个或更多的雨量站。目前，大部分雨洪模型有能力接收多个雨量站的输入，或以各自的过程线作为输入，或以加权平均后的单一值作为输入。一般情况下，雨量站应分布在指定流域中，控制的面积和代表的地形应相近。如果需要新设站，必须注意雨量计附近的地面要开阔。但在城市地区，这个要求有一定困难。雨量计应位于：接近地面而不是安置在建筑物顶；建筑物和树木与雨量计的距离不应小于其高度的两倍，并尽可能离远些；应避免在坡地上或在陡坡附近设雨量站。若风影响测验精度时，应加防风罩。

在一些城市水文模型中要使用蒸发资料，它可以从基本站网获得逐日的成果。通过土壤湿度计算程序，计算在降雨间歇期间的下渗过程，一般是没有必要为此研究而专门设立蒸发站进行观测。

第二类资料观测主要是由气象站和水文站完成的。下面介绍一般水文站进行降水和蒸发观测的方法及资料整理。

一、降水观测

降水量的观测场地应选在四周空旷平坦的地方，避开局部地形地物的影响，观测降水的仪器目前一般采用 20 cm 口径的人工雨量筒和自记雨量计。

（一）人工雨量筒观测

人工雨量筒是一个圆柱形金属筒，如图 2-1 所示，在降雨时雨水由漏斗进入储水瓶，降雨后，定时把储水瓶中的降雨倒入特制的量杯可直接读出雨量深度，并记录。

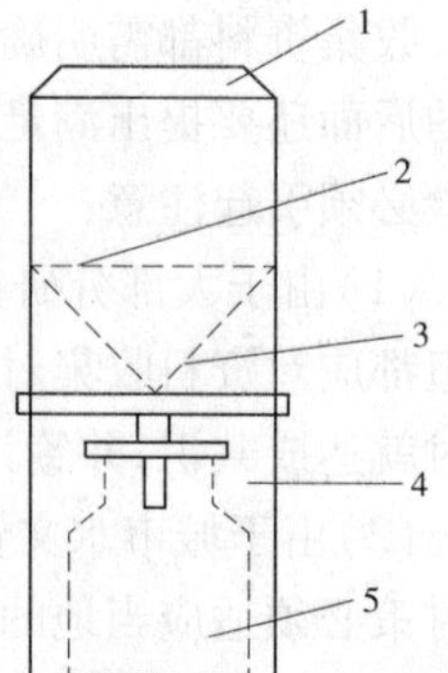

1—器口；2—承雨器；3—漏斗；4—雨量筒；5—储水瓶

图 2-1 人工雨量筒

用人工雨量筒测雨一般采用分段定时观测，常用两段制（每日 8 时、20 时）观测，汛期采用四段制（每日 8 时、14 时、20 时、2 时），八段制（每日 8 时、11 时、14 时、17 时、20 时、23 时、2 时、5 时），甚至雨大时还需增加观测次数。若用人工雨量筒观测降雪，可将漏斗和储水瓶取出，只留外筒作为承雪器具。

（二）自记雨量计简介

雨量信息自动采集多采用虹吸式自记雨量计（见图2-2）或翻斗式自记雨量计（见图2-3）等。

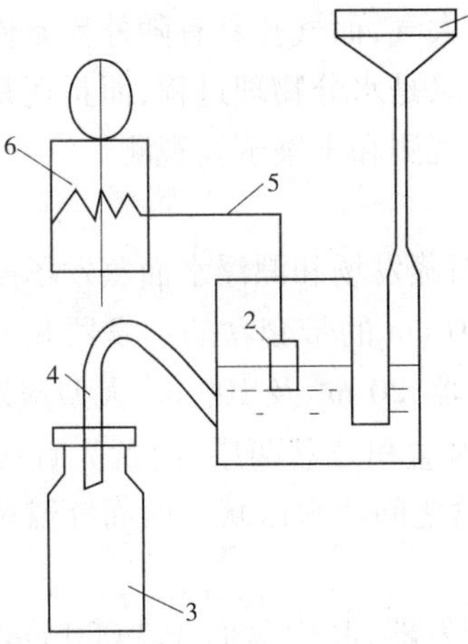

1—承雨器；2—浮子；3—储水瓶；4—虹吸管；
5—连杆；6—自计笔

图2-2 虹吸式自记雨量计

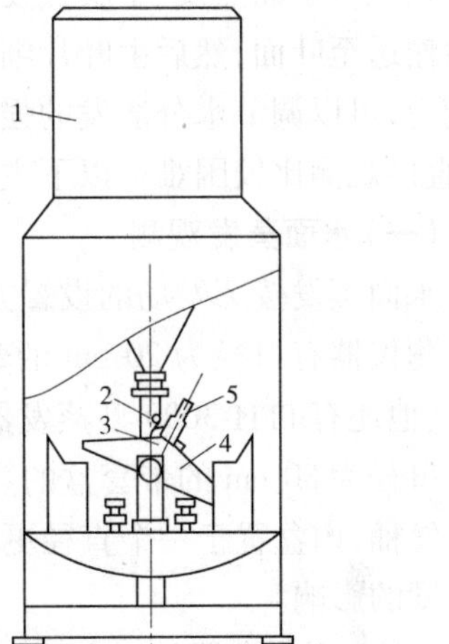

1—承雨器；2—浮球；3—小钩；
4—翻斗；5—舌簧管

图2-3 翻斗式自记雨量计

常用的虹吸式自记雨量计其工作原理为：雨水由承雨器进入浮子室后将浮子升起并带动自记笔在自记钟外围的记录纸上做出记录。

当浮子室内雨水储满时，雨水通过虹吸管排出到储水瓶，同时自记笔又下降到0点，继续随雨量增加而上升。这样降雨过程便在自记纸上绘出。

从自记雨量计的记录纸上可以确定降雨的起止时间，降雨随时间的积累变化，还可以从记录纸上摘录不同时段的降雨强度。但自记雨量计不能直接用来测量降雪过程。

翻斗式自记雨量计是以一个或多个承雨翻斗交替翻转的次数计量雨量的仪器。它主要由传感器与记录器两部分组成，传感器部分由承雨器、翻斗、转换开关等组成，其作用是把降雨量转换成电信号输出。记录装置可分模拟曲线记录与固态存储记录两类。模拟曲线记录装置主要由步进图形记录器、计数器和电子传输线路部件组成，其作用是在记录纸上完成雨量随时间变化的模拟曲线。固态存储记录方式是将雨量随时间变化存储在半导体存储器中，这种方式存储时间长，读、写灵活自由，易于与计算机相连进行读数。翻斗式雨量计工作可靠，便于雨量有线远传和无线遥测，固态存储记录方式先进可靠，便于水文数据自动化处理；也给水位、雨量等水文要素的长期自记、无人值守的巡测创造了有利条件。因此，目前翻斗式雨量计已广泛用于水文自动测报系统与雨量资料收集的固态存储系统中。

（三）降水资料整理

取得降水资料后，应对资料整理。其主要内容包括：编制汛期降水量摘录表；统计不同时段（如10 min、30 min、60 min、…）最大降水量；计算日、月、年降水量等，日降水量以8时为分界，即以昨日8时至今日8时的降水量作为昨日的日降水量。

据研究，目前的雨量器或雨量计所测的降水量由于风、蒸发、器壁沾附等因素影响而偏小，有关对比观测工作正在展开。

二、蒸发观测

蒸发有水面蒸发、土壤蒸发和植物散发三类。植物散发是土壤中水分经植物根系吸收后输送至叶面，然后由叶片细胞间隙气孔逸入大气，而气孔具有随外界条件变化而缩放的能力，可以调节水分散发的强度。植物散发不只是水分物理过程，而且还是植物生理过程，直接观测比较困难。以下主要介绍水面蒸发观测和土壤蒸发观测。

(一)水面蒸发观测

水面蒸发按蒸发场的设置方式分为陆上水面蒸发场和漂浮水面蒸发场两种。水面蒸发观测仪器有口径为 20 cm 的蒸发皿，口径为 80 cm 的带套盆的蒸发器和 E-601 型蒸发器，其他还有 ГГИ-3000 型蒸发器，水上漂浮蒸发器，20 m^2 及 100 m^2 大型蒸发池等。

口径为 80 cm 的带套盆的蒸发器结构分为内盆和外盆两层，内盆为直接观测蒸发量的蒸发桶，内盆置于一个直径更大的外盆内，两盆之间注水以减小四周气温对蒸发桶内水体温度的影响。

E-601 型蒸发器是埋在地表下的带套盆的蒸发器，其内盆面积 3 000 cm^2，内盛水，安装时它平置在地面，器口与地面平齐并在内盆外再套一水圈，如图 2-4 所示。

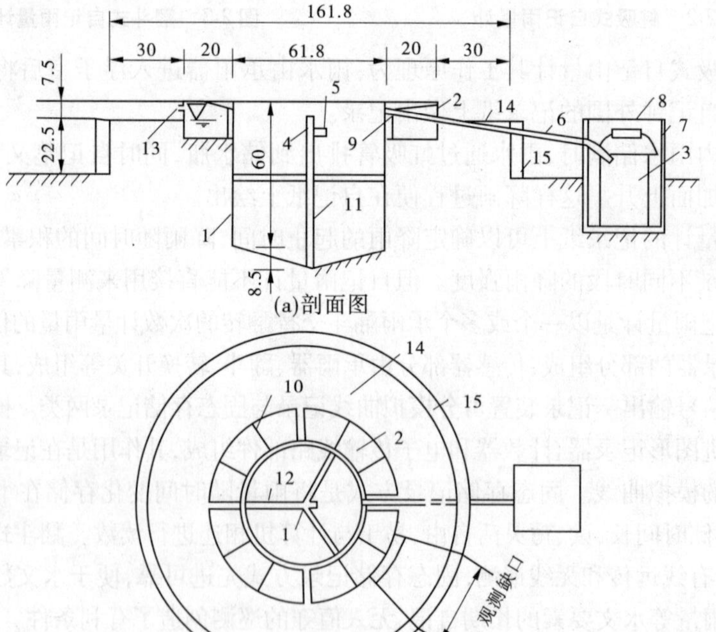

(a)剖面图

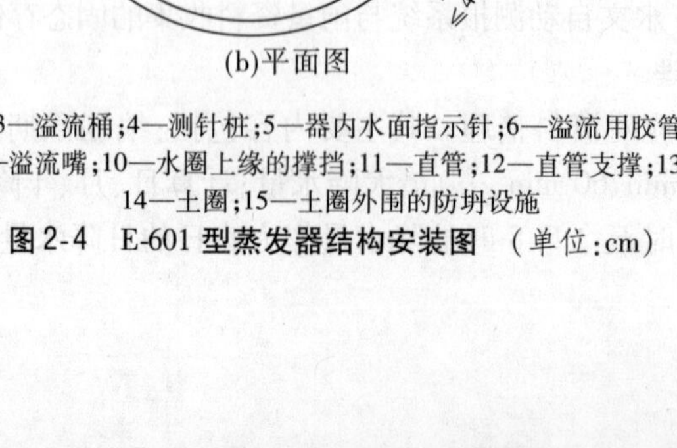

(b)平面图

1—蒸发器；2—水圈；3—溢流桶；4—测针桩；5—器内水面指示针；6—溢流用胶管；7—放溢流桶的箱；8—箱盖；9—溢流嘴；10—水圈上缘的撑挡；11—直管；12—直管支撑；13—排水孔；14—土圈；15—土圈外围的防坍设施

图 2-4　E-601 型蒸发器结构安装图　(单位：cm)

蒸发量观测为每日 8 时定时观测,测得前一日的蒸发量。蒸发量的观测值是根据蒸发器中测针所指示的水面高度的变化量以及日降雨量计算出来的。

上述蒸发器或蒸发池是设置在陆上的水面蒸发观测设备,另有一种漂浮蒸发器是把蒸发器安置在漂浮于水面的木筏上,这样蒸发器的环境条件与天然水体更为接近,观测到的蒸发量可能更能代表天然水体的蒸发情况,但有的研究表明,漂浮蒸发器由于受条件限制和风浪影响,观测精度不高,只能在缺乏蒸发池实测资料时,才可引用漂浮蒸发器观测资料。

(二)土壤蒸发观测

土壤蒸发量的确定可采用水量平衡法、经验公式法及器测法等。

(1)水量平衡法。即根据河流流域水量平衡方程式对不同情况进行计算,推求出土壤蒸发。

(2)经验公式法。公式结构可写成:

$$E_{土} = A_S(e_s' - e_a) \tag{2-1}$$

式中 $E_{土}$——土壤蒸发量,m^3;

A_S——反映气温、湿度、风等外界条件的质量交换系数;

e_s'——土壤表面水汽压,当表土饱和时 e_s' 等于饱和水汽压 e_s;

e_a——大气水汽压。

(3)器测法。测定土壤蒸发量的蒸发器种类颇多,目前常用的有 ГГИ-500 型土壤蒸发器及大型蒸渗器等。

ГГИ-500 型土壤蒸发器包括内外两个铁筒。内筒用来切割土样和填充土样,内径 25.5 cm,深 50 cm,口径面积为 500 cm^2,其外筒内径为 26.7 cm,深 60 cm,供置入内筒用,定期进行称重以推算时段蒸发量用。

大型蒸渗器有水力式及秤重式。其中水力式应用水的浮力进行秤重,以提高精度(可达相当于 0.1 ~0.2 mm 的蒸发量)。形状为圆形或长方形,面积从 0.3 m^2、0.5 m^2 到 10 m^2 以上。除用以观测土壤蒸发外,还可以同时观测散发、径流及渗漏等。

(三)蒸发资料整理

蒸发资料的整理是指对观测值进行日、月、年蒸发量的计算,并对有关特征值进行统计。对于用蒸发器皿测得的水面蒸发,由于蒸发器的水热条件、风力影响与天然水体有显著区别,测得的蒸发量偏大。所以,不能直接把蒸发器观测成果作为天然水体的蒸发值。经有关单位研究表明蒸发池的直径大于 3.5 m 以后,蒸发强度与蒸发池面积间的关系才变得较小,因而认为其蒸发量可以代表天然蒸发量。为此,对大量的小型蒸发器所观测的数据需要再乘以折算系数 k 才较符合实际。

$$k = \frac{天然水体蒸发量}{蒸发器蒸发量} \tag{2-2}$$

折算系数 k 因仪器类型、地方环境和气候条件而异,在实际工作中可根据当地实验成果选用。

第二节　水位与流量资料

在城市水文研究中，另一个关键的变量是河道流量。在某些情况下也可以用水位代替。河道流量测验工作对表2-1所列的各种城市水文研究都有重要的作用。例如，在雨洪排水设计工作或绘制洪水可能淹没的地区图中，根据实测流量可得出设计流量。在与水质参数有关的研究中，如果要计算水质排放量和水质浓度，流量资料也是必不可少的。

一般水文站主要是在河道（或渠道）上设立观测断面，安装观测设施，按一定的要求进行连续观测，积累水文资料，为国民经济建设的各相关部门服务。观测项目除了上面介绍的降水、蒸发外，还有水位、流量、泥沙、水质等，当然在城市水文中也有为专门问题研究而开展的短期观测。本节主要介绍水文站长期水位、流量和泥沙资料观测方法及资料整理。

一、水位观测与资料整理

河流、湖泊、沼泽、水库等水体某位置某时刻的自由水面相对于某一固定基面的高程称水位，其单位以m表示。

水位是水利建设、防洪抗旱斗争的重要依据，直接应用于堤防、水库、堰闸、灌溉、排涝等工程的设计，并据以进行水文预报工作。水位又是一项为河道航运、木材浮运、城市用水等国民建设服务的基本资料，在航道、桥梁、筑港、给水、排水等工程建设中，也都需要了解水位情况。在水文测验中，在进行其他项目如流量、泥沙、水温、水情的测验时，也需要同时观测水位，作为水流情况的重要标志。

（一）水位观测

在水位观测中常用的观测设备有人工水尺和自记水位计两种类型。

1.人工水尺观测

水尺是测站观测水位的基本设施，按型式可分为直立式、倾斜式、矮桩式和悬锤式四种。其中以直立式水尺构造最简单，且观测方便，为一般测站所普遍采用，它用坚硬平直的板条或搪瓷制成，安置在岸边便于观测的直立桩上或钉在桥柱或闸墙上。若水位变幅较大时，应设立一组水尺。倾斜式水尺是将水尺直接涂绘在特制的斜坡或水工建筑物的斜壁上，如水库的迎水坡、有砌护的渠坡上。观测水位时，是将水面在水尺上的读数读出，水尺读数加上水尺零点高程即为水位。

水位观测的时间和次数，以能测得完整的水位变化过程为原则。当水位变化缓慢时，每日观测两次（8时、20时）。水位变化较大或出现峰或谷时则要加测（一般不少于3次）。观测时应注意视线水平，注意波浪及壅水的影响，读数应准确无误，读至0.5 cm。

2.自记水位计观测

自记水位计是自动记录水位变化过程的仪器，具有记录完整、连续、节省人力的优点，目前国内外发展了多种感应水位的方法，其中多数可与自记和远传设备联用，这些方法包括测定水面的方法，测定水压力的方法，由超声波传播时间推算水位的方法等。目前较常用的自记水位计类型有：浮筒式自记水位计、水压式自记水位计和超声波水位计。

1) 浮筒式自记水位计

浮筒式自记水位计是一种较早采用的水位计，目前这种水位计的结构已经比较完善，能适应各种水位变幅和时间比例的要求。水位的变化除自记外，也可适应远传、遥测，但它们大都利用浮筒感应水位。

横式自记水位计是目前比较常用的一种浮筒式自记水位计，该仪器的工作原理是：利用与河水相连通的测井内水位的升降，浮筒也随之升降，比例轮带动记录筒转动，时钟控制记录笔的横向位置，使记录笔在记录纸上反映水位随时间的变化过程。如图 2-5 所示。

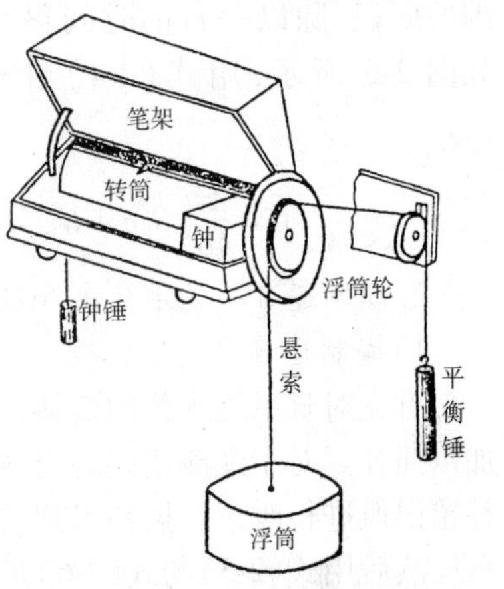

图 2-5　横式自记水位计

对于使用浮筒式自记水位计记录水位的测站，可不必进行频繁的水位观测，一般每日定时进行一次校测和检查。水位涨落急剧，质量较差的自记水位计，应适当增加校测和检查次数。当自记水位计与校核水尺的水位相差超过 2 cm，或时间误差每日超过 10 min，水位变化急剧时，应对自记水位记录进行订正。因此，设立浮筒式自记水位计的地方，还必须设立校核水尺。

2) 水压式自记水位计

水压式自记水位计的工作原理是测量水压强，即测定水面以下一已知测点高程以上的水柱 h 的压强 p 从而推算水位，按水力学静水压强为：

$$p = \gamma h \tag{2-3}$$

式中　γ——水的容重，kN/m^3；

p——压强，kN/m^2；

h——水深，m。

因此，只有在水的容重是常数的条件下，水压式水位计才能达到较准确的观测成果。一般说来，这类仪器对于内陆地区的水位观测比较可靠。在沿海的河口地区，由于淡水与咸水相混合，水的比重经常变化，往往难以达到要求的精度，测量误差可能为几十厘米。因此，在河口地区使用这种水位计时必须十分注意。

3) 超声波水位计

超声波水位计是利用超声波测定水位，是在河床上 G_1 高程处安置换能器，测定一超声波脉冲从换能器射出经水面反射，又回到换能器的时间 T。根据公式 $2h = CT$，即 $h = 0.5CT$，便可求出水深 h，从而算出水位高程：$G = G_1 + h$。其中 C 为超声波在水中的传播速度，其大小随水的温度、水的盐度变化而有微小的变化。

（二）水位资料的整理

观测所得的原始水位资料记录，需要通过整理分析及计算，整编成系统的资料，主要内容包括计算日平均水位，编制逐日平均水位表，绘制水位过程线及编制洪水水位摘录表等。

1. 日平均水位的计算

1) 算术平均法

一日内水位变化缓慢，或水位变化虽较大，但观测是等时距的，可将各次观测的水位用算术平均法求日平均水位。

2）面积包围法

适用于水位变化大，一日内观测为不等时距，可将本日0～24时的水位过程线所包围的面积，除以一日的时间得日平均水位。如图2-6所示，用式（2-4）计算日平均水位$\overline{G}$：

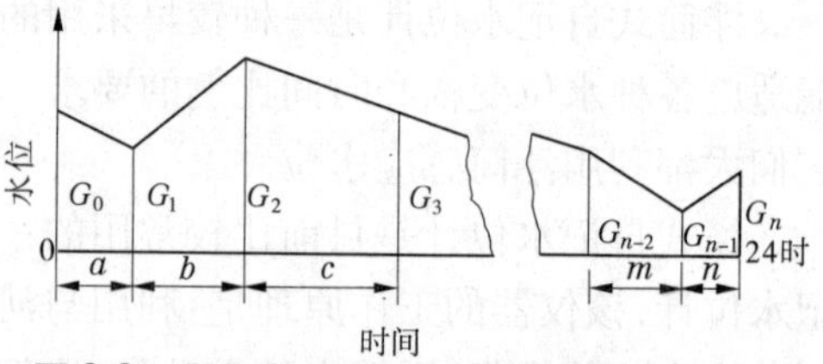

图2-6 面积包围法求日平均水位示意图

$$\overline{G}=\frac{1}{48}[G_0a+G_1(a+b)+G_2(b+c)+\cdots+G_{n-1}(m+n)+G_nn] \tag{2-4}$$

2. 编制逐日平均水位表和洪水水位摘录表

1）编制逐日平均水位表

首先对日平均水位的资料进行校核，因特殊情况水位缺测时，只要条件许可，应设法加以插补。对于观测错误的资料，如能判定用插补的数值更为正确时，则应采用插补值代替错误值进行改正。插补得到的资料，应在逐日平均水位表中注出并加以说明。

然后用式（2-5）与式（2-6）进行月、年平均水位的计算：

$$月平均水位=\frac{月总数(全月各日日平均水位之和)}{月总日数} \tag{2-5}$$

$$年平均水位=\frac{年总数(全年各日日平均水位之和)}{年总日数} \tag{2-6}$$

进行各种保证率水位的挑选，保证率水位是指一年中有多少天的水位等于或高于某一水位，则此水位称相应的保证率（历时）水位。在有航运的河道上，应挑选各种指定保证率的日平均水位，如最高日平均水位，从高向低数的第15 d、第30 d、第90 d、第180 d、第270 d的日平均水位及最低日平均水位。

2）编制洪水水位摘录表

它包括在"洪水水文要素摘录表"中。对于洪水涨落比较急剧，日平均水位不能准确表示其变化过程的，需编制此表。摘录时应注意保持洪峰过程的原状。对于水位测次不太多的站，可以直接取用全部水位记录；对于水位测次很多的站，可作选摘。摘录时，对每年的主要大峰，最好在一个相当长的河段内都相应地加以摘录，以能够达到上、下游配套，便于作合理性检查；而对一般洪峰，则要求相邻站能配套。还要求将暴雨形成的洪峰能与相应的降水量摘录配套。一般说来，至少应摘录以下各种类型的洪峰，以满足水文预报和水文分析计算的需要。洪峰流量最大和洪峰总量最大的峰；含沙量最大和输沙量最大的峰；孤立的洪峰；连续的洪峰；汛期开始的第一个洪峰；较大的凌汛和春汛；久旱以后的洪峰等。

摘录时应完整地摘录几次主要洪水的各种要素。摘录时段均自涨水前起至该次洪水落平时止。为了上下游、干支流对比分析，最好能使摘录期间相呼应，尽量摘取相应的峰与相应的时段。同时要尽量精简摘录点数，以节省工作量。

二、流量测验与资料整理

流量是单位时间内流过江河某一断面的水量体积，以m^3/s计。流量是反映河流水资源和水量变化的基本资料，在水利水电工程和城市规划管理运用中都具有重要意义。

目前，国内外采用的测验流量方法很多，按测流时的工作原理可分为：流速面积法、水力学法、化学法、物理法、直接测流法等，以下重点介绍流速面积法。

由水力学相关知识可知，流量等于断面平均流速与水流断面面积的乘积。天然河流因受边界条件影响，断面内的流速分布很不均匀，流速随水平及垂直方向位置的不同而变化，因此用垂线将水流断面分成若干部分，那么单位时间内通过水流断面的流量模型可以近似如图 2-7 所示。

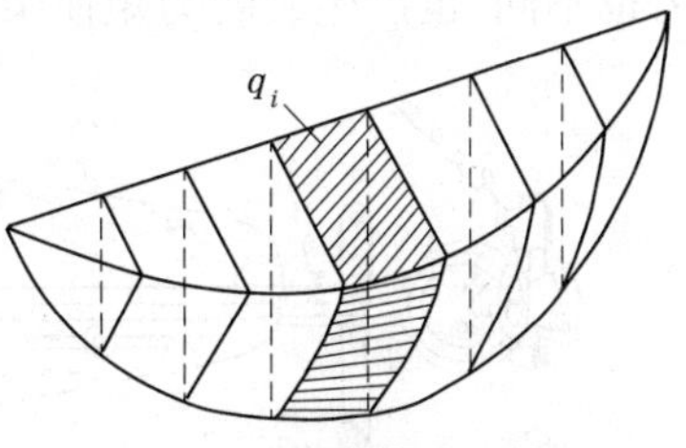

图 2-7　流量模型示意图

流速面积法测定流量的原理为：测定部分流速 V_i 和部分面积 f_i 两者的乘积即为通过该部分面积上的流量 q_i，然后求得全断面的流量 $Q = \sum q_i$。

（一）流量测验

采用流速面积法进行流量测验是由过水断面测量、流速测量及流量计算三部分工作组成的。

1. 过水断面测量

断面测量是在断面上布置若干条测深垂线，施测各垂线的水深，并测各垂线与岸上某一固定点的水平距离，即起点距，因此过水断面测量主要包括测量水深、起点距及水位。如图 2-8 所示。

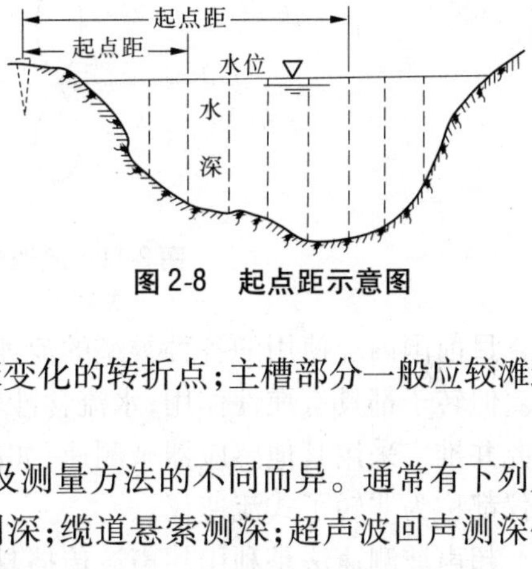

图 2-8　起点距示意图

断面测量时测深垂线的数目及其分布要求达到能控制断面形状的变化，以求能正确绘出断面图。一般原则是：测深垂线的位置应能控制河床变化的转折点；主槽部分一般应较滩地为密。

测量水深的方法随水深、流速大小、精度要求及测量方法的不同而异。通常有下列几种方法：用测深杆、测深锤、测深铅鱼等测深器具测深；缆道悬索测深；超声波回声测深仪测深等。

起点距的测定是断面测量工作必不可少的。水道断面的起点距均以高水时的断面桩（一般为左岸桩）作为起算零点。测定起点距的方法很多，常见的方法有：断面索观读法、测角交会法、无线电定位法等。

各测深垂线的水深及起点距测得后，各垂线间的部分面积及全断面面积即可求出，具体算法见表 2-2 实例。

2. 流速测量

流速测量方法很多，天然河道中普遍采用流速仪和浮标两种方法测流速。

1）流速仪及其测速原理

流速仪是测量水流流速的仪器，式样及种类很多，最常用的是转子式流速仪，有旋杯式和旋桨式两种，见图 2-9 及图 2-10，其工作原理是：当流速仪放入水流中，水流作用到流速仪的转子时，由于它们在迎水面的各部分受到水压力不同而产生压力差，以致形成一转动力矩,使转子产生转动,如图2-11所示。旋杯式流速仪左右两只圆锥形杯子所受动水压力大小不同,背水杯1所受水压力 P_1 显然小于迎水杯2的压力 P_2,所以旋杯盘呈逆时针方向旋转;旋桨式流速仪的桨叶曲面凹凸形状不同,当水流冲击到桨叶上时,所受动水压力也不同,也产生旋转力矩使桨叶转动。

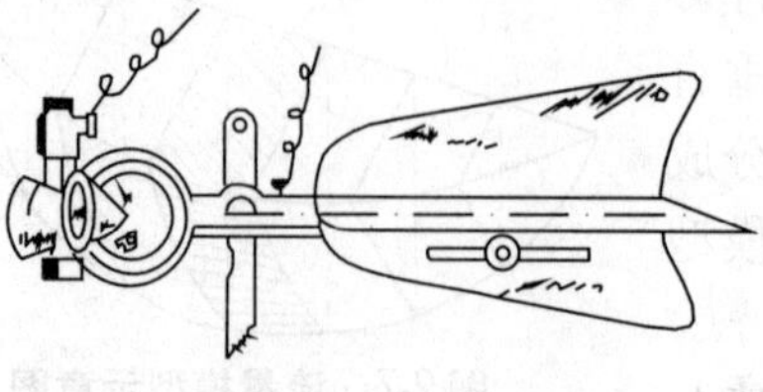

图2-9　旋杯式流速仪

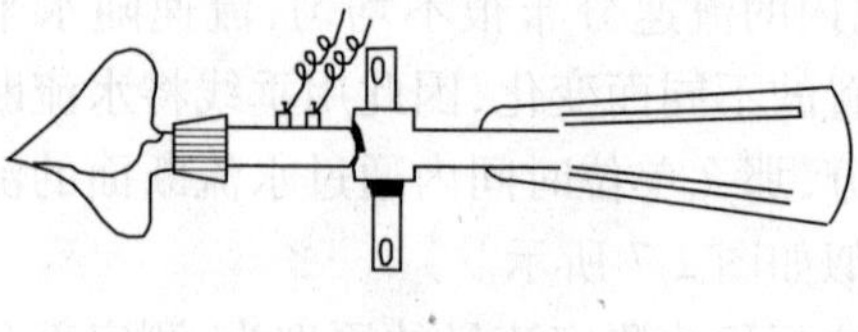

图2-10　旋桨式流速仪

流速仪转子的转速 n 与流速 v 之间存在着一定的函数关系 $v=f(n)$,如图2-11所示。其关系可以通过检定水槽的实验确定,大量实验证明其关系相当稳定。利用这一关系,在野外测量中,记录转子的转速,就可以算出水流的流速。

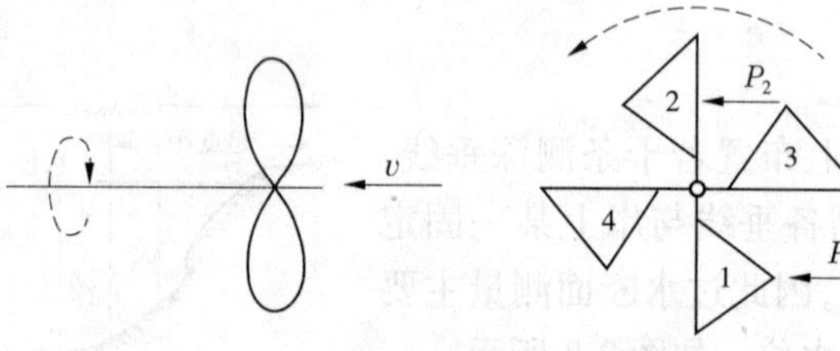

图2-11　流速仪转子的转速与流速的关系

目前国内外使用的各种类型的流速仪,施测的成果较可靠,基本上能满足测验精度要求。但转子都具有惯性作用,水流含沙较大使转轴加速磨损等问题仍存在,因此各国试验研究并推广采用其他感应器来测速,如超声波测速法、电磁测速法、光学测速法等,这些流速仪都称为非转子式流速仪。

超声波测速法是利用超声波传播具有很强的方向性,及超声波传播速度随水流流速成正比例变化的特点测流速,其原理是在河流两岸边水下某深度处,分相对上下游装置一对可相互发射和接受超声波的换能器,由于水流流速的因素,上游岸边换能器所发射的超声波传播到下游河流另一岸边换能器所用时间不同于下游岸边换能器所发射的超声波传播到上游河流对岸换能器所用时间,根据时间差可推求出流速。

电磁测速法是以法拉第电磁感应定律为根据制成的,用以测定水流速度的仪器。其原理是在河流施测断面产生一匀强磁场,水流便成了切割磁力线的导体,将产生一电动势,用电位差计量得电动势,根据法拉第电磁感应定律电动势与导线运动的速度成正比,据此可求出水流的平均速度。

光学流速仪是一种测量水面流速的仪器。其测量流速的原理好像人站在桥上用眼睛盯着水面上流动的漂浮物看,此时若能测出人眼转动的俯视角角速度,那么流速就能计算出来。光学流速仪就是一种测量这个角速度进而得出流速的仪器。

2)测速垂线和测点布设

流速仪法测流时必须在断面上布设测速垂线和测速点,以测量断面面积和流速。

测速垂线布置:一般垂线分布大致均匀,但主槽较滩地为密;考虑断面形状和流速分布情况,在地形和流速分布转折点处应布设垂线;近岸边垂线,应尽量照顾到在各级水位下不致使垂线离水边太远或太近;有分流、串沟等情况应适当布设垂线。

测速垂线上测速点数目和位置的布设,应根据水深而定,同样需要考虑资料精度要求,节省人力与时间。一般可用一点法(即在水面以下相对水深为0.6或0.5的位置)、二点法(0.2及0.8相对水深)测速、三点法(0.2、0.6及0.8相对水深)。在特殊情况下,可采用多点法,如五点法,以能测出垂线平均流速为准。

3)测点流速的测定

测速时,把流速仪放到垂线测点位置上,待信号正常后开动秒表,记录各测点总转数 N 和测速历时 T,可求得测点的流速,计算公式为:

$$v = K\frac{N}{T} + C \tag{2-7}$$

式中 v——水流速度,m/s;

N——流速仪在 T 历时内的总转数,一般为接收到的信号数乘以每一信号所代表的转数求得;

T——测速历时,s,为了消除流速脉动影响,一般不小于100 s;

K、C——流速仪常数,流速仪出厂时由厂家率定并标注于铭牌或附随说明书提供,当流速仪使用一段时间后,应送到有关部门重新率定。

测速时若采用直读式流速仪,则可直接记录流速。

3.流量计算

实测流量的计算有图解法、流速等值线法及列表法等。列表法计算流量简便迅速,应用最广,使用水文站流速仪测流专用的记录和计算表格进行计算。计算的步骤是由测点流速推求垂线平均流速,再计算相邻两垂线间部分面积上的部分平均流速。由相邻两垂线水深和间距计算部分面积。部分面积与相应部分流速相乘即得部分流量。部分流量之和即为断面流量,现分述如下。

1)垂线平均流速计算

垂线平均流速可根据各条测速垂线上的点流速计算得出,计算公式如下:

一点法 $$v_m = v_{0.6} \quad v_m = (0.90 \sim 0.95)v_{0.5} \tag{2-8}$$

二点法 $$v_m = \frac{1}{2}(v_{0.2} + v_{0.8}) \tag{2-9}$$

三点法 $$v_m = \frac{1}{3}(v_{0.2} + v_{0.6} + v_{0.8}) \tag{2-10}$$

五点法 $$v_m = \frac{1}{10}(v_{0.0} + 3v_{0.2} + 3v_{0.6} + 2v_{0.8} + v_{1.0}) \tag{2-11}$$

式中 v_m——垂线平均流速,m/s;

$v_{0.0}$、$v_{0.2}$、$v_{0.6}$、$v_{0.8}$、$v_{1.0}$——水面、0.2、0.6 、0.8相对水深及河底的流速。

2）部分平均流速计算

岸边部分平均流速

$$v_1 = \alpha v_{m1} \tag{2-12}$$

$$v_{n+1} = \alpha v_{mn} \tag{2-13}$$

以上式中 v_{m1}、v_{mn}——距离两岸最近的两条垂线平均流速，m/s；

α——岸边流速系数，视岸边情况而定；斜坡岸边可取用0.7，陡岸边根据其光滑程度取用0.8～0.9，死水边可用0.6。

中间部分平均流速，按相邻两垂线平均流速的平均值计算，即：

$$v_i = \frac{1}{2}(v_{m(i-1)} + v_{mi}) \tag{2-14}$$

3）部分面积计算

测深垂线间部分面积的计算，岸边部分按三角形计算，中间部分按梯形计算。

4）部分流量计算

部分流量等于部分平均流速与部分面积的乘积。

5）断面流量计算

断面流量为断面上各部分流量之和，即 $Q = \sum q_i$。

【例2-1】 某水文站一次实测流量，岸边系数 α 取为0.7，按上述方法计算流量，成果见表2-2。

表2-2 某站测深、测速记载及流量计算表

施测时间：2000年5月10日8时00分至8时30分　　流速仪牌号及公式：LS251型　$v = 0.2557N/T + 0.0068$

垂线号数		起点距	水深	仪器位置		测速记录		流速（m/s）			测深垂线间		断面面积（m^2）		部分
测深	测速	（m）	（m）	相对水深	测点深（m）	总历时 T(s)	总转数 N(r)	测点	垂线平均	部分平均	平均水深（m）	间距（m）	测深垂线间	部分	流量（m^3/s）
左水边		10.0	0												
										0.69	0.50	15	7.50	7.50	5.18
1	1	25.0	1.00	0.6	0.60	125	480	0.99	0.99						
										1.04	1.40	20	28.00	28.00	29.12
2	2	45.0	1.80	0.2	0.36	116	560	1.24	1.10						
				0.8	1.44	127	480	0.97							
										1.17	2.00	20	40.00	40.00	46.80
3	3	65.0	2.21	0.2	0.44	104	560	1.38	1.24						
				0.6	1.33	118	570	1.24							
										1.14	1.90	15	28.50	35.25	40.18
				0.8	1.77	111	480	1.11							
4		80.0	1.60												
											1.35	5	6.75		
5	4	85.0	1.10	0.6	0.66	110	440	1.03	1.03						
										0.72	0.55	18	9.90	9.90	7.13
右水边		103.0	0												

断面流量128.4 m^3/s　断面面积120.7 m^2　平均流速1.06 m/s　水面宽93.0 m　平均水深1.30 m

4. 浮标法测流

当用流速仪测流有困难时，可用浮标法测流，其原理是通过观测水流推动浮标的移动速度求得水面虚流速，利用水面虚流速推算虚流量 $Q_{虚}$，虚流量 $Q_{虚}$ 的计算基本与流速仪测流相似，虚流量 $Q_{虚}$ 再乘以小于 1.0 的浮标系数 K_f 得断面实际流量 Q。

$$Q = K_f Q_{虚} \tag{2-15}$$

浮标系数 K_f 值的大小与浮标型式及风力、风向等因素有关，一般为 0.8 ~ 0.9。其数值可通过浮标法和流速仪法同时比测确定。

（二）流量资料整编

原始的实测流量资料未经审查分析整理，不便于供各有关部门广泛使用。为此必须把这些资料通过分析整理，按科学的方法和统一的格式，整编成具有足够精度的、系统的、连续的流量资料，并刊印成册。流量资料的这种整理过程，称为流量资料整编。

流量资料整编中所用的方法很多，水位流量关系曲线法是流量资料整编中最常用、最基本的方法。

1. 水位流量关系

河流中水位与流量关系密切，一般都有一定的规律，同时水位的观测比较容易，水位随时间的变化过程也较易获得，而流量的测算要复杂得多，人力物力消耗大，不大可能通过连续观测来直接点绘洪水流量过程线。因此，一般是通过一定次数的流量测验后，根据实测的水位与流量的对应资料建立水位与流量的关系曲线。通过水位流量关系曲线可把水位变化过程转换成相应的流量变化过程，并可计算出日、月、年平均流量及各种统计特征值。

1）稳定的水位流量关系曲线

测流河段选择恰当，测站控制良好，河床稳定，河道水流接近均匀流动，则测流断面的水位 Z 与流量 Q 的关系是稳定的，以纵坐标代表水位，横坐标代表流量，将实测的水位和流量数据点绘在图上，则点据比较密集，可绘出单一的水位流量关系曲线，为辅助水位流量关系曲线分析，通常在水位流量关系曲线图上同时绘制水位面积与水位流速关系曲线，如图 2-12 所示。

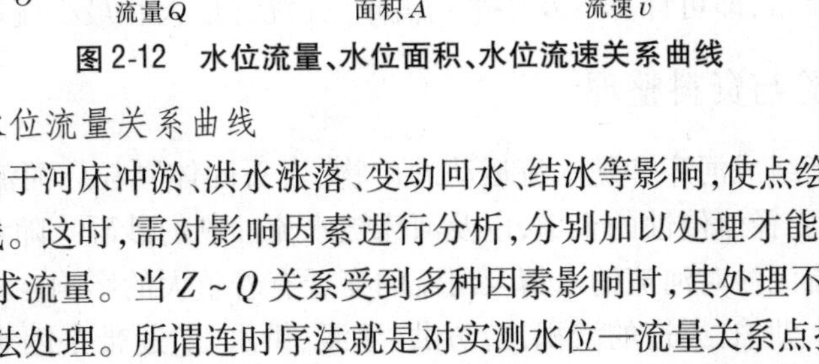

图 2-12　水位流量、水位面积、水位流速关系曲线

2）不稳定的水位流量关系曲线

天然河道中由于河床冲淤、洪水涨落、变动回水、结冰等影响，使点绘出来的水位流量关系不是单一曲线。这时，需对影响因素进行分析，分别加以处理才能建立水位流量关系，据此由水位推求流量。当 $Z \sim Q$ 关系受到多种因素影响时，其处理不像前述图示那样简单，常用连时序法处理。所谓连时序法就是对实测水位—流量关系点据，按时间顺序连

接成 $Z \sim Q$ 关系线，如图 2-13 所示。推流时可根据水位及时间查相应的曲线段，求出相应的流量。这种方法适用于实测流量次数较多，并在各级水位分布均匀，施测成果质量较好时才能应用。

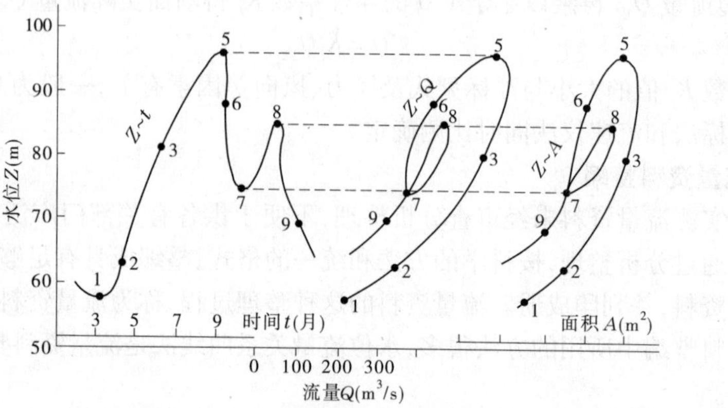

图 2-13　连时序法确定水位—流量关系曲线

3）水位—流量关系曲线的延长

水文站因高水或低水时受测验条件限制，为能得到相应流量，须对其水位—流量关系曲线作高水或低水延长，以推求高水或低水时的流量。此外，当进行历史洪水、枯水调查时要利用附近水文站的水位—流量关系曲线，这往往需要对水位—流量关系曲线进行延长才行。在进行水位—流量关系曲线的延长过程中，高水延长幅度一般不超过当年实测流量所占水位变幅的 30%，低水延长幅度一般不超过 10%。

由于受各种因素的影响，水位—流量关系的高低水延长主要是分析影响因素，很难有统一的延长方法，因此这里不作介绍，具体延长的方法可参考有关专业书籍。

2. 水位—流量关系曲线的应用及流量资料的编制

流量资料的整编工作是在测流的基础上，点绘各项水文要素过程图，编制实测流量成果表和实测大断面成果表，编制水位—流量关系并推算逐时流量，然后推求逐日的平均流量，从而得出月、年平均流量及其他统计特征值，编制成逐日平均流量表和洪水水文要素摘录表，在《水文年鉴》中刊布，供各有关部门使用。

在水位—流量关系曲线确定后，可根据水位—流量关系来推求逐时流量，然后推求逐日的平均流量。当水位—流量关系曲线较为平直，水位及其他有关水力因素在一日内变化缓慢时，可用日平均水位直接查出日平均流量；当一日内水位变化较大时，应先由瞬时水位推出瞬时流量，得出一日内流量变化过程，再用面积包围法或算术平均法计算日平均流量。

有了日平均流量，即可计算月及年平均流量，并统计最大和最小流量等特征值。

三、泥沙测验与资料整理

河流泥沙是指组成河床和随水流运动的矿物、岩石固体颗粒。河流泥沙主要来源于流域坡面上被风雨、径流侵蚀的土壤，以及河床被水流冲刷的砂砾。随水流运动的泥沙也称固体径流。河流泥沙对河流的水情及河流的变迁有着重大的影响。泥沙能直接影响河床变化，引起水库、湖泊、渠道的淤积，给防洪、灌溉、供水、航运带来困难。泥沙也有其有利的一面,如水库泥沙的淤积可减少坝身和库区的渗漏;有节制地淤灌田地可以改良土壤,增加农业产量;河床砂砾是工程建设的建筑材料。

河流向下游输送的不同颗粒大小泥沙的总称,即为全沙。按照泥沙的运动方式,全沙可以分为悬移质和推移质两种类型。悬移质亦称悬沙,是指悬浮于水中随水流一体运动的泥沙。推移质亦称底沙,是指在河床床面上以滑动、滚动或跳跃的方式运动的泥沙。

在河流泥沙运动中,底沙、悬沙是相互联系的,也是可以互相转换的,难于机械划分。例如,同一粒径级的泥沙,在不同河段或同一河段的不同时间可以做推移运动,也可以呈悬移状态下移,这主要取决于流速的大小。

(一)泥沙的计量单位

(1)含沙量。单位体积浑水中所含泥沙的质量,用ρ表示,以kg/m^{3}计。

(2)输沙率。单位时间内通过河流某断面的泥沙质量,用Q_s表示,以kg/s计。若用Q表示断面流量,以m^3/s计,则有:

$$Q_s=\rho Q \tag{2-16}$$

(3)输沙量。某时段内通过断面的泥沙重量,用W_s表示,以kg或t计。若时段为T以s计;W_s以kg计,则:

$$W_s=Q_sT \tag{2-17}$$

(4)侵蚀模数。单位流域面积上的输沙量,用M_s表示,以t/km^{2}计。若W_s以t计,F为计算输沙量的流域或区域面积,以km^{2}计,则:

$$M_s=\frac{W_s}{F} \tag{2-18}$$

(二)悬移质泥沙测验

天然河流断面上的各点含沙量是不相同的。悬稳质泥沙测验的目的在于测得通过河流测验断面的悬移质输沙率及其变化过程。由于天然河流断面上各点的含沙量同流速一样是不相等的。因此,含沙量的测算与流速相同,先由垂线测点含沙量推求垂线平均含沙量,再求部分面积的平均含沙量,用部分含沙量与部分流量相乘得部分输沙率,各部分输沙率之和即为全断面输沙率。断面输沙率被断面流量相除得断面平均含沙量。故悬移质泥沙测验主要是测取测点含沙量。

1. 含沙量测验

含沙量测验同流速测验情况一致,在断面上沿各条垂线上的不同深度,测出各点含沙量。测沙垂线可根据具体情况按规范要求在测速垂线中选取。

测定悬移质含沙量通常用悬移质采样器汲取河水水样,经过水样处理后,求得含沙量。悬移质采样器的类型很多,基本形式有两种:①瞬时式采样器,如横式采样器;②积时式采样器,如瓶式采样器,调压积时式采样器和抽气式采样器。

此外,还使用一些悬沙现场测验装置测定含沙量,如同位素测沙仪,光电测沙仪等。这类仪器不需采取水样,将仪器或测量探头直接放入水中测点位置,用物理方法通过仪器间接测得该处的含沙量。

最常用的横式采样器、瓶式采样器如图2-14、图2-15所示。

测验时用悬移质采样器在每个测点采取水样,及时量取水样体积V,以m^{3}计,将水

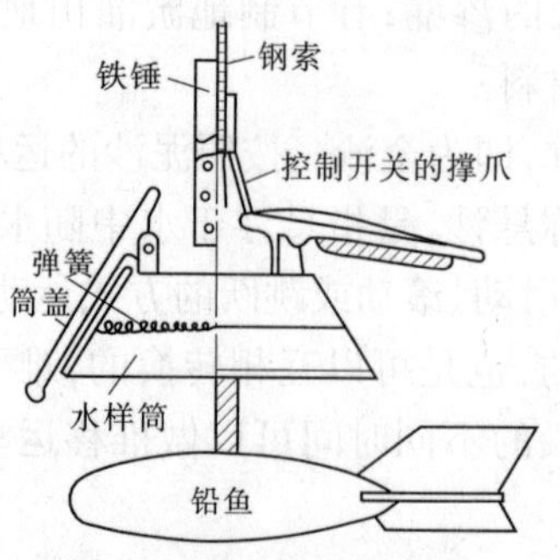

图 2-14　横式采样器示意图

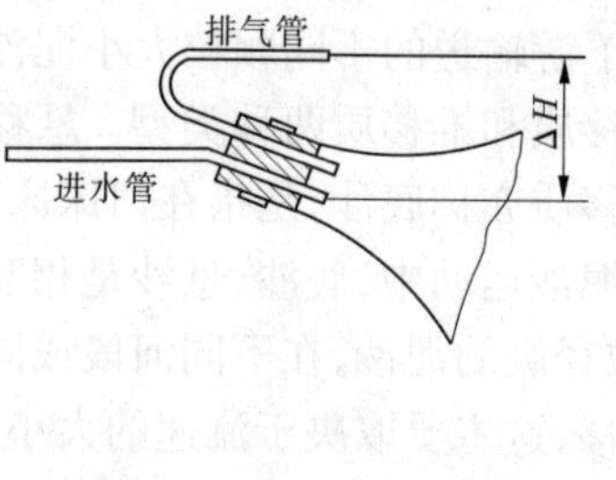

图 2-15　瓶式采样器示意图

样进行处理，称出干沙质量 W_s，以 kg 计。便可计算出各个测点的含沙量 ρ，以 kg/m^3 计，即：

$$\rho = \frac{W_s}{V} \tag{2-19}$$

水样的处理常用方法有三种：

(1)焙干法。将水样静置足够时间使泥沙沉淀，吸去上部清水以浓缩水样，把浓缩后的水样倒入烘杯放入烘箱内烘干，然后称出杯沙总量，减去烘杯质量后得干沙质量。焙干法处理水样产生误差的机会较少，精确度高，凡有天平、烘箱等设备测站，含沙量小时，宜采用此法。

(2)过滤法。将水样沉淀、浓缩，然后把浓缩水样用滤纸进行过滤，烘干滤纸和沙，称出重量，求出含沙量。

(3)置换法。水样处理的简易方法可采用置换法。该法先将采样瓶容积为 V_w（以 cm^3 计）用清水装满，称出瓶加清水的质量 W_w（以 g 计），再将瓶内外水冲擦净，称出瓶加浑水的质量 W_{ws}（以 g 计），如取样时未将瓶装满，则用清水加满，其体积为 ΔV（以 cm^3 计），用下式计算沙的质量和容重含沙量：

$$\rho = W_s / V_w - 1\,000\Delta V \tag{2-20}$$

$$W_s = K(W_{ws} - W_w) \tag{2-21}$$

式中　K——置换示数，与温度和泥沙容量有关，一般可采用 1.606。

2. 断面输沙率测算

断面输沙率 Q_s 的计算方法与流速仪测流时计算流量的方法类似，先根据垂线平均含沙量求部分面积平均含沙量，再与相应面积的部分流量相乘，即得部分面积的输沙率，最后相加得断面输沙率。

取沙样的同时测速，有了各点的含沙量，可用相应点的流速加权计算垂线平均含沙量。公式如下：

一点法

$$\rho_m = C_1\rho_{0.5} \qquad \rho_m = C_2\rho_{0.6} \tag{2-22}$$

二点法

$$\rho_m = \frac{\rho_{0.2}v_{0.2} + \rho_{0.8}v_{0.8}}{v_{0.2} + v_{0.8}} \tag{2-23}$$

三点法

$$\rho_m = \frac{\rho_{0.2}v_{0.2} + \rho_{0.6}v_{0.6} + \rho_{0.8}v_{0.8}}{v_{0.2} + v_{0.6} + v_{0.8}} \tag{2-24}$$

五点法 $$\rho_m = \frac{\rho_{0.0}v_{0.0} + 3\rho_{0.2}v_{0.2} + 3\rho_{0.6}v_{0.6} + 2\rho_{0.8}v_{0.8} + \rho_{1.0}v_{1.0}}{10v_m} \tag{2-25}$$

以上式中 C_1、C_2——点法的系数,由多年实测的资料分析确定,无资料时暂用0.6;

ρ_m——垂线平均含沙量,kg/m^3 或 g/m^3;

v_m——垂线平均流速,m/s;

$\rho_{0.0}$、$\rho_{0.2}$、$\rho_{0.6}$、$\rho_{0.8}$、$\rho_{1.0}$——水面、0.2、0.6、0.8 相对水深及河底的含沙量;

$v_{0.0}$、$v_{0.2}$、$v_{0.6}$、$v_{0.8}$、$v_{1.0}$——水面、0.2、0.6、0.8 相对水深及河底的流速。

$$Q_s = \rho_{m1}q_0 + \frac{\rho_{m1} + \rho_{m2}}{2}q_1 + \frac{\rho_{m2} + \rho_{m3}}{2}q_2 + \cdots + \frac{\rho_{m(n-1)} + \rho_{mn}}{2}q_{n-1} + \rho_{mn}q_n \tag{2-26}$$

式中 Q_s——断面输沙率,kg/s;

$\rho_{m1}, \rho_{m2}, \cdots, \rho_{mn}$——各条测沙垂线的垂线平均含沙量,$kg/m^3$;

$q_0, q_1, \cdots, q_n$——以测沙垂线分界的部分流量,m^3/s。

3. 断面平均含沙量计算

求得断面输沙率后,可用式(2-27)算出断面平均含沙量 $\bar{\rho}$,以 kg/m^3 计。

$$\bar{\rho} = \frac{Q_s}{Q} \tag{2-27}$$

式中 Q_s、Q 意义同前。

(三)悬移质输沙率资料整理

悬移质输沙率资料整理的内容包括:收集整理有关资料;对实测悬移质测点含沙量和输沙率测验成果进行校核和分析;编写实测输沙率成果表;推求断面平均含沙量;逐日平均输沙率表;逐日平均含沙量表等。

1. 单断沙关系

悬移质输沙率的测验工作复杂而繁重,不可能逐日逐时施测。为了求得输沙率的变化过程而常采用建立单断沙关系的简化方法。

当断面稳定时,断面平均含沙量 $\bar{\rho}$(简称断沙)与断面上某代表性测点的含沙量 ρ(又称单位含沙量或单沙)之间有一定相关关系,根据多次实测的断面平均含沙量和单位含沙量的成果,点绘出单沙与断沙的关系线,如图2-16所示,用以推算断面输沙率变化过程。

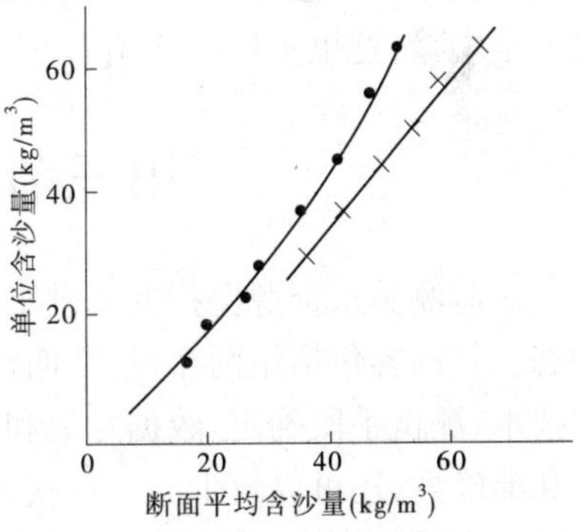

图2-16 某站单沙与断沙关系

利用单断沙关系,就可简化测验,经常性的泥沙取样工作便可只在代表性测点上进行。根据测定的单位含沙量 ρ,就可直接利用单断沙关系查得断面平均含沙量 $\bar{\rho}$,然后求出断面输沙率。

2. 泥沙资料成果表

有了单断沙关系,利用单沙 ρ 求出相应断沙 $\bar{\rho}$,进一步可计算出逐日平均输沙率,从而计算各月、年平均输沙率、含沙量、输沙量等泥沙特征,最后以确定格式制成泥沙资料成果表,在《水文年鉴》中刊布的泥沙资料成果表有逐日平均含沙量表、逐日平均悬移质输沙率表、实测输沙率成果表等。

(四)推移质泥沙的测验

推移质泥沙测验是测定单位时间内通过测验断面的推移质泥沙重量及其变化规律。推移质采样器有沙质推移质采样器和卵石推移质采样器两种。

推移质泥沙测验时,在施测断面布设若干测线,测线应尽可能与悬移质含沙量的测线重合,但数量可稍少一些,并应设在有推移质的范围内。根据采样器在一定历时内取得的推移质泥沙烘干后的质量可计算出各取样垂线的单位宽度推移质输沙率,即基本输沙率:

$$q_b = \frac{W_b}{tb_k} \tag{2-28}$$

式中 q_b——垂线基本输沙率,g/(s·m);

W_b——采样器取得的干沙质量,g;

t——取样历时,s;

b_k——采样器的进口宽度,m。

两相邻垂线基本输沙率的均值,乘以两垂线间的距离求得部分输沙率,其总和即得断面推移质输沙率。

四、管道流量测验

管道流量的测验分为有压水流和无压水流两种情况。有压管道水流测验主要采用各种流量计,如文德里流量计、电磁流量计、孔板流量计、涡轮流量计、超声波流量计等,无压管道水流流量测验主要采用各种堰,如薄壁堰、实用堰等,这些流量观测方法的使用可参考水力学书籍,这里不详细介绍。

第三节 水质监测资料

水质监测是水资源保护的基础工作,通过有计划长期地连续监测,才可以掌握水质变化动态。其内容包括站网布设、断面位置选择、取样点数确定、监测项目取舍、方法选择及采样技术、测试手段确定、数据采集和整理等,做好这一工作,不仅可提高每一个水样的代表性和准确性,还可以较少的资料获取较多的有用信息。

1979 年水利部门颁发了《水质监测暂行办法》,1983 年转发了《水质监测规范》(SD 127—84),2002 年发布了《地表水和污水监测技术规范》(HJ/T 91—2002)。这些条例、规范对水质监测工作做出了具体规定。

一、水质监测

(一)设置水质监测站网

监测站网常与水文站结合,统一规划,协调工作。站网应按水系(河道分布、水文特性、生态系统状态等)和污染源分布特征设立。对已有或拟建大中型工矿企业的河段,重点城市、大型灌区、主要风景游览区，河道水文特性和自然环境因素显著变化地区，有特殊要求的地区（严重水土流失、盐碱化、有地方病和地下水分区地区及地震预报地区等）均应设站。

国家水质监测站一般分为四级：①水质本底监测站，可以提供自然状态水质资料亦称基准站。②水质受污监测站，设于已受污染水域，亦称影响站。③全球水质监测站，按全球水质研究要求布设，亦称国际站。④水质实验研究站，专门进行水质运动变化规律的实验研究，亦称实验站。

（二）布置监测采样断面

一般河流采样断面分三类：

（1）起始断面设在城市或工业排污区（口）河流上游，不受污染影响的地段。

（2）控制断面设在排污区（口）下游，能反映本污染区污染状态的地段，按河段情况可设一个至几个控制断面。

（3）消减断面设在控制断面下游，水质已被稀释的河段。

湖泊、水库采样断面要根据湖泊、水库四周工业布局、排污状况，在湖泊、水库入口和出口设置监测断面。另外，在受污水排入影响的湖体部分也应设置一些控制监测断面。

（三）确定水质监测项目

除常规物理、化学监测，还可按具体污染情况，作重点项目监测。基本项目有：水温、pH 值、色、嗅、悬浮物、浊度、电导率、总硬度、氯化物、硫酸盐、溶解氧、BOD、COD、氨氮、硝酸盐氰、亚硝酸盐氰、总细菌数、大肠杆菌数、总磷、总碱度、氟化物、DDT、挥发酚、六六六、氰化物、砷、汞、铬等 27 项。

常规物理化学监测具有灵敏度高、能自动连续监测等优点，并能测报当时环境中某些物质的含量，但不能显示多种污染物质对生物的综合影响和以往变化，故除理化监测外，近些年来生物监测法已日益受到重视，它有综合、长期和反映灵敏等明显优点，是通过对水生生物种类、数量、组成、生理生化反应和对毒物的积累特点等进行监测分析，可从生态学角度较准确地判断、评价水体的污染性质和程度。

（四）采样

为提高水质监测精度，控制染物在空间、时间上的分布规律，水样采集、处理、运送及存放等，应按规范（HJ/T 91—2002）有关规定严格执行，详见表 2-3、表 2-4、表 2-5。

表 2-3　采样垂线数的设置

水面宽	垂线数	说明
≤50 m	一条（中泓）	1. 垂线布设应避开污染带，要测污染带应另加垂线； 2. 确能证明该断面水质均匀时，可仅设中泓垂线； 3. 凡在该断面要计算污染物通量时，必须按本表设置垂线
50～100 m	二条（近左、右岸有明显水流处）	
>100 m	三条（左、中、右）	

表 2-4　采样垂线上的采样点数的设置

<table>
<tr><th>水深</th><th>采样点数</th><th>说明</th></tr>
<tr><td>≤5 m</td><td>上层一点</td><td rowspan="3">1. 上层指水面下 0.5 m 处,水深不到 0.5 m 时,在水深 1/2 处;
2. 下层指河底以上 0.5 m 处;
3. 中层指 1/2 水深处;
4. 封冻时在冰下 0.5 m 处采样,水深不到 0.5 m 时,在水深 1/2 处采样;
5. 凡在该断面要计算污染物通量时,必须按本表设置采样点</td></tr>
<tr><td>5 ~10 m</td><td>上、下层两点</td></tr>
<tr><td>>10 m</td><td>上、中、下三层三点</td></tr>
</table>

表 2-5　湖(库)监测垂线采样点的设置

<table>
<tr><th>水深</th><th>分层情况</th><th>采样点数</th><th>说明</th></tr>
<tr><td>≤5 m</td><td rowspan="2">不分层</td><td>一点(水面下 0.5 m 处)</td><td rowspan="3">1. 分层是指湖水温度分层状况;
2. 水深不到 1 m 时,在 1/2 水深处设置测点;
3. 有充分数据证实垂线水质均匀时,可酌情减少测点</td></tr>
<tr><td>5 ~10 m</td><td>二点(水面下 0.5 m 处,水底上 0.5 m 处)</td></tr>
<tr><td>5 ~10 m</td><td>分层</td><td>三点(水面下 0.5 m 处,1/2 斜温层处,水底上 0.5 m 处)</td></tr>
<tr><td>>10</td><td></td><td>除水面下 0.5 m 处,水底上 0.5 m 处外,按每斜温分层 1/2 处设置</td><td></td></tr>
</table>

采样的频次应依据不同的水体功能、水文要素和污染源、污染物排放等实际情况,力求以最低的采样频次,取得最有时间代表性的样品,既要满足能反映水质状况的要求,又要切实可行。具体频次与采样时间如下:

(1)饮用水源地、省(自治区、直辖市)交界断面中需要重点控制的监测断面每月至少采样一次。

(2)国控水系、河流、湖、库上的监测断面,逢单月采样一次,全年六次。

(3)水系的背景断面每年采样一次。

(4)受潮汐影响的监测断面的采样,分别在大潮期和小潮期进行。每次采集涨、退潮水样分别测定。涨潮水样应在断面处水面涨平时采样,退潮水样应在水面退平时采样。

(5)如某必测项目连续三年均未检出,且在断面附近确定无新增排放源,而现有污染源排污量未增的情况下,每年可采样一次进行测定。一旦检出,或在断面附近有新的排放源或现有污染源有新增排污量时,即恢复正常采样。

(6)国控监测断面(或垂线)每月采样一次,在每月 5 ~10 日内进行采样。

(7)遇有特殊自然情况,或发生污染事故时,要随时增加采样频次。

为便于资料分析,多用同步采样,尤其是水质取样与流量量测同步,以便利于分析水质变化规律。所取水样数量由监测项目和分析各项目时所需数量而定,因此应当特别注意确保取样(人工取样或自动取样)的数量要与流量测验保持适当的同步关系,要求水样在流量过程线上合理分布,水样应尽可能在涨水段和峰顶采取,落水段水样可以少些。水样送实验室后,应在2~3日内分析完毕,有些水样采集项目有特殊要求,如测溶解氧的水样应杜绝瓶内有气泡等。

二、水质分析与资料整理

(一)水质分析方法简介

水质分析常用方法有容量分析法、光学分析法、电化学分析法、色谱分析法等。

(1)容量分析法。又称滴定法,用于含量较高成分的测定。它利用两种物质相互作用时必须符合当量定律(即它们当量数应相等)的基本原理分析水体中的污染物质,故各元素相互化合时,其重量之比等于其当量之比。此法操作简便、迅速、准确、费用低,适于作常规分析,可测定水体中溶解氧、挥发酚、氰化物含量、硬度、碱度等。

(2)光学分析法。它是利用光谱学原理和实验方法来测定物质结构和化学成分的方法。常用的有比色分析、原子吸收光谱分析等方法。可以快速、准确测定汞、铅、铬、镉、砷等有毒元素,且不易受干扰影响,又称光谱分析法。

(3)色谱分析法。这种方法能使水样中分配系数只有微小差别的组分会产生相当大的分离效率,使不同组分得到完全分离。进而利用色谱柱分别对它们进行测定,求其含量。它用来分析复杂混合物中的各种有机成分,选择性好,效能和灵敏度高,分析速度快。对水中有机氯、有机磷农药、苯系化合物,有机汞等都能测定。

(4)电化学分析法。这是建立在电化学基础上的分析方法,常用的有电位分析法和极谱分析法,前者是用离子选择电极量测溶液中某一特定离子的活度或浓度,对测量K^+、Ca^{2+}、NO_3^-等有特效。这种监测方法手续简便适于携带,且可连续自动监测,但抗干扰问题还有待进一步解决。而极谱分析法可用来测定工业废水内铅、锌、镉,还可以测定水中溶解氧。还有电位滴定法,常用于水中酸、碱及沉淀等滴定。近年来遥感测量技术等也被引进水质监测,可参考有关专业书籍。

(二)水质监测及分析资料的整理

水质监测及分析资料是进行水资源保护、规划和管理的重要依据,必须重视其合理性、可靠性及可比性。水质监测成果一般要整理成表格和特性图。

(1)水质监测成果表一般按测站,分年、月按测次先后分项目进行统计,统计时一定要注明监测时的水文情况。如要分析某污染物逐年变化趋势,可先分丰水期、平水期、枯水期求出各期污染物浓度,再求年平均浓度。编制统计表时,可按丰水期、平水期、枯水期和年平均各制一份表。据此表,即可进行时间序列规律的分析。

(2)编好数据成果表后,即可点绘有关特性曲线图。如某站历年污染物浓度变化趋势图,丰水期、平水期、枯水期分期变化趋势图,某污染物浓度历年频率分布图。当然水质监测数据也可输入电脑存储,以备随时按一定要求检索。

在我国目前水质监测体系还不统一，环保部门主要负责城市水环境监测资料的收集，水文部门主要对江河湖泊的水质进行监测，积累其水质变化资料。两者业务有一定的交叉，但又各成体系，使用时要注意。

第四节　土地利用情况资料

土地利用情况是城市水文研究中一个非常重要的因素。土地利用特征与流域水污染物质的含量有一定的关系，并作为水力模型或分布式径流水质模型的参数。土地利用特征包括流域物理性质方面的资料、气候因素以及环境状况等。

下面列出了由美国地质调查局——国家环境保护局城市研究大纲中经常使用的自然地理特征一览表，可根据研究的课题，选择这些或与此相似的土地利用特征。在研究过程中，土地利用特征应该及时更新，以便说明流域正在发生的变化。流域的自然地理资料可以从土地利用、土壤、地貌、雨洪排水等内容的地图及航空摄影的地图中得到。现将22项自然地理、土地利用和水质特点列举如下：

(1)总排水面积(不包括不产流面积)。

(2)不透水面积，按排水面积的百分比计。

(3)有效不透水面积，按排水面积的百分比计，仅包括直接与下水道或主要施水设备相连的不透水面积。

(4)平均流域坡度，用较好的地形图，在50或大于50个均匀分布点处测定，取其平均值。

(5)主要输水设备的坡度，沿着主输水渠，以控制断面到分水界全长的10%～85%的两点，进行测算。

(6)土壤的渗透率。

(7)有效含水量。

(8)土壤水分的pH值。

(9)土壤透水性能(根据美国水土保持局的分组方法，确定所属的组别)。

(10)人口密度，以单位面积人数计。

(11)街道密度，以单位面积的街道长度计。

(12)流域内土地利用情况，以排水面积的百分比计。包括农村或农场、农业区、低密度居民区(每处住宅占0.2～0.8 hm^2)、中密度居民区(每公顷有7～20处住宅)、高密度居民区(每公顷有22处以上的住宅)、商业区、工业区、建造中的土地(尚未利用的地面)、未用荒地、湿地、公园等。

(13)滞洪库容，以容积计。

(14)滞洪水库以上控制集水面积所占的百分数。

(15)合流式下水道(雨水和污水合流)排水面积所占的百分数。

(16)路边有明沟排水的街道的百分数。

(17)具有沟槽和洼地排水的街道所占百分数。

(18)年平均雨量,以水深计。

(19)10 年一遇 1 h 雨强。

(20)在径流中各种水质成分的平均年荷载量,以单位面积重量计。

(21)在降雨中各种水质成分的平均年荷载量,以单位面积重量计。

(22)在干沉积物中各种水质成分的平均年荷载量,以单位面积重量计。

在以水污染控制和管理为主要研究课题的项目中,必须收集每个流域的环保资料,以便建立因果关系以及进一步制定管理办法。这种资料对较大面积来说是很难收集的,所以经常采用在空间上抽样的办法。表 2-6 列出了建议的环境保护资料总的清单。如果是检验最佳管理措施,那就必须与地方机构合作,以便选择最佳管理措施,记录每种最佳管理措施的运用次数、类型和地点。

表 2-6 环保部门资料清单

数据性资料	描述性资料
清扫街道平均频次 (d)	街道清扫设备的类型和方法
估计流域中年施用氮肥量(kg/hm^2)	农业耕作水平和制度影响
估计流域中年施用磷肥量(kg/hm^2)	垃圾收集情况
两次下水道清理间平均时间间隔(d)	流域中固体废物堆积区
两次雨水井清理间的平均时间间隔(d)	洪水滞蓄情况如卵石滤层地带
估计日平均交通量(辆/(km^2 · d))	流域中植物落叶的处理情况,查明主要沉积物来源,大街人行道铺设情况等

第五节 国外城市水文观测系统简介

城市水文观测系统在西方发达国家起步较早,技术也比较成熟,我国目前才刚刚起步,因此这里介绍的是目前发达国家正在使用的较典型的设备。下面介绍两种设备系统,即城市(小流域)水文测验常规系统和美国地质调查局城市水文监测系统(UHMS)。

一、城市水文测验的常规系统

常规河道水文测验的基础是水位观测和不定期用流速仪观测流量,水位数据可以根据水位—流量关系曲线转换成流量值。

美国现设有 1 万多个常规的测站系统,然而对一些水位变幅不太大的城市水位站点,都建立了专用站系统。一级水文站由一台水位记录装置(浮子型),一台自记雨量计,一台最高水位计和两支直立水尺所组成。观测系统设有两个自动数字记录器,一个记录水位,一个记录降雨,以每隔 5 min 记录一次数据,这两个自记仪器都配有由电池推动的石英钟计时器并编有程序。这两台自记仪器安置在防护栅内加以保护,每台都安置在 51 mm 直径的钢管上,钢管作为三角架底座的腿,第三条腿支撑最高水位计。为了防止破环，不设永久性的梯子和工作台，进行观测时要使用便携式梯子。

这套装置适应性强，花费不多，可以用在任何水位变幅不很大的地方。如果需要较大的浮子井，可用102 mm的聚氯乙烯管或156 mm的钢管连接。钢管是支承自记水位计的，如果流速较高，这3个51 mm钢管可以从上游至下游成一直线安装，用以代替常规的三角形安装布置。如果雨量计四周不够开阔，雨量计和水位计可以分开几百米。美国现有的城市水文测验系统与上述的基本相似。

二、美国的城市水文监测系统

近年来美国城市测验设备有两个方面的特点：第一，由于对城市水质的关注程度日益增长，各式各样的新的精密仪器已经出现。这些设备一般包括先进的电子装置（包括微处理技术）。第二，在城市地区，具有足够的常规站网控制的机会是有限的，因此就有必要在地下排水管道上设站。这些城市测验设备很自然地逐步形成了成套设备的概念。

图2-17是美国使用的成套设备示意图。这个测站系统叫作城市水文监测系统（UHMS）。这个系统是专为地下排水管道的流量测验而设计的，以量水建筑物收缩水流作为流量控制，并可同时获得雨量、径流和水质方面的资料。

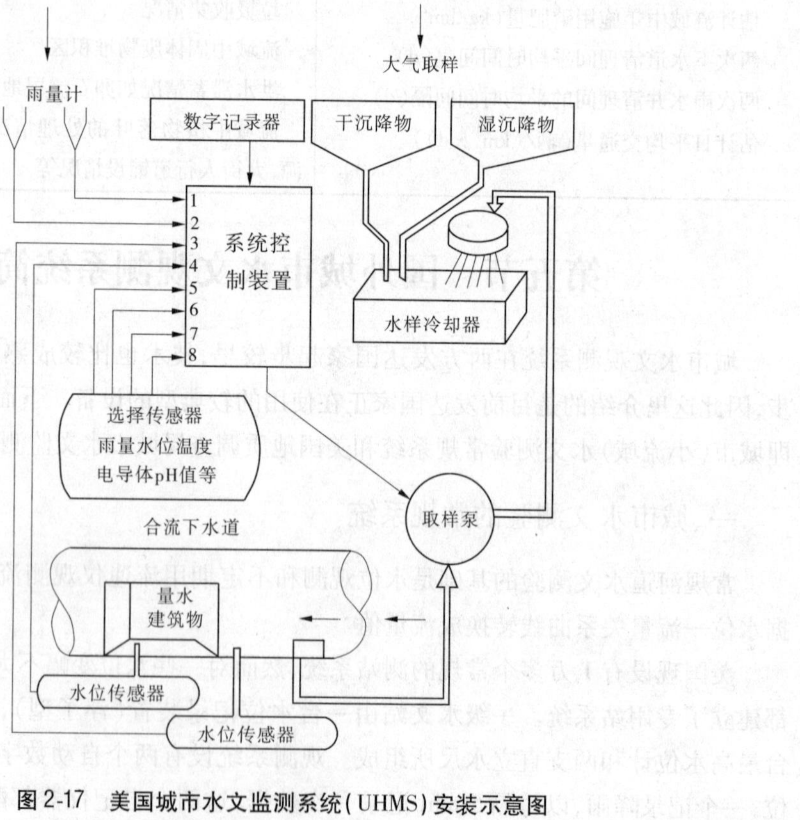

图2-17　美国城市水文监测系统（UHMS）安装示意图

UHMS由5个子系统组成，即系统控制装置（SCU）；雨量取样子系统；大气取样子系统;水位(或流量)传感器子系统和水质取样子系统。

(一)系统控制装置(SCU)

系统控制装置是一台微处理机,用以记录各种数据,控制自动采样设备,通过低压电话线记录一个或几个雨量计的雨量和连续监测水位,也能监测选定的水质参数,如电导率、混浊度和温度。

在两次暴雨的间歇时间内,系统控制装置是处于待命状态。在待命状态下,只有当发生降雨时才开始记录数据(除每天记录一次所有各种参数之外)。选定一个水位门槛值(相应于某个流量值),一旦水位到达这个值,该系统就自动开启(或停止工作),并连续记录各种数据(从 30 s 至 1 h 的时间间隔)。

根据每站装入微处理机电路的算法程序,水质取样可以是每个记录时段取一个水样,也可以几个时段取一个水样。取样可有多种选择包括水位、流量、水位变化的上涨段或下降段以及时间等。使用分布式降雨径流水质演算模型,对雨前的水质和水量进行模拟,或根据有经验的水文专家的判断,来设置初始的取样条件。还可以根据雨后的重新评价,作及时调整。另应备有制冷设备,以便保存好径流水样在高温季节不变质。

系统控制装置所测得的数据,记录存储器上,每项记录数据包括下列各项资料,时间,以小时、分、秒计;公历日;水位和流量;累积降雨量(一站或数站);如果取了水样,记下样品顺序号数。为了避免不必要的现场检查,控制装置设有应答电话询问,这个应答系统可报告该装置是处在记录、取样或关机的状态。

(二)降雨取样子系统

与城市水文测验系统配套使用的雨量计是一种遥测自记雨量计,如美国 1977 年型号为 P501-I 的产品,这套仪器有 8 in(20 cm)直径的承雨口和一个连接水银开关的翻斗装置,使翻斗每翻转一次的降雨量为 0.01 in(0.254 mm)。城市水文监测系统可以同时记录 3 个或 4 个雨量计的累积雨量。

(三)大气取样子系统

图 2-18 是美国早期使用的大气取样子系统说明图。这台仪器用以收集降水量和总沉积量。干降尘量可以从总沉积量减去降水量求得。使用两个矩形的涂敷聚四氯乙烯的采集器取样,一个是固定的采集总沉积量,另一个是可动的只收集降水量。可动收集器用 12 V 直流电动马达驱动,可以垂直转动,而马达由雨量计翻斗启动。图 2-18 中可动收集器的收集面是处在打开向上的状态。如果在预先调定的时段内雨量达到和超过 0.254 mm,则收集器保持开启状态。如果在时段内低于 0.254 mm,马达就将收集面转回到关闭状态,这样就不会收集到干沉积物。

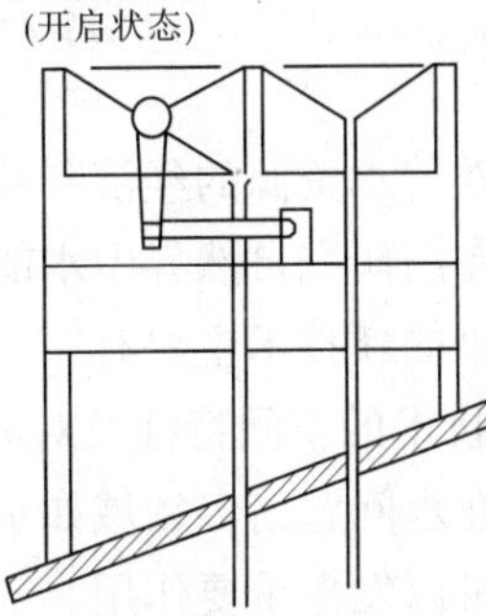

图 2-18　美国地质调查局安装在屋顶的大气降水降尘采样子系统

可动收集器控制包括一个取水样模式选择开关,决定取一次或数次,另一个开关控制取样器保持开放的时间长度，如果模式为只取一次水样，则收集器只打开和关闭一次。在采集多个水样模式时，如果降雨再次发生，收集器将再次开启取样。样品保存在仪器室内（见图2-18），并有制冷装置。

（四）水位传感子系统

常规水文测验方法一般不适于城市雨洪排水管道，现已有一种专用测验设施，如图2-18所示。城市水文监测系统有一个附加的雨洪地下排水管道测流控制或收缩段使用两个水流压力计型的传感器，用以监测代表水位的水压盖。通过两个压力计的管嘴以定速向外喷出干氮气，一个管嘴位于稍向上游的位置，而另一个则放在收缩段内，收缩管段其纵向视图呈U形。

在非满管流情况下，仅用收缩管段的水位计算流量。在满管流（即压力流）时，要同时使用两个水位传感器，这个收缩管段具有文德里量测计的性质。

根据实验室的试验结果，在明渠流和满管流的情况下，在恒定流试验中，收缩管段测流的方法是可靠的，误差近于5%。但是这个方法也有一些问题：例如，当水流过渡到满管流或压力流时，水位—流量关系是很敏感的，变动比较大，这样就需要在使用时正确选定水位—流量关系。此外，收缩管测流方法对变动的淹没流来说，是不适用的，至少还未经试验。最后，对于上游管道复杂的排列和坡度，因城市雨洪快速变化的非恒定流影响，故实验室是很难率定的，有待于进一步研究。

（五）水质取样子系统

自动采样器的取样瞬间应与降雨、流量资料记录时间同步。如果可能应设置程序使自动采样器的最小取样时间间隔等于其他连续水文资料记录的时间间隔。最好还应在可能的地点，用人工以积深采样器取水样，以便检查用手工取样或自动取样点水样的代表性。

城市水文监测系统，使用一种特制的取样子系统，有24个顺序取样器，各具有3 L容积。取样器安置在市场上买得到的冰箱顶部金属盘上，这个冰箱要改造成一个恒温器，使水样保存在5 ℃左右。

第六节 “3S”新技术应用简介

随着水资源的经济和社会属性日益增强，水和社会、水和经济成为重要的课题。作为一门专门研究自然界中水的学科——水文水资源学也引入了大量的新技术、新思想。目前常用的新技术主要有“3S”技术、人工神经网络（ANN）、神经智能、遗传算法等。其中“3S”技术的空间特性及对海量数据的处理、管理能力和水的时空分布特性，决定了“3S”技术在水问题诸多领域如水的循环、水资源的数量与质量评价及水资源有效合理利用等方面可以发挥重要作用。

一、“3S”技术简介

“3S”技术诞生于20世纪60年代，是遥感（RS）、地理信息系统（GIS）与全球定位系统(GPS)三者的统称,是空间技术、传感器技术、卫星定位与导航技术和计算机技术、通信技术相结合,多学科高度集成的对空间信息进行采集、处理、管理、分析、表达、传播和应用的现代信息技术。“3S”技术是现代技术发展的先导,对全世界的科技进步发挥着重要作用。

遥感(RS)技术是指从高空或外层空间接收来自地球表层各类地物的电磁波信息,并通过对这些信息进行扫描、摄影、传输和处理,从而对地表各类地物和现象进行远距离控测和识别的现代综合技术,它具有观测范围广、获取信息量大、速度快、实时性好及动态性强等特点,是一种重要的信息源和数据更新手段。

地理信息系统(GIS)是一种在计算机支持下,对空间数据进行录入、编辑、判读、存储、查询、显示和综合分析应用的技术系统,是综合处理和分析空间数据的计算机系统,最常用于资源与环境的监测分析。

全球定位系统(GPS)是由空间星座、地面控制和用户设备等三部分构成的,具有全球性、全天侯、连续性、实时性导航定位和定时功能,能为各类用户提供精密的三维坐标、速度和时间。应用全球定位系统的载波相位测量技术,可以精确测定两点的相对位置,可获得高精度的空间定位数据。

二、“3S”技术结合的基本原理及技术流程

(一)基本原理

“3S”技术的结合可以充分利用“3S”各自的优势:利用 RS 获取遥感影像图,具有快速、实时、动态获取空间信息的功能,为 GIS 提供及时、准确、综合和大范围的资源及环境数据,并可以根据需要及时更新 GIS 数据库。GIS 对地理数据进行采集、管理、查询、计算、分析与可视表现,为遥感信息的提取和分析应用提供重要手段和辅助数据资料,大大提高遥感数据的自动分类精度。GPS 具有实时、连续地确定地球表面任意地点上的经纬度与高程,以及物体和现象的三维速度与精确时间的能力,可以为 GIS 提供准确的空间定位数据,通过识别遥感图像上的地面控制点及样本像元类型,为图像几何校正、投影变换及分类服务。

(二)技术流程

“3S”技术综合应用的基本思路是:

利用 RS 提供最新的图像信息,利用 GPS 提供图像信息中的主要位置信息,利用 GIS 为图像处理、分析应用提供技术手段和开发平台,三者一起紧密结合,可以为人们提供精确的基础资料和具有空间特征的信息及管理系统开发平台,如图 2-19 所示。

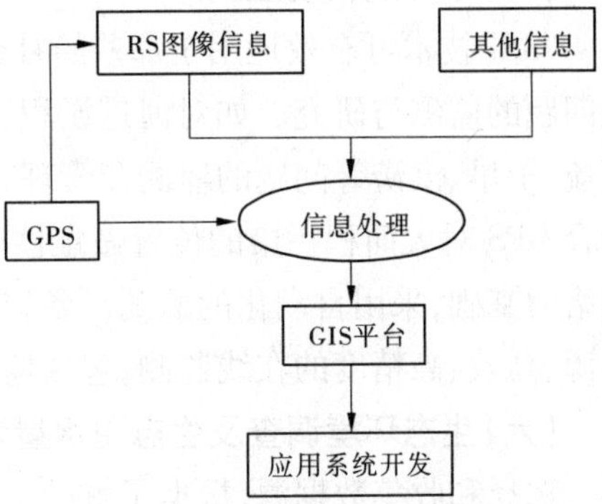

图 2-19 “3S”技术流程

三、"3S" 技术在水文中的应用

（一）站网规划与站网优化

"3S" 技术可以有效地辅助水文观测站网的规划与优化工作。应用图像处理手段进行遥感信息提取，应用 GIS 手段对地形、土地覆盖类型、构造地质、水文地质等多源信息进行复合分析。对流域的下垫面形态、性质、类型、结构进行比照，可有效地提出新站布设位置或既有站点的优化位置，必要时还可采用设立临时观测设施对流域单元监控的类比和外延试验，对站位的合理性或可替代性进一步验证和确认，强化其对站网规划与站网优化工作的科学指导作用，通过改进设站代表性和有效性，优化观测网结构。通过水文点上观测与遥感面上观测的结合，可逐步探索站网的适宜密度，逐步走向面观测为主、点观测为辅的水文体系化观测创新之路。

（二）降雨量的测定和水情预报

通过气象卫星传播器获取的高温和湿度间接推求降雨量或根据卫片的灰度定量估算降雨量；根据卫星云图与天气配合预报洪水及旱情监测。

（三）水文模拟

目前水文模拟技术趋向于将水文模型与 GIS 相结合，以便充分利用 GIS 在数据管理、空间分析及可视性方面的功能。而数字高程模型（DEM）是构成 GIS 的基础数据，利用 DEM 可以提取流域的许多重要水文特征参数，如坡度、坡向、水沙运移方向、汇流网络、流域界线等。建立水文模型，模拟流域单元内土壤－植被－大气系统中水的运动，进行地表水和地下水的演算。

（四）水文预报

通过 RS 接收及时的卫星云图、气象信息等资料，结合自动监测设备及系统，可以借助基于 GIS 的综合信息平台，通过动态电子地图查看不同流域水系水文信息；另一方面借助模型库系统和人工神经网络、灰色理论、回归分析、模糊数学等预测理论和方法，对各水文要素如降水、洪峰流量及其持续时间和范围等进行科学、合理预测，为水量调度和防汛抗灾等决策提供科学、合理和及时的依据。

（五）水环境自动监测

"3S"技术可有效地用于那些给社会带来极大危害、影响经济社会的可持续发展等重大问题的监测与研究。如对河道淤积、超量引水、河道断流、植被破坏、土壤侵蚀、滑坡、泥石流、干旱、洪涝等问题的监测和管理，可以对水的浑浊度、pH 值、含盐度等做定量监测，结合 GPS 对大面积污染的位置做定性监测。水环境自动监测系统以数据库、计算机通信网络为基础，采用自动化的监测设备，与"3S"技术相结合，实现水环境要素的实时、多维、多源、高效、高精度的在线监测，包括监测信息的获取、存储、分析、管理、表达和评价。

（六）生态环境调查及生态用水量计算

选择和收集数据源，根据了解的土地覆被分布状况及其变化规律，对遥感图像进行处理，提取各种专题信息，如土地建设情况、植被覆盖率、农作物产量和水深等。利用 GPS

系统对数据修正与精度检验。通过获取不同土地覆被类型的面积，应用生态用水量计算模型，计算出生态用水量。

（七）洪涝灾害的监测

在汛前结合 DEM、水文、气象等信息，可以进行洪水演进模拟预测洪水发展趋势、淹没范围、淹没损失等，然后以此为依据进行防洪指挥、调度，提前做好防洪抗灾工作。灾情出现后利用卫星获取的信息，连续、及时、准确的洪灾卫星图像，可以清晰地反映出洪灾态势。根据基于"3S"技术的灾害评估模型，评估受灾人口和受灾面积；在遇到分洪或其他紧急情况时，可用于选择灾民撤退最佳路线。

（八）水资源管理决策支持系统

水资源管理决策支持系统（WRMDSS）是以水资源管理学、决策科学、信息科学和计算机技术为基础，建立的辅助决策者解决水资源规划与管理中的半结构化决策问题的人机交互式计算机软件系统。整个系统具备以下功能：基础数据库管理、基础地理信息系统、基本情况分析、遥感动态监测、决策系统、综合查询系统。

此外，还可以利用遥感资料分析处理测定某些水文要素如水深、悬移质含沙量、地表水与地下水水资源量计算及管理、流域水量调度管理等。利用卫星传输地面自动遥测水文资料具有投资低，维护量少，使用方便的优点，且在恶劣天气下安全可靠，不易中断。

思考与练习题

2-1　人工水尺观测水位，水位数值如何计算？日平均水位如何计算？

2-2　在流速面积法测流中，常用流速观测的方法有哪几种？常用哪些仪器？

2-3　如何绘制水位—流量关系曲线，其意义如何？

2-4　什么是"3S"？"3S"技术在水文上的应用有哪些方面？

2-5　水质监测的目的是什么？主要内容有哪些？

2-6　按下表所给数值计算各测速垂线的垂线平均流速。

垂线	测点位置				
	水面	0.2	0.6	0.8	河底
	流速（m/s）				
1			0.86		
2		1.87		1.30	
3		2.05	1.89	1.51	
4	2.85	2.47	2.18	1.86	1.67

2-7　按下表的测流记录进行计算，岸边系数 $\alpha = 0.6$，测流起讫水位 28.31 m。将数据填在表中（　）内。

施测时间:2006 年 5 月 10 日 08:00 至 08:20								流速仪牌号和公式:LS251 型 $v=0.70N/T+0.01$							
垂线号数		起点距	水深(m)	仪器位置		测速记录		平均流速(m/s)			测深垂线间		截面面积(m^2)		部分
测深	测速			相对水深	测点深(m)	总历时 T(s)	总转数 N(r)	测点	垂线平均	部分平均	平均水深(m)	间距(m)	测深垂线间	部分	流量(m^3/s)
左水边		45	0												
										( )	1.25			3.5	( )
1	1	55	2.5	0.2	( )	150	210	( )	( )						
										( )				5.6	
				0.8	( )	132	150	( )							
2	2	63	3	0.2	( )	105	160	( )	( )		2.75				( )
				0.6	( )	110	150	( )							
				0.8	( )	115	140	( )			2.25			5.4	( )
										( )					
3	3	72	1.5	0.6	( )	120	150	( )	( )						
右水边		80	0							( )	0.75			3.6	()
断面流量(m^3/s)					断面面积(m^2)					平均流速					

2-8 找某水文站一次实测流量记载成果表,练习断面流量的计算。

2-9 查本地河流就近水文站某年《水文年鉴》摘录该站一次大洪水过程,绘制水位过程线和流量过程线,并练习计算日平均水位和日平均流量。

第三章　水文统计的基本方法

学习目标与要求　理解概率、频率、重现期、随机变量等统计概念；理解频率计算法与相关分析法的用途。掌握随机变量统计参数的含义与计算方法，频率适线法的含义与做法步骤，简单直线相关法的用途与方法步骤。能够进行频率适线推求统计参数和用简单直线相关法插补水文资料。

第一节　概　述

水文测验的目的在于收集水文现象变化过程的资料，研究掌握水文过程的变化规律。因此，水文资料就是水文现象的一种物质表现形式，可以通过对水文资料的分析研究来发现水文现象所隐藏的客观规律，用这些规律为工程建设和城市建设服务。

一、水文现象的统计规律

水文现象是一种自然现象，它的产生、发展和演变过程，既有必然性的一面，又有偶然性的一面。例如，一条河流每年必有一个最大的洪峰流量，它是由水文循环所决定的，因此是必然的；而各年的最大洪峰流量数量的多少，何时发生，这又是未知的。带有一定的偶然性（数学上称为随机性），因此可以说水文现象也是一种随机现象。对于随机现象，从表面上看似乎是无规律的，但分析大量实测水文资料后便知，它是遵循一定规律的。如河流某断面年径流量的多年平均值是一个比较稳定的数值，在长期过程中，河流每年的径流量接近于多年平均值的年份出现较多，而特大值或特小值出现的年份则比较少。随机现象的这种规律性，只有通过大量的观测、统计、分析后，才能发现，故称之为统计规律。而数理统计法正是揭示这种规律的一种有力工具，所以也就成为水文分析计算的主要方法，在水文学中称之为水文统计。

二、水文统计及其任务

在水利水电工程和城市建设过程中，都需要掌握河流以及城市地区未来的水文情势，比如河流水量的多少、洪水的大小、城市暴雨的大小及其发生机会等，以此为工程及城市的建设和管理运用提供合理的水文依据。而从目前的水文预报技术水平来看，要想解决中长期的定量水文预报，是很难做到的。因此，水文上解决此类问题的主要方法是用数理统计法，研究分析各种水文资料的统计规律，并根据这一规律对河流未来时期的水文情势作出较为科学的预估。通常预估出河流未来长时期内各种水文要素量出现的机会（可能性）。例如，预估某河流某断面某一洪峰流量值发生的可能性为多大；反过来就是预估在一定的可能性条件下会发生多大的洪峰流量。诸如此类的问题就是水文分析计算研究的主要内容。所以,水文统计的任务就是将数学上的《概率论和数理统计》知识应用到水文上来,通过分析研究大量实测水文资料,寻找其统计规律,并由其统计规律对河流未来的水文情势作出概率预估,为工程及城市建设提供合理的水文数据。

第二节 概率、频率、重现期

概率、频率、重现期是水文统计中最基本的三个概念。

一、概率

(一)随机试验与随机事件

首先我们介绍随机试验的概念。

在日常生活中我们会遇到各种各样的试验,如科学种田试验,新产品研发试验,等等。可以说试验具有广泛的意义。在概率论中提出这样一种试验:①可以在相同的条件下重复进行;②每次试验的可能结果不止一个,并且能事先知道试验所有可能出现的结果或范围;③每次试验之前无法确定究竟哪种结果会出现。如掷硬币、掷骰子、摸扑克牌等均是如此。具有这种特性的试验,概率论中称之为随机试验。随机试验中所有可能出现或不可能出现的事情,称之为事件。事件按照其发生的可能性大小分为三类:

(1)必然事件。即在一定的条件下肯定会发生的事件。如天然河流中洪水到来时水位必然上涨,水在0 ℃以下的气温条件下肯定会结冰,等等。

(2)不可能事件。即在一定条件下肯定不会发生的事件。如天然河流在洪水到来时,河水断流就是绝不可能发生的,水在0 ℃以下的气温及正常气压条件下沸腾也是不可能的,等等。

(3)随机事件。即在一定的条件情况下有可能发生,也有可能不发生的事件。例如,掷硬币试验中,每掷一次,其正面(国徽面)有可能出现,也有可能不出现;黄河花园口水文站测流断面的年最大洪峰流量为10 000 m^3/s,在某一年当中有可能发生,也有可能不发生,等等。这类事件共有的一个重要特性就是在事件未发生之前,其结果是无法准确预言出来的,或者说它的发生是带有一定可能性的。要定量地描述其出现可能性的大小,就引出了概率。所以说随机事件是概率论中研究的主要对象。

(二)概率

简单地说,概率就是用来描述某一随机事件发生可能性大小的数量指标。

在概率论当中,常用大写字母$A,B,C,\cdots$表示随机事件,而用$P(A),P(B),P(C),\cdots$分别表示各随机事件发生的概率。对于一些简单随机事件,其概率可用下式计算:

$$P(A) = \frac{m}{n} \tag{3-1}$$

式中 $P(A)$——在一定条件下随机事件A发生的概率;

n——在试验中所有可能出现的结果总数;

m——在试验中属于事件A的结果数。

例如，掷骰子试验，所有可能出现的结果数 $n=6$，即可能出现1、2、3、4、5、6点。设事件 A 表示为3点出现，则所有可能出现的6种结果中，属于3点出现的结果数为 $m=1$，因此3点出现的概率为 $P(A)=\frac{m}{n}=\frac{1}{6}$；若事件 B 表示大于3点的点数出现，则属于事件 B 可能出现的结果数为 $m=3$（即4、5、6点出现），同理，$P(B)=\frac{3}{6}$。假若将骰子的6个面全部刻成3点，则 $P(A)=\frac{6}{6}=1$，$P(B)=0$。此时，事件 A 为必然事件，事件 B 为不可能事件。由此可以得出随机事件出现的概率介于0和1之间。

式(3-1)只适用于所谓的古典概型事件。即试验的所有可能结果都是等可能的，且试验中所有可能出现的结果总数是有限的简单随机事件。而对于水文上的复杂随机事件而言，通常试验所有可能出现的结果数 n 是无限的，无法知道。因此，复杂事件出现的可能性大小无法用古典概型的概率来描述，这便引出了频率的概念。

二、频率

设随机事件 A 在 n 次随机试验中，实际出现了 m 次，则：

$$p(A)=\frac{m}{n} \tag{3-2}$$

称为随机事件 A 在 n 次试验中出现的频率，简称为频率。

实践证明，当试验次数 n 较少时，事件的频率很不稳定，有时大，有时小；但当试验次数 n 无限增多时，事件的频率就逐渐趋近于一个稳定值，这个稳定值便是事件发生的概率。如掷硬币试验，从理论上讲，正面（或反面）出现的概率为0.5（即 $n=2$，$m=1$，代入式(3-1)计算得）。而其频率却随试验的不同有不同的值。例如，以前有人所做试验结果见表3-1。

表3-1　前人所做试验结果

试验者	掷硬币次数	正面出现的次数	正面出现的频率
蒲丰(Buffon)	4 040	2 048	0.506 9
皮尔逊(K. Pearson)	12 000	6 019	0.501 6
皮尔逊(K. Pearson)	24 000	12 012	0.500 5

从表3-1中看出，随着试验次数 n 的增加，随机事件出现的频率也愈来愈接近事件发生的概率。随机事件频率的这种稳定性，已为大量的实践所证实，这是观察随机现象所得出的基本规律之一。因此，当试验资料足够多时，可以用频率来近似地代替概率。这一做法在水文统计中普遍应用。因为各种水文随机事件可能出现的结果总数是无限的，实际上只能根据一定数量的观测资料来计算它出现的频率，从而估计概率。

综上所述，频率和概率既有区别又有联系。概率是描述随机事件出现可能性大小的抽象数，是个理论值；对于简单事件可事先确定，对于复杂事件则无法事先确定。频率是描述随机事件出现可能性大小的一个具体数，是个经验值，随试验的不同而变化，但随试验次数的增多而逐渐稳定,并趋近于概率。

三、重现期

由于频率是概率论中的一个概念,比较抽象,因此在水文分析计算中又常用重现期来代替频率表示随机事件出现的可能性(机会)大小。

所谓重现期,是指某随机事件在长期过程中平均出现一次的时间间隔(多少年),称为多少年一遇,用字母 T 表示。例如,$P=5\%$,即表示平均100年可以出现5次,或平均是20年出现一次,亦即重现期 $T=20$ 年,称为20年一遇。

频率与重现期的关系,在不同的情况下有不同的表示方法。

在研究暴雨洪水时,一般设计频率 $P<50\%$,其重现期为:

$$T=\frac{1}{P} \tag{3-3}$$

例如,某防洪工程设计依据洪水频率为 $P=5\%$,则重现期 $T=1/P=1/0.05=20$ 年,即该洪水是平均20年一遇,表示在长期过程中,平均20年出现一次大于或等于该级别的洪水,此时工程的安全可能得不到保证,需要采取应急措施。

在灌溉、发电、供水工程规划设计时,需要研究枯水问题,一般设计频率 $P>50\%$,其重现期为:

$$T=\frac{1}{1-P} \tag{3-4}$$

例如,某灌区设计依据的枯水频率为 $P=95\%$,则其重现期 $T=1/(1-0.95)=20$ 年,表示该工程按20年一遇的枯水作为设计标准。因为对用水部门来说,所关心的是多少年一遇的枯水,即小于或等于某一级别的枯水径流量是多少年一遇。此处20年一遇的枯水,表示20年中只有一年供水得不到满足,其余19年用水均可以得到保证,故设计枯水的频率为设计用水的保证率。

必须指出,因为水文现象一般并无固定的周期,所谓多少年一遇,是指长期过程中的平均情况。如百年一遇的洪水,表示大于或等于某一级别的洪水平均是100年出现一次,但并不意味着每隔100年就必须会遇上一次。此处着重强调的是长期过程中的平均情况,对于某个历史时段(如1900~1999年)具体的100年来说,等于或大于这个级别的洪水可能出现几次,也有可能一次都未出现。

第三节　随机变量及其频率分布

一、随机变量

将随机试验的结果用一个变量表示,其取值随每一次试验不同而不同,且每一个取值都对应一定的可能性(概率或频率),这种变量就称为随机变量。如水文上的某地年降水量,河流某断面的年最高水位或最大洪峰流量,等等。这些随机变量的取值都是一些数值,还有一些随机变量,其结果是事实型的。如掷硬币试验,其结果分别是正面出现或反面出现，对于此类随机变量，我们可以人为规定用一些确定的数值来代替事实，像用1代替正面出现，用0代替反面出现等。在数理统计中，常用大写字母表示随机变量，而用相应的小写字母表示其取值，如用 X 表示某随机变量，则其取值就可记为 $x_i(i=1,2,\cdots)$。

另外，按照随机变量可能取值情况，可分为离散型随机变量和连续型随机变量两种基本类型。离散型随机变量的一切可能取值为有限个或可列个，这些数值可以逐个写出来，并且相邻二值之间不存在中间值。如掷骰子试验的结果用随机变量 X 表示，其取值 x_i 为1、2、3、4、5、6点等；连续型随机变量可能取的数值不能一一列举出来，而是充满某一区间的值，即可以取得区间内的任何数值。水文上的许多变量都是连续型的，如年降雨量、年径流量、河流水位等。

综上所述，随机变量与其他普通数学变量的主要区别在于：它取什么值在试验之前是无法准确知道的，只有在随机试验发生以后才能确定，各个取值对应的概率（或频率）大小有些是相等的，有些是不相等的。

在数理统计中，把随机变量所有取值的全体称为总体。从总体中任意抽取的一部分称为样本。样本的项数称为样本容量。水文上的随机变量总体都是无限的，实际无法获得。例如，某地的年降水量，其总体是指自古到今以至未来无限年代的所有年降水量，人类是不可能全部观测得到的。目前设站所观测到的几十年甚至上百年降水量资料，只不过是无限总体中的一小部分，是一个很有限的样本。此类例子在水文上比比皆是。因此，在水文分析计算中，遇到的都是样本资料。

总体和样本之间有着一定的区别，但也有着密切的联系。由于样本是总体中的一部分，因而样本的特征在一定程度上（或部分地）反映了总体的特征，故总体的规律可以借助样本的规律来逐步地认识，这就是我们目前用已有水文资料来推估总体规律的依据。但样本毕竟只是总体中的一部分，当然不能完全用以代表总体的情况，其中存在着一定的差别。这就要求我们不能仅仅依靠数理统计法来解决问题，还需结合成因分析法和地区综合法对水文现象的统计规律进行分析修正，使得结果更合理、可靠。可以相信，随着科学技术的发展，随着资料和经验的积累，总体的规律将愈来愈为人们所认识。

二、随机变量的频率分布

随机变量在随机试验中可以取得所有可能值中的任何一个值，而且每一个取值都对应一定的概率，有的概率大，有的概率小，将随机变量各个取值与其概率之间的一一对应关系，称为随机变量概率分布或分布律。

如离散型随机变量 X 的概率分布就可表示为：

$$P(X = x_i) = p_i(i = 1,2,\cdots) \tag{3-5}$$

也可用表格或图来表示。

连续型随机变量由于其可能取值是无限个，而且取个别值的概率趋近于零，因而无法研究个别值的概率，只能研究某个区间取值的概率分布规律。例如，某地的年降水量值在600~700 mm，也就是说在此区间的雨量每年发生的几率最大，但是实际就某一数值而言（如651.7 mm），发生的几率却很小，甚至趋近于零。因此，在水文上，对于连续型随机变量，除了研究某个区间值的概率分布外，更多的是研究随机变量 X 取值大于或等于某一数值的概率分布，即$P(X\geq x_i)$。当然，有时也研究 X 的取值小于等于某值的概率，即$P(X\leq x_i)$，而且两者可以相互转换，通常研究前者比较多，如暴雨、洪水、年径流等。另外，在水文上遇到的都是样本资料，通常要用样本的频率分布规律去估计总体的概率分布规律，所以以后重点研究频率分布。下面举一实例来说明水文变量的频率分布。

【例 3-1】 已知某雨量站 1935 ~ 1998 年共 64 年的年降水量，如表 3-2 所示，试分析该样本系列的频率分布规律。

（1）为了使研究问题简单而实用，将年降水量分组，并统计各组雨量的出现次数和累积次数，拟定分组的组距 $\Delta x = 100$ mm，统计结果列于表 3-3 中①、②、③、④栏。

表 3-2　某站年降水量表　（单位：mm）

年份	年降水量	年份	年降水量	年份	年降水量	年份	年降水量	年份	年降水量
1935	476	1948	285	1961	549	1974	841	1987	556
1936	486	1949	528	1962	702	1975	386	1988	526
1937	905	1950	583	1963	563	1976	565	1989	548
1938	207	1951	618	1964	612	1977	623	1990	627
1939	472	1952	388	1965	760	1978	558	1991	672
1940	513	1953	609	1966	658	1979	585	1992	514
1941	598	1954	817	1967	528	1980	784	1993	346
1942	580	1955	464	1968	802	1981	561	1994	530
1943	436	1956	626	1969	554	1982	488	1995	491
1944	229	1957	446	1970	643	1983	543	1996	512
1945	328	1958	457	1971	592	1984	629	1997	726
1946	331	1959	641	1972	586	1985	410	1998	545
1947	430	1960	481	1973	745	1986	663		

表 3-3　某站年降水量分组统计

序号	年降水量（组距 $\Delta x = 100$ mm）	各组出现次数（次）	累积出现次数（次）	各组出现频率 $P(\Delta x_1)$（%）	累积频率 P（%）	组内平均频率密度 $\Delta P/\Delta x$（$\times 10^{-4}$/mm）
①	②	③	④	⑤	⑥	⑦
1	900 ~ 999	1	1	1.6	1.6	1.6
2	800 ~ 899	3	4	4.7	6.3	4.7
3	700 ~ 799	5	9	7.8	14.1	7.8
4	600 ~ 699	12	21	18.7	32.8	18.7
5	500 ~ 599	23	44	36.0	68.8	36.0
6	400 ~ 499	12	56	18.7	87.5	18.7
7	300 ~ 399	5	61	7.8	95.3	7.8
8	200 ~ 299	3	64	4.7	100	4.7
总计		64		100		

(2)计算各组降水量出现的频率和累积频率。各组出现的频率均按式(3-2)计算，并表示成百分数，如表中第⑤栏，再用第⑤栏的值除以分组组距 Δx，即 $p_i/\Delta x$ 称为频率密度，如表中第⑦栏。各组出现的累积频率可以用累积次数代入式(3-2)计算，也可以将第⑤栏的数据按序号逐次累积，如表中第⑥栏。

(3)绘图。由表 3-3 中②栏和⑦栏绘成年降水量频率分布直方图，各小矩形的面积为各组降水量出现所对应的频率 $p_i=(p_i/\Delta x)\Delta x$，如图 3-1 所示；②栏和⑥栏绘成累积频率阶梯图，如图 3-2 所示。

由图 3-1 可以看出，各组降水量出现所对应的频率是中间大两边小，即年降水量的特大值和特小值出现的机会都很小，而接近多年平均值的雨量出现机会大。像 500 ~ 599 mm 组的雨量出现机会最大。由图 3-2 可以看出，累积频率分布图为一阶梯状图，每个台阶的宽度也就反映了该组降水量出现的频率大小。因此，其分布的规律和直方图的规律是一致的，它们都反映了随机变量取值与频率之间对应关系的分布规律，只是表现形式不同而已。如果资料再增多，分组值 Δx 再取小，直至 $\Delta x\to 0$，则图 3-1 中小矩形的宽度也就愈来愈小，直方图的外包线就接近于比较光滑的铃形曲线(图中的虚线)，则称为频率密度曲线；相应的图 3-2 中，台阶的高度也将愈来愈小，其外包线也就近似于一条 S 形曲线(图中的虚线)，称为累积频率分布曲线。

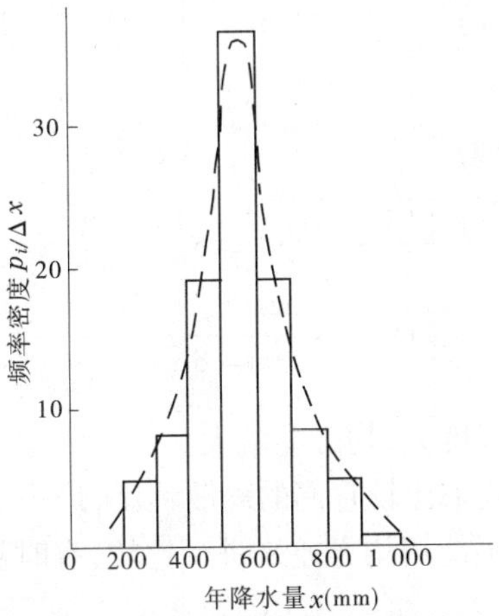

图 3-1　某站年降水量频率分布直方图

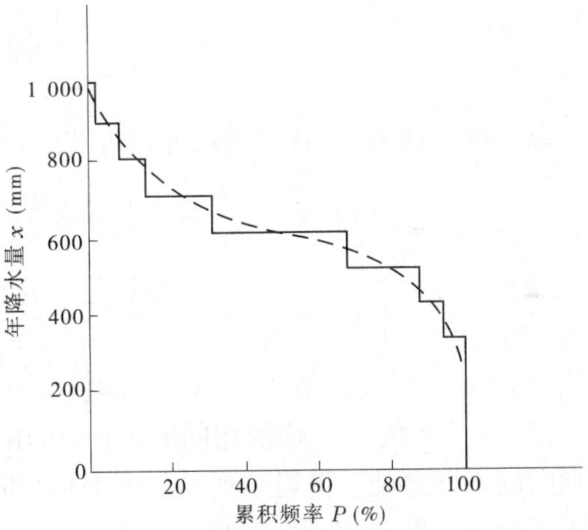

图 3-2　某站年降水量累积频率阶梯图

在水文分析计算中，由于遇到的多为连续型随机变量，经常研究它取值大于或等于某一数值发生的频率，故而多用累积频率分布曲线。一般简称为频率曲线。

三、随机变量的统计参数

如前所述，随机变量的频率分布曲线比较完整地描述了随机变量的统计规律，但在许多实际问题中，很难确定随机变量的频率分布规律或者不一定要用完整的形式来说明随机变量的分布规律，这时就可以用一些统计参数(或数字特征)来描述随机变量频率分布的重要信息。

水文上常用的随机变量的统计参数有以下几个：

1）算术平均数$\bar{x}$

设随机变量的样本系列为 $x_1, x_2, \cdots, x_n$，则其算术平均数可用下式计算：

$$\bar{x} = \frac{x_1 + x_2 + \cdots + x_n}{n} = \frac{1}{n}\sum_{i=1}^{n} x_i \tag{3-6}$$

算术平均数简称为均值，它表示样本系列的平均情况，反映系列总体水平的高低。例如，甲乙两条河流的多年平均流量分别为1 000 m^3/s 和100 m^3/s，就说明甲河流域的水资源比乙河流域的水资源丰富得多。

2）均方差 σ 与变差系数 C_v

（1）均方差 σ。均值表示系列的平均水平。均方差则表示系列中各个值相对于均值的离散程度。当两个系列的均值相等时，它们各自的离散程度则不一定相同。例如，有甲乙两个系列，其值为：

甲系列：5，10，15

乙系列：2，10，18

虽然两个系列的均值相等，都是10，但两个系列中各个取值相对于均值的离散程度显然是不同的，可以用均方差来反映。

均方差用 σ 表示，计算公式为：

$$\sigma = \sqrt{\frac{\sum_{i=1}^{n}(x_i - \bar{x})^2}{n-1}} \tag{3-7}$$

以上甲乙两系列，各自的均方差可按式（3-7）计算：

$$\sigma_{甲} = \sqrt{\frac{(5-10)^2 + (10-10)^2 + (15-10)^2}{3-1}} = 5$$

$$\sigma_{乙} = \sqrt{\frac{(2-10)^2 + (10-10)^2 + (18-10)^2}{3-1}} = 8$$

可见 $\sigma_{甲} < \sigma_{乙}$，说明离散程度小，均方差就小；离散程度大，均方差就大。

（2）变差系数 C_v。均值相同的系列，可用均方差来比较它们的离散程度，进一步说明系列间的不同之处。但当系列的均值不相等时，就不能用均方差来进行比较，有时甚至说明不了问题。例如，有丙、丁两个系列：

丙系列：5，10，15

丁系列：995，1 000，1 005

丙系列的均值 $\bar{x}_{丙} = 10$，丁系列$\bar{x}_{丁} = 1\,000$，显然均值不等，可是按式（3-7）计算它们各自的均方差得到 $\sigma_{丙} = 5$、$\sigma_{丁} = 5$，这又说明了两者的离散程度是相同的。但由于均值相差悬殊，其离散情况的程度是不相同的。丙系列中最大值和最小值与均值的绝对差值都是5，这相当于均值的 5/10 = 1/2；而丁系列中，最大值和最小值与均值之差的绝对值虽然也等于5，但却只相当于均值的 5/1 000 = 1/200，在近似计算中，这种差别甚至已达到可以忽略不计的程度。

为了克服以均方差衡量系列离散程度的这种不足，数理统计中用均方差与均值的比值作为衡量系列相对离散程度的一个参数，称为变差系数或离差（势）系数，用 C_v 表示。

变差系数为一无单位的小数，其计算公式为：

$$C_v = \frac{\sigma}{\bar{x}} = \frac{1}{\bar{x}}\sqrt{\frac{\sum_{i=1}^{n}(x_i - \bar{x})^2}{n-1}} = \sqrt{\frac{\sum_{i=1}^{n}(k_i - 1)^2}{n-1}} \tag{3-8}$$

式中　k_i——模比系数，$k_i = \frac{x_i}{\bar{x}}$。

有了变差系数的概念后，我们再来看丙、丁两系列的离散程度，用式(3-8)计算求得 $C_{v丙} = 0.5$、$C_{v丁} = 0.005$，这就说明丙系列的相对离散程度远比丁系列的相对离散程度大。

在水文学中，计算出某样本系列的变差系数后，通常需要分析其在地区上的变化规律，和邻近流域的变差系数进行比较，所以经常使用变差系数来反映样本系列的离散程度。

3）偏差系数 C_s

偏差系数也称偏态系数，常用 C_s 表示。它是反映系列中各值在均值两侧分布是否对称或不对称（偏态）程度的一个参数。计算公式为：

$$C_s = \frac{\sum_{i=1}^{n}(x_i - \bar{x})^3}{(n-3)\bar{x}^3 C_v^3} = \frac{\sum_{i=1}^{n}(k_i - 1)^3}{(n-3)C_v^3} \tag{3-9}$$

当样本系列中各值在均值两侧分布对称时，$C_s = 0$，称为正态分布。若分布不对称时，$C_s \neq 0$，称为偏态分布。其中 $C_s > 0$，称为正偏态分布。它表示随机变量取值系列中大于均值比小于均值的数值出现机会少，这种系列称为正偏系列；相反，$C_s < 0$ 为负偏态分布，表示系列中大于均值比小于均值的数值出现机会多。水文上经常遇到的为正偏系列。

【例 3-2】　某站有 1957～1980 年共计 24 年的年降水量资料如表 3-4 中①、②栏所示，经审查其代表性较好，试计算该样本资料的统计参数。

(1)将样本系列按由大到小的次序排列。即将表中第②栏由大到小排队后列入第④栏。

(2)计算均值 $\bar{x}$，k_i，$k_i - 1$，$(k_i - 1)^2$ 及 $(k_i - 1)^3$，分别填入⑤、⑥、⑦、⑧、⑨栏；并以 $\sum$②栏 $=$ $\sum$④栏，$\sum$⑥栏 $=$ $\sum$⑦栏，$\sum k_i = 24.0$ 进行验算。

(3)由表 3-4 中资料代入公式计算统计参数：

由式(3-6)，年降水量均值为：

$$\bar{x} = \frac{1}{n}\sum_{i=1}^{n} x_i = \frac{1}{24} \times 13\ 703 = 571(\text{mm})$$

由式(3-8)，年降水量变差系数为：

$$C_v = \sqrt{\frac{\sum_{i=1}^{n}(k_i - 1)^2}{n-1}} = \sqrt{\frac{0.952\ 6}{24-1}} = 0.20$$

由式(3-9)，年降水量偏差系数为：

$$C_s = \frac{\sum_{i=1}^{n}(k_i - 1)^3}{(n-3)C_v^3} = \frac{0.073\ 7}{(24-3) \times 0.20^3} = 0.44$$

表 3-4　某站年降水量统计参数及频率计算表

年份	x_i (mm)	序号 m	x_i (大→小) (mm)	$k_i=\frac{x_i}{\bar{x}}$	k_i-1 +	k_i-1 −	$(k_i-1)^2$	$(k_i-1)^3$	$P=\frac{m}{n+1}\times100\%$ (%)
①	②	③	④	⑤	⑥	⑦	⑧	⑨	⑩
1957	745	1	841	1.47	0.47		0.220 9	0.103 8	4.0
1958	841	2	784	1.37	0.37		0.136 9	0.0507	8.0
1959	386	3	745	1.31	0.31		0.096 1	0.029 8	12.0
1960	565	4	672	1.18	0.18		0.032 4	0.005 8	16.0
1961	623	5	663	1.16	0.16		0.025 6	0.004 1	20.0
1962	558	6	629	1.10	0.10		0.010 0	0.001 0	24.0
1963	585	7	627	1.10	0.10		0.010 0	0.001 0	28.0
1964	784	8	623	1.09	0.09		0.008 1	0.000 7	32.0
1965	561	9	585	1.02	0.02		0.000 4	0	36.0
1966	488	10	565	0.99		0.01	0.000 1	0	40.0
1967	543	11	561	0.98		0.02	0.000 4	0	44.0
1968	629	12	558	0.98		0.02	0.000 4	0	48.0
1969	410	13	556	0.97		0.03	0.000 9	0	52.0
1970	663	14	548	0.96		0.04	0.001 6	−0.000 1	56.0
1971	556	15	543	0.95		0.05	0.002 5	−0.000 1	60.0
1972	526	16	530	0.93		0.07	0.004 9	−0.000 3	64.0
1973	548	17	526	0.92		0.08	0.006 4	−0.000 5	68.0
1974	627	18	514	0.90		0.10	0.010 0	−0.001 0	72.0
1975	672	19	512	0.90		0.10	0.010 0	−0.001 0	76.0
1976	514	20	491	0.86		0.14	0.019 6	−0.002 7	80.0
1977	346	21	488	0.85		0.15	0.022 5	−0.003 4	84.0
1978	530	22	410	0.72		0.28	0.078 4	−0.022 0	88.0
1979	491	23	386	0.68		0.32	0.102 4	−0.032 8	92.0
1980	512	24	346	0.61		0.39	0.152 1	−0.059 3	96.0
$\sum$	13 703		13 703	24.00	1.80	1.80	0.952 6	0.073 7	

注：此表中③、④、⑩栏是为后面的频率计算所列的，在此并不影响统计参数的计算。

四、抽样误差

对于水文现象而言，几乎所有水文变量的总体都是无限的，而目前掌握的资料仅仅是一个容量十分有限的样本，样本的分布不等于总体的分布。因此，由样本的统计参数去估计总体的统计参数，总会存在一定的误差，这种误差是由随机抽样引起的，故称之为抽样误差。各种参数的抽样误差都是以均方差表示的，为了区别于其他误差称为均方误。

三个统计参数 $\bar{x}$、C_v、C_s 的均方误分别表示为 $\sigma_{\bar{x}}$、σ_{C_v}、σ_{C_s}。

抽样误差的大小随抽取样本的不同而变化。由于水文变量的总体是无法获得的，故而抽样误差也无法直接计算，只能借助于概率论来研究。现以均值为例来研究，假设从某随机变量的总体中任意抽取 k 个容量相同的样本，分别计算出各个样本的均值 $\bar{x}_1$，$\bar{x}_2$，$\bar{x}_3$，…，$\bar{x}_k$，这些均值与总体均值 $\bar{x}_{总}$ 的抽样误差为 $\Delta\bar{x}_i=\bar{x}_i-\bar{x}_{总}(i=1,2,\cdots,k)$。其值有大有小，各种数值出现的机会不同，即每一数值都有一定的概率，也就是说抽样误差是随机变量，也应对应它的分布规律。

抽样误差的概率分布不同，各个统计参数的均方误计算公式就不同。当总体为皮尔逊Ⅲ型分布时，根据统计理论，可以推导出下列样本统计参数的均方误公式：

$$\sigma_{\bar{x}}=\frac{\sigma}{\sqrt{n}} \tag{3-10}$$

$$\sigma_{C_v}=\frac{C_v}{\sqrt{2n}}\sqrt{1+2C_v^2+\frac{3}{4}C_s^2-2C_vC_s} \tag{3-11}$$

$$\sigma_{C_s}=\sqrt{\frac{6}{n}\left(1+\frac{3}{2}C_s^2+\frac{5}{16}C_s^4\right)} \tag{3-12}$$

根据数理统计的理论和实践经验，样本统计参数的抽样误差一般随样本的均方差 σ，变差系数 C_v 及偏差系数 C_s 的增大而增大；随样本容量 n 的增大而减小。因此一般来讲，样本系列愈长，抽样误差将愈小，样本对总体的代表性也就愈好。反之，样本系列愈短，抽样误差愈大，样本对总体的代表性也就越差。所以，在水文分析过程中，一般要求样本系列的容量要有足够长度。

另外，需要指出的是，上述误差计算公式只表示许多容量相同的样本误差的平均情况，至于某个实际样本的误差可能小于这些误差，也有可能大于这些误差，不是以上公式所能估算的。样本实际误差的大小要看样本对总体的代表性高低而定。

表3-5列出了在 $C_s=2C_v$ 的条件下，由式(3-10)、式(3-11)和式(3-12)计算的样本参数的均方误(以相对误差表示)。由表中可见，$\bar{x}$ 和 C_v 的误差较小，C_s 的误差特别大。当 $n=100$ 时，C_s 的误差还在40%～126%；当 $n=10$ 时，C_s 的误差则在126%以上，就说明误差已超出了 C_s 数值本身。通常水文资料都在100年以下，可见按式(3-9)算得的 C_s 值，其抽样误差太大而失去了使用价值。

用前面式(3-6)、式(3-8)和式(3-9)估算参数的方法一般称为矩法。经验表明，矩法估算参数，除了有上述的误差外，还具有一定的系统误差(一般小于总体的统计参数值)。因此，在实际的水文分析计算中，通常不直接使用矩法估计的参数，而是以矩法公式计算的参数作为初始参数值，然后经过适线来确定。这种方法是我国水文界目前广泛使用的一种方法，将在后面详细介绍。

表 3-5 样本参数的均方误(相对误差) (%)

C_v	$\bar{x}$				C_v				C_s			
	$n=100$	$n=50$	$n=25$	$n=10$	$n=100$	$n=50$	$n=25$	$n=10$	$n=100$	$n=50$	$n=25$	$n=10$
0.1	1	1	2	3	7	10	14	22	126	178	252	390
0.3	3	4	6	10	7	10	15	23	51	72	102	162
0.5	5	7	10	12	8	11	16	25	41	58	82	130
0.7	7	10	14	22	9	12	17	27	40	56	80	126
1.0	10	14	20	23	10	14	20	32	42	60	85	134

第四节 相关分析法

一、概述

相关分析法是数理统计中的一种基本方法,有时也称回归分析法,两者之间并无很大的差别,只是在某些情况下,有人认为相关分析是侧重于研究随机变量之间的关系密切程度大小的一种方法,而回归分析则主要是用统计方法寻求一个数学公式来描述变量间的关系。两者在应用水文中一般不加区别,而且多用相关分析法的名称。这种方法常常可以独立使用,例如,建立水位与流量的关系、身高与体重之间的关系等,也可以为配合频率分析计算解决资料系列的插补延长问题。

通常水文变量之间的关系表现出不确定性,假如将两个相关变量相应的点点绘成图,则点群的分布常表现为有规律的带状分布。即点群分布虽然不在一条线上,但也不是杂乱无章无序可循,这种关系在相关分析中称之为相关关系。按其点群分布趋势可分为直线和曲线两种类型,分别称为直线相关和曲线相关,如图 3-3 所示。

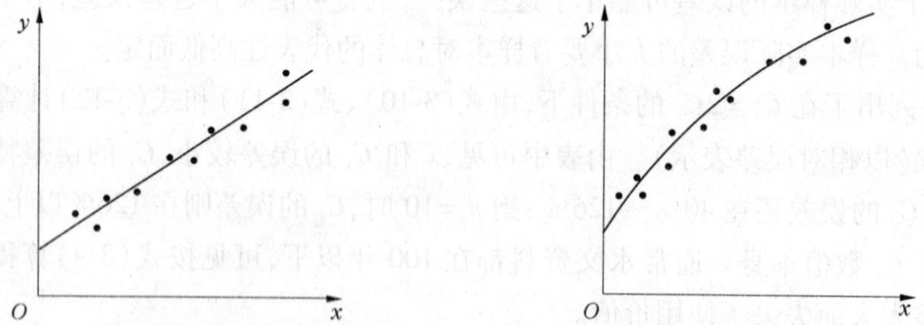

(a)直线相关 (b)曲线相关

图 3-3 相关关系示意图

同样,多个水文变量之间也有可能存在相关关系。一般将两个变量的相关称简单直线相关,多个变量的相关称复相关。在利用相关分析插补延长资料时遇到最多的是简单直线相关,因此这里主要介绍简单直线相关。

二、简单直线相关

简单直线相关即两个变量间的直线相关。设两个水文变量 x、y 的同步(期)观测资料系列有 n 对(x_i、y_i、$i=1,2,\cdots,n$),以变量 x 为横坐标,变量 y 为纵坐标,将相关点(x_i,y_i)点绘到方格纸上,根据点子的分布情况判断是否属直线相关,如果呈直线相关,则用图解法或计算法求出两个变量的直线关系式:

$$y = a + bx$$

式中 a、b——待定系数。

a 表示直线在纵轴上的截距,b 为直线的斜率,可分别用图解法和计算法求出。

(一)相关图解法

将相关点(x_i,y_i)点绘到方格纸上,如果相关点群分布集中,就可以目估过点群中心定相关直线,并以经过均值点($\bar{x}$,$\bar{y}$)为控制,使相关点均匀分布在相关直线的两侧,且尽量使两侧点据的纵向离差和 $\sum(+\Delta y_i)$ 与 $\sum(-\Delta y_i)$ 的绝对值都最小,如图 3-4 所示。对于个别突出点应单独分析,查明偏离原因,予以适当考虑。

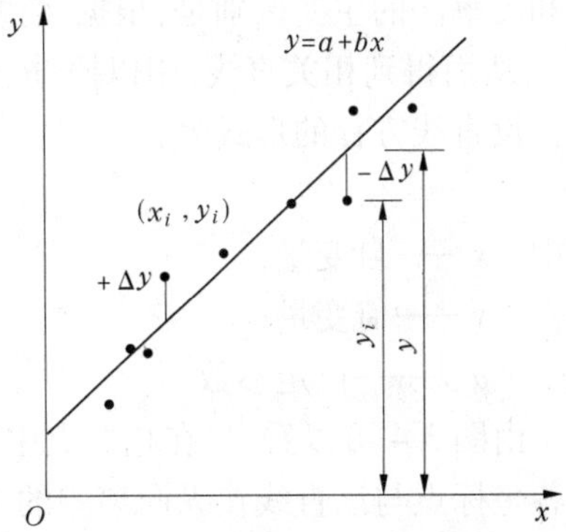

图 3-4 简单直线相关示意图

相关直线定好后,便可在图上图解出相关直线的斜率 b 和直线在纵轴上的截距 a,此时注意截距 a 应是坐标原点为(0,0)的坐标系中纵轴上的截距。

【例 3-3】 某设计雨量站有 1970 ~ 1982 年 13 年实测年降水量资料。同一气候区、自然地理条件相似区域内有一邻近雨量站(称参证站)年降水量资料系列较长(1970 ~ 1982),经分析代表性较好。两站同步观测资料系列 1970 ~ 1982 年年降水量资料分别列入表 3-6 中①、②、③栏。试用直线相关图解法建立相关直线及其方程式,并将设计站年降水量资料系列延长。

解:(1)点绘相关图。将设计站的年降水量用 y 表示,邻近雨量站作为参证站,其年降水量用 x 表示。以 y 为纵坐标,x 为横坐标,定好比例,将表 3-6 中②、③栏同步系列相应的数值点绘在图 3-5 上,共得到 13 个相关点,并由表 3-6 中计算的②、③栏总和分别计算:

$$\bar{x} = \frac{1}{n}\sum_{i=1}^{n} x_i = \frac{1}{13} \times 7\,256 = 558(\text{mm})$$

$$\bar{y} = \frac{1}{n}\sum_{i=1}^{n} y_i = \frac{1}{13} \times 8\,085 = 622(\text{mm})$$

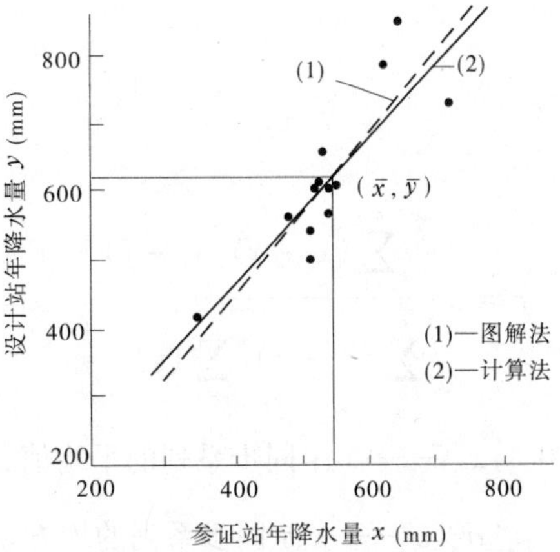

图 3-5 某设计站参证站年降水量相关图

(2)绘相关直线。从图 3-5 中看出,相关点分布基本上呈直线趋势。可过点群中心(即考虑点子分布在直线上下两侧的数目大致相等，并且目估纵向正负离差分布均匀），并以均值点（558，622）为控制定出一条直线。如图 3-5 中（1）线。

（3）建立直线方程。根据所绘直线，在图上查算出参数 $a=8$，$b=1.10$，则直线方程式为：$y=1.10x+8$。

（4）延长设计站年降水量资料系列。将参证站 1950～1969 年的年降水量 x_i 分别代入直线方程则可求出相应的设计站年降水量 y_i，计算结果略。

（二）相关计算法

相关图解法虽然简单明了，但有时用目估定线可能会带来较大的偏差。比如在相关点较少或者分布较散时，目估定线往往有较大的偏差。所以，实用上也常用相关计算法。它和图解法的主要区别是：根据实测同步资料用数学公式计算求得直线方程中的参数 a 和 b，从而得到相关直线，用以插补、延长资料。

设直线方程的形式为：

$$y = a + bx$$

式中 x——自变量；

y——倚变量；

a、b——待定参数。

由图 3-4 可以看出，在相关点中间定一条平均直线，要使其严格过点群中心，就要力求各坐标点与该直线在纵向离差的平方和最小。即使得

$$\sum_{i=1}^{n}(\Delta y_i)^2 = \sum_{i=1}^{n}(y_i - \hat{y}_i)^2 = \sum_{i=1}^{n}(y_i - a - bx_i)^2$$

取最小值。

为了使上式取得极小值，只需分别对 a 和 b 求一阶偏导数，并使其等于零，即：

$$\frac{\partial \sum_{i=1}^{n}(y_i - \hat{y})^2}{\partial a} = 0\ ;\quad \frac{\partial \sum_{i=1}^{n}(y_i - \hat{y})^2}{\partial b} = 0$$

联立求解以上两个方程式，可得：

$$a = \bar{y} - r\frac{\sigma_y}{\sigma_x}\bar{x} \tag{3-14}$$

$$b = r\frac{\sigma_y}{\sigma_x} \tag{3-15}$$

而

$$r = \frac{\sum_{i=1}^{n}(x_i - \bar{x})(y_i - \bar{y})}{\sqrt{\sum_{i=1}^{n}(x_i - \bar{x})^2 \sum_{i=1}^{n}(y_i - \bar{y})^2}} = \frac{\sum_{i=1}^{n}(k_{x_i} - 1)(k_{y_i} - 1)}{\sqrt{\sum_{i=1}^{n}(k_{x_i} - 1)^2 \sum_{i=1}^{n}(k_{y_i} - 1)^2}} \tag{3-16}$$

式中 $\bar{x}$、$\bar{y}$——x、y 同步系列的平均值，$\bar{x} = \frac{1}{n}\sum_{i=1}^{n}x_i$，$\bar{y} = \frac{1}{n}\sum_{i=1}^{n}y_i$；

σ_x、σ_y——x、y 同步系列的均方差，

$$\sigma_x = \bar{x}\sqrt{\frac{\sum_{i=1}^{n}(k_{x_i}-1)^2}{n-1}}, \sigma_y = \bar{y}\sqrt{\frac{\sum_{i=1}^{n}(k_{y_i}-1)^2}{n-1}};$$

k_x、k_y——x、y 同步系列的模比系数，$k_x = \frac{x_i}{\bar{x}}$、$k_y = \frac{y_i}{\bar{y}}$；

r——相关系数，表示 x、y 间关系密切程度的大小。

相关系数是用来反映两个变量之间关系密切程度的指标。当 $r = 0$ 时，表示两个变量间无关系；当 $r = \pm 1$ 时，表示两个变量间呈函数关系，当 $0 < |r| < 1$ 时，两个变量属相关关系，且 $|r|$ 愈大，表明关系愈密切。其中 $r > 0$ 为正相关，表示 y 随 x 的增大而增大，$r < 0$ 为负相关，表示 y 随 x 的增大而减小。

另外，还必须指出，虽然相关系数 r 是表示直线相关时两变量间关系密切程度的一个数值指标，但它不是从物理成因上推导出来的；而是从直线拟合点据的误差概念（最小二乘法原理）推导出来的。因此，$r = 0$（或接近于零）时，只表明两变量间无直线关系存在，但有可能存在曲线关系。此时应根据相关图上点群分布规律目估过点群中心定相关曲线。如天然河道中水位与流量的关系常属此类。

在数理统计中相关直线也称为回归线，直线斜率又称为回归系数。

将式(3-14)、式(3-15)代入直线方程 $y = a + bx$ 得：

$$y - \bar{y} = r\frac{\sigma_y}{\sigma_x}(x - \bar{x}) \tag{3-17}$$

式(3-17)称为 y 倚 x 的回归方程式，它的图形称为 y 倚 x 回归线，如图 3-5 中(2)线所示。

$r\frac{\sigma_y}{\sigma_x}$是回归线的斜率，一般称为 y 倚 x 的回归系数，并记为 $R_{y/x}$。相反，若以 y 来求 x，则要用 x 倚 y 的回归方程，即：

$$x - \bar{x} = R_{x/y}(y - \bar{y}) \tag{3-18}$$

其中 $R_{x/y} = r\frac{\sigma_x}{\sigma_y}$称为 x 倚 y 的回归系数。

（三）相关分析的误差

1. 回归线的误差

由以上推导可知，回归线只是对相关点据拟合最佳的一条线，或者说是过点群中心的线。以 y 倚 x 的回归线来看，对于某一 x_i，本来有许多 y_i 与之对应，而在回归线上所对应的值 $\hat{y}_i$ 只不过是这许多 y_i 的一个平均数。因此，回归线只反映一种平均关系，由此关系将 x 代入回归方程计算的 $\hat{y}$ 值和实际出现的数值通常是不一样的，即存在误差。为了衡量这种误差的大小，常用均方误来表示，如用 S_y 表示 y 倚 x 回归线的均方误，y_i 为观测值，$\hat{y}_i$ 为回归线上对应值，n 为观测项数，则：

$$S_y = \sqrt{\frac{\sum_{i=1}^{n}(y_i - \hat{y}_i)^2}{n-2}} \tag{3-19}$$

同样，x 倚 y 回归线的均方误为：

$$S_x = \sqrt{\frac{\sum_{i=1}^{n}(x_i - \hat{x}_i)^2}{n-2}} \tag{3-20}$$

需要指出,回归线的均方误 S_y 与变量的均方差 σ_y,从性质上讲是不同的。前者是由观测点与回归线之间的离差求得的,而后者则由观测值与它的均值之间的离差求得。根据统计学上的推理,可以证明两者具有下列关系:

$$S_y = \sigma_y \sqrt{1-r^2} \tag{3-21}$$

$$S_x = \sigma_x \sqrt{1-r^2} \tag{3-22}$$

如前所述,由 y 倚 x 回归方程所算出的 y 值,仅仅是许多 y_i 的一个平均数。根据误差分布理论,这由 x_i 代入回归方程所求的 $\hat{y}_i$ 可能落在平均数两侧一个均方误 S_y 范围内的概率为 68.3%,落在三个均方误范围内的概率为 99.7%。

随着 x 的取值变化,y 的误差区间的上下限,是一簇平行于回归线的直线,如图 3-6 中的虚线所示。

必须指出,在讨论上述误差时,没有考虑样本的抽样误差。事实上,只要用样本资料来估计回归方程中的参数,抽样误差就必然存在。可以证明,该误差在回归线的中段较小,而在上下段较大,在使用回归线时,应予以重视。

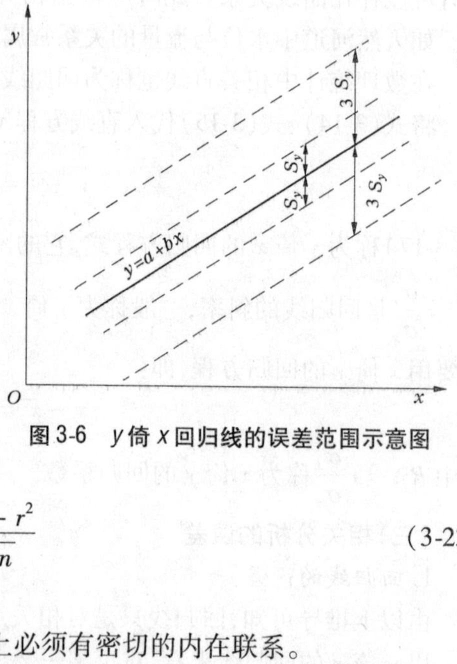

图 3-6　y 倚 x 回归线的误差范围示意图

2. 相关系数的误差

在相关分析计算中,相关系数是根据有限的实际样本资料计算出来的,必然会有抽样误差。一般通过相关系数的均方误来判断样本相关系数的可靠性。按统计原理,相关系数的均方误为:

$$\sigma_r = \frac{1-r^2}{\sqrt{n}} \tag{3-23}$$

在相关分析计算中,还应注意以下几点:

(1)首先应分析论证相关变量在物理成因上必须有密切的内在联系。

(2)同期观测资料不能太少,根据经验一般要求 n 在 10 以上,否则抽样误差太大,影响成果的可靠性。

(3)在水文计算中,一般要求相关系数 $|r| > 0.8$,且回归线的均方误 S_y 不大于均值 $\bar{y}$ 的 10% ~15%。

(4)在插补延长资料时,如需要用到回归线上无实测点控制的外延部分,应特别慎重。一般不能作过多的外延,最好不要超过实际幅度的50%。

【例 3-4】　资料同例 3-3(见表 3-6 中第②、③栏),用相关计算法求相关直线方程,并将设计站年降水量系列延长。

解:(1)按表3-6顺序,依次计算第④、⑤、⑥、⑦、⑧、⑨、⑩栏,并求出总和。

表3-6　某地设计站、参证站年降水量相关计算表

年份	参证站年降水量 x (mm)	设计站年降水量 y (mm)	k_{x_i}	k_{y_i}	$k_{x_i}-1$	$k_{y_i}-1$	$(k_{x_i}-1)^2$	$(k_{y_i}-1)^2$	$(k_{x_i}-1)(k_{y_i}-1)$
①	②	③	④	⑤	⑥	⑦	⑧	⑨	⑩
1970	663	728	1.19	1.17	0.19	0.17	0.036	0.029	0.032
1971	556	596	1.00	0.96	0	-0.04	0	0.002	0
1972	526	599	0.94	0.97	-0.06	-0.03	0.004	0.001	0.002
1973	548	610	0.98	0.98	-0.02	-0.02	0	0	0
1974	627	773	1.12	1.24	0.12	0.24	0.014	0.058	0.029
1975	672	847	1.20	1.36	0.20	0.36	0.040	0.130	0.072
1976	514	496	0.92	0.80	-0.08	-0.20	0.006	0.040	0.016
1977	346	412	0.62	0.66	-0.38	-0.34	0.144	0.116	0.129
1978	530	652	0.95	1.05	-0.05	0.05	0.003	0.003	-0.003
1979	491	560	0.88	0.90	-0.12	-0.10	0.014	0.010	0.012
1980	512	535	0.92	0.86	-0.08	-0.14	0.006	0.020	0.011
1981	726	717	1.30	1.15	0.30	0.15	0.090	0.023	0.045
1982	545	560	0.98	0.90	-0.02	-0.10	0	0.010	0.002
总和	7 256	8 085	13.00	13.00	0	0	0.357	0.442	0.347
平均	558	622							

(2)将第⑧、⑨栏总和代入均方差公式分别计算:

$$\sigma_x = \bar{x}\sqrt{\frac{\sum_{i=1}^{n}(k_{x_i}-1)^2}{n-1}} = 558 \times \sqrt{\frac{0.357}{13-1}} = 96(\text{mm})$$

$$\sigma_y = \bar{y}\sqrt{\frac{\sum_{i=1}^{n}(k_{y_i}-1)^2}{n-1}} = 622 \times \sqrt{\frac{0.442}{13-1}} = 119(\text{mm})$$

(3)计算相关系数:

$$r = \frac{\sum_{i=1}^{n}(k_{x_i}-1)(k_{y_i}-1)}{\sqrt{\sum_{i=1}^{n}(k_{x_i}-1)^2\sum_{i=1}^{n}(k_{y_i}-1)^2}} = \frac{0.347}{\sqrt{0.357 \times 0.442}} = 0.87$$

计算成果表明,两个变量间的关系比较密切。

(4)计算直线方程中的参数 a、b,建立直线方程:

$$b = r\frac{\sigma_y}{\sigma_x} = 0.87 \times \frac{119}{96} = 1.078$$

$$a = \bar{y} - r\frac{\sigma_y}{\sigma_x}\bar{x} = \bar{y} - b\bar{x} = 622 - 1.078 \times 558 = 20$$

所以直线方程为：

$$y = 1.078x + 20$$

(5)用 $y = 1.078x + 20$ 将设计站年降水量系列延长，计算过程略。

对照图解法与计算法求得直线方程，可以看出两者差别很小。但是应该说计算法所定直线肯定是严格通过点群中心，而图解法由于是目估定线，总会有一定的定线误差，未必能真正通过点群中心，因此在点子较少或分布较散时，最好用相关计算法。

此外，复相关与曲线相关也是水文上常用的相关型式。但由于它们的相关分析比较复杂，通常实际工作中都采用图解法定相关线。比如水位—流量关系就是一种最常见的曲线相关，而后面将要学习的降雨径流相关($H \sim P_a \sim R$)则属于复相关。

第五节 频率计算法

频率计算是水文统计中最常用的方法之一。其实质内容就是在资料审查的基础之上，由水文样本资料系列的频率分布(或统计参数)去估计总体的概率分布(或统计参数)，并以此对河流未来的水文情势作出较为科学的预估，为工程的规划设计、施工和管理运用提供合理的水文数据。

一、经验频率曲线

(一)经验频率曲线的概念

所谓经验频率曲线，是根据某水文要素(或随机变量)的实测样本资料系列 $x_i(i=1,2,3,\cdots,n)$，将其由大到小排列，计算排队后各值对应的累积频率，在专用的频率格纸上(也称几率格纸)点绘经验点，目估过点群中心绘制的累积频率分布曲线。其绘制步骤如下：

(1)将样本资料系列由大到小排队；

(2)计算各值的经验频率(累积频率)；

(3)在频率格纸上点绘经验点；

(4)目估过点群中心绘经验频率曲线。

(二)经验频率计算

(1)根据频率的定义式计算：

$$P = \frac{m}{n} \times 100\% \tag{3-24}$$

式中 P——随机变量取值大于或等于某值出现的累积频率(%)；

m——系列按由大到小排序时，各值对应的序号；

n——样本系列的容量。

但用式(3-24)计算,当 $m=n$ 时,则 $P=100\%$,即表示随机变量值大于或等于样本中最小值的出现是必然事件,或者也可以说是样本的最小值一定是总体的最小值。这显然是不合乎实际情况的,因此用式(3-24)计算经验频率对总体是适合的,但对于样本是不适合的。

(2)根据数学期望公式计算:

$$P=\frac{m}{n+1}\times 100\% \tag{3-25}$$

该公式中符号含义和式(3-24)中完全相同,形式也很简单,而且在数理统计中有一定的理论依据,计算结果比较符合实际情况,这是水文分析计算中最常用的经验频率计算公式。

(三)经验频率曲线的绘制

首先介绍频率格纸,它是水文分析计算中绘制频率曲线的一种专用格纸,其纵坐标为均匀分格(有时也用对数分格),表示随机变量取值;横坐标为不均匀分格,表示累积频率(%)。在这种频率格纸上绘制频率曲线,两端的坡度比在普通方格纸上绘制大大变缓,对曲线的外延是较为有利的。

计算出各数值对应的经验频率后,在频率格纸上点绘经验点(p_i,x_i),目估过点群中心绘制一条光滑的频率曲线,即经验频率曲线。有了经验频率曲线,就可以在线上查出某一频率所对应的随机变量值。

【例 3-5】 资料同例 3-2,选用具有代表性的 1957 ~ 1980 年年降水量资料,绘制该样本系列的经验频率曲线。

(1)将系列由大到小排队(见表 3-4 第③、④栏),由公式(3-25)计算排序后各值对应的频率,见表 3-4 第⑩栏;

(2)由第④栏和第⑩栏相对应的数值,在频率格纸上点绘经验点;

(3)分析点群分布趋势,目估过点群中心绘制经验频率曲线,如图 3-7 中的虚线所示。

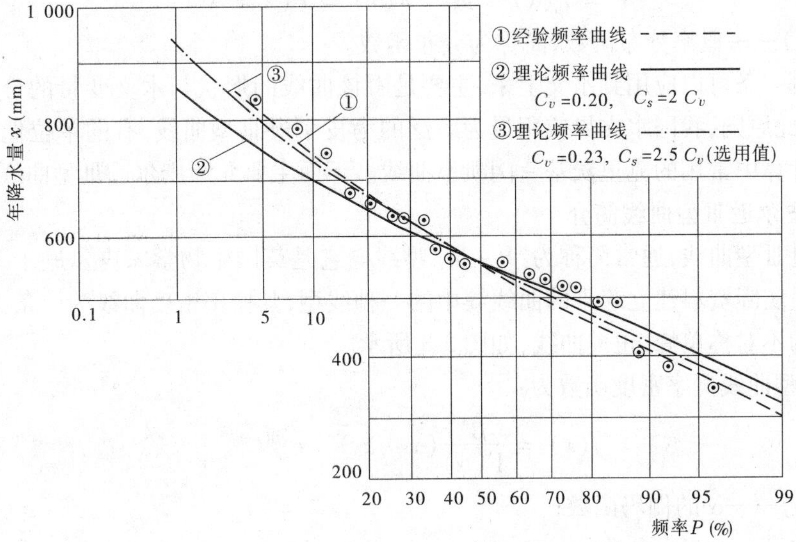

图 3-7 某站年降水量频率曲线

有了经验频率曲线以后，便可以由曲线上查得指定频率的水文变量值。如指定频率 $P=5\%$，则从图上可查得其对应的年降水量 $x_P=813.0$ mm。

（四）经验频率曲线在应用中存在的问题

由于经验频率曲线是目估过点群中心绘制的，因此曲线的形状会因人而异，尤其在经验点分布较散时更是如此。这样，由一定的频率 P 在曲线上查得随机变量 x_P 就会有所不同。另外，由于样本系列长度有限，通常 $n<100$ 年，据此绘出的经验频率曲线往往不能满足工程设计的需要。如水利工程设计洪水的频率可小至 1%、0.1%、0.01% 等，一般在经验频率曲线上查不出相应的 x_P 值。若将曲线延长，则因无点子控制任意性更大，会直接影响设计成果的正确性。还有经验频率曲线仅为一条曲线，在分析水文统计规律的地区分布规律时很难进行地区综合。正是由于以上原因，使经验频率曲线在实用上受到一定的限制，为了克服经验频率曲线的上述缺点，使设计成果标准统一，便于综合比较，实际工作中常常采用数理统计中已知的频率曲线来拟合经验点，这种曲线人们习惯上称为理论频率曲线。

二、理论频率曲线

（一）理论频率曲线的概念

目前，水文计算中所谓的理论频率曲线是指具有一定数学方程的频率曲线。它并不是从水文现象的物理成因方面推导出来的，而是根据大量实测资料的分布趋势从数学中已知频率曲线中挑选出来的。因此，它不能从根本上揭示水文现象的总体分布规律，只是作为一种数学工具，以弥补经验频率曲线的不足。

数学上有很多类型的频率曲线，严格地讲是概率分布曲线，而且各种曲线均有自己的数学方程，一般表示为：

$$P = F(x) \quad 或 \quad F(x) = P(X \geqslant x_i) \tag{3-26}$$

式中　$F(x)$——概率分布函数，简称为分布函数。

究竟哪一条可以应用到水文上来，主要是看该曲线的形状与水文变量的分布规律是否吻合，按此原则，我国水文界应用最为广泛的为皮尔逊Ⅲ型曲线，有的单位偶尔也采用苏联水文计算中常用的克里茨基－闵凯里曲线。下面主要介绍皮尔逊Ⅲ型曲线。

（二）皮尔逊Ⅲ型曲线简介

皮尔逊Ⅲ型曲线，通常简称为“P－Ⅲ”型线。它是英国生物学家皮尔逊于 1895 年根据分析大量实际资料建立起来的曲线簇中的一种线型，其概率密度曲线为一条一端有限，一端无限的不对称单峰，正偏曲线，如图 3-8 所示。

P－Ⅲ型曲线概率密度函数为：

$$f(x) = \frac{\beta^{\alpha}}{\Gamma(\alpha)}(x - a_0)^{\alpha-1}\mathrm{e}^{-\beta(x-a_0)} \tag{3-27}$$

式中　$\Gamma(\alpha)$——α 的伽玛函数；

α,β,a_0——三个参数。

可以推证，上式中三个参数 α,β,a_0 与统计参数 $\bar{x},C_v,C_s$ 有以下关系：

$$\left.\begin{aligned} \alpha &= \frac{4}{C_s^2} \\ \beta &= \frac{2}{\bar{x}C_v C_s} \\ a_0 &= \bar{x}\left(1 - \frac{2C_v}{C_s}\right) \end{aligned}\right\} \tag{3-28}$$

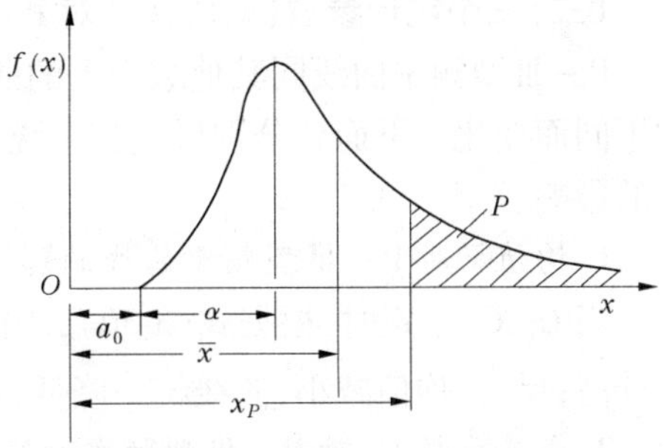

图 3-8　皮尔逊Ⅲ型概率密度曲线

由上式可知，只要求出三个统计参数 $\bar{x}$，C_v，C_s，就可以得出 P－Ⅲ型频率分布曲线的密度函数。但是，在水文计算上常用的是累积频率分布曲线，所以对式(3-27)进行积分得 P－Ⅲ型频率分布曲线的分布函数：

$$P = F(X) = \frac{\beta^{\alpha}}{\Gamma(\alpha)}\int_{x_P}^{\infty}(x - a_0)^{\alpha-1}e^{-\beta(x-a_0)}dx \tag{3-29}$$

式中　P 即为 $P(X \geqslant x_P)$，见图 3-8 中的阴影部分。

由式(3-28)可以看出，当随机变量的 $\bar{x}$，C_v，C_s 已知时，式中参数的 α，β，a_0 也就确定，即可按照求积分的方法解出随机事件 $X \geqslant x_P$ 发生的累积频率 P。但上式的积分计算是比较复杂的，为了简化水文计算，前人已经通过数学推导，根据拟定的 C_s 值进行计算，制成了一套专用数表(见附表 1 和附表 2)供查用。与数表相应的计算公式为：

$$x_P = K_P\bar{x} = (\Phi_P C_v + 1)\bar{x} \tag{3-30}$$

式中　Φ_P——离均系数，是 $P(\%)$ 和 C_s 的函数，见附表 1。

K_P——模比系数，是 $P(\%)$ 和 C_v 的函数，见附表 2。当 C_s 与 C_v 成一定的倍比时，可以直接查此表。

【例 3-6】　由例 3-2 的计算成果 $\bar{x} = 571$ mm，$C_v = 0.20$，选择 $C_s = 2\ C_v$。查用附表 1 或附表 2，计算绘制相应的 P－Ⅲ型曲线。

解：(1)根据 $C_s = 2\ C_v = 0.4$，查 Φ_P 值表或 $C_v = 0.2$ 查 K_P 值表($C_s = 2\ C_v$)得到不同 P 时的 Φ_P 值和 K_P 值。见表 3-7 中第②、③栏；

(2)根据表中 K_P 值，由 $x_P = K_P\bar{x}$，计算各频率相应的 x_P，见表 3-7 中第④栏；

(3)在频率格纸上点(P，x_P)，并用曲线板过点绘出光滑曲线即可，参见图 3-7。

表 3-7　某站年降水量 P－Ⅲ型频率分布曲线计算表

$P(\%)$	①	1	2	5	10	20	50	75	90	95	99
Φ_P	②	2.62	2.26	1.75	1.32	0.82	-0.07	-0.71	-1.23	-1.52	-2.03
K_P	③	1.52	1.45	1.35	1.26	1.16	0.99	0.86	0.75	0.70	0.59
x_P	④	868	828	771	719	662	565	491	428	400	337

有了 P－Ⅲ型频率曲线，要推求某指定频率 P 对应的随机变量值 x_P，便可以从曲线直接查得。当然也可以利用查 Φ_P 或 K_P 值计算得出。

（三）三个统计参数（$\bar{x}$、C_v、C_s）对 P－Ⅲ型频率曲线的影响

P－Ⅲ型频率曲线同其他数学上的曲线一样，其图像的位置、形状将随其方程中参数的不同而变化。下面就分别讨论三个统计参数（$\bar{x}$、C_v、C_s）对 P－Ⅲ型频率曲线形状和位置的影响。

1. 均值 $\bar{x}$ 对 P－Ⅲ型频率曲线的影响

当 C_v、C_s 一定时，根据式(3-30)，均值 $\bar{x}$ 变化主要影响曲线的高低，均值增大，曲线统一升高；反之，均值减小，曲线统一降低，如图 3-9 所示。

2. 变差系数 C_v 对 P－Ⅲ型频率曲线的影响

当 $\bar{x}$、C_s 一定时，变差系数 C_v 变化主要影响曲线的陡缓程度。C_v 值愈大，则曲线愈陡。即左端部分上升，右端部分下降；$C_v=0$ 时，曲线变成一条 $K_P=1$（或 $x_P=\bar{x}$）的水平直线，如图 3-10 所示。

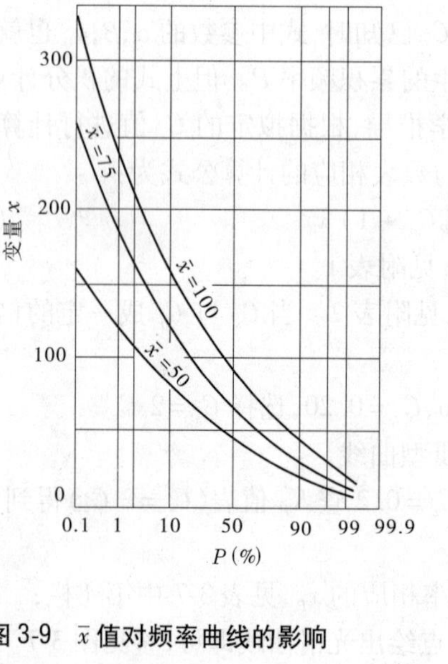

图 3-9　$\bar{x}$ 值对频率曲线的影响

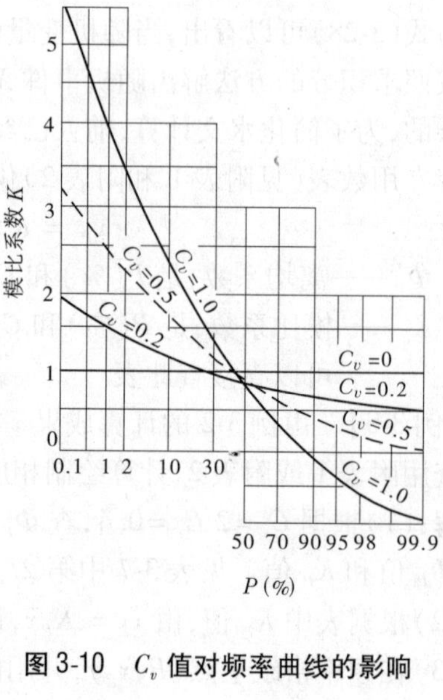

图 3-10　C_v 值对频率曲线的影响

3. 偏差系数 C_s 对 P－Ⅲ型频率曲线的影响

当 $\bar{x}$、C_v 一定时，在 $C_s>0$（正偏）情况下，偏差系数 C_s 变化主要影响曲线的弯曲程度。C_s 增大时，曲线变弯，即两端部上翘，中间下凹；当 $C_s=0$ 时，曲线变成一条直线。如图 3-11 所示。

三、现行频率计算方法——适线法

根据前面叙述可知，提出理论频率曲线的主要目的是为了解决经验频率曲线的外延和地区综合问题。而我国水文界目前普遍选用的理论频率曲线为 P－Ⅲ型曲线，它是由三个统计参数（$\bar{x}$、C_v、C_s）决定的。三个参数从理论上讲应是相应总体的统计参数，但水文变量的总体是无法知道的，通常只能由样本资料用一定的方法（如矩法公式、三点法等）

求出其三个统计参数，而样本统计参数都具有抽样误差，有时还存在系统偏差，使得它和总体的统计参数有一定的差别，从而就决定了样本统计参数相对应的P－Ⅲ型曲线不能很好地反映总体的分布规律。实际上常常需要调整样本的统计参数，尽可能减少其抽样误差和系统偏差，并用其相应的P－Ⅲ曲线来拟合样本的经验点，直至两者配合最佳为止，这个过程在水文上便称为适线法。其实质也可以看成是由样本统计参数去估计总体的统计参数。其做法步骤如下：

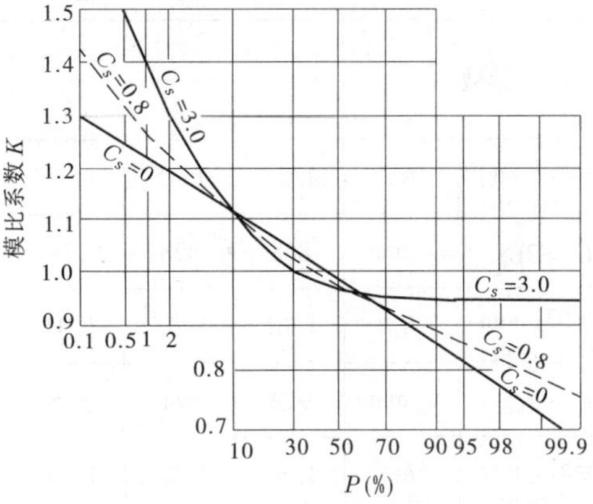

图 3-11　C_s 值对频率曲线的影响

(1)计算点绘经验频率点据。与绘制经验频率曲线的步骤相类似，即将审查后的水文样本资料按由大到小顺序排队，按式(3-25)计算各值的经验频率，然后将(P_i,x_i)点绘在频率格纸上。

(2)估算统计参数初值。根据样本资料系列，列表代入式(3-6)和式(3-8)计算均值 $\bar{x}$ 和变差系数 C_v；对于偏差系数 C_s，由于其抽样误差一般很大，故通常不用公式计算，而是根据实际经验进行假设。假设出一个数值之后与前面计算的 $\bar{x}$、C_v 一起作为适线的初始参数。

(3)适线。即由统计参数初值 $\bar{x}$,C_v,C_s 查附表1或附表2，按公式(3-30)计算并绘制第一条P－Ⅲ型曲线，判断与经验点据配合情况如何，若配合良好，则表明该线就是所求频率曲线。若配合不好，则要依据三个统计参数对P－Ⅲ型曲线的影响进行分析，合理地调整参数，再次适线，直至曲线与经验点配合最佳为止。最终适好的P－Ⅲ型曲线要能通过点群中心。需要说明的是，根据实际经验，在调整参数适线时，一般调整最多的为偏差系数 C_s，其次是变差系数 C_v，必要时也可以对均值 $\bar{x}$ 值作适当调整。

【例3-7】　资料同例3-6，由某站具有代表性的1957～1980年的实测年降水量资料系列(见表3-4)。试用适线法求该站年降水量的理论频率曲线，估计总体的统计参数。

解：根据给予的资料先计算经验频率和统计参数。在例3-2、例3-6中已有初步成果，并知均值 $\bar{x}=571$ mm，变差系数 $C_v=0.20$，设 $C_s=2C_v=0.4$，作为初试值，进行适线如图3-7中的②线，可见与经验点配合不好，主要原因是 C_v 偏小。因此，将 C_v 调整到0.23，再用 $C_v=0.23$，$C_s=2C_v$ 适线，绘线后仍与经验点配合不好；经分析又是 C_s 偏小，故又将 C_s 调至 $2.5C_v$；采用 $C_v=0.23$，$C_s=2.5C_v$，均值不变绘线如图3-7中③线，可见与经验点配合良好，即为所求的频率曲线，其对应的三个参数 $\bar{x}=571$ mm、$C_v=0.23$、$C_s=2.5C_v$ 即是对总体参数的估计值。以上适线计算过程见表3-8。

表 3-8　某站年降水量频率计算表

参数		P (%)								
		1	2	5	10	20	50	75	90	95
$\bar{x}=571$ mm $C_v=0.20$ $C_s=2C_v$	K_P	1.52	1.45	1.35	1.26	1.16	0.99	0.86	0.75	0.70
	x_P(mm)	868	828	771	719	662	565	491	428	400
$\bar{x}=571$ mm $C_v=0.23$ $C_s=2C_v$	K_P	1.61	1.53	1.41	1.30	1.19	0.98	0.84	0.72	0.66
	x_P(mm)	919	874	805	742	679	560	480	411	377
$\bar{x}=571$ mm $C_v=0.23$ $C_s=2.5C_v$	K_p	1.64	1.54	1.41	1.31	1.19	0.98	0.84	0.73	0.66
	x_P(mm)	936	879	805	748	679	560	480	417	377

必须指出，在上例中，并没有将每条频率曲线都绘在图上，实际工作中，只需要将最后适好的一条理论频率曲线绘出即可。适线的中间过程不必一一列出。另外在查表计算时，若有 K_P 值可查，就可以直接查出 K_P 值，否则就先查 Φ_P，再由 $K_P=\Phi_P C_v+1$ 计算 K_P 值。

另外上例中，适线用到的三个统计参数的初值是由矩法公式列表计算出来的，工作量相对较大，尤其当系列较长时更是如此。因此，实际中还常用另一种估算统计参数初值的方法——三点法或直接用计算机适线，这里不作详细介绍，可参考其他书籍。

在实际工作中，有两种适线方法：一种是人为目估适线法，即通过人为的主观判断，决定适线的优劣。此法简单灵活，并能反映设计人员的经验，但适线结果因人而异，任意性大；另一种方法是计算机适线，它是把理论频率曲线与经验点据的拟合误差最小作为适线准则，优选统计参数。但是这种方法不便于处理样本资料中的特大或特小值，难于区分点子的不同精度，因此使用有关程序时要特别注意。

思考与练习题

3-1　试叙述概率、频率、重现期的区别与联系。

3-2　什么是随机变量的频率分布规律？如何表示？

3-3　随机变量的三个统计参数（均值、变差系数、偏差系数）的统计意义是什么？对 P－Ⅲ型频率曲线的形状有何影响？

3-4　相关分析的目的是什么？简述简单直线相关图解法的步骤。

3-5　适线法的含义是什么？适线的步骤是什么？

3-6　根据给予的资料适线推求三个统计参数，并适线确定参数（可以与相关分析的两变量直线相关练习结合）。

3-7　根据给予资料用简单直线相关计算法建立直线方程，并进行插补或延长资料练习。

第四章 地表水源年径流的分析计算

学习目标与要求 掌握河川年径流的概念、表示方法以及影响因素分析。掌握不同资料条件下设计年径流的分析计算的方法步骤,重点掌握具有长资料和缺乏实测资料时的年径流分析计算。

城市水资源主要包括地表水资源和地下水资源。由于城市的发展,地下水资源的开发利用已经无法满足城市用水的需要,而且我国一部分北方城市由于过度开发利用地下水资源,已经引起地下水位下降,导致地面沉降等一系列环境问题。因此,目前城市水资源规划多以地表水资源为主,而河川径流是地表水资源的主体。

第一节 概 述

一、年径流及其特性

在一个年度内,通过河流某一断面的水量及其年内分配过程称为该断面以上流域的年径流,可用年径流量和年内分配过程表示。年径流量常用年平均流量 Q (m^3/s)、年径流深 Y(mm)、年径流总量 W(万 m^3 或亿 m^3)、年径流模数 M($m^3/(s \cdot km^2)$)等表示。年内分配过程常用各月(旬)的平均流量过程或各月(旬)的径流量占年径流量的百分数(%)过程表示。

我国水文年鉴中,年径流量是按日历年度统计的,而在水文水利计算中,年径流量通常是按水文年度或水利年度统计的。水文年度以水文现象的循环规律来划分,即从每年汛期开始时起到下一年汛期开始前止;对于北方春汛河流,则以融雪情况来划分水文年。水利年度是以水库蓄泄周期来划分的。水文年和水利年的起止日期划分各地不一,各地均有具体规定。

通过对大量实测径流资料的分析研究,可以看出年径流变化具有以下特性:

(1)年径流在年内变化分为汛期和非汛期。汛期水量大而且变化剧烈,非汛期水量小且变化平稳。年径流量大致以年为周期的汛期与枯季水量所构成,但各年汛期、枯季的历时有长有短,发生有早有迟,水量也有大有小,基本上年年不同,从不重复,具有偶然性。

(2)年径流量在年际间变化很大,有丰水年、平水年和枯水年之分。通常丰水年径流量可达平水年的 2 ~ 3 倍,枯水年径流量仅为平水年的 1/10 ~ 1/5。例如,淮河蚌埠站多年平均流量为 855 m^3/s,而实测最丰年的年平均流量为多年平均流量的 2.67 倍,实测最枯年平均流量只有多年平均流量的 14%。

(3)年径流量在多年变化过程中有丰水年组和枯水年组交替出现的现象。例如,黄河陕县站曾经出现过连续 11 年(1922 ~ 1932)的枯水年组,而后的 1935 ~ 1949 年基本上是丰水年组;浙江新安江水电站也出现过连续 13 年(1956 ~ 1968)枯水年组,影响到电站的正常运行。

二、工程规模与来水、用水、保证率的关系

年径流量的自然变化情势往往与用水部门的需求相矛盾。为了按时按量地满足用水部门的需水要求,必须兴建水利工程(如水库、闸坝、抽水站等),对天然径流加以人工调节,按用水要求泄放。

各项水利工程的规模如何确定呢?现以确定灌溉水库的库容 V 为例说明如下:

在丰水年份,由于降雨量多,河流中水量丰富,且作物要求的灌溉水量较少,来水与用水的矛盾不突出,解决这种丰水年份的灌溉用水需求,所需的工程规模(如水库的库容)较小。如图 4-1 所示,仅 8 月份来水小于用水,要求水库供水以补充天然来水之不足,故用以满足灌溉用水所需的库容 V 较小。相反,在枯水年份,降雨量小,河流中水量也较枯,并且由于气温高,蒸发大,耗水很多,作物要求的灌溉水量却很大,来水与用水的矛盾就很突出,满足这种枯水年份的灌溉用水要求,水库的库容就要大得多,如图 4-2 所示。

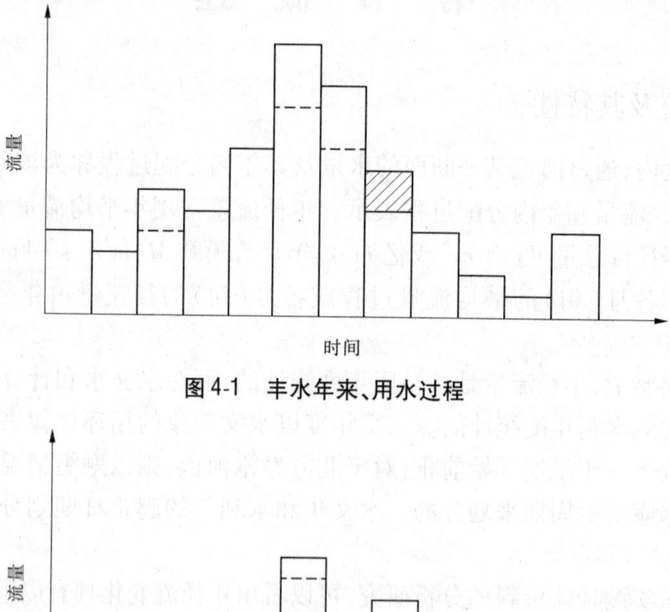

图 4-1 丰水年来、用水过程

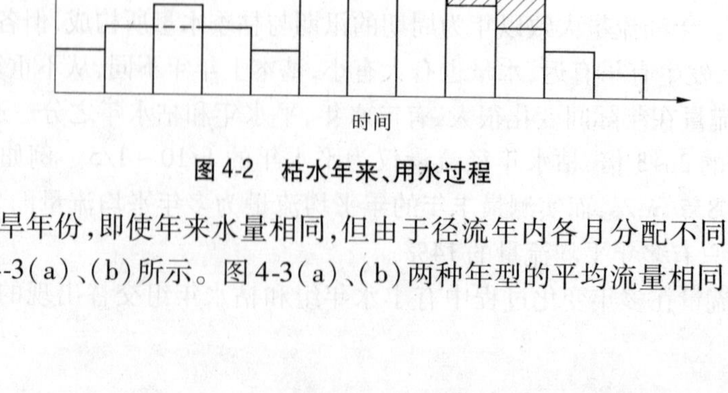

图 4-2 枯水年来、用水过程

在同样的干旱年份,即使年来水量相同,但由于径流年内各月分配不同,对库容大小也有影响,如图 4-3(a)、(b)所示。图 4-3(a)、(b)两种年型的平均流量相同,但图 4-3(b)

年的径流年内分配(概化成汛期、枯季两个流量)较图4-3(a)年的均匀,因此两年所需水库供水数量也就不同,往往径流年内分配不均匀的年份所需水库库容较大,即 $V_A > V_B$。

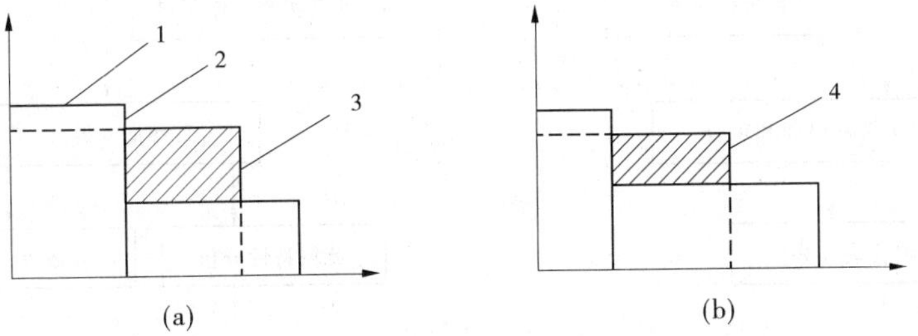

1—来水过程线;2—用水过程线;3—库容 V_A;4—库容 V_B

图4-3 来水分配不同库容不同示意图

对于不同的年份,来水与用水有各种可能的组合情况,各年所需的库容也就大小不一。例如,根据某灌区20年的年径流量资料和灌溉用水量资料,就可以求出20个大小不同的库容值 $V_1, V_2, \cdots, V_{20}$。那么,应该根据什么库容值来设计水库呢?库容选大了,工程规模就大,用水的保持程度高,投资也随之增大;库容选小了,工程规模就小,当然灌溉用水的保证程度(保证率)就低了,遇到干旱年份,灌溉用水得不到保证,作物就要减产,造成经济损失。城市供水水源工程也是同理。

由上可知,在规划设计阶段,水利工程的规模是由来水、用水矛盾的大小和希望解决矛盾的程度(即设计保证率)来决定的,也就是说,在规划设计阶段要分析工程规模、来水、用水、保证率四者间的关系,经过技术经济比较来确定工程规模。

三、年径流分析计算的任务与方法

在工程设计中,设计保证率可根据国家规范、用水要求、当地自然地理情况及经济条件由用水部门合理确定。而各项工程的规模,还要依据来水与用水情况,经过分析计算来确定。因此,本章的主要任务就是要分析研究河川年径流的变化规律,为工程设计提供来水资料。

由于水利工程调节性能的差异和采用的径流调节计算方法的不同,要求水文计算提供的来水(年径流)资料也有所不同。对于无调节性能的引水工程,要求提供历年(或代表年)的逐日流量过程资料,对于有调节性能的蓄水工程,则要求提供历年(或代表年)的逐月(旬)流量过程资料或各种时段径流量的频率曲线,供径流调节计算应用。

在实际工作中,不同的工程会遇到不同的水文资料条件,即具有长期实测径流资料、具有短期实测径流资料和缺乏实测径流资料三种情况,前两种情况在分析计算方法上大同小异,可以算做有实测径流资料的情况。如图4-4所示,按照有实测径流资料和缺乏实测径流资料两种情况列出年径流分析计算的途径。

综上所述,本章的主要任务是研究河川年径流量的多年变化及其在年内分配的规律,预估未来工程运行期间的径流变化情势,再通过径流调节计算确定工程规模和效益,满足规划设计所提出的要求。

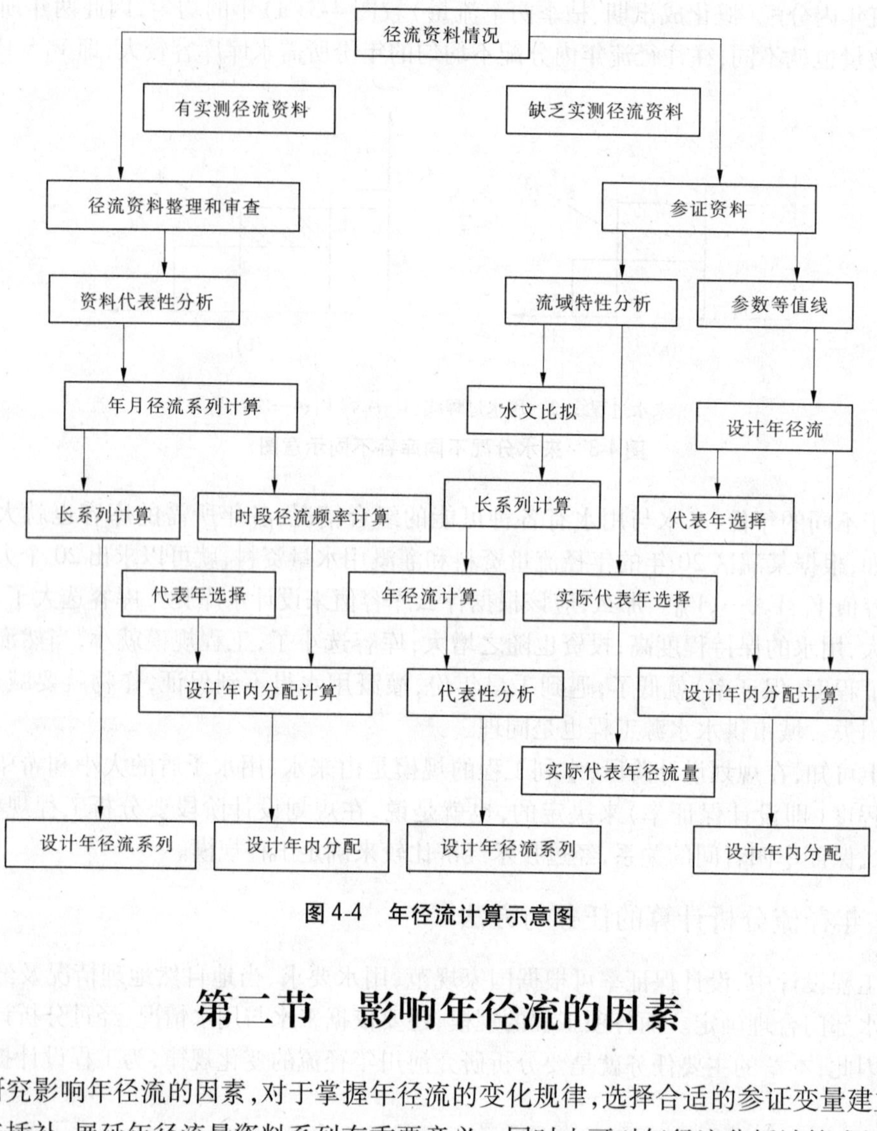

图 4-4　年径流计算示意图

第二节　影响年径流的因素

研究影响年径流的因素，对于掌握年径流的变化规律，选择合适的参证变量建立相关关系来插补、展延年径流量资料系列有重要意义。同时也可对年径流分析计算成果论证。

影响年径流量的因素，可从流域水量平衡方程式着手。由流域水量平衡方程式(1-20)可知，年径流量取决于年降水量、年蒸散发量和时段始末的流域蓄水量变化量。如果为非闭合流域，还应考虑年内流域之间的水量交换量 ΔV。即式(1-20)变为 $Y=X-E+\Delta V+\Delta W$。其中前两项属于流域的气候因素，后一项属于下垫面因素(包括地形、植被、土壤、地质、湖泊、沼泽、流域大小等)。

一、气候因素对年径流的影响

气候因素中年降水量与年蒸散发量对年径流量的影响程度随地理位置不同而有差异。在湿润地区，降水量较多，其中大部分形成了径流，年径流系数较高，年降水量与年径流量之间具有较密切的关系，说明年降水量对年径流量起着决定性作用，而流域蒸散发的作用就相对较小。在干旱地区,降水量少,且极大部分耗于蒸散发,年径流系数很低,年降水量与年径流量的关系不很密切,降水和蒸散发都对年径流量起着相当大的作用。

以冰雪补给为主的河流,其年径流量的大小主要取决于前一年的降雪量和当年的气温变化情况。

二、下垫面因素对年径流量的影响

流域的下垫面因素主要从两方面影响年径流量,一方面通过流域蓄水变化量 Δv 直接影响着年径流量的变化,另一方面通过对气候因素的影响间接地对年径流量发生作用。

(一)地形

地形主要通过对气候因素——降水、蒸发、气温的影响而间接地对年径流量发生作用。地形对降水的影响,主要表现出山地对水汽的抬升和阻滞作用,使迎风坡降水量增大。增大的程度主要随水汽含量和抬升速度而定。

地形除对降水量有影响外,还对蒸散发有影响。一般气温随高程的增加而降低,因而使蒸散发量减少。一般高程每升高 100 m,温度下降 0.6 ℃,使蒸散发量减少,年径流量增大。

(二)湖泊

湖泊(包括水库在内)一方面通过对蒸发的影响而间接影响年径流量的大小,另一方面通过对流域蓄水量的调节而影响年径流量的变化。湖泊增加流域的水面面积,而陆面蒸发小于水面蒸发,因此湖泊的存在增加了蒸发量,从而使年径流量减少。这种影响可用下式表示:

$$\Delta y = \Delta z = z_{水} - z_{陆} \tag{4-1}$$

式中 Δy——年径流量变化量,mm;

$z_{水}$——水面蒸发量,mm;

Δz——年蒸发量变化量,mm;

$z_{陆}$——陆地面蒸发量,mm。

由式(4-1)可见,年径流量的减少程度取决于湖泊率的大小和蒸发差额($z_{水} - z_{陆}$),后者在不同的气候区内是不同的。在干旱地区,由于水面蒸发量和陆面蒸发量相差很大,即($z_{水} - z_{陆}$)的数值很大,所以湖泊对减少年径流量的作用较显著。在湿润地区,由于水面蒸发与陆面蒸发相差不大,所以湖泊对年径流量的影响较小。

另外,较大的湖泊增大了流域的调节作用,使 Δv 值加大,对年径流变化发生作用。有湖泊的流域与无湖泊的流域相比,在 $\Delta v > 0$ 的多水年份,湖泊可以多储蓄部分水量,使年径流量减少;而在 $\Delta v < 0$ 的少水年份,湖泊则多放出一部分水量,使年径流量增加,因而使径流年际变化趋于均匀。

(三)流域大小

流域可看做一个径流调节系统,输入为降水,输出为径流。一般随着流域面积的增大,径流量的变化相应地减小。这是因为:①流域面积增大时,一般地下蓄水量相应加大;②随着流域面积的增大,流域内部各地径流的不同期性愈加显著,所起的调节作用就更为明显。

三、人类活动影响

人类活动对年径流的影响可以归纳为两方面:

(1)直接影响。跨流域引水——南水北调、引黄济青、引滦济津等,直接打破流域界限,实现水资源在更大范围的供需平衡。

(2)间接影响。城市建设、修水库、塘堰等水利工程,旱地水改田、坡地改梯田、植树造林、退耕还林等措施改变下垫面条件,影响小区域气候,从而影响径流过程。一般认为这些措施使降水增大、径流减少,在城市地区,由于不透水面积增大,下渗减少,径流增大。

总体而言,人类活动对径流的影响越来越显著,这也是水文学研究的新领域之一。

四、影响径流年内分配的因素

气候因素和下垫面因素对年径流量有影响,同时也对径流年内分配产生影响。

以月为时段的流域水量平衡方程式:

$$y_{月} = x_{月} - z_{月} + \Delta v_{月} + \Delta w_{月} \tag{4-2}$$

式中 $y_{月}$——月径流量,mm;

$z_{月}$——月蒸发量,mm;

$x_{月}$——月降水量,mm;

$\Delta v_{月}$——月内流域蓄水量变化值,mm;

$\Delta w_{月}$——月内流域与相邻区域间水量交换量,mm。

由上式可知,月径流量决定于月降水量、月蒸发量、月内流域蓄水量的变化值和月内本流域与相邻流域间水量交换量代数和四种因素。前两种属于流域的气候因素,后两种属于流域的下垫面因素。当流域完全闭合($\Delta w_{月}=0$)时,月径流量的变化取决于气候因素的变化和流域的天然调节性能。而气候因素中月降水量与月蒸发量的逐月变化是引起月径流量变化的主要原因;关于下垫面因素对月径流量变化影响的问题,目前还未得到充分的研究,一般地下含水层厚和地面水库、湖泊容积大时,径流变化量小,反之则大。对于非闭合流域,影响因素要多一项 $\Delta w_{月}$,除岩溶地区外,$\Delta w_{月}$ 一般较稳定,对月径流的影响不大。

第三节 具有长期实测径流资料时设计年径流计算

一、概述

在水利工程规划设计阶段,为了确定工程规模,要求水文计算提供未来工程运行期间的径流过程。众所周知,水利工程的使用年限一般长达几十年甚至几百年,要通过成因分析的途径预报未来长期的径流过程是不可能的。因此,目前都是用当地过去的长期径流变化过程来代表未来的径流变化情况。这样做的基本依据是:工程所在地点以往某一年的年径流变化过程虽然将来不可能重现,但是长时期的变化情势应该是基本稳定的。这是因为径流是气候的产物,而气候的情况在几百年期间基本上是稳定的。所谓基本稳定不能理解为各年的天气情况不变，而是说各种气候因素虽然在年际间不断变化着，但是这种变化只是在平均水平上下摆动，并没有增大或减小的明显趋势。

另外，还可以用数理统计方法研究年径流量变化的统计规律。可以认为年径流量是简单的独立随机变量，年径流量系列可作为随机系列。把 n 年实测年径流量系列（样本容量为 n）作为年径流量总体的随机样本，如图 4-5 所示。因为样本来自总体，它能够在一定程度上反映总体分布规律。而未来工程运行期间的年径流量系列也是总体的一部分，所以由以往 n 年实测年径流系列求得的样本分布函数 $F_n(x)$ 推断总体分布 $F(x)$，并作为未来的工程运行期间（K 年）年径流量的分布函数。但 n 年长期实测年径流量系列是一个样本，只是总体的一部分，用它来反映总体的分布规律，不可避免地存在着抽样误差。抽样误差的大小，取决于 n 年年径流量系列代表性的高低。

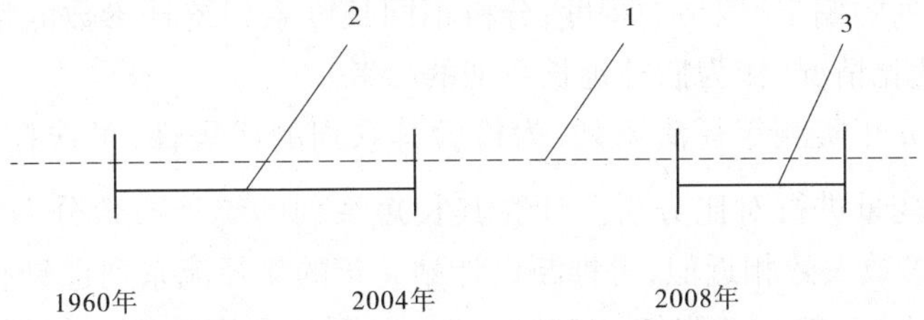

1—年径流量总体；2—实测年径流量资料年限；3—工程使用年限

图 4-5　年径流量总体和样本关系示意图

综上所述，两方面理由认为由以往长期实测年径流量过程来反映未来工程运行期间的年径流量变化是合理的。

二、年径流资料的审查

用以往长期实测年径流系列来预估未来的年径流变化时，首先应对实测年径流系列进行可靠性、一致性和代表性的审查。

（一）可靠性审查

水文资料是水文分析的依据，它直接影响着工程设计规模的大小和工程的安全。因此，对所用的水文资料的可靠性必须慎重地进行审查，以达到纠正错误、去伪存真。审查的思路应从径流资料产生的全过程上进行溯源审查，包括测验、整编、刊印或录入等环节，重点放在设站初期、新中国成立前和动乱年代的资料。

设计年径流计算的依据是流量的整编资料，因此应对原始资料进行去伪存真的分析；审查通常主要从水位观测和水位流量关系的绘制等方面着手。由于各级测站因资料精度不一，使用时要注意分析审查。

（1）水位资料。主要审查基准面和水准点，水准尺零点高程的变化情况。

（2）流量资料。主要审查水位—流量关系曲线定得是否合理，是否符合测站特性。同时，还可根据水量平衡原理，进行上下游站、干支流站的年月径流对照，检查其可靠性。

（二）一致性审查

所谓一致性，是指需要的年径流系列必须是同一成因条件的统计系列。一致性是建立在流域气候条件和下垫面条件的基本稳定性上的。一般认为气候条件的变化极其缓慢,可认为是基本稳定的。但当流域上有各种人类活动(如水土治理、修建蓄水、引水工程等)时,会引起下垫面条件的显著变化,从而使径流情势发生渐进性或踊跃性变化,破坏了径流形成的一致性条件。

为此,需要对实测径流资料进行一致性还原。一般是将人类活动后的系列还原到流域下垫面条件显著变化以前的同一条件上,再进行分析计算。由于各个流域的人类活动情况开展的时间、规模大不相同,因此一致性还原没有固定的方法,对于具体流域要具体分析,采用适当的还原方法。

(三)代表性审查

资料系列的代表性是指实测年径流系列,作为一个样本与总体之间离差的情况。离差愈小,两者愈接近,说明该样本代表性高;反之,代表性差。系列代表性分析的目的是评价实测年径流系列的偏丰、偏枯的程度;分析不同长度系列统计参数的稳定性;了解多年系列丰、枯周期变化情况,作为插补延长系列的参考。

当设计站有 n 年实测年径流系列,为检验其系列的代表性,可选择同一地区具有 N 年长系列的参考变量进行对比分析。计算其长短系列的统计参数分别为 $\overline{Q}_N$、C_{VN} 和 $\overline{Q}_n$、C_{V_n},如两者统计参数大致相近似,可推断设计站 n 年的年径流系列也具有代表性;如两者统计参数相差较大(一般相差值超过 5% ~10%),则认为设计站 n 年径流系列缺乏代表性,这时应尽量插补延长系列,以提高系列的代表性。

资料系列的代表性分析,其实质是分析设计站实测 n 年径流系列作为样本时能否用它来估计总体。代表性愈好,抽样误差就愈小。

三、设计的长期年、月径流量系列

通过上面对径流资料的审查和分析,可以获得一份具有可靠性、一致性和代表性的历年逐月径流量资料,然后将它按水利年度重新排列,并以列表形式给出,如表 4-1 所示,它就是水利计算要求提供的设计的长期年、月径流量系列,它是以过去历年实测的年、月径流量作为未来工程运行期间的来水资料的。

表 4-1 某河某断面历年逐月平均流量 (单位:m^3/s)

时段	月份												年平均
	6	7	8	9	10	11	12	1	2	3	4	5	
1961 ~ 1962	149	278	168	176	122	72.0	50.0	43.6	28.0	41.4	56.0	65.0	104
1962 ~ 1963	152	229	323	144	191	84.0	35.8	29.4	25.1	25.1	50.0	89.5	115
⋮	⋮	⋮	⋮	⋮	⋮	⋮	⋮	⋮	⋮	⋮	⋮	⋮	⋮
1967 ~ 1968	150	252	620	504	283	145	77.7	55.6	45.6	42.9	114	117	200
⋮	⋮	⋮	⋮	⋮	⋮	⋮	⋮	⋮	⋮	⋮	⋮	⋮	⋮
1972 ~ 1973	269	339	189	241	160	105	68.0	48.7	38.3	41.0	119	176	150
⋮	⋮	⋮	⋮	⋮	⋮	⋮	⋮	⋮	⋮	⋮	⋮	⋮	⋮
1989 ~ 1990	190	248	553	286	204	106	65.4	46.9	33.8	51.8	78.4	163	169
平均值	250	330	208	253	150	103	60.8	50.7	41.7	38.1	109	136	153

四、设计代表年的年、月径流量计算

设计年径流指的是相应于设计频率的年径流量，设计年径流量在年内各月（或旬）的分配称设计年内分配，通常是采用按代表年径流过程缩放的办法求得的，因此也称做设计代表年的年、月径流量。

设计代表年的年、月径流量计算内容包括：设计年径流量及设计时段径流量的计算；设计年径流量的年内分配。

1. 设计年径流量及设计时段径流量的计算

1）确定计算时段

在确定设计代表年的径流时，一般要求年径流量及一些计算时段的径流量符合指定的设计保证率，因此在对年径流量进行频率计算时，常需对其他时段的径流量也进行计算。此时根据工程需要确定计算时段，如以灌溉为主的水库，可取灌溉期为径流计算时段，以城市供水为主的水库可取年及主要供水期为计算时段。

2）频率计算

如计算时段为年，则按水利年度统计年、月径流量，构成新的年径流量系列。如计算时段为枯水期 4 个月，则统计历年连续最枯的 4 个月总水量，组成枯水系列，用频率方法，计算出年径流量（时段径流量），此即为设计年径流量（设计时段径流量）。

径流频率计算依据的径流系列应在 30 年以上。径流系列年份应尽可能连续。当调查到历史特枯（丰）水年或实测中有一特枯（丰）水年，经考证确定其重现期后，然后合理修正其在样本中计算的经验频率，再进行绘点配线确定统计参数。

3）成果的合理性检查

应用数理统计方法推求的成果必须符合水文现象的客观规律，因此需要对所求频率曲线和统计参数进行下列合理性检查。

（1）要求年及其他各时段径流量频率曲线在实用范围内不得相交。即要求同一频率的设计值，长时段的要大于短时段的，否则应修改频率曲线。

（2）各时段的径流量统计参数在时间上能协调。即均值随时段的增长而增大，C_v 值一般随时段的增长而有递减的趋势。

（3）要求统计参数与上下游、干支流、邻近河流的同时段统计参数进行对比分析。在地区上应符合一般规律，即流量的均值随流域面积的增大而增大，C_v 值一般随流域面积的增大有减小的趋势。如不符，应结合资料情况和流域特点进行深入分析，找出原因。

（4）可将年径流量统计参数与流域平均年降水量统计参数进行对比。即年径流量的均值应小于流域平均降水量的均值；而一般以降水补给为主的河流，年径流量的 C_v 值应大于年降水量的 C_v 值。

2. 设计年径流年内分配的计算

当求得设计年径流量之后，需要根据径流年内变化特性及水利计算要求确定设计年径流量的年内分配。径流年内分配计算多采用缩放典型年径流过程的方法，具体分为同倍比法和同频率法。

1)典型年的选择

典型年应从测验精度较高的实测年份中挑选，一般选取丰、平、枯3个典型年。所选出的典型年的年径流量和调节供水期的径流量应接近于设计年径流量。当满足此条件的典型年不只1个时，应选取其中较为不利的，使工程设计偏于安全的典型年。如灌溉工程，应选取灌溉需水季节径流比较枯的年份，对供水工程，则选取枯水期较长，径流又较枯的年份。

2)同倍比法

按上述原则选定典型年后，计算设计年径流量 W_P 与典型年的年径流量 W_D 之比值 K_Y，即：

$$K_Y = W_P / W_D \tag{4-3}$$

以 K_Y 值乘典型年的逐月径流量，即得设计年径流年内分配。

若计算时段是枯水期，则以设计时段径流量 W_{TP} 与典型年时段径流量 W_{TD} 之比值 K_T，即：

$$K_T = W_{TP} / W_{TD} \tag{4-4}$$

以 K_T 乘典型年的逐月径流量，求得设计时段径流的分配。

因年内各月均采用同一倍比，故称之为同倍比（缩放）法。

3)同频率法

上述同倍比法所求的设计年内分配，只是年或某一时段的径流量符合设计频率的要求。有时需要所求设计年内分配的年径流量及其他各个时段的径流量都能符合设计频率，这就得采用同频率法。

同频率法也可以称多倍比法，即将代表年各月（旬）的径流量分段按不同的倍比缩放。例如，若要求设计最小1个月、最小3个月、最小5个月以及全年的径流量（W_{1P}、W_{3P}、W_{5P} 和 W_{12P}）都符合设计频率，则各时段的缩放倍比为：

最小1个月的倍比
$$K_1 = \frac{W_{1P}}{W_{1D}} \tag{4-5}$$

最小3个月其余两个月的倍比
$$K_{3-1} = \frac{W_{3P} - W_{1P}}{W_{3D} - W_{1D}} \tag{4-6}$$

最小5个月其余两个月的倍比
$$K_{5-3} = \frac{W_{5P} - W_{3P}}{W_{5D} - W_{3D}} \tag{4-7}$$

全年其余7个月的倍比
$$K_{12-5} = \frac{W_{12P} - W_{5P}}{W_{12D} - W_{5D}} \tag{4-8}$$

用同频率法求出的设计年径流的年内分配，其各时段径流量都符合设计频率的要求，但由于采用了几个一般来说不会相同的倍比缩放，结果是破坏了年径流的分配形状，因此对同频率法所得的成果要作合理性分析。

【例4-1】 某河断面有1961～1990年共30年的逐月径流资料，现拟在该断面处兴建城市供水水源工程，需要求出频率为90%的设计枯水年流量年内分配。

解：(1)根据径流分配特性和水利计算要求，取6月至次年5月为水利年度。将原有径流资料按水利年度重新统计为29年资料，见表4-1。

(2)根据29年年平均流量系列,通过频率计算,求得频率为90%的设计年流量为$Q_{90\%}=106\ m^3/s$。

(3)根据29年逐月径流系列分别建立最大1个月、最大3个月、最小1个月、最小3个月径流量系列。通过频率计算,求得频率为90%的设计最小1个月、最小3个月径流量分别为27 (m^3/s)·月、97 (m^3/s)·月。

(4)根据选择典型年的原则,选出1961~1962年的流量过程线。其中典型枯水流量过程线中最小1个月、最小3个月径流量分别为:

$W_{1D}=28.0$ ((m^3/s)·月)

$W_{3D}=43.6+28.0+41.4=113$(($m^3/s$)·月)

(5)用同倍比法将各个典型年过程线缩放成设计流量过程线。对于90%枯水年倍比为106/104=1.02。计算成果见表4-2。

表4-2 设计年径流过程计算表

分类	项目		计算各月及全年平均流量(m^3/s)												
			6	7	8	9	10	11	12	1	2	3	4	5	全年
典型年	1961~1962		149	278	168	176	122	72.0	50.0	43.6	28.0	41.4	56.0	65.0	104
90%设计枯水年	同倍比	倍比	1.02	1.02	1.02	1.02	1.02	1.02	1.02	1.02	1.02	1.02	1.02	1.02	
		设计过程线	152	284	171	180	124	73	51	44.5	28.6	42.2	57.1	66.3	106
	同频率	倍比	1.03	1.03	1.03	1.03	1.03	1.03	1.03	0.82	0.96	0.82	1.03	1.03	
		设计过程线	153	286	173	181	126	74.2	51.5	35.8	26.9	33.9	57.7	67.0	106

(6)用同频率法将各个典型年过程线缩放成设计流量过程线。对于90%枯水年,其倍比如下。

最小1个月倍比: $K_1=\frac{W_{1P}}{W_{1D}}=\frac{27}{28}=0.96$

最小3个月其余两个月的倍比: $K_{3-1}=\frac{W_{3P}-W_{1P}}{W_{3D}-W_{1D}}=\frac{97-27}{113-38}=0.82$

全年其余9个月的倍比: $K_{12-3}=\frac{W_{12P}-W_{3P}}{W_{12D}-W_{3D}}=\frac{106\times 12-97}{1\ 249-113}=1.03$

计算成果见表4-2。

3. 讨论

(1)用设计时段水量控制的同倍比缩放方法,所求得的设计年月径流过程仍保持原代表年的分配形状,缩放后控制时段内的径流量值恰当符合设计频率,而其他时段的径流量值则未必与设计的时段径流量值相等。

(2)用同倍比法缩放求得的设计年月径流过程,受代表年的分配影响较大。

(3)设计代表年法常用于供水工程和水电工程的水利水能计算,而较少用于灌溉工程。这是因为灌溉用水与气象资料有关,作物需水量的大小取决于当年的蒸发资料,灌溉水量的多少,取决于当地的降水情况。如用设计代表年法,来水可按代表年缩放,与该代表年相配合的灌溉用水量如何求得？即对蒸发和降水资料要不要缩放？用什么倍比缩放？这些问题较难处理，所以灌溉工程不用设计代表年法而用实际代表年法。

五、实际代表年的年、月径流量选取

在小型灌溉工程的规划设计中，广泛采用实际代表年法进行水利计算。该法的来水是通过下述方法确定的：即对当地历史上发生过的旱灾情况进行调查分析，确定各干旱年的干旱程度，然后根据要求从实测年、月径流资料中选定某一实际的干旱年份作为代表年，该年的径流过程就是实际代表年的年、月径流量。以此作为来水，与该年的实际用水资料进行调节计算，就可确定工程规模。

另外，对于具有短期实测径流资料的情况，年径流分析计算的方法步骤与有长期实测径流资料情况基本相同，不同的是在分析计算之前，先要通过相关分析将短期的实测径流资料系列插补延长，然后按长资料对待。相关分析时常选的参政变量有年降水量，上下游径流量、左右邻近流域的径流量等。

第四节　缺乏实测径流资料时设计年径流计算

在中小型水利工程规划设计时，经常遇到缺乏实测径流资料的情况，或者虽有短期实测径流资料但无法展延。在这种情况下，设计年径流量及年内分配只有通过间接途径来推求。目前常用的方法是水文比拟法和等值线图法。

一、水文比拟法

水文比拟法就是将参证流域的水文资料（指水文特征值、统计参数、典型时空分布等）移置到设计流域上来的一种方法。这种移置是以设计流域影响径流的各项因素，与参证流域影响径流的各项因素相似为前提。因此，使用本方法的关键问题在于选择合适的参证流域。参证流域应具有较长的实测径流资料系列，其主要影响因素与设计流域相近，可通过历史上旱涝灾情调查和气候成因分析，说明气候条件的一致性，并通过流域查勘及有关地理、地质资料，论证下垫面情况的相似性，另外，流域面积也不宜相差太大。

对于年径流计算，当参证流域选定后，可将参证流域的年、月径流资料用水文比拟法移置到设计流域上来。具体移置时，有下列几种情况。

（一）直接移置

最简单的情况是直接把参证流域的实测年、月径流深移置到设计流域上来作为设计流域的来水过程。直接移置的条件是：①两个流域的年降水量要基本相等；②两个流域的下垫面条件要基本相近；③两个流域的面积不能相差过大，一般不超过5%。

（二）间接移置

1. 考虑雨量修正

当设计流域与参证流域的下垫面条件相近，而降水情况有较大差别时，就不能直接移置径流深，需进行水量修正。方法是用某干旱年的设计流域的年降水量 $x_{年设}$ 与参证流域年降水量 $x_{年参}$ 的比值乘以参证站的年径流深 $y_{年参}$ 来求得设计流域的年径流深 $y_{年设}$，即：

$$y_{年设} = \frac{x_{年设}}{x_{年参}} y_{年参} \tag{4-9}$$

有了设计流域的年径流深 $y_{年设}$，可根据参证流域该干旱年的月径流分配，得出设计流域逐月径流深 $y_{月设}$，即可用式(4-10)计算：

$$y_{月设} = \frac{y_{年设}}{y_{年参}} y_{月参} \tag{4-10}$$

如设计流域缺乏干旱年的年降水资料，则可根据有关手册上提供的多年平均年降水量等值线图，查得设计流域中心处和参证流域中心处的多年平均年降水量值 $\bar{x}_{年设}$ 和 $\bar{x}_{年参}$，然后用下式计算设计流域的年径流深 $y_{年设}$：

$$y_{年设} = \frac{\bar{x}_{年设}}{\bar{x}_{年参}} y_{年参} \tag{4-11}$$

式中 $y_{年设}$、$y_{月设}$——设计站年、月径流深；

$y_{年参}$、$y_{月参}$——参证站年、月径流深；

$x_{年设}$——设计站年降水量；

$x_{年参}$——参证站年降水量。

2. 考虑面积修正

如果参证流域与设计流域面积相差较大，则需要进行面积修正，计算公式如下：

$$y_{设} = \frac{F_{设}}{F_{参}} y_{参} \tag{4-12}$$

式中 $F_{设}$、$F_{参}$——设计流域和参证流域的集水面积，km^2；

其他符号意义同前。

变差系数 C_v 的移用与年径流深方法相似，这里不在赘述。

偏差系数 C_s 一般地区规律不明显，通常根据分区的水文特点选用变差系数 C_v 的一定倍比，多数地区为 $2C_v$。

二、等值线图法

缺乏实测径流资料时，可利用多年平均径流深、年径流变差系数 C_v 的等值线图来推求设计年径流量。

（一）多年平均径流深的估算

有些水文特征值（如年径流深、年降雨量、时段降雨量等）的等值线图是表示这些水文特征值的地理分布规律的。当影响这些水文特征值的因素主要是分区性因素（如气候因素）时，则该特征值随地理坐标不同而发生连续的变化，利用这种特性就可以在地图上作出它的等值线图。反之，有些水文特征（如洪峰流量，特征水位……）的影响因素主要是非分区性因素（如流域面积、河床下切深度等），则特征值不随地理坐标而连续变化，就无法绘制等值线图。对于同时受分区性和非分区性两种因素影响的特征值，在消除非分区性因素的影响后，才能得出该特征值的地理分布规律。

影响闭合流域多年平均年径流量的因素主要是气候因素——降水和蒸发。由于降水量和蒸发量具有地理分布规律，所以多年平均年径流量也具有这一规律。绘制等值线图来估算缺乏资料地区的多年平均径流量时,为了消除流域面积这一非分区性因素的影响,等值线图总是以径流深(mm)或径流模数(L/(s·km^2))来表示的。

绘制气候特征值(如降水量、蒸发量)等值线图时,是把各观测站点的观测数值点注在地图中各对应的观测点位置上。绘制多年平均径流深(或径流模数)等值线图时,因为在一个流域的出口断面测得的径流量,是整个流域面积产生的,而不是由一点产生的。在绘制多年平均径流深等值线图时,是把多年平均径流深值点注在流域的形心处。当径流深随地区而均匀变化时,流域形心处的径流深与该流域的平均径流深十分接近。但在山区流域,径流深有随高程增加而增大的趋势,所以把多年平均径流深点注在流域的平均高程处更为恰当。将一些有实测资料流域的多年平均径流深数值点注在各流域的形心处后,再考虑降雨及地形特性勾绘等值线,最后用大、中流域的资料加以校核调整,并和多年平均降雨量等值线图对照,消除不合理现象。

全国各省(区)的水文手册或水文图集上都已绘制好本省(区)的等雨量线图和年径流深等值线图。如图 4-6 和图 4-7 所示,应用时很方便。

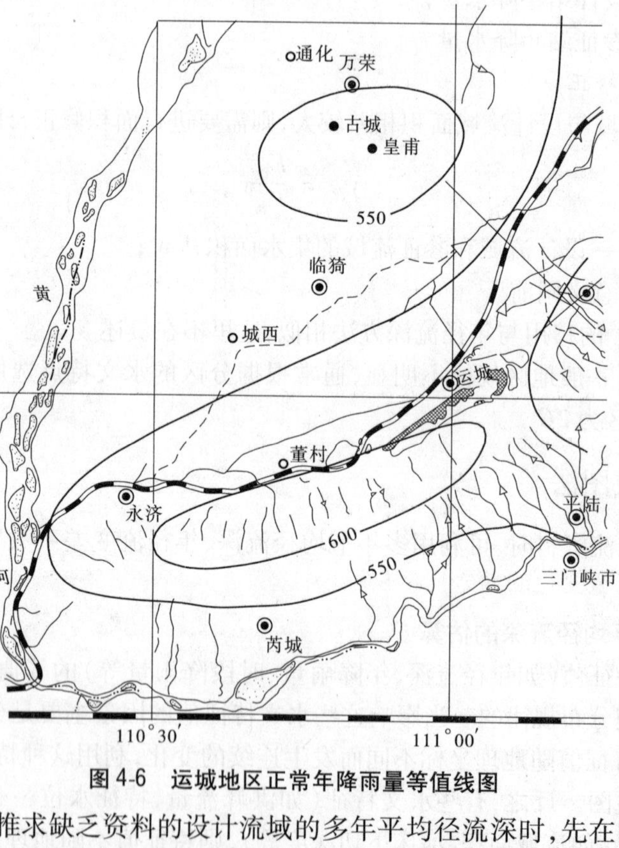

图 4-6 运城地区正常年降雨量等值线图

应用等值线图推求缺乏资料的设计流域的多年平均径流深时,先在图上勾绘出流域的分水线,然后可根据通过流域形心的等值线,或者在两条相邻等值线之间进行直线插值为确定待求的多年平均径流深。当通过流域的等值线数目在三条以上时,可按等雨量线法计算流域的多年平均径流深。

必须指出,同一等值线图应用于大小不同的流域,其精度是不同的。大流域一般均有

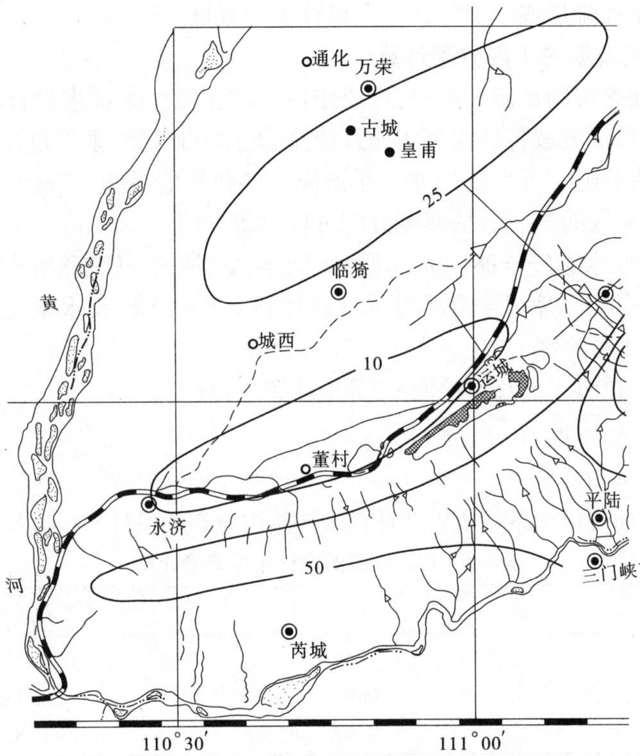

图 4-7　山西省运城市年径流深等值线图

长期实测的径流资料,实际上很少使用等值线图来求多年平均年径流深。对于中等流域,多年平均年径流深等值线图适用性较好,其精度一般也较高。对于小流域,等值线图应用的误差可能很大。这是由于绘制等值线图时主要依据的是中等流域的资料,小流域往往是缺乏径流资料。另外,还由于小流域可能不闭合,不能全部汇集地下径流,因此使用等值线图有可能导致较实际偏大的结果。必要时,可进行流域查勘,结合具体条件加以适当修正。

(二)年径流变差系数 C_v 及偏态系数 C_s 的估算

影响年径流量变化的因素主要是气候因素,因此在一定程度上也可以用等值线图来表示年径流变差系数 C_v 在地区上的变化规律,并用它来估算无资料流域的年径流 C_v 值。年径流 C_v 等值线图的绘制和使用方法与多年平均年径流深等值线图相似。但应指出,C_v 等值线图的精度一般较低,特别是由于估算小流域 C_v 值时,误差可能较大(一般会偏小)。其主要原因是绘图时大多数所依据的是中等流域的资料,而中等流域地下水补给量一般较小流域为多,因而中等流域在年径流 C_v 值常比小流域为小。各省(区)水文手册上都编有年径流 C_v 等值线图供查用。

至于年径流偏态系数 C_s 值一般通过 C_s 与 C_v 的比值定出。根据水文比拟法可直接移用参证流域 C_s 与 C_v 的比值,或查水文手册上分区给出的 C_s 与 C_v 的比值。大多数情况下,常采用 $C_s = 2C_v$。

求得上述三个统计参数后,查附表 1 或附表 2 绘制频率曲线,可由已知的设计频率求得设计枯水年的年径流量或丰、平、枯三个设计年径流量。

（三）设计年径流量的年内分配计算

当设计流域缺乏实测径流资料时，广泛使用水文比拟法来推求设计年径流量的年内分配，即直接移用参证流域各种代表年的月径流量分配百分数，乘以设计年径流量即得设计年径流量的年内分配。各省（区）水文手册配合参数等值线图，都按气候及地理条件作了分区，并给出各分区的丰、平、枯典型分配过程以备查用。

【例 4-2】 求某水库（$F=284\ km^2$）坝址处的丰、平、枯三个代表年的设计年径流量及其年内分配。丰水年设计频率 $P=10\%$，平水年设计频率 $P=50\%$，枯水年设计频率 $P=90\%$。

解：1. 求设计年径流深

由多年平均年径流深 $\overline{y}$ 及年径流 C_v 等值线图查得：

$\overline{y}=1\ 300$ mm，换算得 $\overline{Q}=12.2\ m^3/s$；

$C_v=0.26\quad C_s=2C_v$

查皮尔逊Ⅲ型曲线模比系数值表并计算求得指定频率的设计年径流量如表 4-3 所示。

表 4-3　指定频率的设计年径流量计算

P（%）	K_P	Q_P（m^3/s）
10	1.34	16.4
50	0.98	11.9
90	0.69	8.42

2. 求设计年内分配

根据水文手册上给出的本地区丰、平、枯三个代表年的年内分配百分数，如表 4-4 所示，乘以设计年径流量（还要乘一年的月数 12）即得设计年内分配。

表 4-4　设计年径流量年内分配计算

类别	月份												年
	1	2	3	4	5	6	7	8	9	10	11	12	
丰水代表年分配（%）	1.6	2.7	11.0	18.3	28.6	11.8	5.2	6.1	3.2	4.2	3.6	3.7	100
$P=10\%$ 设计年月径流量（m^3/s）	3.15	5.32	21.6	36.0	56.3	23.2	10.2	12.0	6.30	8.27	7.08	7.28	16.4
平水代表年分配（%）	3.1	2.8	9.8	9.3	27.3	30.2	10.2	5.9	2.9	4.0	2.6	1.9	100
$P=50\%$ 设计年月径流量（m^3/s）	4.43	4.00	14.0	13.3	39.0	28.9	14.6	8.43	4.15	5.72	3.72	2.72	11.9
枯水代表年分配（%）	1.0	3.3	10.5	13.2	13.7	36.6	7.3	5.9	2.1	3.5	1.7	1.2	100
$P=90\%$ 设计年月径流量（m^3/s）	1.01	3.34	10.6	13.4	13.9	37.0	7.38	5.96	2.12	3.54	1.72	1.21	8.42

思考与练习题

4-1 何谓年径流？它的表示方法和度量单位是什么？

4-2 人类活动对年径流量有哪些方面的影响？

4-3 水文年、水利年与日历年有何不同之处？

4-4 什么是水文资料的“三性”审查？如何提高资料的代表性？

4-5 当缺乏实测资料时，怎么推求设计年径流？

4-6 资料缺乏时要求得设计年径流的方法有哪些？

4-7 如何运用水文比拟法推求设计年径流量？

4-8 在推求设计年径流的年内分配时，选择典型年的原则是什么？

4-9 某站年径流系列符合 P－Ⅲ型分布，其中多年平均年径流深 $Y=660$ mm，$\sigma=160$ mm，$C_s=2C_v$，试计算设计保证率 $P=90\%$ 时的设计年径流量。

4-10 某水库设计保证率 $P=80\%$，设计年径流 $Q_P=8.78$ m^3/s，从坝址 18 年径流资料中选取接近设计年径流量且分配较为不利的 1953～1954 年作为设计代表年（典型年），其分配过程列于表 4-5，试求设计年径流量的年内分配。

表 4-5 某水库 1953～1954（典型年）年径流过程

月径流量 $Q_月$（m^3/s）												年平均径流量 $Q_年$（m^3/s）
5	6	7	8	9	10	11	12	1	2	3	4	
6.00	5.28	32.9	26.3	5.48	3.55	4.45	3.27	3.75	4.72	5.45	4.18	8.81

4-11 山西某河某站有 49 年实测降水资料，见表 4-6。试求 10 年一遇枯水年和 10 年一遇丰水年的降水量各为多少？

表 4-6 山西某河某站实测降水资料

年份	1956	1957	1958	1959	1960	1961	1962	1963	1964	1965
年降水量（mm）	495.0	445.0	567.1	758.7	466.5	535.5	404.2	514.3	672.8	252.0
年份	1966	1967	1968	1969	1970	1971	1972	1973	1974	1975
年降水量（mm）	524.7	549.3	452.7	491.4	395.5	399.9	330.7	714.9	347.0	327.5
年份	1976	1977	1978	1979	1980	1981	1982	1983	1984	1985
年降水量（mm）	540.2	575.2	588.7	516.3	460.4	402.3	513.9	498.4	268.1	427.6
年份	1986	1987	1988	1989	1990	1991	1992	1993	1994	1995
年降水量（mm）	390.8	548.5	648.3	402.8	514.0	433.9	453.2	340.4	512.9	538.4
年份	1996	1997	1998	1999	2000	2001	2002	2003	2004	
年降水量（mm）	497.3	387.5	448.5	325.6	439.3	289.1	463.1	421.9	474.2	

4-12 设某站只有1998年的实测径流资料，其年平均流量 $Q=130\ m^3/s$，而邻近参证站(各种条件和本站都很类似)则有长期径流资料，并知其 $C_v=0.30$，$C_s=2C_v$，其1998年的年径流量在频率曲线上所对应的频率恰为 $P=90\%$。试按水文比拟法估算本站的多年平均流量 $\bar{Q}$。

第五章　城市地区的雨洪径流与防洪

学习目标与要求　了解城市地区的排水系统、雨洪径流的产汇流过程以及城市防洪标准;理解城市化对城市降雨、径流的影响和城市地区雨洪径流特点。掌握城市地区雨洪径流的形成规律和城市化对地区水量平衡、径流形成过程的影响,为进一步学习提供基础。

第一节　概　述

降雨径流是指雨水降落到流域表面上,经过流域的蓄渗等系列损失分别从地表面和地下汇集到河网,最终流出流域出口的水流。从降雨开始到径流流出流域出口断面的整个物理过程称为径流的形成过程,降雨径流的形成过程,是一个极其复杂的物理过程。但人们为了研究上的方便,通常将其概括为产流和汇流两个过程。

由一次降雨形成的河川径流包括地面径流、壤中流和浅层地下径流三部分,总称为径流量,也称产流量。降雨量与径流量之差称为损失量。它主要包括储存于土壤孔隙中间的下渗量、植物截流量、填洼量和雨期蒸散发量等。可见,流域的产流过程就是降雨扣除损失,产生各种径流成分的过程。

降雨产生的径流,由流域坡面汇入河网,又通过河网由支流到干流,从上游到下游,最后全部流出流域出口断面,称为流域的汇流阶段。因为流域面积是由坡面和河网构成的,所以流域汇流又可分为坡面汇流和河网汇流两个小过程。坡面汇流是指降雨产生的各种径流由坡地表面、饱和土壤孔隙及地下水库当中分别注入河网,引起河槽中水量增大,水位上涨的过程。当然,这几种径流由于所流经的路径不同,各自的汇流速度也就不同。一般地面径流最快,壤中流次之,地下径流则最慢。所以,地面径流的汇入是河流涨水的主要原因。汇入河网的水流,沿着河槽继续下泻,便是河网汇流过程。在这个过程中,涨水时河槽可暂时滞蓄了一部分水量而对水流起调节作用。当坡面汇流停止时,河网蓄水往往达到最大,此后则逐渐消退,直至恢复到降雨前河水的基流上。这样就形成了流域出口断面的一次洪水过程。

产流和汇流两个过程,不是相互独立的,实际上几乎是同时进行的,即一边有产流,一边也有汇流,不可能截然分开。产流量的大小以及汇流速度的快慢与流域下垫面的情况有很大的关系。出口断面的洪水过程是全流域综合影响和相互作用的结果。

从城市地理学的观点出发,城市化的过程体现在土地利用情况的变化上。城市化进程可分成四个阶段:农村、早期城市、中期城市和后期城市。农村阶段是指研究地区的土地处在耕作或放牧状况,很明显地球上大部分土地是处在这种阶段。早期城市土地利用的特点是大量修建城市型房屋，但仍有不少土地被原有植物所覆盖。一些农村的小社区、小镇和城郊就属于此类。中期城市阶段是住房、商业中心、学校和工厂等建筑物大规模的发展和建设，所有这些还伴随着越来越多的土地用于街道和人行道，在大城市郊区多属中期城市发展阶段。后期城市阶段是整个城市更大发展的结果，可能使遗留下的原有植物缩减为零，地面完全被人工建筑和某些设施所覆盖。

随着城市化的进程，城区土地利用情况的改变，如清除树木，平整土地，建造房屋和街道以及整治排水河道，兴建排水管网等，直接改变了当地的雨洪径流形成条件，迫使水文情势发生变化。例如，雨洪径流总量增大，洪峰流量加高，峰现时刻提前。又如，河道中水流流速变快，径流中悬浮固体和污染物含量有增大的趋势。这些变化往往加剧了城市本身及其下游地区的洪水威胁，同时河道中污染荷载量显著增加（见表 5-1）。

表 5-1　城市化可能出现的水文效应

城市化过程	可能的水文效应
树和植物的清除	减少蒸散发量和截流量；增加水流中悬浮固体及污染物，减少下渗和降低地下水位，增加雨期径流以及减少基流
房屋、街道、下水道建造初期	增大洪峰流量和缩短汇流时间
住宅区、商业区和工业区的全面发展	增加不透水面积，减小径流汇流时间，径流总量和洪灾威胁大大增加
建造雨洪排水系统和河道整治	减轻局部洪水泛滥，而洪水汇集可能加重下游的洪水问题

出现上述现象的原因可以归纳为两个方面。

第一是流域部分地区被不透水表面所覆盖，如屋顶、街道、人行道和停车场等。不透水区域的下渗几乎为零，洼地蓄水大量减少。在两次暴雨之间，大气中沉降和城市活动产生的尘土、杂质、渣滓及各类污染物积聚在这些不透水面积上，最后在降雨期间被径流冲洗掉。没有被不透水建筑物覆盖的城市地区，一般都经过人工修饰装点，如覆盖以草地、植物并施加肥料和杀虫剂，这些风景修饰往往增加坡面流，进而增加污染物的冲洗。其结果使城市地区径流中污染物浓度增加。

第二是水道增加了汇流的水力效率。城市中的天然河道往往被裁弯取直、疏浚和整治，并设置道路的边沟、雨水管网和排洪沟，使河槽流速增大，导致径流量和洪峰流量加大，洪峰流量提前出现（如图 5-1 所示）。

此外，河道中流速的增大，加大了悬浮固体和污染物的输送量，也加剧了河床冲刷。这样，在汇集城市径流的下游，污染物荷载量将明显增加。例如，可以用生物需氧量（BOD）及悬浮固体的浓度排出率的增大来说明当雨洪和污水的排水道合流时，污水处理设施的能力一般是按旱季水流设计的，在多次暴雨期间就可能大大地超过了，而引起合流式下水道的冲刷和未经处理的污水的溢出进入受纳水体。

城市雨洪径流增加后，使已有排水明沟、阴沟以及桥涵过水能力显得不足，以致引起下游泛滥，造成交通中断、地下通道淹没、房屋和财产遭受破坏等。另外，不透水面积增加

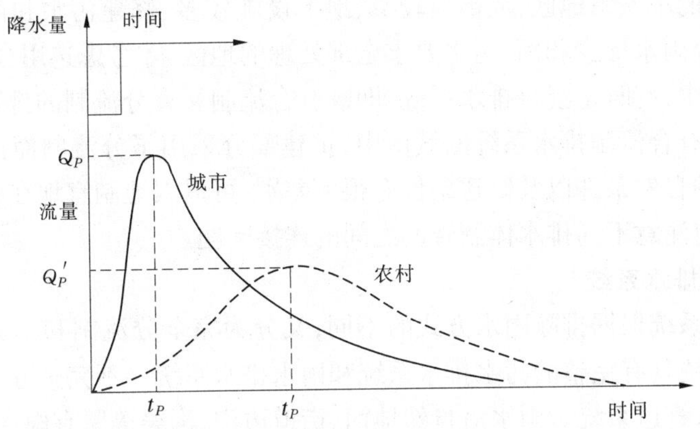

图 5-1　城市化对径流过程的影响

使得下渗量的减少，补给地下含水层的水量减少，致使城市河道中枯季基流有下降的趋势。

第二节　城市地区雨洪排水系统

城市排水管网系统是重要的城市基础设施，其任务是收集、输送城市产生的生活污水、工业废水和城市降水、融雪产生的径流。它具有保护环境和城市减灾双重功能。它主要由地下管道、暗渠与地表的明渠以及城市的内河及防洪设施等组成，包括污水管网、雨水管网、合流制管网以及城市内河与排洪设施。城市排水管网系统的作用就是及时可靠地排除城市区域内产生的生活污水、工业废水和降水、使城市免受污水之害和免受暴雨积水之害，从而给城市创造一个舒适安全的生存和生产环境，使城市生态系统的能量流动和物质循环正常进行，维持生态平衡，保证可持续发展。

一、城市排水管网系统分类

(一)排水系统的体制

对城市工业和生活污水、工业废水和降水所采取的不同的收集与排泄方式所形成的排水系统，称为排水系统的体制，可分为合流制与分流制。合流制是将生活污水、工业废水与雨水混合在同一套管网系统内排除的排水系统；分流制即将生活污水和工业废水用一套或一套以上的管网系统，而雨水用另一套管网系统排除的排水系统。它一般包括污水管网和雨水管网。

合理地选择排水系统的体制是城市和工业企业排水系统规划设计的重要问题。它不仅从根本上影响排水系统的设计、施工与维护管理，而且对城市和工业企业的规划和环境保护有重大影响，同时也影响排水系统的工程总投资以及运行与维护管理费用。通常应在满足环境保护要求的基础上，根据当地条件，通过技术经济比较来确定排水系统的体制。

由于城市排水对下游水体造成的污染和破坏与排水体制有关，为了更好地保护环境，一般新建的排水系统均应考虑采用分流制。只有在附近有水量充沛的河流或邻近海洋而发展又受到限制的小城镇地区，或街道较窄、地下设施较多、修建污水和雨水两条管线有困难的地区，以及雨水稀少和雨、污水要求全部处理的地区，才考虑选用合流制排水系统。

在一个城市中，有时是混合排水系统，即既有合流制又有分流制的排水系统。混合排水系统通常是在有合流制排水系统的城市中，扩建部分采用了分流制而出现的。在大城市中，因各区域的自然条件以及修建条件有很大差别，可以因地制宜地在各区域选用不同的排水体制，但应注意不同排水体制管网之间的连接问题。

（二）分流制排水系统

分流制排水系统根据排除雨水方式的不同，又分为完全分流制和不完全分流制。完全分流制排水系统具有完整的污水排水系统和雨水排水系统。不完全分流制只有污水排水系统，未建雨水管道系统。雨水沿自然地面、街道边沟、沟渠等原有雨水渠道系统排泄，或者在原有渠道排水能力不足之处修建部分雨水管道，待城市进一步发展或有资金时再修建雨水排水系统，逐步改造成完全分流制排水系统。

1. 城市污水管网

城市污水管网包括收集和输送城市生活污水和工业废水的管道系统。它由室内污水管道系统和设备、室外污水管道系统和附属构筑物、污水提升泵站及压力管道、排入水体的出水口等组成。

2. 工业废水排水系统

工业废水排水系统是将车间及其他排水对象所排出的废水收集起来，送至回收利用和处理构筑物或排放，主要由车间内部的管道系统和设备、厂区管道系统及附属构筑物、必要的污水处理系统、污水泵站及压力管道和接入城市排水系统的管网组成。工业废水的水质十分复杂，应根据水质、处理和回收利用等条件分类收集、处理和排放，经回收、处理后的水，可再利用，也可排入水体或排入城市排水系统，若水质比较干净可以不经过处理直接排入水体。

3. 雨水排水系统

收集并排除降雨径流和融雪径流的管渠系统称为雨水排水系统。雨水排水系统主要由房屋雨水管道系统和设备、道路排水系统、街道或厂区雨水收集与管渠系统、道路雨水管渠系统、雨水泵站及压力管道、出水口及排洪沟等组成。

（三）合流制排水系统

合流制排水管网系统是将生活污水、工业废水和雨水混合在同一个管渠系统内排泄的管网系统。它有直接排入水体的旧合流制、截流式合流制和全处理式合流制三种形式。

将城市的混合污水不经任何处理，直接就近排入水体的排水方式称为旧合流制或直排式合流制。国内外老城区的合流制排水系统均属此类。由于污水对环境造成的污染越来越严重，必须对污水进行处理才能减轻城市对环境造成的污染和破坏，为此产生了截流式合流制。截流式合流制式在旧合流制基础上，修建沿河截流干管，在城市下游建污水处理厂，并在适当位置上设置溢流井。这种系统可以保证晴天的污水全部进入污水处理厂处理，雨天一部分污水得到处理。在降雨量较小或对水体水质要求较高地区，可以采用全处理式合流制，将生活污水、工业废水和降水全部送到污水处理厂处理后再排放。

二、城市排水系统的构成

现代城市排水系统的特点是人工形成的引导水流的各种不透水通道（如路沿、边沟、衬砌的水道、铺砌的停车场、街道等）和地下的通道（如雨水排水道、污水排水道、合流式排水道）。这个系统包括引导、控制或改变水道、水质等的所有附属设备，如截留水池、蓄水池、下水道的进水口、检查孔、沉淀井、堰和出口溢流建筑等。一般情况下城市排水系统主要包括三个子系统：地表径流子系统、传输子系统和受纳水体子系统。现将每个子系统简述如下。

（一）地表径流子系统

地表径流子系统一般是指地面以上的部分。典型的城市集水区的地下排水管网一般沿道路和街道设置。区域的地表径流子系统由以下若干个小区组成，每个小区包括庭院场地和街道、街沟和小下水道组成的网络。地表径流是通过雨水井汇集进入地下排水管网，分区边界是由地面地形所决定的。各分区范围内，一般是由多种不同土地利用情况组合而成的，其水文特性可分为不透水面积（如屋顶、沥青或水泥、路面等）和透水面积（如绿化地和裸露土地等）。在雨洪径流分析计算程序中，通常需要给出各分区内不透水面积所占份额，有时还需要了解不透水面积的分布，以便计算各分区产流量及在地表径流过程中的入渗情况。通过简化得出计算分区分块图，由各分块输入的降雨和污染荷载计算各雨水井入流过程及污染物荷载的流量过程。

（二）传输子系统

传输子系统是指城市的地表和地下的排水系统。从各雨水井将雨洪径流及其中的污染物荷载通过排水沟渠或地下管网逐级输送到一点（或多点）排放出去。在传输过程中，不断地汇集区间入流或其他支管的入流，这将使管网中的流量和水质不断地发生变化。

（三）受纳水体子系统

受纳水体可能有多种不同类型，如河流、湖泊或海洋。由排污口或合流制排水系统的溢流口所排出的水流及污染物成分是随时间而变化的，进入受纳水体后，其受到重力和分子力的作用，向四周扩散开来。评价排放对受纳水体的影响需要测定、分析和预报各种污染物成分的浓度及其在空间上的分布和在时间上的变化过程情况，以确定各计算节点处水质超标的频次、历时等特征。由于水流受到当地地形、流速、风速、风向、温度和潮汐等众多因素的综合作用，使受纳水体子系统的水文过程比较复杂，因此如要精确计算这一过程就需要分析和建立受纳水体的二维或三维非恒定流模型。

城市雨洪排水系统可以分成两类，即合流制排水系统和分流制排水系统，合流制排水系统如图 5-2 所示。它是雨洪排水管网与排污管网合并在一起的，排放口处设有截流设施，无雨的干旱季节所排的污水流量小于截流能力，截流送往污水处理厂的贮水池，经过处理净化后排放。当暴雨洪水时期，通过雨水井汇集大量雨洪径流，排水流量超过截流能力的部分将从溢流口溢出，直接排入受纳水体，同时也将挟带部分污染物进入受纳水体。分流制的排水系统是把污水与雨水分开，各自设置一套排水管网。显然分流制排水系统可以降低受纳水体的污染，但需要成倍地增加建设费用，目前只有在欧美发达国家的一些新建城区采用这类分流制排水系统。实际运用效果表明建立分流制排水系统并不能一劳永逸地解决控制水污染问题。因为城市水污染源除工业废水和居民生活污水外,地面积蓄的垃圾、落叶和大气尘埃也是重要的污染源,污水管网可以控制点源污染的排放,但雨洪所挟带的面源污染物仍然十分可观,特别是在久旱无雨期后首次雨水冲洗对受纳水体的水质构成严重威胁。此外,城市中拦蓄雨洪的各种天然的和人工的贮水池及排水管路中沉积井等蓄积的雨水和沉积物也很容易腐烂变质,甚至还有管路施工中误将排污管接入雨洪排水管网的事例发生,这些因素都增加了雨洪中污染物的浓度,使受纳水体受到污染。

目前,我国的绝大多数城市的排水管网都属于合流制。分流制在一些水资源紧缺的城市也处在试点建设中。

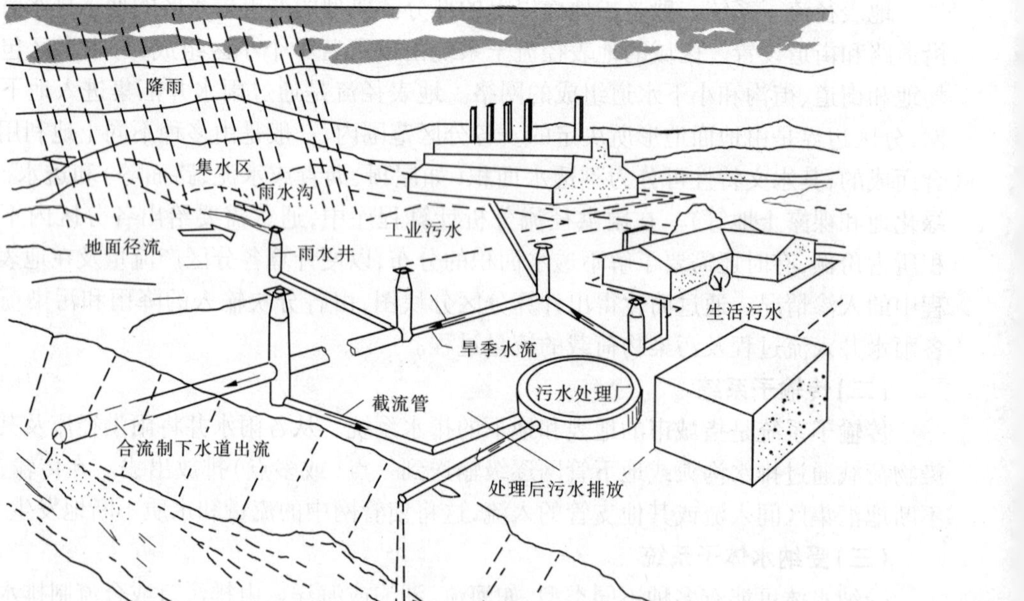

图 5-2　合流制排水系统示意图

第三节　城市化对径流形成的影响

当土地开发为城市用地时,这个地区便从自然状态转化为完全人工状态,使流域中的不透水面积增加、汇流速度加大且蓄水能力减弱。当建筑物覆盖面积达到 100% 时,地表的天然植被和下渗几乎接近于零。

图 5-3 是两个极端的例子:一个是自然流域,另一个是完全城市化的流域。在自然流域内,部分降雨被植被拦截,而其余部分经填洼、下渗,在植被和土壤含水量达到饱和时,超渗雨就形成地面径流,壤中流也就开始流动。由于壤中流比地面径流慢,所以壤中流汇入到河道的时间较长,形成的流量过程线比较平缓。

在城市化流域内,因填洼和下渗几乎减少到零。相对地说,地表径流产生的较快,使

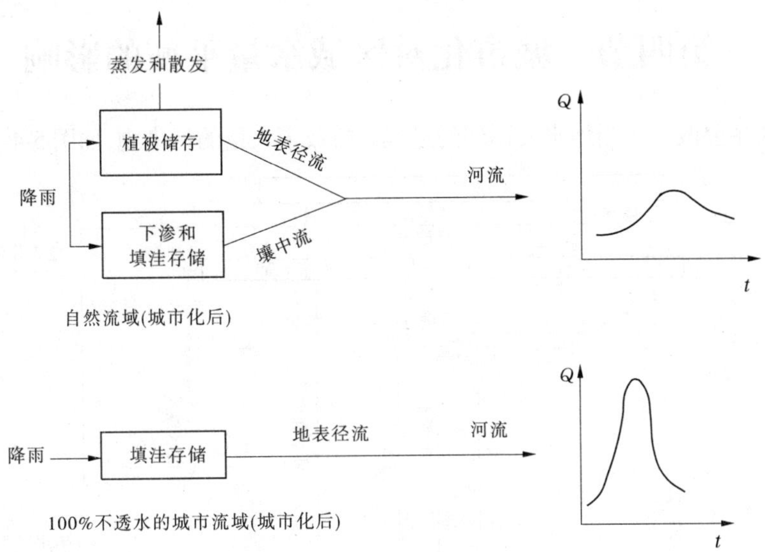

图 5-3　自然流域和城市化流域比较图

降到城市流域的雨水很快填满洼地而后形成径流。所有超渗水增大了河流流量。

很多水文研究工作者采用试验模拟的方法证实了不透水面积对洪水过程的影响是比较显著的。试验了透水面积为 0、50% 及 100% 在相同降雨强度情况下流量过程线的变化。其研究结果表明,随着透水面积的减少,涨洪段变陡,洪峰滞时缩短,退水段历时亦有所减少。

虽然很难在自然流域进行上述试验。然而,不透水面积确实影响着地表径流量和汇流时间,这点已被许多研究所证实。为了消除降水过程及气象条件的差异,一般不是直接对比流量过程线,而是对比单位净雨形成的单位过程线,分析城市化改变流域汇流条件对洪水的影响。

研究了有关城市地区洪水流量后可得出,在城市化进程中的地区,其单位线的变化为:城市化后单位线的洪峰流量约等于城市化前的 3 倍,涨峰历时缩短 1/3;暴雨径流的洪峰流量预见期可达未开发流域的 2 ~ 4 倍,取决于河道整治情况、不透水面积的大小、河道植被以及排水设施等。

大多数城市排水设施采用地下水道。安德森(Anderson) 1970 年在研究了美国弗吉尼亚州北部地区之后指出:排水系统的改善,使滞水减少到天然河道的 1/8,由于滞时的缩短,以及不透水面积而增加的径流量,使洪峰流量增大为原来的 2 ~ 8 倍。例如,我国北京城区护城河总出口、通惠河乐家花园水文站是城区径流主要控制站,汇水面积 98. 8 km^2,1963 年 8 月 9 日降雨 107. 7 mm,洪峰流量 193 m^3/s,而相近雨型和降雨量的 1983 年 8 月 4 日降雨 97. 3 mm,洪峰流量达 398 m^3/s,增大了 2. 06 倍。浙江的兰江是钱塘江的干流流段,经研究发现,洪水发生的概率明显增大,1982 ~ 2000 年的 19 年间超过吴淞 32 m 高程的洪水已发展到 2. 4 年一次,洪水平均期望概率增大 7 倍。

第四节　城市化对区域水量平衡的影响

城市化主要改变了当地水文循环的过程并排放了大量的污染物，如图 5-4、图 5-5 所示。

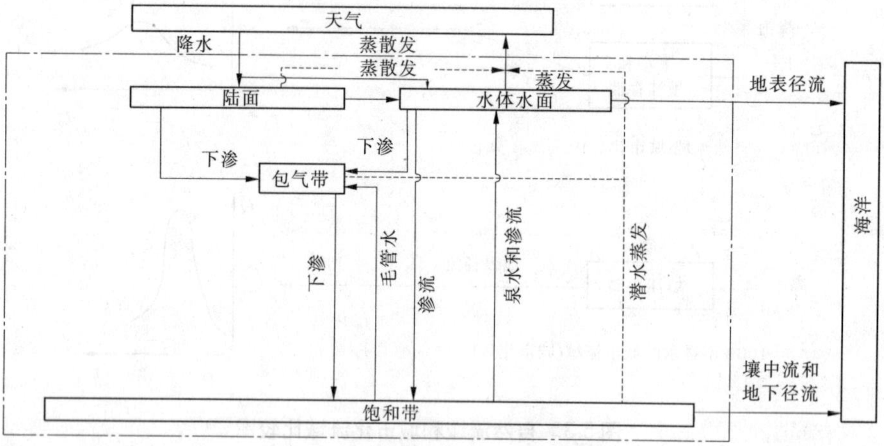

图 5-4　城市化前水文循环示意图

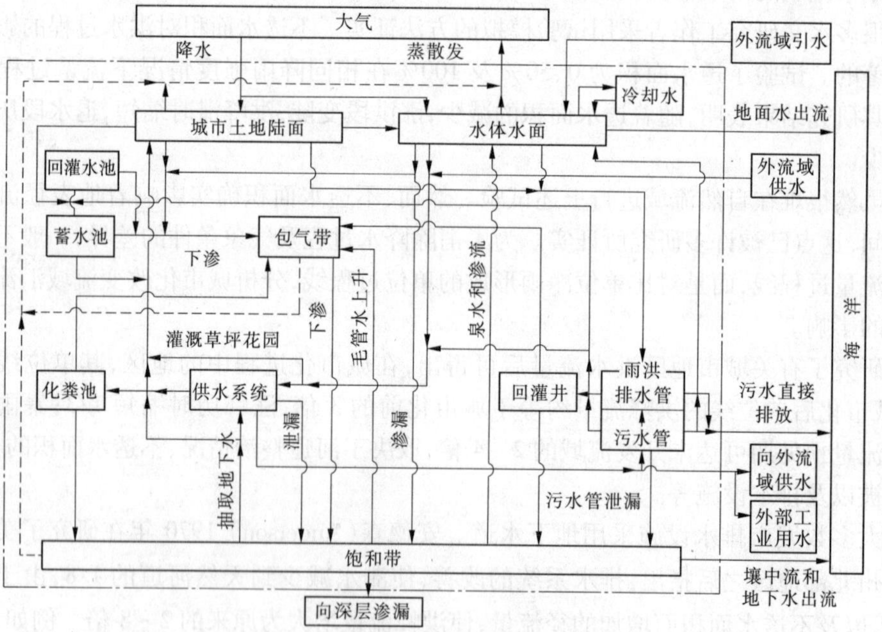

图 5-5　城市化后水文循环示意图

一、影响城市地区水文特性的因素

（1）城市地区的水量循环中包含的水量，有相当一部分来自相邻流域或者来自地下含水层，或者是不经河流排泄的。因此，不仅是城市排水区参与了水文循环，而且其他地区的水也参与了水文循环。

(2)流域下垫面起了根本性的变化,加上修建排水和下水道系统等。形成了一个新的产汇流条件,从而改变了径流的形成过程。

(3)由于城市地貌特征的改变和空气的污染,造成降雨蒸发情势的变化。

(4)由于不透水面积比例的增大,又加上大量开采地下水,影响了地表水和地下水的相互转化。

(5)非净化和部分净化的污水集中排入天然水体。

(6)形成了新的人工地貌,改变了自然水体。

以上所有这些变化都取决于城市化面积、人口、工业发展水平、用水量和供水系统等条件。

二、城市化对降雨的影响

城市化对降雨情势的影响是强烈的。现代化工业城市和它的下风侧年总降雨量一般比非城市地区天然总降雨量偏高5%~10%,有时这种差别可能达30%。为了计算城市和邻近地区的水量平衡,估算降雨的增加量是很重要的。然而应当注意的是城市化地区降雨的增加可能仅是局部性的,不会扩展到很大范围。大城市对降雨影响主要是降雨量的再分配。在一些地区出现增大降雨量的同时,而在另一些地区雨量却在减小,此可谓此盈彼亏。

三、城市化对蒸发的影响

在城市化条件下,蒸发的变化相当复杂。由于较大的受热量和蒸发表面积造成了城市蒸发能力提高(高5%~20%)。然而,由于汇流迅速,城区可供蒸发的水量减少。作为粗略的估计,可以假定城市和乡村蒸散发量之间的差别不超过蒸散发观测的误差。当然,也可能有例外,如在干旱和半干旱地区,由于修建水库和种植植物,有可能造成城市蒸发量相当高。

四、城市化对径流的影响

城市地区的年径流比同一地区天然条件下的年径流要大。如果水循环不包括从外流域引进的水量,那么现代化工业发达的大城市,年径流量的增加为10%~15%,可表示为:

$$\Delta R = \Delta R_1 + \Delta R_2 \tag{5-1}$$

式中 ΔR_1——城市区降雨的增加引起的径流增量;

ΔR_2——径流系数的增加引起的径流增量,是决定河流情势的主要因素,在春汛可达5%。

一般在年径流量和水流情势主要取决于降水量的地区,城市地区的年径流可能是天然流域的2~2.5倍。如果城市供水系统包括深层地下水或从外流域引进的水,那么年径流的额外增量等于引入量减去引水和用水系统的损失量。但是,由于通过地下水道排水可能将部分水量输送到流域以外或直接排入大海,从而也可能造成城市径流量的减小。此外,城市径流量的减少还可能由于供水系统不可避免的水量蒸发,即主要是由于开敞水面或潮湿地表面蒸发所造成的。

城市地区年径流量的一般表达式如下：

$$R = R_0 + R' - R'' + \Delta P \cdot C \pm \Delta E - L \tag{5-2}$$

式中 R——城市地区年总径流量；

R'——外流域调入的水量或从与给定河流不存在水力联系的含水层中开采地下水的水量；

R''——输送到流域以外或直接排入大海的下水道排水量；

ΔP——城市地区降雨量的增量；

C——年径流系数；

ΔE——城市化所引起蒸发的变化（修建水库会增大蒸发，如果径流不受控制则减少蒸发）；

L——供水排水系统的损失水量，损失水量 L 是个习惯提法，因为它包括的水量是从供水系统中渗入地下的水量，而其中一部分还要回到河道中。

苏联、欧洲森林地区的典型实例是位于斯维斯洛奇（Svisloch）河两岸的明斯克市。城市面积 156 km^2，人口 100 万人以上。建筑物大约占总面积的 60%，无建筑物空地（停车场和公园等）占 20%，并有 4.5% 的面积铺盖着沥青路面，金属、砾石、块石等铺路占 5.5%，池塘和水库占 2.5%，还有 7.5% 的地面没有被利用。城市化地面的变化大大改变了水资源的构成和 Svisloch 河的水流情势。

经过适当处理和净化的污水排入斯维斯洛奇河及它的支流，在明斯克市下游断面（A = 1 060 km^2），1974 年的年平均流量为 8.9 m^3/s，1975 年为 10.3 m^3/s。明斯克市所在的地区的多年平均径流模数 M_0 为 7.0［单位：L/(s · km^2)，下同］，1974 年和 1975 年地区平均径流模数分别为 5.6 和 6.4，模比系数为 8.0 和 9.0。各年的模比系数可以大致反映该年的气候条件，同一地区应基本相近。而斯维斯洛奇河这两年的径流模数都超过该地区的多年平均值 7.0。若按 M_0 = 7.0 计算其模比系数，分别得 1.2 和 1.4（见表 5-2）。

表 5-2　斯维斯洛奇河及其所在地区 1974 年和 1975 年径流模数对照表

年份	径流模数 M (L/(s · km^2))		模比系数 M/M_0（按 M_0 = 7.0 计算）		斯维斯洛奇河比地区平均多出的水量	
	斯维斯洛奇河	地区平均	斯维斯洛奇河	地区平均	L/(s · km^2)	%
1974	8.4	5.6	1.20	0.80	2.80	50
1975	9.7	6.4	1.39	0.91	3.3	52

上述反常现象说明，明斯克市的多年平均径流模数 M_0 有所增加，根据两年的资料估计，M_0 = 1.56。

分析河道径流的增加可能由以下因素引起：①城市降水量的增加；②地面径流系数的增加；③从外流域引水或利用与本河流没有水力联系的地下水。河道年径流减小的因素有：①下水道排水直接入海或输送到流域边界以外；②用水系统中由蒸发引起的附加的不可避免的损失。

城市化对流域年径流的影响，可用下式表达：

$$Y_2 = Y_0(F_1 - F_2) + F_2 Y_1 \quad (5\text{-}3)$$

式中 Y_2——城市化条件下流域多年平均年径流量；

Y_0——非城市化流域多年平均年径流量(区域,多年平均年径流量)；

Y_1——城市化地区多年平均年径流量；

F_1——流域总面积(视为一个单位)；

F_2——城市化面积,是流域总面积中的一部分。

顿河流域的计算结果表明,城市化引起该流域河道年径流的增加量很小,目前仅为0.6%,而到2000年将达到2%,城市化对于小流域的影响可能比这大得多。

为了分析城市化对枯水流量的影响,对明斯克市1974～1975年进行了计算,斯维斯洛奇河是其唯一的受纳水体。因此,城市下游断面的流量是反映城市化引起水文循环总变化的一个重要指标。结果表明,地区平均多年月平均最小径流模数:冬季为4.2;夏季为3.6。

斯维斯洛奇河下游明斯克出口处1974～1975年两年月平均最小径流模数:夏季为6.6,是地区平均值的两倍;冬季为7.1,比地区平均值大约偏高25%,如表5-3所示。

表5-3 斯维斯洛奇河下游明斯克出口处($A = 1\ 060\ km^2$)月平均最小径流模数

年份	季节	径流模数 M (L/(s·km²))		模比系数 M/M_0		斯维斯洛奇河月平均最小径流模数比区域值多出的量	
		斯维斯洛奇河	地区平均	斯维斯洛奇河	地区平均	L/(s·km²)	%
1974	夏	7.3	3.6	2.0	1.0	3.7	103
1974	冬	6.7	5.1	1.6	1.2	1.6	31
1975	夏	6.0	3.0	1.7	0.8	3.0	100
1975	冬	7.5	6.6	1.8	1.6	0.9	14

冬季流量增量较少是因为该季节用水量小,减小了下水道排向河流的水量。此外,冬季不需要给草地浇水,而草地浇水也会增加向河流的排水量。另外,还由于市区的部分积雪被运送到其他流域而造成。

所以,城市化改变了城市地区的下垫面情况和局部的气候,从而影响到城市地区的降水、蒸发和径流的变化。如果对比同一地区在不同的城市化程度时期的观测资料,往往较难区分气候因素与城市化因素在径流形成过程中的作用,这就需采用数理统计的方法进一步分析城市化进程中的径流变化。

第五节 城市化对洪水的影响

洪水对城市化程度非常敏感。随着城市化的发展,其不透水面积不断增长。一些最大的年洪峰流量比较明显地集中在城市发展的后半段时间内,即当不透水面积所占比例超过20%以后。城市发展的前后两段时期洪水特性有明显变化。图5-6表明了美国桑塔克鲁茨河城市化进程中70年时间内洪水出现的规律。

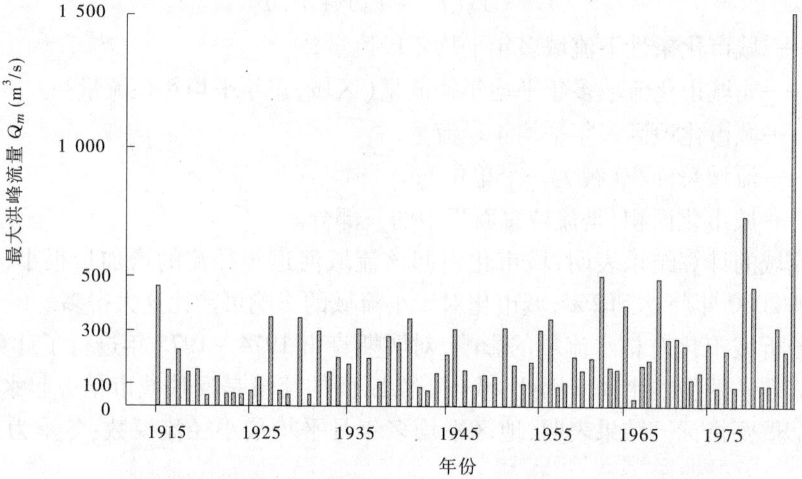

图 5-6　美国桑塔克鲁茨河城市化进程中最大洪峰流量图

城市地区的洪水问题主要包括以下几个方面：

(1)城市本身暴雨引起的洪水。由于城市的不断扩张，这一问题会变得愈加突出。这是城市排水面临的主要问题。

(2)城市上游洪水对城区的威胁。这可能来自城市上游江河洪水泛滥，山区洪水，上游区域排水或水库的下泄。解决这类问题属城市防洪范畴。

(3)城市本身洪水下泄造成的下游地区洪水问题。由于城区不透水面积增加，排水系统管网化，河道治理等使得城市下泄洪峰成数倍至十几倍增长，对下游洪水威胁是逐年增加的，构成了城市下游地区的防洪问题。

总之，城市化是引起该地区洪水问题逐步严重的直接原因。科学家拉扎诺(Lazano)分析了华盛顿市附近的阿那卡斯提亚(Anacostia)河(73.8 km^2)的32年洪峰年极值系列，分别绘制了城市化前的16年系列和全部32年系列的频率曲线，发现两者有一定的差异，为了确证这部分差异的原因是城市化的作用，他又对邻近的帕塔克森特(Patuxent)河26年资料系列作了分析。由于两流域的气候条件基本相同，而帕塔克森特河流域始终保持天然状态，因此可通过分析阿那卡斯提亚河城市化后帕塔克森特河洪水频率曲线有无系统偏离，说明这段时期气候条件是否一致，结果表明两条频率曲线交叉在一起并无系统偏高，这一点使拉扎诺肯定了阿那卡斯提亚河洪水频率曲线的偏差确能反映是城市化的影响。

上述直接对比分析的方法，一般仅适用于对个别流域的城市化影响作定性评价，不能用于城市水利工程规划设计的定量计算。这是因为流域在城市化前后都具有足够长观测资料的情况很少，另一方面城市化发展是一个渐进的长期过程，很难确定划分系列的时间。因此，需要研究一致性改正的通用方法，把城市化发展过程不同时期的洪水资料经过改正，转换为相应某种规划水平情况下的洪水，构成具有一致性的资料系列，再进行洪水频率分析。

随着城市化的发展，流域内土地利用状况的改变，对固体径流形成过程的影响也更加显著，对于天然流域，一般其悬移固体含量与河流流量之间存在一定的相关关系，因此两者的年内分配过程具有相似形态，峰形起伏一一对应，城市化高度发展的流域，河流中悬移固体的来源除了雨洪冲刷形成的泥沙颗粒外，还有大量工矿企业排放的废污水中挟带的固体颗粒,及城市生活污水中的固体颗粒。其排放量变化与雨洪过程关系不大,枯水季节径流量降低,悬移质含量则急剧增高甚至超过汛期洪峰阶段。往往在这一时期其含量超过规定标准,这一点也应该引起高度重视。

第六节 城市化对水环境的影响

城市化是一种土地利用活动;它对水环境的影响就是通过土地利用方式的改变,使原有流域下垫面条件发生变化。根据城市的发展阶段,土地利用的变化分为四个阶段,即自然状态或农田、早期村镇(农村,市、镇、郊区)、中期城市和后期城市。在最后一个阶段,区域中的植被几乎全部被毁,土地表面全部人工化,对水系水文的影响最大。

城市化对水环境系统的影响可分为水系形态变化、水量变化、水质变化以及水生物的生境变化等,本节重点介绍城市化对水环境形态与水质的影响。

一、城市化对水系形态影响

为了适应城市发展的要求,在城市建设过程中往往对原有自然水环境系统进行各种改造:如填平、开挖、疏浚、改道等,以便减少水环境形态方面对城市发展的阻碍作用。这种改造程度甚至可使原来的水系面目全非。一般而言,改造是针对某种目的进行的;因而通常是有利的。但是由于以往人们认识水平的限制,很少进行环境影响的评价研究,以致顾此失彼,往往带来不利的影响,特别是当严重破坏自然景观生态时。因此,改造的影响大小应根据城市担负的经济功能、旅游功能、文化功能、美学功能等多方面综合评价,权衡功能的主次加以确定。例如,历史名城苏州的市区,如果为了经济上的需要将河网任意填平、改道,则对苏州的历史文物价值将会引起极大的损害,也将失去“东方威尼斯”的美称。再以无锡市区水系30年来的变化为例,来说明城市化对水系的形态影响。图5-7所示为新中国成立前市区的原有水系,现今除西南方部分河道尚存外,所有河道及护城河均已填平,昔日小桥流水、水乡城镇的风貌已不复存在。现在看来,如果将其保留下来,并逐步改善老城区的建筑和设施,使之成为一座完整的水乡城市,其旅游观赏价值会比现在所得的经济价值更高。由于过去认识的局限性,对水系形态改变还缺乏综合影响评价概念,因此如果是失误的话,也只能是历史原因造成的。

此外,城市化使自然水环境系统逐步叠加了人工排水网络,变成人工-自然复合水环境系统,对水系的局部影响很大,特别是根据就地排放的经济原则,人工网络往往取决于自然水系形态。其形成过程如图5-8所示。一般来说,城市街道的标高低于周围地区,起着排水和集水作用。因此,这种人工和自然排水网络的结合,使地面径流汇流更加有效,改变了滞后时间以及单位过程线(暴雨)的峰值,加快洪峰的到来,对水系产生很多影响。

二、对水质的影响

城市化对水质的影响可按土地利用形式分为:

(1)施工区。城市建设活动能在短期内对水质产生明显影响,其活动包括施工场地准备工作、拆迁、开挖、爆炸、材料加工、填土等,使地面侵蚀加快,以及产生的各种废物,会

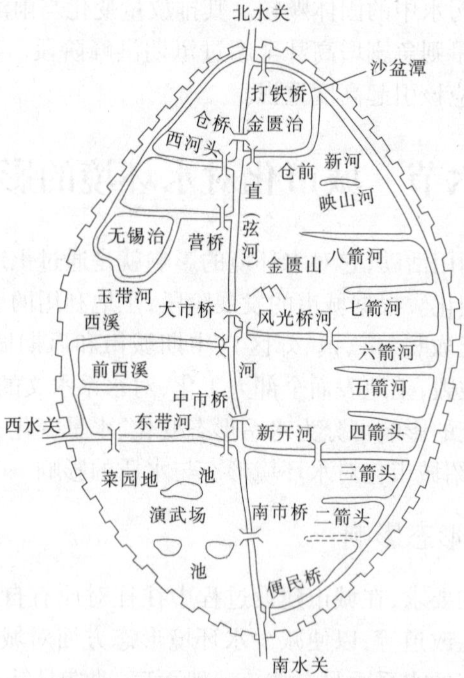

图 5-7　无锡老城区原河道分布示意图

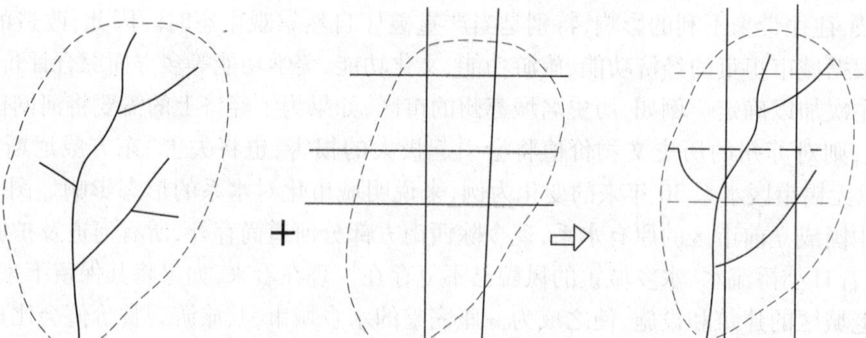

(a)原有自然水系网络　　(b)人工街道、管网、沟渠网络　　(c)自然和人工复合网络

图 5-8　自然与人工水系复合系统示意图

随雨水径流进入水体。

(2)工业区。对暴雨径流的水质影响很大，露天仓库材料的雨淋渗透作用使污染物转移，此外管道渗漏，生产过程中材料加工，以及排放的废气通过降水洗淋作用等均可影响水质。

(3)商业区。地表大部分为不透水面积，马路上的所有灰尘，垃圾及其他物质均可随雨水进入水体。

(4)街道和公路。除了上述污染物，还有油、铅、橡胶碎末、汽车废气等，COD 较高。

(5)住宅区。产生各种各样的垃圾,从大的固体废弃物到小的细菌,一般讲主要为 BOD。

总体而言,城市化后,人口密集、工业发展、交通拥挤、污水排放等城市特征都将对城市水体的水质发生明显影响,这已经是城市发展过程中不可忽视的问题,是值得重视和研究解决的问题。

第七节 城市防洪标准与防洪体系

一、城市防洪标准的涵义

(一)城市防洪标准的定义

城市防洪标准是指城市应具备的防洪能力,亦即城市整个防洪体系的综合抗洪能力。城市防洪标准的表达方式,我国普遍采用频率分析法计算设计洪水,一般用洪水的重现期或发生的频率来表示。国外有些国家采用水文气象法计算设计洪水,用可能最大洪水 PMF 来表示。此外,还有采用历史上实际发生的某场大洪水作为城市防洪标准。

(二)城市防洪标准的分级

1993 年建设部和水利部联合发布的中华人民共和国行业标准《城市防洪工程设计规范》(CJJ 50—92)和 1994 年国家技术监督局和中华人民共和国建设部联合发布的中华人民共和国国家标准《防洪标准》(GB 50201—94)都明确规定,城市防洪标准采用设计标准一个级别,不用校核标准。这与水库大坝、溢洪道、铁路桥梁、涵洞和供水工程采用设计和校核两级标准有所区别,在工程实践中这是首先应当明确的。

(三)洪水类型与防洪标准

《城市防洪工程设计规范》(CJJ 50—92)规定,城市防洪标准应根据城市等别、洪水类型确定。城市等别根据城市重要性和城市非农业人口多少划分为 4 个等级。城市等别高,防洪标准就高;同一等别城市,洪水类型不同应采用不同的防洪标准。其中江河洪水和海潮防洪标准较高,山洪防洪标准较低,泥石流防洪标准居中。这主要是考虑江河洪水和海潮洪灾,对城市来讲往往是全局性的,影响面广,成灾损失较大,应采用较高的防洪标准;山洪因为每条山洪沟汇水面积较小,洪水灾害一般都是局部性的,防洪标准可以低一些;泥石流是一种特殊的山洪,危害较一般山洪严重,防洪标准应比一般山洪高一些。

(四)防洪标准的意义

城市防洪标准是城市防洪规划、设计、施工和运行管理的一项重要依据,防洪标准定得愈高,城市愈安全,防洪效益也就愈高,但所需的工程投资也就愈大。相反,防洪标准定得愈低,所需工程投资愈小,但城市防洪安全性和防洪效益也愈低。所以,确定城市防洪标准是一项比较复杂、难度较大的工作。它不仅是一个安全、技术性问题,也是一个包含政治、经济等社会因素在内的综合性政策问题。需要从上述各方面进行综合分析论证,在规范规定的范围内合理确定。对社会经济地位重要、受洪灾后损失和影响巨大、需要防洪费用相对较少的,应选用较高的防洪标准;对社会经济地位相对较次要、受洪灾后损失和影响较小、需要防洪费用相对较多的,宜选用较低的防洪标准。

二、城市防洪体系的构成和分类

城市防洪工程是一个系统工程，它由各种防洪工程措施和非工程防洪措施构成。不同类型城市和不同洪灾成因，防洪措施和防洪体系是不同的，常见的有以下几种。

(一)江河上游沿岸城市的防洪体系

江河上游沿岸城市的防洪体系一般多由河道整治、修筑堤防和修建调洪水库构成。在城市上游修建调洪水库，可以有效地削减洪峰，减轻洪水对城市的压力，减少河道整治和修筑堤防的工程量，降低堤防的防洪标准，而使防洪体系的防洪标准显著提高。例如，本溪市在上游观音阁水库建成之前，主要依靠太子河堤防抗洪，城市防洪标准只能达到50年一遇；在观音阁水库建成以后，本溪市的防洪标准可以提高到500年一遇。

(二)江河中下游沿岸城市的防洪体系

江河中下游沿岸城市的防洪体系一般采取"上蓄、下排、两岸分滞"的防洪体系。江河中下游地势平坦，当上游修建水库、河道整治和修筑堤防仍不足以安全通过设计洪水时，在城市上游采用分滞洪措施是提高防洪体系抗洪能力最有效的对策。例如，武汉市城市堤防虽经几次加高培厚，防洪标准只能达到20年一遇，超过20年一遇的大洪水主要依靠荆江分洪、杜家台分洪等多处分洪来保卫武汉市的安全。

(三)沿海城市的防洪体系

沿海城市和河口城市地形平坦，风暴潮是造成洪涝灾害的主要原因。一般采取所谓"围起来、打出去"的对策，防洪体系由堤防、排涝泵站、挡潮闸构成。例如，上海市、盘锦市等城市就是如此。天津市除了采用上述措施外，还采用开挖减河增加入海通道的方法，将上游大部分洪水避开天津市区直接入海，大大减轻了洪水对城区的压力。

(四)山区城市的防洪体系

山洪防治，一般在山洪沟上游主要采用水土保持措施，中游修建小水库调洪或采用修建谷坊、跌水缓流，在山洪沟下游采用疏浚和筑堤等措施，组成组合防洪体系，使设计洪水安全通过市区。如济南市、包头市、昆明市、烟台市等采用这种防洪体系，均收到了良好效果。

(五)河网城市防洪体系

河网城市堤防布置，一般应根据城市被河流分割情况，采用分片封闭的形式。防洪体系由堤防、防洪闸、排涝泵站等防洪设施构成，分别采用"围起来、打出去"的对策，实行各区自保。苏州市防洪就是一个典型的例子。

(六)泥石流防洪体系

泥石流防治原则与山洪防治基本相同，一般采取"防治结合、以防为主，拦排结合、以排为主"的原则，采用生物措施、工程措施及管理措施相结合进行综合治理。其防洪体系一般由拦挡坝、排导沟、停淤场组成。兰州市在与泥石流斗争中积累了丰富的经验。

三、确定城市防洪标准应注意的几个问题

(1)沿江河城市在确定防洪标准时，应与江河流域防洪规划密切配合。当城市堤防成为江河堤防组成部分时，不论城市大小，其城市防洪堤的防洪标准不得低于江河堤防的防洪标准。长江中下游沿岸城市大都属于这种情况。

(2)沿江河城市上游规划有大型水库或分滞洪区时,城市防洪标准可以分期实现。近期主要依靠堤防抗洪,防洪标准可以低一些,待上游水库或分滞洪区建成后,再达到或超过《城市防洪工程设计规范》要求的防洪标准。本溪市就是一个典型例子。

(3)城市防洪标准、排涝标准、排水标准应相互协调。例如,城市排水标准采用1年一遇(相当排涝标准5~10年一遇);排涝标准应比排水标准高一个等级,即应采用20年一遇;防洪标准应比排涝标准高一个等级,应采用等于或高于50年一遇。排洪渠道断面设计应考虑承受排水和排涝超标准的流量汇入排洪渠道的影响,避免发生内涝灾害。

(4)山洪和泥石流排洪渠道断面设计,一般不考虑水土保持削减洪峰的作用,仍按自然条件下设计洪水计算渠道需要泄洪断面。水土保持削减洪峰的作用,只作为增加防洪安全度的一个有利因素来考虑。

四、制定城市防洪体系应注意的几个问题

(1)江河沿岸城市的堤线布置应考虑城市规划要求,堤距要满足泄洪需要,通航河道还应考虑航运要求。沿河桥梁、码头、取水等建筑物的建设都要尽量不压缩行洪河道,不要影响泄洪。

(2)沿江河和沿海堤防等防洪设施建设应与沿岸道路、公园、景点、绿化、给水、排水等建设密切配合,在满足防洪安全前提下,应尽可能满足各方面的要求,发挥防洪设施多功能作用。

(3)城市小河和排洪渠道出口与江河、海洋连接处要妥善处理,既要防止排泄不畅,又要防止洪水、潮水倒灌,城市水塘、洼地应予以保留,用来调蓄城区径流,以减少泄洪闸和排涝泵站的规模,降低工程投资。

综上所述,可见城市防洪标准和防洪体系的制定,是一项涉及面很广的综合性系统工程,它与城市总体规划、道路、桥梁、码头、排水、污水、截流、园林绿化等市政建设,以及江河流域防洪规划等均有密切联系。如何使各种防洪措施与市政设施有机协调地组织在一起,使城市防洪设施布局更为合理,城市面貌更加美丽,是城市防洪规划、设计必须解决的基本问题与任务。

思考题

5-1　城市地区雨洪径流有哪些主要特点?为什么?

5-2　城市化后对区域的降雨、径流、水质水环境、水文循环和水量平衡产生什么影响?

5-3　影响城市地区水文要素的因素有哪些?

5-4　城市河流洪水有什么特点?其原因是什么?

5-5　城市防洪标准的含义是什么?如何确定?

第六章　城市设计暴雨

学习目标与要求　了解城市设计暴雨的目的意义和城市地区暴雨的特点，掌握城市设计暴雨的计算方法、不同地区的暴雨公式和参数的意义以及年最大 24 h 设计暴雨量及其过程的计算。重点掌握设计暴雨的概念和设计暴雨的计算。

第一节　概　述

城市地面径流量是设计城市排水设施的主要依据，直接关系到城市雨水排除工程建设的投资和运行的安全，而设计暴雨强度又是城市地面径流量计算的重要参数。自 20 世纪五六十年代起，欧美等发达国家首先对城市雨水排水系统进行了深入研究，在城市设计暴雨的有关理论与雨水径流计算及管理模型上取得了巨大进步。但我国到目前为止，由于城市自记雨量资料缺乏、研究经费不足、计算技术相对滞后等原因，对该领域的研究起步较晚，并且研究较少；虽目前已有一些结合我国实际的研究成果问世，但还存在不少局限性，与发达国家相比还存在一定的差距，因此本章内容以介绍国外设计暴雨计算方法为主，适当结合我国城市设计暴雨的计算。

设计暴雨是指符合设计标准的暴雨量及其在时间上和空间上的分布情况。设计暴雨是决定排水设计或与水有关的其他系统设计的主要依据。选择设计暴雨的一般假定是：如果所设计系统的承载能力能抵御该次降雨事件，则系统的运行就能满足设计要求。

设计暴雨有两个基本类型，第一类是最常用的虚拟事件，就是常说的设计暴雨。它是根据历史资料分析雨深—历时—频率关系得到的。这类设计暴雨适用于排水设计或其他的主要考虑洪峰流量的有关问题。第二类是直接使用一次实测历史降雨资料。这类设计暴雨可用于滞蓄水库的设计，或用于着重考虑水质的工程设计中。事实上，决定这些工程承载能力的因素不仅是一次降雨的雨量或雨强，而是由整个降雨过程、前期蓄水情况、流域污染物积聚情况等众多因素组合而成的。从实测历史资料中，选取一次最恶劣的设计条件作为依据，显然是可行的，而且是一种方便的解决方法。显然，这类设计暴雨不仅指该次实测暴雨的某种历时的雨量或雨强，还应包括其他各种因素的组合遭遇。

本章所讨论的设计暴雨是指上述第一类狭义的设计暴雨，后一类不作介绍，可参考有关专业书籍。前一类设计暴雨一般包含下列各种要素：频率（重现期）、雨量与历时的对应关系以及设计暴雨在时间和空间上的分配过程。

由于城市地区的下垫面条件和局部气候以及排水条件的变化，使得城市地区的暴雨及所产生的危害区别于其他自然流域，主要表现在以下几个方面。

1. 暴雨设计频率的确定

适用于城市雨洪排水系统的设计暴雨，其设计频率或重现期的选定在原则上可以根据工程的造价和运行的费用，以及由于雨洪超标准而造成工程破坏而引起的洪水泛滥、交通中断等灾害，权衡两者得失来优选得出经济上最合理的设计频率。不过目前国内外多数城建部门是综合考虑当地经济能力和公众对洪灾的承受能力后选定的，一般并不进行详尽的经济比较。

2. 成峰暴雨的概念

城市雨洪排水系统主要由一系列口径不同的管路构成的，各条管路设计洪峰流量是控制工程设计的重要参变量，设计洪水总量和洪水过程线形状一般作用较小。因此，城市设计暴雨必须能适用于推求排水管网各个节点处设计洪峰流量的要求。所谓成峰暴雨，可简单理解为形成洪峰流量的暴雨，它并不是暴雨的全部，而是汇流历时内的暴雨，如图 6-1中的暴雨核心部分(阴影部分)。其对应历时为汇流时间，即自管路负担排水面积最远点，径流流至管路入口处的时间，如图 6-1 所示。各节点处负担的排水面积不同，其成峰暴雨历时也长短不同，为适应设计计算的需要，就必须计算相应各种历时的设计暴雨量。

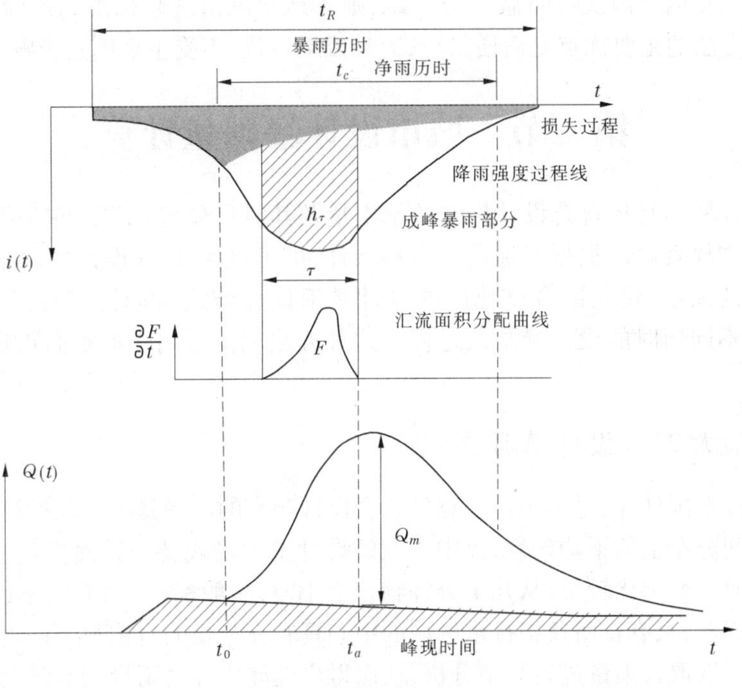

图 6-1 成峰暴雨示意图

3. 暴雨的空间分布情况

城市设计暴雨一般不考虑雨量在空间分布的不均匀性。主要原因是城市排水管网所负担的地面排水区面积不大，可以忽略点雨量与排水区面平均雨量的差别，虽然一场实际暴雨的空间分布是不均匀的，雨量在空间分布的梯度可能相当大，但由于暴雨中心的位置是不确定的，使点面雨量之间的差别不那么明显。若分别求出各次暴雨在一个不大的面积上的面平均雨量和该面积中心点的点雨量，点绘同一次暴雨的点面雨量的相关图，对于面积不大的排水区，其相关线是接近于 45°的直线。在小面积城市地区具体一次暴雨有可能点雨量大于面雨量,也可能相反,两者的差值大小也是不确定的。但在平均情况下,定点、定面雨量相差是不大的。由于同样原因,同频率的定点定面雨量的关系,折减系数接近于1.0。考虑到上述暴雨空间分布特性,就可以点代面,即用排水区中心点的设计雨量代替排水区面平均设计雨量。

4. 城市暴雨的灾害特点

城市地区由于雨洪造成的灾害恢复时间相对较短,有可能在一年内遭遇一次以上的损失。因此,在作暴雨频率分析时应当采用次暴雨作为分析的基本事件,然而在进行次暴雨选样时,在相邻两次雨的分界问题上存在一定的困难。通常是以最短无雨的间隔时段长度作为划分的标准,但若改变时段长度标准就会使选样次数明显改变。目前国内外城市水文部门在作暴雨频率分析时,是以日历年划分为基本事件,选取逐年的降雨量过程中最大时段雨量作为样本进行统计的。显然,这种选样方法有一定的缺点,它只考虑年内最大的时段雨量而忽略其他各次暴雨对频率分析的作用。可以设想 A 与 B 两站的时段雨量年极值频率曲线是相同的,则两地按年极值频率标准设计的雨洪排水管路尺寸是相同的。但若 A 站年内暴雨次数明显多于 B 站,则 A 地雨洪出现超标准的风险也要大得多。年极值选样方法的主要优点是简便易行,而且成果一致,不受主观因素影响。

第二节　城市设计暴雨量计算

城市设计暴雨是指符合设计标准的暴雨量及其时程分配过程。它是推求城市雨洪径流所需的主要资料。根据当地雨量资料条件,推求最大24 h设计暴雨量,分析雨量、频率和历时的关系,建立适合该地区的设计暴雨计算公式,再对典型的暴雨过程进行放大而得到不同历时的设计暴雨及过程。这种方法主要适用于汇水面积较小的流域和城市地区。

一、年最大24 h设计暴雨量

城市设计暴雨计算,是推求各节点处符合设计频率的成峰暴雨。在计算时,一般不考虑暴雨在空间分布上的不均匀性,以中心点的设计暴雨量代替设计面雨量。城市排水区成峰暴雨历时一般都比较短,从几十分钟到若干小时,一般都小于24 h,不过各个排水区并不相同。因此,只有在所负担排水区域的中心具有充分长的自记雨量计观测记录,才能按要求的历时选取暴雨量进行频率分析,从而得出设计成峰暴雨量。实际上,并不可能如此进行直接计算,因为我国迄今自记雨量设备普及时间还不是很长,具有长期观测记录的测站更少,所以城市设计暴雨计算方法必须适应当地无资料的条件。目前的方法可以分成两步走:先求中心点年最大24 h设计雨量 $X_{24,P}$,再由雨量—频率—历时关系来推求任意历时 t 的设计成峰雨量 $X_{t,P}$。

推求年最大24 h设计雨量的常用方法有两种,可根据当地资料条件而定。

(1)由年最大一日设计雨量间接推求。若排水区中心附近具有足够长的人工观测资料系列,可以求得符合设计标准 P 的年最大一日设计雨量 $X_{(1),P}$。由于人工观测雨量是固定以每日8:00为日分界,因此年最大一日雨量不大于年最大24 h雨量,即 $X_{(1)} \leqslant X_{24}$。

年最大 24 h 雨量与年最大一日雨量倍比值 $a \geqslant 1.0$，可按式(6-1)计算年最大 24 h 设计雨量 $X_{24,P}$。

$$X_{24,P} = aX_{(1),P} \tag{6-1}$$

由各地分析所得 a 值变化不大，一般都在 1.1 ~ 1.2，常取 $a = 1.1$。

(2)如果当地无资料，可查用年最大 24 h 雨量统计参数 $\bar{X}_{24}$，C_v 等值线图。我国各省、市、自治区的水文部门均已绘制了上述暴雨参数的等值线图。根据城市所在的地理位置，可从图上求得当地年最大 24 h 雨量均值 $\bar{X}$ 和变差系数 C_v，偏态系数 C_s 一般取 3.5 倍 C_v。根据皮尔逊Ⅲ型频率曲线 K_P 表，通过查算可以得出中心点年最大 24 h 设计雨量 $X_{24,P}$。

二、雨量—频率—历时关系的分析和应用

为了适应成峰暴雨不同的历时，需要分析建立当地的雨量—频率—历时关系，并由年最大 24 h 设计雨量作历时变换，求得相应排水区成峰暴雨历时的设计雨量。

分析雨量—频率—历时关系时，是先对具有充分实测降雨资料系列的测站作分析，得出各单站的关系，再作地区综合，分区确定其雨量—频率—历时关系。此关系有两种表达方式：一是用曲线图形，一是用经验公式。现分别说明如下。

(一)雨量—频率—历时曲线

有资料条件下单站的关系曲线绘制，其步骤如下：

(1)从实测短历时暴雨资料中，按年最大值法摘录出每年各种时段的最大雨量，统计时段一般常用 10 min、30 min、60 min、180 min、360 min、720 min、1 440 min。选样时必须要注意基本资料的可靠性和系列的代表性。

(2)对每个时段的逐年暴雨量资料系列进行频率计算。频率计算方法可采用适线法，详细步骤见第三章有关内容。

(3)绘制各时段的暴雨量频率曲线(可绘在同一张几率格纸上)，并综合比较各种历时暴雨量的频率曲线。对突出的曲线进行适当的调整，使不同历时暴雨的频率曲线成一组不相交的频率曲线。当短历时暴雨的频率曲线受特大值影响使得适线较为困难时，可分区将相同历时各站暴雨资料的频率曲线综合在一起进行比较，然后根据地区平均曲线变化的规律，调整所选站的频率曲线。

(4)从不同历时暴雨量频率曲线上，查读不同频率的设计暴雨量，再以同一频率 P 的雨量 X_P 为纵坐标，降雨历时 t 为横坐标，频率或重现期为参数，在均匀格纸或对数纸上绘制出雨量—频率—历时关系曲线或重现期(频率)—雨强—历时曲线，如图 6-2 所示。

(二)雨量—频率—历时关系曲线的地区综合

为了便于地区综合，一般将单站雨量—频率—历时曲线变换成雨量百分率—历时曲线，消除频率因素，使各单站不同频率的雨量—历时曲线合并成单一线。绘制雨量—历时百分率曲线，就是变换原雨量—频率—历时曲线的纵坐标，将原纵标 t 时段的雨量 $X_{t,P}$ 变为与同一频率的最大 24 h 雨量 $X_{24,P}$ 的相对百分数 $X_{t,P}/X_{24,P}$，横坐标不变仍为历时 t 在均匀格纸上绘图，即可绘出雨量百分率—历时曲线，如图 6-3 所示。可以发现不同频率 P 的雨量百分率历时曲线基本上密集在一起。因此，可以消除频率因素 P，且各站还可通过点

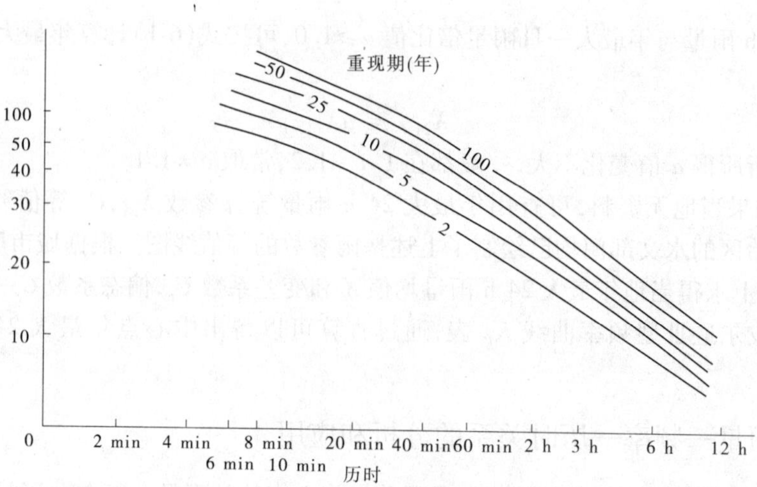

图 6-2　某地区雨强—历时—频率曲线

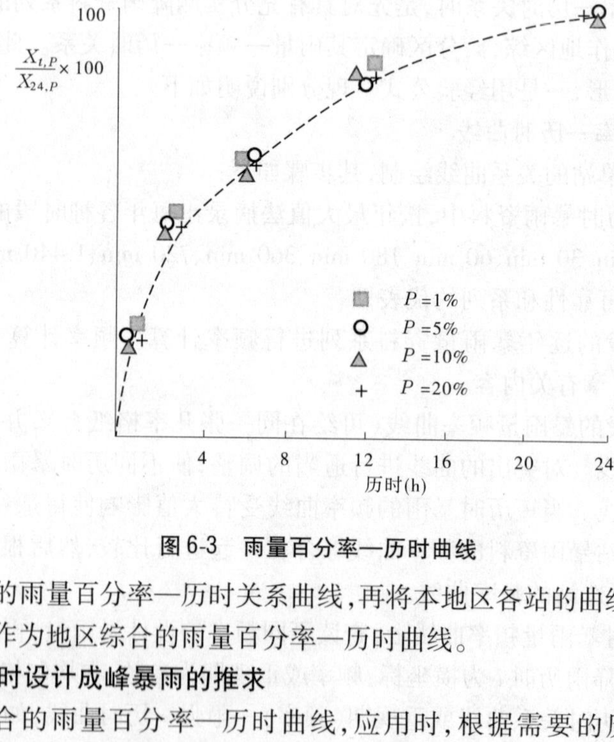

图 6-3　雨量百分率—历时曲线

群中心绘成单一的雨量百分率—历时关系曲线，再将本地区各站的曲线绘在同一张图上，定出一条平均线作为地区综合的雨量百分率—历时曲线。

（三）不同历时设计成峰暴雨的推求

有了地区综合的雨量百分率—历时曲线，应用时，根据需要的历时 t 在图上查得 $X_{t,P}/X_{24,P}$(%)值，再乘以设计最大 24 h 雨量 $X_{24,P}$，换算为相应历时的设计暴雨，即：

$$X_{t,P}=\frac{X_t}{X_{24}}\cdot X_{24,P} \tag{6-2}$$

三、暴雨公式和设计暴雨的计算

在我国，城市设计暴雨的计算主要是通过暴雨公式来进行计算的。

目前我国主要使用的暴雨公式有两种，一种是水利部门常用的适用于小流域和城市地区的暴雨公式；另一种是城建部门常用的暴雨公式。不同的地区情况不同，两种公式都可以应用。

（一）水利部门应用的暴雨公式

我国水利部门常用的短历时暴雨公式见式（1-7）。在小流域推求设计暴雨时，可根据各省（区）《雨洪图集》式地区《水文手册》（图集）所提供的各时段（10 min，1 h，6 h，24 h）年最大暴雨量的均值、变差系数等值线图及 C_s/C_v 的分区图或规定倍比，计算相应历时设计点雨量，其他历时设计历时可以用暴雨公式或经验公式进行转换。计算方法如下。

根据 24 h 设计暴雨量按暴雨公式求出设计雨力 S_P，其计算式为：

$$S_P = X_{24,P} \times 24^{n-1} \tag{6-3}$$

任一短历时的设计暴雨 $X_{t,P}$，可通过暴雨公式转换得到，计算公式如下：

$$X_{t,P} = S_P t^{1-n} \tag{6-4}$$

暴雨衰减指数 n 要经实测资料分析，通过地区综合得出，一般不是常数，当 $t < t_0$ 时，$n = n_1$；当 $t > t_0$ 时，$n = n_2$；t_0 经资料分析在我国大部分地区取 1 h，$n_1 = 0.5$ 左右，$n_2 = 0.7$ 左右；少数省份 t_0 取 6 h，当 $t_0 = 6$ h 时，设计暴雨可由另一公式计算，这里不再介绍。具体应用时，可由当地的《水文手册》（图集）查得。

【例 6-1】 某小流域拟建一小型水库，该流域缺乏实测降雨资料，需推求历时 $t = 2$ h，设计标准 $P = 1\%$ 的暴雨量。

（1）在该省《水文手册》上，查得流域中心处暴雨的参数如下：

$$\overline{X}_{24} = 100\ \text{mm}, C_v = 0.50, C_s = 3.5C_v, t_0 = 1\ \text{h}, n_2 = 0.65$$

（2）求最大 24 h 设计暴雨量，由暴雨统计参数和 $P = 1\%$，查附表 2 得 $K_P = 2.74$，故：

$$X_{24,1\%} = K_P \overline{X}_{24} = 2.74 \times 100 = 274(\text{mm})$$

（3）设计雨力 S_P 计算：

$$S_P = X_{24,1\%} \times 24^{n_2-1} = 274 \times 24^{-0.35} = 90(\text{mm/h})$$

（4）$t = 2$ h，$P = 1\%$ 的设计暴雨量：

$$X_{2,1\%} = S_P t^{1-n_2} = 90 \times 2^{1-0.65} = 115(\text{mm})$$

（二）城建部门常用的暴雨公式

城建部门常用的暴雨公式形式为：

$$i = \frac{A(1 + C\lg T)}{(t + B)^n} \tag{6-5}$$

式中 T——重现期，年；

i——重现期为 T 年的 t 时段内平均降水强度，mm/min；

A、B、C——待定参数，可以参考相关资料确定。

表 6-1 列出了我国部分城市的暴雨公式参数。

（三）国外使用的主要公式

美、英等国多采用 $i = A/(t + B)^n$，苏联广泛选用 $i = A/t^n$，日本选用 $i = A/(t + B)$，而我国给水排水设计手册和规范提到 $i = A/(t + B)^n$、$i = A/t^n$、$i = A/(t + B)$ 三种摸式，其中 A 为城市暴雨雨力（同水利部门使用暴雨公式中 S_P）。关于雨力计算式，苏联与我国用 $A = A_1 + C\lg T$，式中 A_1、C、B、n 为参数。

表 6-1　我国部分城市暴雨公式的参数

城市名称	*A*	*B*	*C*	*D*
北京	11.98	8	0.811	0.711
天津	22.95	17	0.85	0.85
石家庄	10.11	7	0.898	0.729
太原	5.27	4.6	0.86	0.62
包头	0.059 6	5.4	0.985	0.85
哈尔滨	17.30	10	0.9	0.88
长春	9.581	5	0.8	0.76
吉林	12.97	7	0.68	0.831
沈阳	11.88	9	0.77	0.77
济南	28.14	17.5	0.753	0.898
南京	17.90	13.3	0.671	0.8
合肥	21.56	14	0.76	0.84
杭州	60.92	25	0.844	1.038
南昌	8.30	1.4	0.69	0.64

(四)暴雨参数

上述两个公式中都有多个暴雨参数。参数的应用对于设计暴雨量的计算和推求具有非常重要的作用。公式(6-2)中的参数是在当地区域暴雨资料中通过分析雨量、历时、频率等关系的基础上经过地区综合而得到的。公式(6-4)中的暴雨参数主要来源于生产实践并不断在实践中加以修改和应用。

在各省市的水文手册内,都给出了暴雨参数等值线图或分区的暴雨参数值,应用时只需根据当地符合设计频率的年最大一日雨量代入到暴雨公式即可方便地计算出任何历时的设计暴雨量。

第三节　设计暴雨的时程分配

一、概述

暴雨时程分配是指一定历时的雨量在该历时内各时段的分配值,反映降雨随时间的变化特性,对于雨洪径流的形成也起着决定性的作用。即使雨量相同,时程分配不同的暴雨,形成的洪水过程线形状也不相同,对防洪安全将产生不同的影响。因此,求得设计雨量后,还需拟定设计暴雨时程分配过程,简称“雨型设计”,其计算方法通常用典型暴雨过程同频率放大法。

典型暴雨的选择原则,首先要考虑所选典型暴雨的分配过程应是设计条件下易于发生的,并且对设计地区具有一定的代表性;即应选择雨量大、强度大、实际降雨历时等都是大暴雨中常见的雨型作为典型。其次,还要考虑对防洪工程的不利影响。所谓对工程不利，是指暴雨比较集中、主雨峰靠后，其形成的洪水过程对防洪安全不利。

选择典型时，原则上应从本地区实测降雨资料过程中选取。在城市地区，由于排水区域面积一般较小，通常以单站雨量（即点雨量）过程作典型。例如淮河上游“75·8暴雨”就常被选作该地区的暴雨典型。如图6-4所示，这场暴雨从8月4日起至8日止，历时5 d。但暴雨量主要集中在8月5～7日3 d内。林庄站最大3 d雨量1 605.3 mm，最大5 d雨量1 631.1 mm；板桥站最大3 d雨量1 422.4 mm，最大5 d雨量1 451.0 mm。而各代表站在3 d中的最后1 d(8月7日)的雨量占最大3 d的50%～70%。这1 d的雨量又集中在最后6 h内。这是一次多峰暴雨，主雨峰靠后，对水库防洪极为不利。

对于缺乏实测降雨资料的城市或地区，可以就近借用邻近城市的典型暴雨时程分配，也可以查用《雨洪图集》或《水文手册》上的地区综合概化雨型百分数过程。

二、设计暴雨时程分配计算

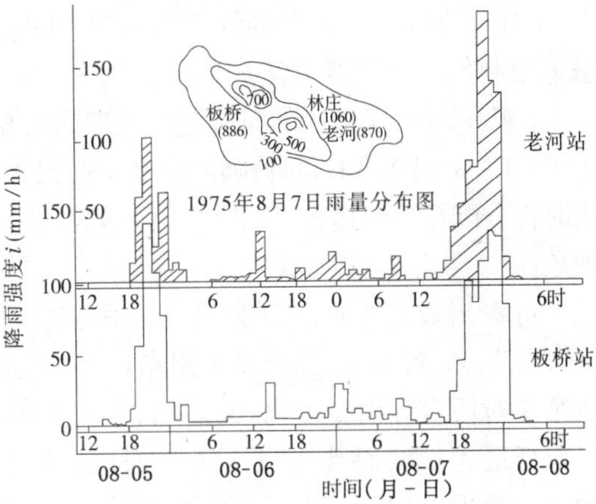

图6-4　河南“75·8暴雨”时程分配图

典型暴雨过程的缩放方法与设计年径流年内分配的缩放计算方法基本相同，一般均采用同频率放大法。具体见下面算例。

【例6-2】　已求得某流域百年一遇3 h、9 h、24 h设计面暴雨量分别为60.2 mm、120.5 mm、180.7 mm，并已选定了典型暴雨过程（见表6-2）。通过同频率放大法推求设计暴雨的时程分配。典型暴雨3 h、9 h、24 h最大暴雨量分别为54.0 mm、117.0 mm和171.6 mm，结合各历时设计暴雨量计算各段放大倍比为：

表6-2　某流域设计暴雨过程设计表（时段 $\Delta t = 3$ h）

时段	典型暴雨过程（mm）	放大倍比 K	设计暴雨过程（mm）	设计暴雨时程分配（%）
(1)	(2)	(3)	(4)	(5)
1	15.4	1.10	16.9	9.4
2	12.6	1.10	13.9	7.7
3	36.2	0.96	34.8	19.2
4	54.0	1.115	60.2	33.3
5	26.8	0.96	25.7	14.0
6	9.2	1.10	10.1	5.6
7	11.8	1.10	13.0	7.2
8	5.6	1.10	6.2	3.4
合计	171.6		180.7	100

最大 3 h $K_1 = \frac{60.2}{54.0} = 1.115$

最大 9 h 中其余 6 h $K_{1-3} = \frac{120.5 - 60.2}{117.0 - 54.0} = 0.96$

最大 24 h 中其余 15 h $K_{3-8} = \frac{180.7 - 120.5}{171.6 - 117.0} = 1.10$

将各放大倍比填入表 6-2 中各相应位置,乘以相应时段的典型雨量即得设计暴雨时程分配。必须注意,放大后的各历时总雨量应分别等于其设计雨量,否则,应予以修正。

设计暴雨的时程分配可以将设计雨型用各时段雨量占设计最大 24 h 雨量的百分比表示,如表 6-2 第(5)列所示,也可以用百分数过程进行分配计算。

若设计雨型用各时段雨量占最大 24 h 雨量的百分比表示。或者考虑到最大 3 h 或最大6 h对小流域洪峰流量的计算影响较大,时程分配可以最大 3 h、最大 6 h 或最大 24 h 雨量为控制例。其计算方法如以下算例。

【例 6-3】 某地区的时程分配雨型如表 6-3 所示。根据本地区暴雨公式求得设计标准为 $P=1\%$ 的最大 3 h 设计雨量为 60 mm,最大 6 h 为 90 mm,最大 24 h 为 130 mm,按典型暴雨时程分配百分数过程,以长时段包括短时段计算得出其设计暴雨时程(如表中最末一行所列数据)。

可看出最大 3 h 雨量为第 6 时段,其设计雨量恰好等于最大 3 h 雨量的设计值 60 mm,即 $X_{3P}=60$ mm。最大 6 h 雨量由第 5 时段和第 6 时段组成,而最大 6 h 包含最大 3 h,故第 5 时段设计雨量值为 $(X_{6P}-X_{3P}) \times 100\% = (90-60) \times 100\% = 30$ mm;最大 24 h 雨量包括最大 6 h,而其余 18 h(6 个时段分别为第 1、2、3、4、7、8 时段)的设计雨量为各时段的百分数乘以 $(X_{24P}-X_{6P})$,即得到设计最大 24 h 暴雨的时程分配。

表 6-3 某地设计暴雨时程分配计算表(时段 $\Delta t = 3$ h)

时段		1	2	3	4	5	6	7	8	合计
典型暴雨时程分配百分数(%)	最大 3 h						100			100
	最大 6 h 其余 3 h					100				100
	最大 24 h 其余 18 h	10	20	20	30			10	10	100
设计暴雨时程分配(mm)		4	8	8	12	30	60	4	4	130

思考与练习题

6-1 如何理解成峰暴雨?

6-2 对暴雨的雨量—频率—历时关系曲线的分析有什么实际的意义?

6-3 查本城市的《水文手册》或《雨洪图集》,推求本城市 10 年一遇的 24 h 设计暴雨量及其时程分配。

第七章 城市雨洪径流计算

学习目标与要求 了解城市地区雨洪径流的计算原理，掌握城市流域产流计算的径流系数法、初损后损法和降雨径流相关图法以及城市地区汇流计算的等流时线法、经验单位线法、瞬时单位线法和推理公式法的具体应用。重点掌握城市地区的雨洪径流计算的推理公式法和经验单位线法。

城市雨洪的产流和汇流，其计算原理和一般流域雨洪径流的计算没有多大区别，仅因城市的下垫面有其特殊性（如不透水面积所占比例很大以及下水管道汇流等），致使城市地区雨洪过程的计算方法，有一定的特色。例如，城市排水系统中的雨洪过程，绝大部分为地面径流过程线的历时短和涨落幅度大，且基流很小。因此，城市地区的产流计算应着重于地面径流部分，对于壤中流等成分可不予考虑（通常把地下径流当作损失来处理）。城市汇流的情况是：从屋顶、路面和一些铺砌面上产生的径流，进入人工砌筑的边沟、渠道，再汇入下水道系统或受纳水体，这与天然流域有较大的区别。

城市的降雨径流过程，依水流方式可分为地面径流和下水道传输两个子过程，并可用水文学或水力学的数学模型进行模拟。

数学模型是人们对所研究现象及其演变过程而作出的数学描述。由于现象和演变过程的复杂性，我们很难模拟它们的所有方面，故模型只能对原型做不同程度的简化和概化。为了保证模型的模拟精度，需要用实测资料来率定模型的结构和检验模型的参数。

一般，模型的结构愈复杂、包含的参数愈多，则检验和率定的工作量愈大。因此，一方面需综合考虑建模的目的（如工程的规划、设计和管理运用等）及需要模拟的内容和精度；另一方面还要考虑所具备的资料、人力、物力和时间等条件。这样才能确定模型的精细程度，并选择适用的模型结构和对应的模型参数。建模的过程是一个不断调整的过程，也是一个不断完善和提高精度的过程。应当指出，最佳模型并非最复杂、对原型模拟得最精细的模型，而是能完全达到建模目标、与具备条件（资料、人力、物力和时间）相匹配的模型。

城市地区的降雨径流过程可概化为产流和汇流两个阶段，所以模拟城市雨洪径流主要包括两个方面内容，即产流计算和汇流计算。

第一节 城市流域的产流计算

一次降雨中，产生径流的部分为净雨，不产生径流的部分为损失。一场降雨的损失包括植物枝叶截留、填充流程中的洼地、雨期蒸发和降雨初期的下渗等，其中降雨初期和雨期的下渗为最主要的损失。因此，求得设计暴雨后，还要扣除损失，才能算出设计净雨。

扣除损失的方法,常用径流系数法、初损后损法和暴雨径流相关图法三种。对于城市地区,前两种方法较常用。

一、径流系数法

降雨损失过程是一个非常复杂的过程,影响因素很多,我们把各种损失综合反映在一个系数中,称为径流系数。对于某次暴雨洪水,求得流域平均雨量 X,由洪水过程线求得径流深 Y,则一次暴雨的径流系数为 $\alpha = Y/X$。根据若干次暴雨的 α 值,取其平均值 $\bar{\alpha}$,或为了安全选取其较大值或最大值作为设计采用值。各地水文手册均载有暴雨径流系数值,可供参考使用。还应指出,径流系数往往随暴雨强度的增大而增大,因此根据暴雨资料求得的径流系数,可根据其变化趋势进行修正用于设计条件。这种方法是一种粗估的方法,精度较低。城市地区径流系数较其他地区要大且比较稳定,所以用径流系数推求城市地区的径流量不失为一种较简便的方法。

对于市区单一地面覆盖情况下的径流系数 α,据分析,对各种屋面、混凝土和沥青路面 $\alpha = 0.90$;对于大块石铺路面和沥青处理的碎石路面 $\alpha = 0.60$;对于级配碎石路面 $\alpha = 0.45$;对于干砌砖石和碎石路面 $\alpha = 0.40$;对于非铺砌土路面 $\alpha = 0.30$;对于公园或绿地 $\alpha = 0.15$。

各排水子系统所控制面积上的径流系数,可用加权平均法计算,即不同地面覆盖的面积加权计算其综合径流系数。如当地无实测资料,可采用有关国家标准规定的值。城市综合径流系数对城区可取 0.5 ~ 0.8,对郊区可取 0.4 ~ 0.6。对于平缓的地面,径流系数主要取决于城市中各分区的不透水面积大小。一般径流系数约等于地面不透水建筑物的覆盖率,即房屋、道路等所占不透水面积与总面积之比。给排水手册中列有较详细的参考值,见表 7-1,其中 k 为覆盖率。

表 7-1　城市综合径流系数

区域	k	径流系数	说明
建筑稠密的中心区	>70%	0.6 ~ 0.8	前三个区相当于市区,最后一个区为郊区
建筑较密的居住区	50% ~ 70%	0.5 ~ 0.7	
建筑较稀的居住区	30% ~ 50%	0.4 ~ 0.6	
建筑很稀的居住区	<30%	0.3 ~ 0.5	

二、初损后损法

(一)初损后损法基本原理

在城市和干旱地区的产流计算一般采用下渗曲线进行扣损,按照对下渗的处理方法不同,可分为下渗曲线法和初损后损法。下渗曲线法多是采用下渗量累积曲线扣损,即将流域下渗量累积曲线和雨量累积曲线绘在同一张图上,通过图解分析的方法确定产流量及过程。由于受雨量观测资料的限制及存在着在各种降雨情况下下渗曲线不变的假定,使得下渗曲线法并未得到广泛应用。生产上常使用初损后损法扣损。

初损后损法是将下渗过程简化为初损与后损两个阶段，如图 7-1 所示。从降雨开始到出现超渗产流的阶段称为初损阶段，其历时记为 t_0，这一阶段的损失量称为初损量，用 I_0 表示，I_0 为该阶段的全部降雨量。

产流以后的损失称为后损，该阶段的损失常用产流历时内的平均下渗率 $\bar{f}$ 来计算。当时段内的平均雨强 $\bar{i} > \bar{f}$ 时，按 $\bar{f}$ 入渗，净雨量为 $X_i - \bar{f}\Delta t$；反之，当 $\bar{i} \leqslant \bar{f}$ 时，按 $\bar{i}$ 入渗，此时图 7-1 中的降雨量 X_n 全部损失，净雨量为零。按水量平衡原理，对于一场降雨所形成的地面净雨深可用下式计算：

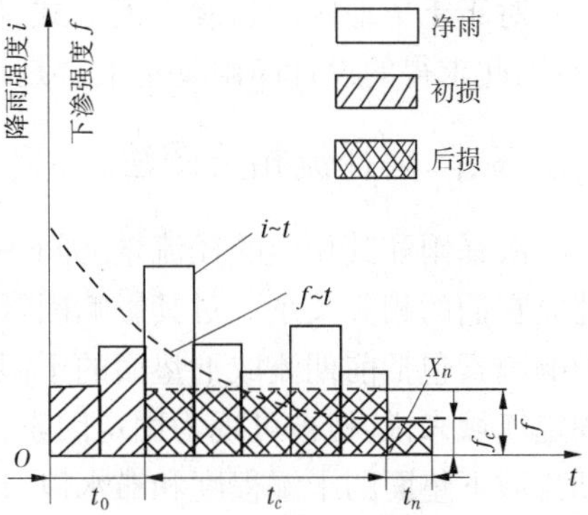

图 7-1　初损后损示意图

$$h_s = X - I_0 - \bar{f}t_c - X_n \tag{7-1}$$

式中　X——次降雨量，mm；

h_s——次降雨所形成的地面净雨深，mm；

I_0——初损量，mm；

t_c——产流历时，h；

$\bar{f}$——产流历时内的平均下渗率，mm/h；

X_n——后损阶段非产流历时 t_n 内的雨量，mm。

用式(7-1)进行净雨量计算时，必须确定 I_0 与 $\bar{f}$。

(二)初损 I_0 的确定

在流域较小时，降雨分布基本均匀，出口断面洪水过程线的起涨点反映了产流开始的时刻。因此，起涨点以前雨量的累积值可作为初损 I_0 的近似值，如图 7-2 所示。

初损 I_0 与前期影响雨量 P_a、降雨初期 t_0 内的平均雨强 $\bar{i_0}$、月份 M 及土地利用等有关。因此，常根据流域的具体情况，从实测资料分析出 I_0 及 P_a、$\bar{i_0}$、M，并从 P_a、M 中选择适当的因素，建立它们与 I_0 的关系，如图 7-3 所示，由此图可查出某条件下的 I_0。

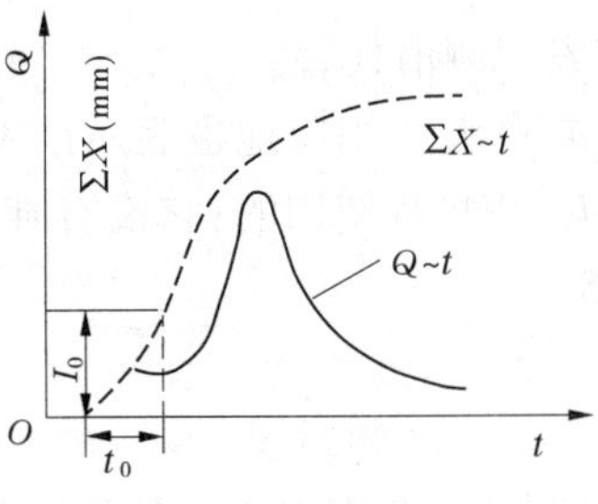

图 7-2　初损 I_0 的确定

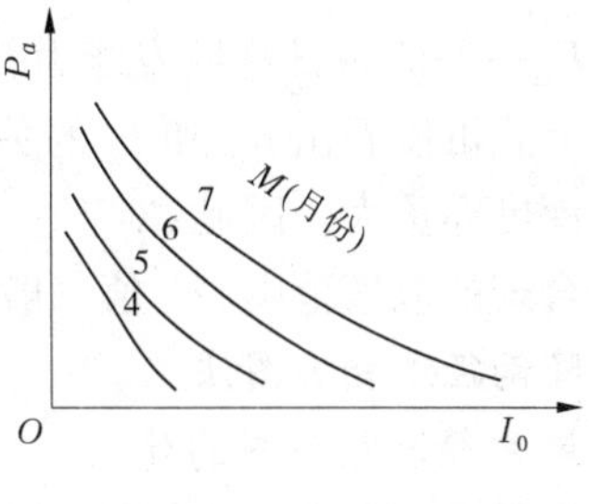

图 7-3　$I_0 \sim M \sim P_a$ 相关图

(三)平均下渗率 $\bar{f}$ 的确定

有实测雨洪资料时，平均下渗率 $\bar{f}$ 的计算式为：

$$\bar{f} = \frac{X - I_0 - h_s - X_n}{t_c} \tag{7-2}$$

在式(7-2)中，t_c 与 $\bar{f}$ 有关。所以 $\bar{f}$ 的确定必须结合实测雨洪资料，进行试算求出。影响 $\bar{f}$ 的主要因素有前期影响雨量 P_a、产流历时 t_c 与超渗期的降雨量 X_{tc}。如果不区分初损与后损，仅考虑一个均化的产流期内的平均损失率，这种简化的扣损方法叫平均损失率法。初损后损法用于设计条件时，也同样存在外延问题，外延时必须考虑设计暴雨雨强因素的影响。

对于干旱地区的超渗产流方式，除了有少量的深层地下水外，几乎没有浅层地下径流，因此求得的设计净雨基本上全是地面径流，不存在设计净雨划分的问题。

三、降雨径流相关图法

次暴雨和其相应的径流量之间，一般存在着较密切的关系，可根据次降雨量和径流量建立它们的相关关系。对其影响因素作适当考虑，能够有效地改进暴雨径流关系。这些影响因素包括前期流域下垫面的干湿程度，降雨强度，流域植被和季节影响等。对于一个固定流域来说，植被可视为固定因素，暴雨季节影响亦相对较小，最重要的影响因素是前期流域下垫面的干湿程度和滞水以及暴雨的强度，这些需要首先加以考虑。

1. 前期影响雨量的计算

反映前期流域下垫面干湿程度最常用的指标为前期影响雨量 P_a，其计算式为：

$$P_{a,t+1} = K_a(P_{a,t} + X_t) \quad P_{a,t} \leqslant I_m \tag{7-3}$$

式中 $P_{a,t+1}$、$P_{a,t}$——第 $t+1$ 天、第 t 天开始时的前期影响雨量，mm；

X_t——第 t 天的流域降雨量，mm；

K_a——流域蓄水的日消退系数，各月可近似取一个平均值；

I_m——流域最大损失水量，mm，可用流域实测雨洪资料进行分析，流域久旱之后（$P_a=0$）普降大雨使流域全面产流的总损失量，即为 I_m，此时流域的土壤含水量为田间持水量；或蓄水地方全部蓄满了水可认为流域蓄满。

根据 I_m 的概念，可用下式估算 K_a 值：

$$K_a = 1 - \frac{E_m}{I_m} \tag{7-4}$$

式中 E_m——流域日蒸散发能力，可近似地以水面蒸发观测值代替。

从上式可以看出 K_a 和 I_m 的关系，即 I_m 愈大，K_a 亦愈大。相应地也表示所考虑的影响土层深度亦愈大。因此，对于一个流域来说，K_a 和 I_m 是配对使用的；它没有唯一解，但有一个合理的取值范围，K_a 值一般变化在 0.85～0.95。

2. 降雨径流相关图法

1）降雨径流相关图的建立

降雨径流相关图是指流域面雨量与所形成的径流深及影响因素之间的相关曲线。一般以次降雨量 X 为纵坐标，以相应的径流深 Y 为横坐标，以流域前期影响雨量 P_a 为参数，然后按点群分布的趋势和规律，定出一条以 P_a 为参数的等值线，这就是该流域的 $X \sim P_a \sim Y$ 三变量降雨径流相关图，如图 7-4（a）所示。相关图做好后，要用若干次未参加制作相关图的雨洪资料，对相关图的精度进行检验与修正，以满足精度要求为图标。当降雨径流资料不多，相关点据较少，按上述方法定线有一定的困难，此时可绘制简化的三变量相关图，即以 $X+P_a$ 为纵坐标、Y 为横坐标的 $(X+P_a) \sim Y$ 相关图，如图 7-4（b）所示。

必须指出，降雨径流相关图中的径流有地面径流与总径流之分，两者有很大的差别，

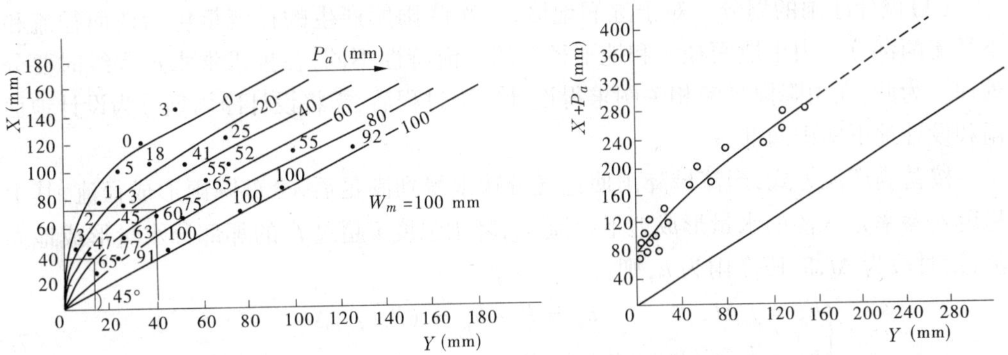

(a)$X \sim P_a \sim Y$　　　　(b)$(X+P_a) \sim Y$

图 7-4　降雨径流相关图

前者是以超渗产流为基础建立的,而后者则是以蓄满产流为基础建立的,有时尚需划分地面及地下径流。对于城市地区可不考虑地下径流。

有的地区对降雨径流相关图选配了数学公式;有的地区不考虑 P_a,直接建立二变量的降雨径流相关图;有的地区则采用直线表示上述二变量的降雨径流相关图,亦即径流系数法;而有的地区采用了理论的降雨径流关系,即蓄满产流模型来推求设计净雨。具体见各省(区)的《水文手册》(图集)或有关书籍。

2)降雨径流相关图的应用

利用降雨径流相关图由设计暴雨及过程可查出设计净雨及过程。其方法是由时段累加暴雨量,查降雨径流相关图曲线得相应的时段累加净雨量,然后相邻累加净雨量相减得到各时段的设计净雨量。

需要强调的是由实测降雨径流资料建立起来的降雨径流相关图,应用于设计条件时,必须处理如下两方面的问题。

(1)降雨径流相关图的外延。设计暴雨常常超出实测点据范围,使用降雨径流相关图时,需对相关曲线作外延。以蓄满产流为主的湿润地区,其上部相关线接近于 45°直线,外延比较方便。干旱地区的产流方案外延时任意性大,必须慎重。

(2)设计条件下 $P_{a,P}$ 的确定。有长期实测暴雨洪水资料的流域,可直接计算各次暴雨的 P_a,用频率计算法求得设计值 $P_{a,P}$,有时也用几场大暴雨所分析的 P_a 值,取其平均值作为 $P_{a,P}$。

中小流域缺乏实测资料时,可采用各省(区)《水文手册》(图集)分析的成果确定 $P_{a,P}$ 值大约为 I_m 的 2/3 倍,湿润地区大一些,干旱地区一般较小。

【例 7-1】 经分析某流域各时段的设计暴雨量分别为 $X_1 = 32$ mm、$X_2 = 48$ mm、$X_3 = 20$ mm,设计条件下的 $P_{a,P} = 40$ mm,试根据图 7-4(a)所示的降雨径流相关图,推求其设计净雨过程。

在图 7-4(a)中的 $P_a = 40$ mm 的曲线上,先由第一时段暴雨量 $X_1 = 32$ mm,查得净雨 $h_1 = 5$ mm;然后由 $X_1 + X_2 = 32 + 48 = 80$(mm),查曲线得 $h_1 + h_2 = 31$(mm),则 $h_2 = 31 - 5 = 26$(mm),同理由 $X_1 + X_2 + X_3 = 32 + 48 + 20 = 100$(mm),查曲线得 $h_1 + h_2 + h_3$ 为 50 mm,则 $h_3 = 50 - 31 = 19$(mm)。故设计净雨过程为 $h_1 = 5$ mm、$h_2 = 26$ mm、$h_3 = 19$ mm。

(3)设计净雨的划分。对于湿润地区,一次降雨所产生的径流量包括地面径流和地下径流两部分。由于地面径流和地下径流的汇流特性不同,在推求洪水过程线时要分别处理。为此,在由降雨径流相关图求得设计净雨过程后,需将设计净雨划分为设计地面净雨和设计地下净雨两部分。

按蓄满产流方式,当流域降雨使包气带缺水得到满足后,全部降雨形成径流,其中按稳定入渗率 f_c 入渗的水量形成地下径流 h_g,降雨强度 i 超过 f_c 的那部分水量形成地面径流,设时段为 Δt,时段净雨为 h,则:

$$\begin{cases} h_g = f_c\Delta t, & h_s = h - h_g = (i - f_c)\Delta t \quad (i > f_c) \\ h_g = h = i\Delta t, & h_s = 0 \quad (i \leqslant f_c) \end{cases} \tag{7-5}$$

可见,f_c 是个关键数值,只要知道 f_c 就可以将设计净雨划分为 h_s 和 h_g 两部分。f_c 是流域土壤、地质、植被等下垫面因素的综合反映。如流域自然条件无显著变化,一般认为 f_c 是不变的,因此 f_c 可通过实测雨洪资料分析求得,可参考《水文预报》有关内容。各省(区)的《水文手册》(图集)中刊有 f_c 分析成果,可供无资料的中小流域查用。

第二节　城市雨洪过程汇流计算

由径流形成过程可知,自然流域上各点产生的净雨,经过坡面和河网汇流形成出口断面流量过程线的整个过程为流域汇流。对城市排水区域雨洪径流的汇流过程主要包括地面汇流过程和下水道排水管网的传输过程。设计洪水过程线的推求,就是设计净雨的汇流计算。一般地,流域的设计地面洪水过程线采用等流时线法及单位线法来推求;要比城市区域汇流计算复杂详细,故下面就以一般流域的汇流计算为依据进行介绍,供城市区域汇流计算借鉴。

一、等流时线法

由于流域内各点距离出口断面的远近不同,加上坡面与河槽的调蓄作用,各净雨点汇集到流域出口断面的速度和时间都不一样。把净雨从流域最远点流到出口断面所经历的时间,称为最大汇流历时,简称流域汇流历时,以 τ 表示。净雨在单位时间所通过的距离,叫做汇流速度,以 V_τ 表示。

在流域上把净雨汇流历时相等的点,连成一组等值线,叫做等流时线,如图 7-5 所示。

图中单元汇流历时为 $\Delta\tau$。每条等流时线上的水质点,将在同一时间内到达出口断面。流域汇流历时 $\tau = m \cdot \Delta\tau$(图示中 $m = 4$)。于是第一条等流时线上的净雨,经一个 $\Delta\tau$ 时间到达出口断面;第二条等流时线上的净雨,则经 $2\Delta\tau$ 时间到达出口断面,依此类推。两条等流时线间所包围的面积称为共时径流面积,用 $f_1, f_2, f_3, \cdots$ 表示。显然共时径流面积的总和为流域面积 F。

根据等流时线的汇流原理可知,在任意时刻出口断面的流量 Q,显然是由第一块面积上本时段净雨,加上第二块面积上前一时段的净雨,再加上第三块面积上前二时段净雨……等项乘积之和组成。其各项通式为:

$$Q_t = \frac{h_t f_1}{\Delta t} + \frac{h_{t-1} f_2}{\Delta t} + \frac{h_{t-2} f_3}{\Delta t} + \cdots + \frac{h_{t-(n-1)} f_n}{\Delta t} \tag{7-6}$$

式中 $h_t, h_{t-1}, h_{t-2}, \cdots$——表示本时段、前一、前二、……时段的净雨量,mm;

$f_1, f_2, f_3, \cdots$——共时径流面积,km^2;

Δt——汇流过程计算时段,h,为了方便常取 $\Delta t = \Delta\tau$。

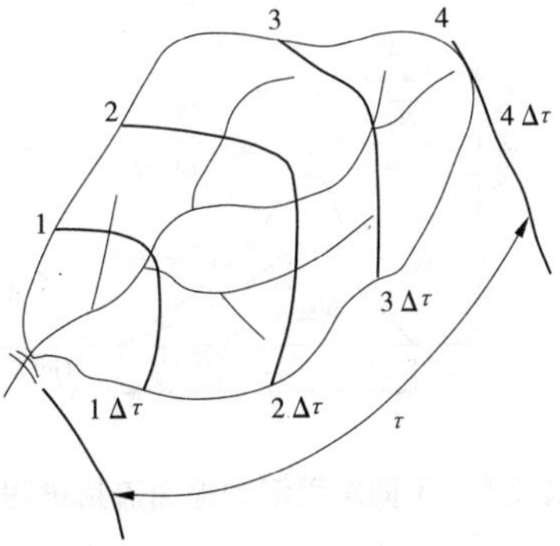

图 7-5 等流时线示意图

式(7-6)为等流时线的基本方程式。由公式可知,当已知净雨过程,并勾绘了流域等流时线,即可求出流域出口断面的流量过程线。

在生产上常用等流时线的汇流原理,分析洪峰流量 Q_m 的形成,建立计算洪峰流量的推理公式。

由于降雨的时空分布的随机性及各次降雨的损失水量各不相同,使净雨历时 t_c 和流域汇流历时 τ 必然各异,所以在应用时应予以注意。

二、经验单位线法

(一)单位线的定义与假定

一个流域上,单位时段 Δt 内均匀降落单位深度(一般取 10 mm)的地面净雨,经汇流在流域出口断面形成的地面径流过程线,称为单位线。

单位线时段取多长,将依流域洪水特性而定。流域大,洪水涨落比较缓慢,Δt 取得长一些;反之,Δt 要取得短一些。Δt 一般取为单位线涨洪历时 t_r 的 1/3 ~ 1/2,即 $\Delta t = (1/3 \sim 1/2) t_r$,以保证涨洪段有 3 ~ 4 个点子控制过程线的形状。在满足以上要求的情况下,并常按 1 h、3 h、6 h、12 h 等选取 Δt。

1)倍比假定

如果一个流域上有两次降雨,它们的净雨历时 Δt 相同,但地面净雨深不同,分别为 h_a, h_b,则它们各自在流域出口形成的地面径流过程线 $Q_a \sim t, Q_b \sim t$(见图 7-6)的洪水历时相等,并且相应流量成比例,皆等于 h_a/h_b,即流量与净雨呈线性关系:

$$\frac{Q_{a1}}{Q_{b1}} = \frac{Q_{a2}}{Q_{b2}} = \frac{Q_{a3}}{Q_{b3}} = \cdots = \frac{h_a}{h_b} \tag{7-7}$$

2)叠加假定

如果净雨历时不是一个单位时段而是 m 个时段,则各时段所形成的地面流量过程线互不干扰。出口断面的流量过程线等于 m 个时段净雨的地面流量过程错时段叠加。

如图 7-7 所示,由于 h_b 较 h_a 推后一个 Δt,地面流量过程 $Q \sim t$ 应由两个时段净雨形成的地面流量过程错后一个 Δt 叠加而得。

根据以上两条基本假定,就能解决多时段净雨推求单位线和由净雨推求洪水过程的问题。

用单位线法进行汇流计算简便易行,该法由美国 L. K. 谢尔曼于 1932 年提出,故又称

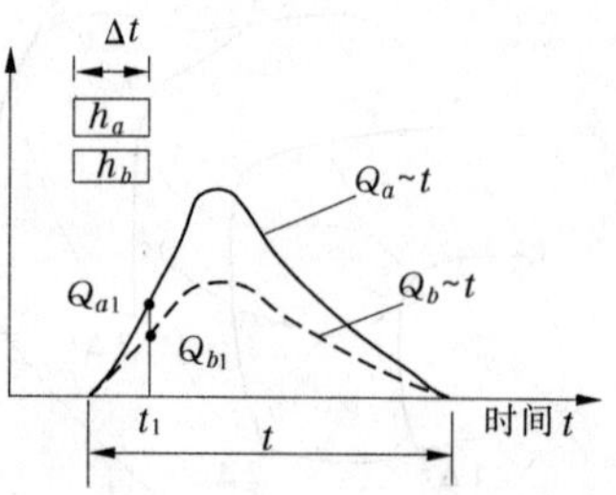

图 7-6　不同净雨深的地面流量过程线

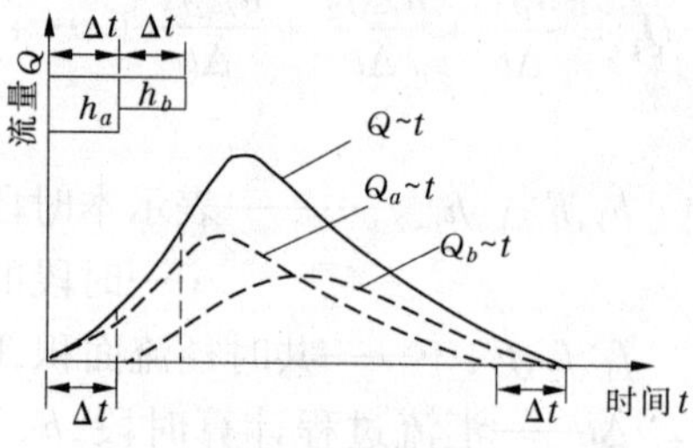

图 7-7　相邻时段净雨的地面过程线

谢尔曼单位线。由于单位线是由实测暴雨洪水资料分析求得，因此又称为经验单位线。分析的资料应尽量选择暴雨历时较短，分布均匀，雨强较大的净雨，因为这样的暴雨形成的洪水多为涨落明显的单峰型。

(二)应用单位线推求洪水过程

一个流域根据多次实测雨洪资料分析多条单位线后，经过平均或分类综合，就得到了该流域实用单位线，即汇流计算方案。由设计净雨和单位线按列表计算法推求设计洪水过程。现结合表 7-2 的示例说明其计算步骤如下：

表 7-2　某流域单位线法推求设计洪水过程

单位线时段数 (Δt = 12 h)	设计净雨 R_i (mm)	单位线纵标 q (m^3/s)	各时段净雨产生的地面径流量(m^3/s) 6.1 mm	32.5 mm	45.3 mm	12.7 mm	4.6 mm	总的地面径流量 (m^3/s)	地下径流量 (m^3/s)	设计洪水流量 (m^3/s)
(1)	(2)	(3)	(4)	(5)	(6)	(7)	(8)	(9)	(10)	(11)
1	6.1	0	0					0	30	30
2	32.5	28	17	0				17	30	47
3	45.3	250	153	91	0			244	30	274
4	12.7	130	79	813	127	0		1 019	30	1 049
5	4.6	81	49	423	1 133	36	0	1 641	30	1 671
6	0	54	33	263	589	318	13	1 216	30	1 246
7		35	21	176	367	165	115	844	30	874
8		21	13	114	245	103	60	535	30	565
9		12	7	68	159	69	37	340	30	370
10		5	3	39	95	44	25	206	30	236
11		0	0	16	54	27	16	113	30	143
12				0	23	15	10	48	30	78
13					0	6	6	12	30	42
14						0	2	2	30	32
15							0	0	30	30

(1)将设计净雨和单位线方案分别列于第(2)栏和第(3)栏。

(2)按照倍比定理,用单位线求各时段净雨产生的地面径流过程,即用6.1/10乘单位线各流量值得净雨为6.1 mm的地面径流过程,列于第(4)栏,依此类推,求得各时段净雨产生的地面径流过程,分别列于第(4)~(8)栏。

(3)按叠加假定将第(4)~(8)栏的同时刻流量叠加,得总的地面径流过程,列于第(9)栏。

(4)计算地下径流过程。因地下径流比较稳定,且量不大,根据设计条件取为30 m^3/s,列于第(10)栏。

(5)地面、地下径流过程按时程叠加,得第(11)栏的设计洪水过程。

(三)经验单位线的推求

前面已经介绍了应用单位线推求设计洪水过程的方法步骤。特定流域的单位线一般是根据实测的流域降雨和出口断面流量过程运用单位线的两条基本假定来反求,再进行平均或分类综合得到的。每场降雨洪水对应的单位线一般可用缩放法、分解法和试错优选法等。

1. *缩放法*

如果流域上恰有一个单位时段且分布均匀的净雨 R_s 所形成的一个单式洪峰。那么,只要从这次洪水的流量过程线上割去地下径流,即可得到这一时段降雨所对应的地面径流过程线 $Q_s \sim t$ 和地面净雨 h_s(等于地面径流深)。利用单位线的倍比假定,对 $Q_s \sim t$ 按倍比 $10/h_s$ 进行缩放,便可得到所推求的单位线 $q(t)$。

2. *分解法*

如流域上某次洪水系由几个时段的净雨所形成,则需用分解法求单位线。此法是利用前述的两项基本假定,先把实测的总的地面径流过程分解为各时段净雨的地面径流过程,再如缩放法那样求得单位线。下面结合实例说明具体计算方法。

【例7-2】 某水文站以上流域面积 $F = 963\ km^2$,1997年6月发生一次降雨过程,实测雨量列于表7-3第(6)栏,所形成的流量过程列于第(3)栏。现由这次实测的雨洪资料分析时段为6 h的10 mm净雨单位线。

解:(1)分割地下径流,求地面径流过程及地面径流深。因该次洪水地下径流量不大,按水平分割法求得地下径流过程,列于表中第(4)栏。第(3)栏减去第(4)栏,得第(5)栏的地面径流过程,于是可求得总的地面径流深 R_s 为:

$$R_s = \frac{\Delta t \sum Q_i}{F} = \frac{6 \times 3\ 600 \times 3\ 028}{963 \times 1\ 000^2} = 0.068(\mathrm{m}) = 68.0(\mathrm{mm})$$

(2)求地面净雨过程。本次暴雨总量为118.7 mm,则损失量为118.7 − 68.0 = 50.7 (mm)。根据该流域实测资料分析,后损期平均入渗率 $\bar{f} = 1$ mm/h,则每时段损失量为6 mm。由雨期末逆时序逐时段扣除损失得各时段净雨,逆时序累加各时段净雨,当总净雨等于地面径流量68.0 mm时,剩余降雨即为初损。计算的各时段净雨列于第(7)栏。

(3)分解地面径流过程。首先,联合使用倍比假定和叠加假定,将总的地面径流过程分解为63.0 mm($R_{s.1}$)和5.0 mm($R_{s.2}$)产生的地面径流。总的地面径流过程从17日20时开始,依次记为 $Q_0, Q_1, Q_2 \cdots$;$R_{s.1}$ 记为 $Q_{10}, Q_{11}, Q_{12} \cdots$;$R_{s.2}$ 的则是从18日2时开始(错后一个时段），依次记为 Q_{20}，Q_{21}，Q_{22}…；由假定（2），$Q_{10}=0$，再根据假定（1）判知 $Q_{20}=0$；重复使用假定（2），$Q_1=103=Q_{11}+Q_{20}=Q_{11}+0$，即得 $Q_{11}=103\ m^3/s$；再由假定（1），$Q_{21}=(R_{s.2}/R_{s.1})\times Q_{11}=(5.0/63.0)\times 103=8\ (m^3/s)$。如此反复使用单位线的两项基本假定，便可求得第（8）、（9）栏所列的 65.0 mm 及 5.0 mm 净雨分别产生的地面径流过程。然后，运用假定（1），对第（8）栏乘以（10/63.0），便可计算出单位线，列于第（10）栏。该栏数值也可由第（9）栏乘（10/5.0）而得，但一般是选用净雨强度比较大的部分径流过程推求。

表 7-3　某站 1997 年 6 月一次洪水的单位线计算表

时间		实测流量	地下径流	地面径流	流域降雨	地面净雨	各时段净雨的地面径流（m^3/s）		计算的单位线 q	修正后的单位线 q	用单位线还原的地面径流
日 T 时	时段（Δt）	（m^3/s）	（m^3/s）	（m^3/s）	（mm）	（mm）	63.0	5.0	（m^3/s）	（m^3/s）	（m^3/s）
（1）	（2）	（3）	（4）	（5）	（6）	（7）	（8）	（9）	（10）	（11）	（12）
17T14	0	15	15	0	15.0	0					0
17T20	1	15	15	0	87.8	63.0	0		0	0	0
18T02	2	118	15	103	11.0	5.0	103	0	16	16	101
18T08	3	1 349	15	1 334	3.6	0	1 326	8	210	210	1 331
18T14	4	585	15	570	1.3	0	465	105	74	75	578
18T20	5	338	15	323			286	37	45	47	334
19T02	6	253	15	238			215	23	34	35	245
19T08	7	189	15	174			157	17	25	25	175
19T14	8	137	15	122			109	13	17	17	120
19T20	9	103	15	88			79	9	13	13	91
20T02	10	67	15	52			46	6	7	7	51
20T08	11	39	15	24			0(20)	4	0	0	4
20T14	12	15	15	0				0(2)			0
合　计				3 028（折合 68.0 mm）	118.7	68.0			441（折合 9.9 mm）	445（折合 10.0 mm）	3 030（折合 68.0 mm）

（4）对上步计算的单位线检查和修正。由于单位线的两项假定并不完全符合实际等原因，使上步计算的单位线有时出现不合理的现象，例如计算的单位线径流深不一定正好等于 10 mm，或单位线的纵标出现上下跳动，或单位线历时 T_q 不能满足下式的要求：

$$T_q = T - T_s + 1 \tag{7-8}$$

式中　T_q——单位线历时（时段数）；

T——洪水的地面径流历时（时段数）；

T_s——地面净雨历时（时段数）。

若出现上述不合理情况，则需修正，使最后确定的单位线径流深正好等于 10 mm，底宽等于$(T-T_s+1)$，形状为光滑的铃形曲线，并且使用这样的单位线作还原计算，即用该单位线由地面净雨推算地面径流过程（如表中第(12)栏）与实测的地面径流过程相比，误差最小。根据这些要求对第(10)栏计算的单位线进行检验和修正，得第(11)栏最后确定的单位线 $q \sim t$，它的地面径流深正好等于 10 mm，底宽等于 10 个时段。

3. 试错优选法

当一场洪水过程中，净雨历时较长，如大于 3 个净雨时段，用分析法推求单位线常因计算过程中误差累积太快，使解算工作难以进行到底，这种情况下比较有效的办法是改用试错优选法。

试错优选法就是先假定一条单位线（见表 7-4 中第(4)栏）作为本次洪水除最大的一个时段净雨外的其他时段净雨的试用单位线，并计算这些净雨产生的流量过程，然后错开时段叠加，得到一条除最大一个时段净雨外其余各时段净雨所产生的综合流量过程线。很明显，原来的洪水过程减去计算的上述综合出流过程，即得到一条最大时段净雨(h_2 = 18.5 mm)所产生的流量过程线，将其纵坐标分别乘以 $10/h_2 = 10/18.5$，即得到该时段净雨所产生的 10 mm 净雨单位线，列于第(11)栏中。将此单位线与原采用的单位线进行比较，并采用其平均值。再重复上述步骤，直到满意为止。本例中，两条单位线差别不大，可以取其平均值作为最终采用的单位线，如第(12)栏。

表 7-4　某流域试错优选法推求单位线实例

时段 Δt = 6 h	净雨 (mm)	实测地面径流 (m^3/s)	假定单位线 q (m^3/s)	各时段净雨产生的径流 (m^3/s)				部分径流之和 (5)+(7)+(8) (m^3/s)	h_2 产生的径流 (m^3/s)	由 h_2 分析的单位线 (m^3/s)	采用单位线 q (m^3/s)
				7.5 mm	18.5 mm	11.3 mm	6.7 mm				
(1)	(2)	(3)	(4)	(5)	(6)	(7)	(8)	(9)	(10)	(11)	(12)
1	7.5	0	0	0				0	0	0	
2	18.5	95	120	90				90	5	3	0
3	11.3	460	300	225		0		225	235	127	124
4	6.7	810	140	105		136	0	241	569	308	304
5		770	85	64		339	80	483	287	155	148
6		540	60	45		158	201	404	136	74	80
7		345	40	30		96	94	220	125	68	64
8		220	20	15		68	57	140	80	43	42
9		120	5	4		45	40	89	31	17	18
10		60	0	0		23	27	50	10	5	5
11		25				6	13	18	7	4	2
12		5				0	3	3	2	1	0
13		0					0	0	0	0	

三、瞬时单位线法

(一)瞬时单位线的概念

瞬时单位线是指流域上均匀分布的瞬时(即 $\Delta t \to 0$)单位净雨在出口断面处形成的地面径流过程线。其纵坐标常以 $u(0,t)$ 或 $u(t)$ 表示,无因次。瞬时单位线可用数学方程式表示,概括性强,便于分析。

J·E.纳西设想流域的汇流可看做是 n 个调蓄作用相同的串联水库的调节,且假定每一个水库的蓄泄关系为线性,则可导出瞬时单位线的数学方程为:

$$u(t) = \frac{1}{K\Gamma(n)}\left(\frac{t}{K}\right)^{n-1} e^{-\frac{t}{K}} \tag{7-9}$$

式中 $u(t)$——t 时刻的瞬时单位线的纵高;

n——线性水库的个数;

$\Gamma(n)$——n 的伽玛函数;

e——自然对数的底,e≈2.718 28;

K——线性水库的调节系数,具有时间单位。

单位线上述两个基本假定同样适用于瞬时单位线,瞬时单位线与时间轴所包围的面积为1.0,即:

$$\int_0^\infty u(t)\,dt = 1.0 \tag{7-10}$$

显然,决定瞬时单位线的参数只有 n、K 两个。n 越大,流域调节作用越强;K 值相当于每个线性水库输入与输出的时间差,即滞时。整个流域的调蓄作用所造成的流域滞时为 nK。只要求出流域的 n、K 值,就可推求该流域的瞬时单位线。

(二)瞬时单位线的综合

瞬时单位线的综合实质上就是参数 n、K 的综合。但是,在实际工作中一般并不直接对 n、K 进行综合,而是根据中间参数 m_1、m_2 等来间接综合,$m_1 = nK, m_2 = \frac{1}{n}$。实践证明,$n$ 值相对稳定,综合的方法比较简单,如湖北省Ⅱ片的 $n = 0.529F^{0.25}J^{0.2}$,江苏省山丘区的 $n=3$。因此,一般先对 m_1 进行地区综合,根据已确定的 n 值,就很容易确定出 K 值。

对 m_1,进行地区综合一般是首先通过建立单站的 m_1 与雨强 i 之间的关系,其关系式为 $m_1 = ai^{-b}$,求出相应于雨强为10 mm/h(或其他指定值)的 $m_{1,(10)}$。然后根据各站的 $m_{1,(10)}$ 与流域地理因子(如 F、J、L 等)建立关系,$m_{1,(10)} = f(F, L, J, \cdots)$,则 $m_1 = m_{1,(10)} \times (10/i)^b$,从而求得任一雨强 i 相应的 m_1。如湖北省Ⅱ片的 $m_{1,(10)} = 1.64F^{0.231}L^{0.131}J^{-0.08}$。其次是对指数 b 进行地区综合。一般 b 随流域面积的增大而减小。有时也可直接对单站的 $m_1 \sim i$ 关系式中的 a、b 进行综合,而不经 $m_{1,(10)}$ 的转换,如黑龙江省的 $m_1 = CF^{0.27}i^{-0.31}$,C 可查图得到。

(三)综合瞬时单位线的应用

由于瞬时单位线是由瞬时净雨产生的,而实际应用时无法提供瞬时净雨,所以用综合瞬时单位线推求设计地面洪水过程线时,需将瞬时单位线转换成时段为 Δt(与净雨时段

相同)、净雨深为 10 mm 的时段单位线后,再进行汇流计算。具体步骤如下:

1. 求瞬时单位线的 S 曲线

S 曲线是瞬时单位线的积分曲线,其公式为:

$$S(t) = \int_0^t u(t)\mathrm{d}t = \frac{1}{\Gamma(n)}\int_0^{\frac{t}{K}} \left(\frac{t}{K}\right)^{n-1} \mathrm{e}^{-\frac{t}{K}} \mathrm{d}\left(\frac{t}{K}\right) \tag{7-11}$$

公式表明,$S(t)$ 曲线也是参数 n、K 的函数。生产中为了应用方便,已制成 $S(t)$ 关系表供查用,见附表 3 ~ 附表 5。

2. 求无因次时段单位线

将求出的 $S(t)$ 曲线向后错开一个时段 Δt,即得 $S(t-\Delta t)$。两条 S 曲线的纵坐标差为时段为 Δt 的无因次时段单位线,其计算公式为:

$$u(\Delta t, t) = S(t) - S(t-\Delta t) \tag{7-12}$$

3. 求有因次时段单位线

根据单位线的特性可知,有因次时段单位线的纵坐标之和为: $\sum q_i = \dfrac{10F}{3.6\Delta t}$;而无因次时段单位线的纵坐标之和为: $\sum u(\Delta t, t) = 1.0$ 。

有因次时段单位线的纵高 q_i 与无因次时段单位线的纵高 $u(\Delta t, t)$ 之比等于其总和之比,即:

$$\frac{q_i}{u(\Delta t, t)} = \frac{\sum q_i}{\sum u(\Delta t, t)} = \frac{10F}{3.6\Delta t} \tag{7-13}$$

由此可知,时段为 Δt、10 mm 净雨深时段单位线的纵坐标为:

$$q_i = \frac{10K}{3.6\Delta t} u(\Delta t, t) \tag{7-14}$$

4. 汇流计算

根据单位线的定义及两条假定,用各时段设计地面净雨(换算成 10 的倍数)分别去乘单位线的纵高得到对应的部分地面径流过程,然后把它们分别错开一个时段后叠加即得到设计地面洪水过程。计算公式如下:

$$Q_i = \sum_{i=1}^{m} \frac{h_{s_i}}{10} q_{t-i+1} \tag{7-15}$$

式中 m——地面净雨 h_{s_i} 的时段数,$i = 1, 2, 3, \cdots, m$。

根据单位线的定义可知,单位线只能用来推求流域设计地面洪水过程线。湿润地区的设计洪水过程线还包括设计地下洪水过程线。如果流域的基流量较大,不可忽视时,则还需平加上基流。所以,湿润地区的设计洪水过程线是设计地面洪水过程线、设计地下洪水过程线和基流三部分叠加而成的。干旱地区的设计地面过程线就为所求的设计洪水过程线。

设计地下洪水过程线可采用下述简化三角形方法推求。该法认为地面、地下径流的起涨点相同,由于地下洪水汇流缓慢,所以将地下径流过程线概化为三角形过程,且将峰值放在地面径流过程的终止点。三角形面积为地下径流总量 W_g,计算式为:

$$W_g = \frac{Q_{m,g}T_g}{2} \tag{7-16}$$

而地下径流总量等于地下净雨总量，及 $W_g = 1\ 000\ h_g F$

因此
$$Q_{m,g} = \frac{2W_g}{T_g} = \frac{2\ 000\ h_g F}{T_g} \tag{7-17}$$

式中 $Q_{m,g}$——地下径流过程线的洪峰流量，m^3/s；

T_g——地下径流过程总历时，s；

H_g——地下净雨深，mm；

F——流域面积，km^2。

按式(7-17)可计算出地下径流的峰值，其底宽一般取地面径流过程的2～3倍，由此可推求出设计地下径流过程。

【例7-3】 江苏省某流域属于山丘区，流域面积 $F = 118\ km^2$，干流平均坡度 $J = 0.05$，$P = 1\%$ 的设计地面净雨过程($\Delta t = 6\ h$) $h_1 = 15\ mm$、$h_2 = 25\ mm$，设计地下总净雨深 $h_g = 9.5\ mm$，基流 $Q_{基} = 5\ m^3/s$，地下径流历时为地面径流的2倍。求该流域 $P = 1\%$ 的设计洪水过程线。

解：1. 推求瞬时单位线的 $S(t)$ 曲线和无因次时段单位线。

(1)根据该流域所在的区域，查《江苏省暴雨洪水手册》得 $n = 3$，$m_1 = 2.4(F/J)^{0.28} = 21.1$，则 $K = m_1/n = 21.1/3 = 7.0(h)$；

(2)因 $\Delta t = 6\ h$，用 $t = N\Delta t$，$N = 0,1,2,\cdots$ 算出 t，填入表7-5中的第①栏；

(3)由参数 $n = 3$、$K = 7.0$，计算 t/K，见第③栏，查附表3得瞬时单位线的 $S(t)$ 曲线，见第④栏；

(4)将 $S(t)$ 曲线顺时序向后移一个时段($\Delta t = 6\ h$)，得 $S(t-\Delta t)$ 曲线，见第⑤栏，式(7-12)计算无因次时段单位线，见第⑥栏。

2. 将无因次时段单位转换为6 h、10 mm的时段单位线。

用式(7-13)，将第⑥栏中的无因次时段单位线转换为有因次的时段单位线，填入第⑦栏。

$$q_i = \frac{10F}{3.6\Delta t}u(\Delta t,t) = 54.63u(\Delta t,t)$$

检验时段单位线：$y = \frac{3.6\Delta t \sum q_i}{F} = 10(mm)$，计算正确。

3. 设计洪水过程线的推求。

(1)计算设计地面径流过程。

根据单位线的特性，各时段设计地面净雨换算成10的倍数后，分别去乘单位线的纵坐标得到相应的部分地面径流过程，然后把它们分别错开一个时段后叠加便得到设计地面洪水过程，即用式(7-15)计算，见第⑧、⑨栏。

(2)计算设计地下径流过程。

$$T_g = 2T_s = 2 \times 16 \times 6 = 192(h)$$

根据式(7-17)计算，得 $Q_{m,g} = 3.2\ m^3/s$，按直线比例内插得每一时段地下径流的涨落均为0.2 m^3/s。经计算即可得出第⑩栏的设计地下径流过程。

将设计地面径流、地下径流及基流相加，得设计洪水过程线，见第⑫栏。

值得说明的是，在城市流域，由于不透水面积所占比例很大，因此雨洪径流主要为地面径流的汇流，一般不考虑地下径流的汇流。

表7-5　设计洪水过程线计算表

时段(Δt = 6 h)	设计净雨(mm)	t/K	$S(t)$	$S(t-\Delta t)$	$U(\Delta t,t)$	单位线 $q(t)$ (m^3/s)	部分地面径流(m^3/s)		$Q_s(t)$ (m^3/s)	$Q_g(t)$ (m^3/s)	$Q_基$ (m^3/s)	$Q_P(t)$ (m^3/s)
							15	25				
①	②	③	④	⑤	⑥	⑦	⑧		⑨	⑩	⑪	⑫
0	15	0	0		0	0	0		0	0	5.0	5.0
1	25	0.9	0.063	0	0.063	3.4	5.1	0	5.1	0.2	5.0	10.3
2		1.7	0.243	0.063	0.180	9.8	14.7	8.5	23.2	0.4	5.0	28.6
3		2.6	0.482	0.243	0.239	13.0	19.5	24.5	44.0	0.6	5.0	49.6
4		3.4	0.660	0.482	0.178	9.7	14.6	32.5	47.1	0.8	5.0	52.9
5		4.3	0.803	0.660	0.143	7.8	11.7	24.3	36.0	1.0	5.0	42.0
6		5.1	0.883	0.803	0.080	4.4	6.6	19.5	26.1	1.2	5.0	32.3
7		6.0	0.938	0.883	0.055	3.0	4.5	11.0	15.5	1.4	5.0	21.9
8		6.9	0.967	0.938	0.029	1.6	2.4	7.5	9.9	1.6	5.0	16.5
9		7.7	0.983	0.967	0.016	0.9	1.4	4.0	5.4	1.8	5.0	12.2
10		8.6	0.991	0.983	0.008	0.4	0.6	2.3	2.9	2.0	5.0	9.9
11		9.4	0.995	0.991	0.004	0.2	0.3	1.0	1.3	2.2	5.0	8.5
12		10.3	0.998	0.995	0.003	0.2	0.3	0.5	0.8	2.4	5.0	8.3
13		11.1	0.999	0.998	0.001	0.1	0.2	0.5	0.7	2.6	5.0	8.3
14		12	1.000	0.999	0.001	0.1	0.2	0.3	0.5	2.8	5.0	8.3
15							0	0.3	0.3	3.0	5.0	8.3
16								0	0	3.2	5.0	8.2
17										3.0	5.0	8.0
合计					1.0	54.6						

第三节　城市雨洪产汇流计算的推理公式法

小流域与大中流域的特性有所不同，一般情况下流域面积在300～500 km^2 以下可认为是小流域。从水文学角度看，小流域具有流域汇流以坡面汇流为主、水文资料缺乏、集水面积小等特性。城市地区更加符合上述小流域的特点。小流域和城市地区设计洪水计算一般为无资料情况下或要求快速情况下的计算。从计算任务上来看，小流域上兴建的水利工程一般规模较小，没有多大的调洪能力，所以计算时常以计算设计洪峰流量为主，对洪水总量及洪水过程线要求相对较低。从计算方法上来看，为满足城市众多的小型水利水电、交通、铁路工程及防洪工程短时期提交设计成果的要求，小流域设计洪水的方法必须具有简便、易于掌握的特点。

小流域设计洪水计算方法较多，归纳起来主要有：推理公式法、经验公式法、综合单位线法、调查洪水法等。本节重点介绍推理公式法。

一、推理公式法计算设计洪峰流量

推理公式法是由暴雨资料推求小流域设计洪水的一种简化方法。它把流域的产流、汇流过程均作了概化，利用等流时线原理，经过一定的推理过程，得出小流域的设计洪峰流量的推求方法。

在一个小流域中，若流域的最大汇流长度为 L，流域的汇流时间为 τ。根据等流时线原理，当净雨历时 t_c 大于等于汇流历时 τ 时称全面汇流，即全流域面积 F 上的净雨汇流形成洪峰流量；当 t_c 小于 τ 时称部分汇流，即部分流域面积上 F_{t_c} 的净雨汇流形成洪峰流量，形成最大流量的部分流域面积 F_{t_c}，是汇流历时相差 t_c 的两条等流时线在流域中所包围的最大面积，又称最大等流时面积。

当 $t_c \geqslant \tau$ 时，根据小流域的特点，假定 τ 历时内净雨强度均匀，流域出口断面的洪峰流量 Q_m 为：

$$Q_m = 0.278 \frac{h_\tau}{\tau} F \tag{7-18}$$

式中 h_τ——τ 历时内的净雨深，mm；

F——全流域面积，km^2；

τ—— 历时，h；

Q_m——洪峰流量，m^3/s；

0.278——Q_m 为 m^3/s、F 为 km^2、τ 为 h 的单位换算系数。

当 $t_c \geqslant \tau$ 时，只有部分面积 F_{t_c}上的净雨产生出口断面最大流量，计算公式为：

$$Q_m = 0.278 \frac{h_R}{t_c} F_{t_c} \tag{7-19}$$

式中 h_R——次降雨产生的全部净雨深，mm。

t_c——净雨历时，h；

其他符号意义同前。

F_{t_c}与流域形状、汇流速度和 t_c 大小等有关，因此详细计算是比较复杂的，生产实际中一般采用水文研究所的简化方法，其近似假定 F_{t_c} 随汇流时间的变化可概化为线性关系，即：

$$F_{t_c} = \frac{F}{\tau} t_c \tag{7-20}$$

将式(7-20)代入式(7-19)，则部分汇流计算洪峰流量的公式简化为：

$$Q_m = 0.278 \frac{h_R}{\tau}F \tag{7-21}$$

综合上述全面汇流($t_c \geqslant \tau$)与部分汇流情况($t_c < \tau$),计算洪峰流量公式为:

$$Q_m = 0.278 \frac{h_\tau}{\tau}F \quad (t_c \geqslant \tau) \tag{7-22}$$

$$Q_m = 0.278 \frac{h_R}{\tau}F \quad (t_c < \tau) \tag{7-23}$$

式(7-22)及式(7-23)即为推理公式的基本形式,式中 τ 可用式(7-24)计算:

$$\tau = \frac{0.278L}{mJ^{1/3}Q_m^{1/4}} \tag{7-24}$$

式中 J——流域平均坡度,包括坡面和河网,实用上以主河道平均比降来代表,以小数计;

L——流域汇流的最大长度,km;

m——汇流参数,与流域及河道情况等条件有关。

式(7-22)及式(7-23)中的地面净雨计算可分为两种情况,如图 7-8 所示。

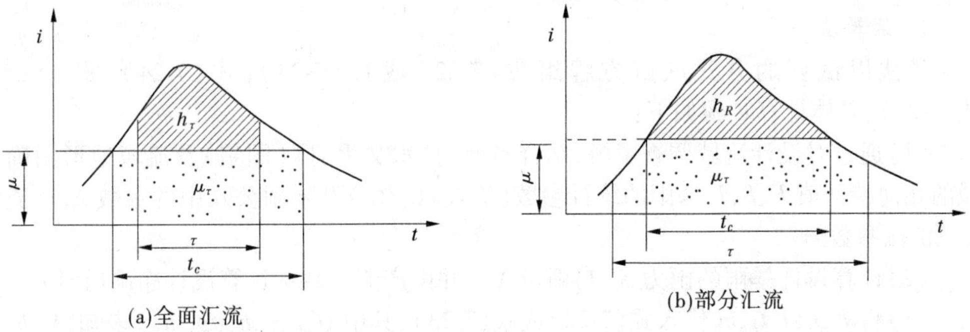

图 7-8 两种汇流情况示意图

当 $t_c \geqslant \tau$ 时,历时 τ 的地面净雨深 h_τ 可用式(7-25)计算:

$$h_\tau = (\bar{i}_\tau - \mu)\tau = S_P\tau^{1-n} - \mu\tau \tag{7-25}$$

当 $t_c < \tau$ 时,产流历时内的净雨深 h_R 可用式(7-26)计算:

$$h_R = (\bar{i}_{t_c} - \mu)t_c = S_P t_c^{1-n} - \mu t_c = nS_P t_c^{1-n} \tag{7-26}$$

以上式中 $\bar{i}_\tau$、$\bar{i}_{t_c}$——汇流历时与产流历时内的平均雨强,mm/h;

μ——产流参数,mm/h。

经推导,净雨历时 t_c 可用式(7-27)计算:

$$t_c = \left[(1-n)\frac{S_P}{\mu}\right]^{\frac{1}{n}} \tag{7-27}$$

可见,由推理公式计算小流域设计洪峰流量的参数有三类:流域特征参数 F、J、L;暴雨特性参数 n、S_P;产、汇流参数 m、μ。Q_m 可以看成是上述参数的函数,即:

$$Q_m = f(F、L、J;n、S_P;m、\mu)$$

流域特性参数与暴雨特性参数可根据第一章及本章第三节的计算方法确定,因此关键是确定流域的产、汇流参数。

二、产、汇流参数的确定

产流参数μ代表产流历时t_c内地面平均入渗率，又称损失参数。推理公式法假定流域各点的损失相同，把μ视为常数。μ值的大小与所在地区的土壤透水性能、植被情况、降雨量的大小及分配、前期影响雨量等因素有关，不同地区其数值不同，且变化较大。

汇流参数m是流域中反映水力因素的一个指标，用以说明洪水汇集运动的特性。它与流域地形、植被、坡度、河道糙率和河道断面形状等因素有关。一般可根据雨洪资料反算，然后进行地区综合，建立它与流域特征因素间的关系，以解决无资料地区确定m的问题。各省在分析大暴雨洪水资料后都提供了μ和m值的简便计算方法，可在当地的《水文手册》（图集）中查到。

三、设计洪峰流量的推求

应用推理公式推求设计洪峰流量的方法很多，本章仅介绍实际应用较广且比较简单的两种方法——试算法和图解交点法。

1. 试算法

该法以试算的方式联解方程组式（7-22）或式（7-23）；式（7-24）、式（7-25）或式(7-26)，具体计算步骤如下：

（1）通过对设计流域调查了解，结合当地的《水文手册》（图集）及流域地形图确定流域的几何特征值F、L、J，暴雨的统计参数（$\overline{X}$、C_v、C_s/C_v）及暴雨公式中的参数n，产流参数μ及汇流参数m。

（2）计算设计暴雨的雨力S_P与雨量X_{tP}，并由产流参数τ计算设计净雨历时t_c。

（3）将F、L、J、t_c、m代入式（7-22）或式（7-23），其中Q_{mP}、τ、h_τ（或h_R）未知，且h_τ与τ有关，故需用试算法求解。试算的步骤为：先假设一个Q_{mP}，代入式（7-24）计算出一个相应的τ，将它与t_c比较判断属于何种汇流情况，用式（7-25）或式（7-26）计算出h_τ（或h_R），再将该τ值与h_τ（或h_R）代入式（7-22）或式（7-23），求出一个Q'_{mP}，若Q'_{mP}与假设的Q_{mP}一致（误差在1%以内），则该Q_{mP}及τ即为所求；否则，另设Q_{mP}重复上述试算步骤，直至满足要求为止。

2. 图解交点法

该法是对式（7-22）、式（7-23）与式（7-24）分别作曲线$Q_{mP} \sim \tau$及$\tau \sim Q_{mP}$，点绘在同一张图上，如图7-9所示，二线交点的读数显然同时满足上述两个方程，因此交点读数Q_{mP}、τ即为两式的解。

【例7-4】 在某小流域拟建一小型水库，已知该水库所在流域为山区，且土质为黏土。其流域面积$F = 84\ \text{km}^2$，流域的长度$L = 20\ \text{km}$，平均坡度$J = 0.01$，流域的暴雨资料同例6-1。试用推理公式法计算坝址处$P = 1\%$的设计洪峰流量。

解：1. 试算法

（1）设计暴雨计算。

由例6-1知，雨力$S_P = 90\ \text{mm/h}$，$n_2 = 0.65$。根据暴雨公式得历时t的设计暴雨量X_{tP}

为：

$$X_{tP} = S_P t^{1-n_2} = 90t^{0.35}$$

(2)设计净雨计算。

根据该流域的自然地理特性，查当地《水文手册》得设计条件下的产流参数 $\mu = 3.0$ mm/h，按式(7-18)计算净雨历时 t_c，为：

$$t_c = \left[(1-0.65)\times\frac{90}{3.0}\right]^{\frac{1}{0.65}} = 37.4(\text{h})$$

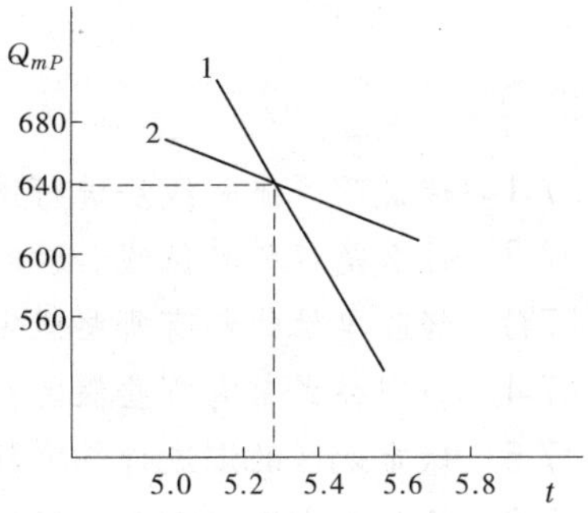

图 7-9 图解交点法

(3)计算设计洪峰流量。

根据该流域的汇流条件，由 $\theta = L/J^{\frac{1}{3}} = 92.8$，由该省《水文手册》确定本流域的汇流系数为 $m = 0.28\theta^{0.275} = 0.97$。

假设 $Q_{mP} = 500$ m³/s，代入式(7-24)，计算汇流历时 τ 为：

$$\tau = \frac{0.278L}{mJ^{1/3}Q_m^{1/4}} = 5.5\ (\text{h})$$

因 $t_c > \tau$，属于全面汇流，故由式(7-25)计算得：

$$h_\tau = S_P\tau^{1-n} - \mu\tau = 90\times5.5^{1-0.65} - 3.0\times5.5 = 147(\text{mm})$$

将所有参数代入式(7-23)得：

$$Q_{mP} = 0.278\frac{h_\tau}{\tau}F = 0.278\times\frac{147}{5.5}\times84 = 624(\text{m}^3/\text{s})$$

所求结果与原假设不符，应重新假设 Q_{mP} 值，经试算求得 $Q_{mP} = 640$ m³/s。

2. 图解交点法

首先假定为全面汇流，假设 τ，用式(7-22)计算 Q'_{mP}；假设 Q_{mP} 用式(7-24)计算 τ'，具体计算见表 7-6。

表 7-6 交点法计算表

假设 τ(h)	计算 Q'_{mP}(m³/s)	假设 Q_{mP}(m³/s)	计算 τ'(h)
(1)	(2)	(3)	(4)
5.60	615	550	5.49
5.40	632	600	5.37
5.20	649	650	5.27
5.00	668	700	5.17

根据表 7-6 分别作曲线 $Q_{mP} \sim \tau'$ 及 $\tau \sim Q'_{mP}$，点绘在同一张图上，如图 7-9 所示，交点读数 $Q_m = 640$ m³/s、$\tau = 5.29$ h 即为两式的解。

验算：$t_c = 37.2$ h，$\tau = 5.29$ h，$t_c > \tau$，原假设为全面汇流是合理的，不必重新计算。

思考与练习题

7-1　试说明等流时线法进行流域汇流计算有什么缺点？

7-2　什么是经验单位线和瞬时单位线？地区经验单位线如何分析推求？

7-3　经验单位线都有哪些假定？

7-4　推理公式都有哪些假定？

7-5　城市地区的汇流计算有什么特点？关键要解决的问题是什么？

7-6　已知某小流域有下述资料，试用推理公式法计算 $P=1\%$ 的设计洪水过程。

(1) 流域特征参数：流域面积 $F=194\ \text{km}^2$，主河长 $L=32.1\ \text{km}$，河流比降 $J=9.32‰$。

(2) 流域暴雨参数：由《水文手册》查得该流域中心处年最大 24 h 暴雨的统计参数为：$\bar{X}_{24}=85.0\ \text{mm}$，$C_v=0.45$，$C_s/C_v=3.5$，$n_2=0.75$。

(3) 流域产汇流参数：由当地《水文手册》查得 $m=0.092[L/(J^{\frac{1}{3}}F^{\frac{1}{4}})]^{0.636}$，$\mu=3.0$ mm/h。设计洪水过程线为三角形过程线，且 $r=T_2/T_1=2$。

第八章　城市水污染基本知识

学习目标与要求　理解水污染的概念，了解城市水污染物的来源和污染物的类型。理解水污染指标和水质标准，水体的自净作用，以及污染物的扩散规律等，了解水环境容量的概念，理解水环境质量评价的目的意义以及建设项目环境影响评价的程序，为更好地学习后续课程奠定坚实基础。

第一节　概　述

人类生存的环境问题，可以说首先是由城市环境体现出来的，目前城市环境污染以大气和水体污染最为明显，尤其是水污染。水是许多污染物的媒介物，与大气相比，水体扩散条件及自净能力较差，易于富集和迁移转化。随着城市人口的激增和经济建设的不断发展，城市用水量几乎呈指数增长，经过城市新陈代谢作用产生的废污水、废气、固体废弃物和城市垃圾也急剧增长，城市聚积了人类排放出的绝大部分污染物。这些废污水排回水体，使城市水体实际上成了大量废污水的受纳水体和排放渠道，以致许多城市水体发生严重的水质恶化，严重影响城市的生活环境和经济发展，是人们日益关注的问题之一。

一、水污染的基本概念

《中华人民共和国水污染防治法》明确说明，水污染是因某种物质的介入而导致其化学、物理、生物或放射性等方面特性的改变，从而影响水的有效利用，危害人体健康或破坏生态环境，造成水质恶化的现象。由此可见，水污染就是因种种因素尤其是人为的因素导致水体水质恶化以至于不能被利用，必须对其进行治理才能恢复自然。造成水污染的污染物质很多，不同的污染物所形成的污染特征和危害都不相同，对水污染的研究是一门很深且很系统的学科。对于从事城市水利工作的人员来说，应充分了解有关水污染的基本知识。

二、水污染的性质与危害

回顾历史，污染的水一直是人类致命疾病的主要起因之一。例如，伤寒和痢疾在不到100 年前在欧美是相当普遍的，1900 年美国伤寒死亡率为 0.358‰，如果这一死亡率持续到今无则伤寒死亡的人数将远远超过交通事故死亡的人数。在发展中国家许多城市至今仍缺乏必要的供水设施，如印度在 8 000 万城市居民中约有 1/3 没有必要的给水设施，结果加尔各答成了整个南亚的霍乱病流行的中心。过去人们往往错误地认为河流、湖泊、海湾等对容纳废物具有无限的容量，而不断加剧的水污染纠正了人们的这一错觉。正是19世纪中期霍乱、伤寒病蔓延伦敦及欧洲其他一些城市，才引起对水污染危害的重视，今天在美国伤寒病几乎消失，这主要是饮用水质改善的结果。

当前污染水质的污染物可分为八类：

（1）生活污水和其他耗氧废物；

（2）传染病菌和病毒；

（3）植物营养剂，主要是氮和磷；

（4）有机化学合成剂，如杀虫剂、除草剂和合成洗涤剂；

（5）来自工业、矿业和农业操作的其他矿物质和化学物质；

（6）来自土地侵蚀的沉淀物；

（7）放射性物质；

（8）热污染。

当前水污染问题遍及全世界，特别是在城市和工业区，其附近水体的污染更为严重，即使发达国家也仍然未能完全解决水污染问题。这是因为新污水处理设施的建造与运行总是滞后于新增加的污染量。在发展中国家，这种滞后更为严重。以我国为例，到1996年城市污水处理厂仅有150余座，其处理总量占城市污水总量的比例不足20%；而工业废水处理设施的处理总量仅达到工业废水（包括冷却水）总量的20%左右。

水体除了受到生活污水和工业废水这些所谓的点源污染外，还受到非点源的污染，例如高空核试验放射性沉降使全球，尤其是北半球的海水和淡水以及某些生物群落中的放射性浓度有所增加；含二氧化硫和氮氧化物的废气通过高烟囱的排放，形成酸雨，使许多湖泊酸化，鱼虾绝迹；酸雨也使土壤酸化，导致其中溶出更多的铁、锰、钙、镁等离子，连同酸雨中原有的硫酸根、硝酸根等离子进入地下水，使地下水水质恶化。我国农村地区因农药、化肥的大量使用，加之一些重污染型的企业，如小型制浆造纸厂、纺织印染厂、小化工厂、酿造厂、电镀厂等，造成了水环境的严重污染，此外我国还面临着许多新的水污染问题，例如长江中、上游的大面积毁林，造成严重的水土流失，近年来长江水中悬浮物成倍增加，有机物和营养物也相应增加，长江的水质越来越坏。还有大量火力发电厂、热电站以及城市集中供热工程的修建和运转，将向附近水体排放越来越多的废热，形成热污染，这会造成水中少氧和水生态系统的衰落；沿海油田钻探开发、原油装运所产生的油的泄漏和流失会对海洋造成严重污染；核电站及其他核设施的建造和运转，放射性同位素更加广泛和大规模的应用，以及与此相适应的铀、钍矿扩大开采和加工，将会有更多的放射性物质进入水环境。

上述八类污染物进入地表水体后会造成如下几种后果：水体水中溶解氧降低，富营养化，水生态系统失调，造成水质型缺水。

三、城市水污染的原因

城市水污染的主要来源是由工业废水、生活污水和降水径流污染造成的，最早人们的注意力集中在工业废水造成的污染上，在实践中逐渐发现生活污水造成的污染也非常严重；1960年美国的调查研究表明城市工业污染量与城市降水污染量大致相当，工业废水和生活污水的治理达到了零排放，还是不能完全解决城市的水质污染。这就告诉我们降水径流污染不容忽视。我国目前工业废水和生活污水的治理尚不充分，城市径流污染的问题还不突出，但随着工业污染问题的逐步解决，降水径流污染的治理就会提到议事日程上来。

造成城市水质污染的原因，归纳起来主要有下列几点：

第一，无节制地任意排放污染物，造成城市水质污染。一些工厂无视环境保护法规，将未经处理或处理不充分的工业废水直接排入城市水体；有许多中小城市没有污水处理厂，或者有但处理能力不够，或处理不达标，将生活污水直接排入城市水体；污染物进入水环境后无法分解，污染水环境。

第二，资源和能源利用率低，浪费严重，并导致污染。我国目前工业用水重复利用率还不高，20世纪90年代初全国平均只有43%左右，近40%城市的工业用水重复利用率只有20%～30%。我国万元产值耗水量要比日本、德国高3倍。工业用水的重复利用率低，就是意味着工业废水的排放量大。再说，很多工厂的大量资源随工业废水白白流失，比如电镀厂流失的铬酸，印染漂染厂流失的染料，焦化厂流失的酚、氰和石油类，冶炼厂流失的重金属及稀有金属等，数量惊人，浪费严重。这一方面造成城市水质恶化，另一方面浪费了宝贵的资源和能源。

第三，管理不善，设备陈旧，技术落后。工业管理不善，主要表现为生产过程中违反工艺和操作规程，出现事故、指挥失误等原因。

环境的污染物种类多、来源广，根据污染物的排放特点，造成城市水环境污染的主要污染源有以下五种：工业污水、生活污水、城市非点源污染（也称面源污染）、工业固体废弃物和城市垃圾、农田排水等。

第二节　水污染指标与水质标准

一、水污染指标

污水和受纳水体的物理、化学、生物等方面的特征是通过水污染指标来表示的。水污染指标又是控制和掌握污水处理设备的处理效果及运行状态的重要依据。

水污染指标的检测方法，国家已有明确的规定，检测时应按国家规定的方法或公认的通用方法进行。由于水污染指标数目繁多，在水污染控制工程的应用中，应根据具体情况选定。

现就一些主要的水污染指标如生化需氧量、化学需氧量、悬浮物、总有机碳、总需氧量、有毒物质、pH值、大肠菌群数等分别简述如下。

（一）生化需氧量（BOD）

生化需氧量（BOD）表示在有氧条件下，好氧微生物氧化分解单位体积水中有机物所消耗的游离态氧的数量，常用单位为mg/L。污水和水体中有机物的成分较复杂，很难直接测定其各种有机物的绝对含量，一般常用生化需氧量来间接表示有机物的含量。

生化需氧量测定的标准温度一般定为 20 ℃，在此温度下，好氧微生物氧化分解一般有机物（将其转化为 CO_2、H_2O 和 NH_4）的过程需要 20 天左右。为了缩短测定时间，又使测定值具有一定的代表性，通常以 5 天作为测定的标准时间，其测定结果为 5 日生化需氧量，用 BOD_5 表示。

生化需氧量能真实地反映生物降解有机物时所需的氧量，但它的测定时间较长，有些工业废水由于缺乏适当的微生物或不具备微生物繁殖的条件，故不能或很难做生化需氧量的测定。因此，使它的应用受到一定的限制。

（二）化学需氧量（COD）

化学需氧量（COD）表示用化学氧化剂氧化单位体积水所消耗的氧量，常用单位为 mg/L。

根据所用氧化剂的不同，化学需氧量可分为重铬酸钾法和高锰酸钾法两种，重铬酸钾能比较迅速、完全地氧化水中的有机物，因此目前常用重铬酸钾法测定污水和废水的化学需氧量，该法用 COD 表示。用高锰酸钾作氧化剂测定化学需氧量时，测定值较重铬酸钾法低，用 OC 或 COD_{Mn}（酸性）、COD_{OH}（碱性）来表示。

化学需氧量测定具有时间短、不受水质限制的特点，但由于氧化剂氧化有机物时，也能将亚硝酸盐、硫化物、亚铁盐等还原性无机物氧化，因此它不能像 BOD 那样表示出微生物氧化的有机物量。

BOD_5 与 COD 的比值是衡量污水可生化性的一项主要指标，比值越高，可生化性越好。一般认为该值大于 0.3，即为可生化的。对于成分比较固定的污水，BOD_5 值与 COD 值保持着一定的相关关系。

（三）悬浮物（SS）

悬浮物（SS）是指不能通过滤器（滤纸或滤膜）的固体物质。污水及水体中悬浮物由浮于水面的漂浮物质、沉于水底的可沉物质及悬浮于水中的悬浮物质三部分组成，在可沉物质中，以有机物为主的称为污泥，以无机物为主的称为沉渣。悬浮物可使水质混浊，透光性差，影响水生生物的生长，大量的悬浮物还会造成河道堵塞。

悬浮物采用过滤法测定，单位为 mg/L。

（四）总有机碳（TOC）

总有机碳（TOC）表示水中有机物的总含碳量，它是一种较新的有机污染物的综合测定指标。其测定结果以 C 含量表示，单位为 mg/L。

总有机碳的测定原理是：水中有机碳在高温燃烧过程中，生成 CO_2，经红外气体分析仪测定后再折算出其中的 C 含量。

总有机碳的测定，具有简单、快速的特点。

（五）总需氧量（TOD）

总需氧量（TOD）表示水中有机物完全氧化时所需要的氧量，以单位体积水所消耗的 O_2 量表示，单位为 mg/L。其测定原理是：水中有机物在燃烧时消耗了氧气中的一部分，用电极测定剩余氧量后，计算出的耗氧量即为总需氧量。

总需氧量的测定也具有简便、快速的特点。

(六)有毒物质

有毒物质是指其达到一定浓度后,对人体健康、水生生物生长造成危害的物质。由于这类物质的危害较大,因此有毒物质含量是污水排放、水体监测和污水处理中的重要水质指标。有毒物质种类繁多,要检测哪些项目,应视具体情况而定。

(七)pH 值

pH 值是反映水的酸碱性强弱的重要指标,它的测定和控制,对维护污水处理设施的正常运行,防止污水处理及输送设备的腐蚀,保护水生生物的生长和水体自净功能都有着重要的实际意义。

(八)大肠菌群数

大肠菌群数是指单位体积水中所含的大肠菌群的数目,单位为个/L。它是常用的细菌学指标。

大肠菌本身虽非致病菌,但由于它的生存条件等与肠道病原菌比较接近,因此大肠菌群数可以表明水体有无受病原菌污染的可能,或判断污水有无病原菌的可能。

二、水质标准

为了保护水资源,控制水污染,保障人民群众身体健康和促进经济发展,制定各种水质标准是一项很重要的水质管理工作。水环境保护标准主要可分为水域水质标准和排水水质标准两大类。

(一)水域水质标准

水域水质标准是依据自然水体的用途制定的。自然水体的主要用途有:饮用水、公共用水、工业用水、农业用水、渔业用水、游览、航运、水上运动等。由于各种用水所服务的对象和内容不同,因此对水体水质的要求也不同。一般饮用、公共用水和游览用水等要求水质较高;农业、渔业用水水质则以不影响动植物生长和不使动植物体内残毒超标为限;工业用水水源要满足生产用水的要求;而只用于航运等水体则对水质的要求相对较低。

根据人类对自然水体的使用要求,目前我国已颁布了《地面水环境质量标准》(GB 3838—2002)、《渔业水质标准》(11607—89)、《农田灌溉水质标准》(GB 5084—1992)、《海水水质标准》(GB 3097—1997)等(见附录)。同时,各地根据具体情况,还补充了一些地方标准。

(二)排水水质标准

要防止水体的污染,保持水体达到一定的水质标准,必须对排入水体的污染物种类和数量进行严格控制。因此,需要制定严格的排水水质标准。排水水质标准可以是全国性的,也可以是地区性的或行业性的,地区性或行业性标准只能适用于相应的地区或行业。目前,我国已颁布了很多全国性的、行业性的以及一些地区性的排水水质标准。

在《工业废水排放试行标准》(GBJ 4—73)中,把工业废水中有害物质分为两类,并制定了相应的最高容许排放浓度。第一类有害物质指能在环境或动植物体内蓄积,对人类健康产生长远影响的物质(见表 8-1);第二类指其长远影响小于第一类的有害物质(见表 8-2)。该标准中规定,对于第一类有害物质,在车间或车间处理设备排出口,就应符合规定的要求,并不得用稀释方法进行处理。

表 8-1　工业废水最高容许排放浓度(一)

序号	有害物质名称	最高容许排放浓度(mg/L)
1	汞及其无机化合物	0.05(按 Hg 计)
2	镉及其无机化合物	0.1(按 Cd 计)
3	六价铬化合物	0.5(按 Cr^{6+} 计)
4	砷及其无机化合物	0.5(按 As 计)
5	铅及其无机化合物	1.0(按 Pb 计)

表 8-2　工业废水最高容许排放浓度(二)

序号	有害物质或项目名称	最高容许排放浓度(mg/L)
1	pH 值	6~8
2	悬浮物(水力排灰、洗煤水、水力冲渣、尾矿水)	500
3	生化需氧量(5 d、20 ℃)	60
4	化学耗氧量(重铬酸钾法)	100①
5	硫化物	1
6	挥发性酚	0.5
7	氰化物(以游离氰根计)	0.5
8	有机磷	0.5
9	石油类	10
10	铜及其化合物	1(按 Cu 计)
11	锌及其化合物	5(按 Zn 计)
12	氟的无机化合物	10(按 F 计)
13	硝基苯类	5
14	苯胺类	5

注:①造纸、制革、脱脂棉 <300 mg/L。

第三节　城市水体的污染源

水体污染源通常是指向水体中排放污染物质而导致水体的某些物理、化学和生态变化,并使水质恶化的场所、设备和装置等。

最初的水体污染源主要来自自然界,如地表径流挟带落叶、腐殖质等,以及地下水流动中将地层中某些矿物质溶解,从而造成水中某些金属离子如铁、锰、钙、镁等增加,含有机物量增高,使水质变差。后来,随着人口的集中和城镇的发展,城镇居民生活污水就成了水体的主要污染源。城镇污水中含有大量有机物和病原菌,使得受纳水体的质量恶化。近几十年来,随着现代工业的迅速发展,工业废水的排放量剧增,特别是其中污染物浓度高、成分复杂、有毒有害物质含量多,它们排入水体后,严重污染了水体,破坏了水生生态系统,影响了人体健康,因此工业废水通常是目前水体的主要污染源。

水体污染源目前还没有统一的科学分类,通常按造成水体污染的原因、受污染的水体、污染源所释放的有害物质的种类和污染源的分布特征等进行分类。

(1)按造成水体污染的原因,可分为天然污染源和人为污染源。

(2)按受纳水体,可分为地面水污染源、地下水污染源和海洋污染源。

(3)按污染源所释放的有害物质的种类,可分为物理(如热、悬浮物、放射性物质等)污染源、化学(如无机化合物、有机化合物)污染源、生物(如病原菌、病毒、寄生虫卵等)污染源。

(4)按污染源的分布特征,可分为点污染源(即集中在一点或者可当作一点的小范围排放的污染源)、非点污染源(在一个较大的面积范围内排放的污染源)。此为人们较常用的水体污染源的分类方法。

一、点源污染

点污染源是集中在一点或者可当作一点的小范围内排放污染物的污染源,它的特点是污染物排放地点固定,所排污染物的种类、特性、浓度和排放时间相对稳定,由于污染物集中在很小的范围内高强度排放,故对局部水域影响较大。水体的主要点污染源有:生活污水、工业废水、固体废物渗滤水和初期降水与融雪径流水。

(一)生活污水

生活污水是由城镇居民的生活活动所产生的污水,主要为生活废料和人们的排泄物所污染。其数量、成分和污染物浓度与居民的生活水平、习惯及用水量有关。

生活污水的特征是水质比较稳定,含有机物和氮、磷等营养物较高,一般不含有毒物质。由于生活污水极适于各种微生物的繁殖,因此含有大量的细菌(包括病原菌)、病毒,也常含有寄生虫卵,生活污水中还含有大量的合成洗涤剂。

生活污水的 pH 值一般为 7~8,软水区常为 6.5~7.5,硬水区为 7.5~8.5;BOD_5 一般为 100~400 mg/L;TOC 为 120~500 mg/L,一般略高于 BOD_5 值。表 8-3 为我国一些城市生活污水分析的结果。

表 8-3　我国一些城市生活污水分析的结果

项目	北京	上海	武汉	哈尔滨
pH 值	7~9.2	7~7.5	7.1~7.6	6.9~7.9
悬浮物(mg/L)	100~500	200~350	60~350	110~450
BOD_5(mg/L)	80~350	300~400	300~350	80~250
氨氮(mg/L)	25~45	40~50	15~60	15~50
耗氧量(mg/L)	50~300	230~380	220~310	70~230
氯化物(mg/L)	110~130	140~150	—	—
磷(mg/L)	30~40	—	—	5~10

注:该分析结果选用上述地方的环境监测报告。

生活污水中的有机成分,包括糖类、各种氨基酸和非挥发性及挥发性有机酸、醇、醛、酮和洗涤剂等均为可溶性物质。在悬浮物中,以蛋白质、碳水化合物和脂肪为主,生活污水中还含有多种微生物。

生活污水排于水体，使水质恶化，水体污染严重时通过有机物的生物氧化降解，可导致水体中的溶解氧耗尽并腐败变黑发臭。在我国南方许多城市的内河常有这种现象出现。此外，生活污水还能传播病菌、病毒和寄生虫卵，通过饮水、淘米、洗菜、游泳等途径引起水传染疾病（如伤寒、痢疾、传染性肝炎等）的发生和蔓延。

生活污水的排放为不均匀排放，瞬时变化较大，图8-1为某城市生活污水排放量昼夜变化曲线。

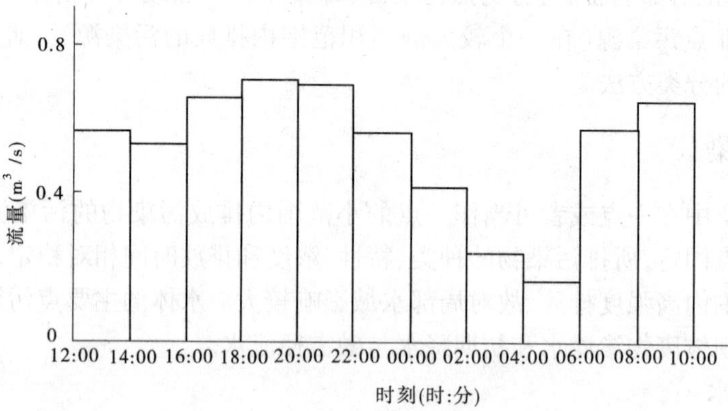

图8-1 某城市生活污水排放量昼夜变化曲线

(二)工业废水

工业废水目前是水体的主要污染源，它的特征是水量大，含污染物质多，成分复杂，有些废水含有毒有害物质。

各种工业废水的水质相差很大，如乳品、制革、制药、肉类加工等废水，其 BOD_5 值可达到1 000 mg/L以上，有的甚至高达数万mg/L，悬浮物含量也可达到数千mg/L，而有些工业废水的 BOD_5 和悬浮物值则较低，如印染废水，但其色度却很高。图8-2为部分工业废水的 BOD_5 值。图中所列的数据为一些工厂实测数据的平均值，随着工业技术的发展，排放污染物的量会相应变化，因此具体数值应以实测为准。

工业废水成分复杂，一种废水往往含有多种成分，一般以其中含量较多的某种成分或毒性较强的某种成分来命名这种废水。例如，焦化厂所排放的废水中含有酚、氨、氰化物和硫化物等污染物质，其中酚的含量较多且危害大，所以这种废水常被称为含酚废水。

工业废水主要来自轻工业、冶金工业、炼油工业、化学工业和原子能工业等。

1. 轻工业废水

轻工行业在生产和加工的过程中，要消费大量的水，相应排出的废水也较多。如生产1 t纸浆要排出300 t废水；加工1 t纺织品需要100～200 t水，而其中80%～90%成为废水而排放。据统计，各种轻工业每年排放的废水约占工业废水排放总量的50%以上。

造纸工业在生产过程中（蒸煮、洗涤、漂白），要排放大量的废水。蒸煮工序排出的黑液中，含有大量的木质素，多糖类、单宁等有机物、游离残碱及无机盐，其COD值每升达数万毫克以上，在漂白工序所产生的废液中，除含有木质素外，还有氯化物、硫化物、酚化合物等有害污染物质。

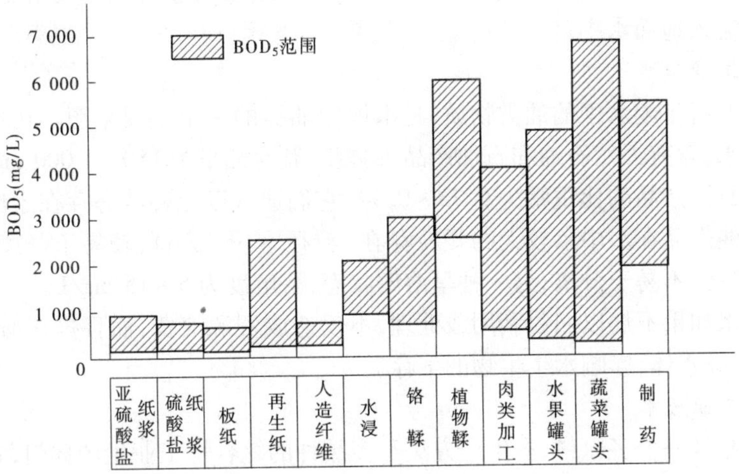

图 8-2　部分工业废水的 BOD_5 值

制革工业排放的废水的特点是碱性大，色度浓，耗氧量高，悬浮物多，pH 值高达 9～12，并含有 100～1 000 mg/L 的硫化钠，15～40 mg/L 的三价铬，1 400～2 500 mg/L 的氯化物，还含有一些其他有害物质，这些污染物质对水体的危害都很大。

食品加工行业所排废水的特点是，有机物质和悬浮物含量高，易腐败，一般无毒性。该废水的主要污染危害是迅速消耗水体中的溶解氧，造成水体缺氧，以致引起鱼类和其他水生动物死亡，并使水体水质恶化。食品加工废水中常含有致病菌，会导致疾病传播等危害。

纺织印染工业排放的废水，是城市水体的重要污染源之一，其排放量和污染程度随着加工的品种、工艺和方式的不同而有很大的差异，印染废水突出的特点是含有染料等有色污染物，排入水体后造成水体带有颜色，影响其使用功能。有些印染废水中还含有硫化物、苯胺、酚和一些重金属等。

2. 冶金工业废水

冶金工业包括钢铁工业和有色金属工业。钢铁工业所排放的废水主要有冷却水、洗涤水和冲洗水等 3 种。其中冷却水的排量较大，一般占总排水量的 2/3 左右。

在排放的直接冷却水中，含有铁氧化物，悬浮物和油类等污染物质。洗涤排水则成分比较复杂，含量较大的污染物有酚、氰化物、硫化物、焦油、悬浮物、酸及盐类等。冲洗排水中，一般含有酸、碱、油类、悬浮物及重金属（锌、锡、镍、铬）等。

在钢铁工业所排放的废水中，以含酚、含氰废水危害最大。一般生产 1 t 焦炭，可产生 0.2～0.3 m^3 含酚废水，其中含酚量达 2 000 mg/L，含焦油 15 000 mg/L，含硫氰酸盐 500 mg/L，硫化物 400 mg/L，此外还含有吡啶等其他有害物质。在生产铁合金排放的废水中，其氰离子浓度为 80～120 mg/L。

有色金属工业排出的废水中，含有多种重金属，是水体重金属的主要来源之一。其选矿废水中含有汞、镉、锌、铅、砷等污染物，是一种毒性较强的废水。在冶炼过程排出的废水中，除有重金属外，还含有大量的伴生金属。

有色金属工业产生的矿渣量较大，经雨水淋溶后，会有多种重金属溶出，随雨水渗入地下水中或流入地面水中。

3. 炼油工业废水

炼油工业所排废水中的油类物质，是水体中油类的一个主要来源。在炼油过程中产生的含油废水，含有天然石油和石油产品等物质，其含油量为150～1 000 mg/L。

石油和石油产品的比重常为0.73～0.94，它们通常以三种状态存在于废水中。一种是石油和石油产品在水中以较大的颗粒存在（粒径 >100 μm），较易于分离；一种粒径很小，呈乳化状态，不易于分离；另一种呈溶解状态，溶解度为5～15 mg/L。

含油废水如果不加以回收利用或处理，不仅造成资源浪费，而且排入河流、湖泊或海湾，会严重污染水体，影响水生生物的生存。

4. 化学工业废水

化学工业是一个多原料、多生产方法和多品种的综合性工业生产部门，它包括石油化学、煤炭化学、酸碱、化肥、塑料、医药、染料、洗涤剂、橡胶和炸药等工业。在生产过程中所排放的废水，其成分复杂，并常含有多种有毒物或剧毒物质，因此它也是水体的重要污染源之一。

化学工业排放的废水中，有些含有多种有毒物质，如氰化物、酚、砷、汞等，有些含有难降解的有机物，如DDT、多氯联苯等，这类物质能在生物体内积累；有些含有多环芳烃，芳香胺和含氮杂环等致癌物质；还有些则含有无机酸、碱类等，具有较强的刺激性和腐蚀性，对水生生物、船只、水工构筑物等都有危害。

化学工业废水的BOD值和COD值一般较高，有的可高达每升数万毫克。这些废水排入水体后，废水中的污染物质在氧化降解时，要消耗水中大量的溶解氧，使水生生物的生存受到威胁。

化学工业废水往往含有较多的磷、氮等物质，易造成水域富营养化。

化工生产常在高温中进行，故排出的废水往往温度较高，易导致水体的热污染。

5. 原子能工业废水

在原子能工业中，核燃料的产生、使用和回收等各个阶段都会有废水产生，该废水的特点是含有较多的放射性物质。

铀矿的开采和选矿时产生的矿坑废水、选矿废水中含有铀、镭、氡等放射性物质；在铀的冶炼过程中，要产生大量低水平的放射性废水；在核反应堆运行时产生的放射性废水，其放射性物质主要来源于冷却剂及其杂质的中子活化、腐蚀产物的中子活化和核燃料裂变产物的漏失等；进行核燃料后处理时，所产生的废液也含有较多的放射性物质。

放射性物质排入水体后，会通过饮用水和食物链等多种途径进入人体，危害人类健康，同时对水生生物的生长也会产生较大的影响。

综上所述，工业废水是造成水体污染的主要污染源，其危害程度是很大的。表8-4为部分工业废水中的主要有害成分。

随着工农业生产的发展和人民生活水平的提高，各种固体废物（工业固体废物、城市垃圾、废水处理污泥和农业废弃物等）的排放量大幅度增加，这些固体废物中含有多种有毒有害物质，会造成环境的污染，因此需要对固体废物进行妥善处理和处置。

表 8-4　部分工业废水中的主要有害成分

废水来源	废水中含有的主要有害成分
焦化厂	氰化物、苯、酚、焦油、砷、热污染、硫化物
炼油厂	油、苯、酚、硫醇、镍、钒、醛
石油化工厂	苯类、氰化物、油、酸、碱、砷、酮类、镍
化肥厂	苯类、酚、氰化物、汞、砷、磷、碱
化工厂	氰化物、苯类、酸、醇、醛、碱、硫化物、砷、萘
染料厂	苯类、醇、镉、铬、镍、锌、酸、硝基化合物
合成橡胶厂	苯类、醇类、醛、铜、二氯丁烯、丁二烯
造纸厂	木质素、碱、多糖类、氯化物、硫化物、酚
农药厂	苯类、酚、铜、钒、硒、砷、醛、各种农药
纺织印染厂	硫化物、硝基物、纤维素、铬、锌、洗涤剂
电镀厂	氰化物、酸、镉、铬、锌、镍、铜
制革厂	铬、碱、悬浮物、硫化物、氯化物、洗涤剂
制药厂	氰化物、苯、酚、醇、汞、砷、悬浮物
化纤厂	酸、硫化物、醇、胺类、酮类、纤维素
制糖厂	悬浮物、氮、磷、糖类、纤维素
钢铁厂	铁氧化物、油、酚、氰化物、吡啶、酸、碱
有色冶金厂	汞、镉、锌、铅、砷、氰化物、氟化物、硼
油漆厂	苯、醇、酚、铬、铅、锰、钴、醛
铅锌厂	硫化物、镉、铅、锌、放射性元素
玻璃厂	油、苯类、醛、铜、锰、锌、铊、钒
铀水冶厂	悬浮物、锰、铀、镭、钍、酸、碱

(三) 固体废物渗滤水

目前对固体废物已大体上形成了填埋、焚化、堆肥、海洋投弃和隔离堆存等一系列的处置方法。土地填埋是一种比较简易,经济和应用最广泛的固体废物处置方法。

采用填埋法处理固体废物时,废物或垃圾填埋场经雨水淋浸和冲刷后的渗出液和滤沥会将固体废物中的有毒有害物质带出,造成河川、湖泊和地下水的污染。例如,美国得克萨斯州一个废物公司的沙坑,由于废酸和含油废物的污染,造成其周围 26 口水井水质变坏,发出恶臭,不能饮用。又如,中国某铁合金厂的铬渣露天堆积,经雨水淋浸后铬离子随雨水渗入地下,致使厂区下游十多平方千米范围内的地下水遭到污染,污染中心地下水中六价铬离子的含量超过饮用水标准 1 000 多倍。

工业固体废物的种类繁多,成分复杂,在被雨水淋浸后的渗出水中,常含有多种重金属、油类、酚类、悬浮物及其他一些有毒有害物质。城市垃圾、废水处理污泥和农业废弃物的渗滤水中则含有较多的有机污染物和病原微生物等。这些污染物质通过渗入地下或雨水径流的途径进入地面和地下水体中,从而导致水体的污染。

(四)初期降水与融雪径流水

初期降水中的污染物浓度一般比后期降水的污染物浓度高出十几倍或者更多。这是由于初期降水时,雨和雪的淋洗及冲刷作用,将大气中的污染物质(降尘、飘尘、氮氧化物、二氧化硫等)、各种构筑物表面的腐蚀锈蚀物和附着物、地面残土、植物枝叶、工业固体废物及人类活动等造成的有机和无机污染物质带入其中所致。初期降水经过排水系统汇入受纳水体,使受纳水体的水质受到污染。

初期降水中的主要污染物有有机物、固体悬浮物、植物营养物质、重金属、放射性物质、油类、酚类、病原微生物及一些无机盐类。初期降水中的污染物含量与当地大气污染的程度、地表覆盖率和环境卫生条件等有密切的关系,它对受纳水体的水质影响最大的是固体悬浮物、有机物和重金属。

初期降水还具有发生的随机性大、时间性强、偶然因素多的特点。为了有效地消除初期降水的污染问题,应综合考虑初期降水的水质与水量、排水系统状况和受纳水体功能等几方面的因素,以便采取相应的治理措施。

在寒冷地区的城镇中,为了防止降雪后在路面上结冰而施用融雪剂,其中含有较多的氯化钠,导致融雪水挟带大量盐类进入受纳水体,使其盐分增加,由此可能影响淡水生态系统。

二、非点污染源

非点污染源是在一个较大的面积范围内沿一条线或离散排放污染物的污染源。它的特点是污染物排放范围广,危害面积大,污染物的种类、浓度和排放时间等受客观因素影响多,不易受人为控制等,水体的主要非点污染源有:农田径流与渗流水、大气沉降与降水。

(一)农田径流与渗流水

随着农药和化肥的大量使用,农田径流与渗流水已成了水体的主要污染源之一。它是典型的面污染源,其排放特点是沿河流或干渠呈树枝状或片状分布。

人们使用的农药和化肥除少量地被农作物吸收外,其余绝大部分残留在土壤和飘浮在大气中,经过降水的淋洗和冲刷后,这些残留的农药(杀虫剂、杀菌剂、除草剂、植物生长调节剂等)和化肥(氮、磷等)会随着降水的径流与渗流进入地下水及地面水体中,造成天然水体的农药污染和水体(特别是湖泊、水库等静止水体)的"富营养化"现象。

农田径流与渗流水还会将农业废弃物(植物秸秆、牲畜粪便等)带入水体中,这已成为水体中氮、磷等污染物的重要来源。例如,一个机械化牛奶场中,400 头母牛每天可产生约 14 t 固体废物和 4.5 t 液体废物。许多城乡水井中的高硝酸盐含量,几乎均与农业废弃物的污染有关。

农田采用污水灌溉时,污水中的许多污染物会随着灌溉后排出的水或雨后的径流和渗流水进入水体,造成水体污染。

农田径流与渗流水中还常常含有大量的致病菌、病毒和寄生虫卵。

(二)大气沉降与降水

大气沉降与降水是水体的主要非点污染源之一,大气中的污染物有相当一部分随着大气沉降与降水进入水体中,造成水体的污染。例如,全世界每天由于工厂、船舶、车辆所排入大气的石油烃大约6 800多万t,进入大气的石油烃绝大部分被氧化,约400万t通过沉降又回到地面,其中一部分进入各类水体中,造成了水体的有机污染。

近年来,因受到酸雨的污染,瑞典的维纳恩湖五年内pH值平均下降了0.5,维特恩湖下降了0.3,梅拉伦湖下降了0.2,使水生生态系统受到了严重的影响。在我国,一些湖泊也出现了pH值下降的现象。

随着工业和交通事业的发展,废气的排放量愈来愈大,成分也日趋复杂,对水体的污染必将增大,因此大气沉降与降水对水体造成的污染应引起人们充分的重视。

第四节 水体污染物的分类

水体中的污染物按照其种类和性质,一般可分为四大类,即无机无毒物、无机有毒物、有机无毒物和有机有毒物。除此以外,对水体造成污染的还有放射性物质、生物污染物质和热污染等。

一、无机无毒物

无机无毒物主要指氮、磷、无机酸、无机碱及一般无机盐,当水体中氮、磷等植物营养物质增多时,可导致藻类等水生植物过量繁殖,形成水华或赤潮,这就是"富营养化"污染。这种污染除可导致水中溶解氧减少,危害鱼类和水生动物的生存,恶化水质外,过多的藻类残体,还会减少水体容量,使湖泊变浅,最后形成水体老化和沼泽化。

酸性和碱性废水,会使水体的pH值发生变化,破坏其自然缓冲作用,消灭或抑制细菌及微生物的生长,妨碍水体自净。一般认为水体的pH值低于5或高于9就不适于鱼类生活,并可腐蚀排水管道及水工构筑物、船舶等,对人体健康也产生危害。

酸性废水与碱性废水相互中和可产生一般盐类,酸、碱性废水之间或与地表物质之间相互反应均可生成无机盐类,使水中的无机盐量和水的硬度大大增加,给工业和生活用水带来不利因素。

二、无机有毒物

无机有毒污染物具有较强的生物毒性,根据毒性发作的情况,又可分为急性中毒和慢性中毒(积累到一定浓度后才显示中毒症状)两类。第二类不易为人们及时发现,但危害一经形成,后果是十分严重的。

无机有毒物主要有非重金属的氰化物、砷化物及重金属中的汞、镉、铬、铅等六大国际上公认的毒性物质。现就其污染特征及对人类的危害简述如下。

(一)非重金属毒性物质

1.氰化物

氰化物(CN)是剧毒物质,对人的口服致死量为0.05~0.12 mg/L。低浓度的氰化物会引起人的慢性中毒，对鱼类和其他水生生物也有很大危害，一般认为使鱼类致死的氰离子浓度为0.04 mg/L，对甲壳类动物和浮游生物的致死浓度则更低。

我国饮用水和农业灌溉水质标准规定，氰化物含量分别不得超过0.05 mg/L和0.5 mg/L。

2. 砷化物

砷(As)是累积性中毒的毒物，当饮用水中砷含量大于0.05 mg/L时，就会导致累积，近年来还发现砷也是致癌元素。三价砷的毒性大大高于五价砷，对人体来说，亚砷酸盐的毒性作用比砷酸盐大60倍。

我国要求饮用水和农田灌溉水的砷含量分别不得超过0.04 mg/L和0.05 mg/L，渔业用水不得超过0.1 mg/L。

(二)重金属毒性物质

重金属污染的特点是，在水体中只要有微量的浓度即可产生毒性效应(一般在0.01～10 mg/L)；某些重金属还可以在微生物的作用下转化为毒性更强的金属化合物；重金属不但不能被生物降解，相反却能在食物链的生物放大作用下，成千百倍地富集，最后进入人体；重金属在人体内能和蛋白质及酶等发生强烈的相互作用，使它们失去活性，也可能在人体的某些器官中累积，造成慢性中毒。

1. 汞

汞(Hg)进入水体内，易沉于水底并长期存留。在厌氧微生物的作用下可转化成甲基汞，甲基汞的毒性比无机汞更大，著名的日本“水俣病”就是由甲基汞造成的。

我国饮用水、农田灌溉水都要求汞的含量不得超过0.001 mg/L，渔业用水不得超过0.000 5 mg/L。

2. 镉

镉(Cd)是一种比较广泛的污染物质，是一种典型的累积型毒物，特别易富集于粮食籽粒中。日本的“骨痛病”就是由食用含镉水滔米，其中的镉取代了骨质中的钙，使骨骼软化，自然折断所致。这种病潜伏期长，疼痛难忍，很难治疗。

我国《饮用水水质标准》(GB 5749—2006)规定，镉的含量不得大于0.01 mg/L，农业及渔业用水不大于0.005 mg/L。

3. 铬

铬(Cr)是一种较普遍的污染物，铬在水中以六价和三价两种形态存在，三价铬的毒性低，作为污染物质所指的主要是六价铬。

六价铬是卫生标准中的重要指标，饮用水中的浓度不得超过0.05 mg/L，农田和渔业用水应小于0.1 mg/L。

4. 铅

铅(Pb)对人体也是累积性毒物，当每日摄入量超过1.0 mg时，即可在体内产生明显累积作用，长期摄取会引起慢性中毒。

我国饮用水、农用及渔业用水都规定铅的含量应小于0.1 mg/L。

三、有机无毒物

有机无毒污染物多属于碳水化合物、蛋白质、脂肪等自然生成的有机物，它们易于生物降解,向稳定的无机物转化。在有氧条件下,由好氧微生物作用进行转化,其进程较快,产物多为 CO_2、H_2O 等稳定物质;在无氧条件下,则在厌氧微生物作用下进行转化,这一进程较慢,产物主要为 CH_4、CO_2 等稳定化合物,同时也有硫化氢、硫醇和粪臭素等有臭味的气体产生。

由于好氧微生物的呼吸要消耗水中的溶解氧,如微生物分解 1 mol 葡萄糖需要消耗 6 mol 氧。因此,当水中有机物浓度较高时,微生物耗氧量大,往往会使水中溶解氧耗尽,导致鱼类及其他水生生物死亡。

有机污染物的组成非常复杂,一般难以对其一一测定。因此,在实际应用中多采用 BOD、COD、TOC 和 TOD 等指标间接表示其含量。

四、有机有毒物

有机有毒污染物多属于人工合成的有机物,如有机氯农药、合成洗涤剂、合成染料等以及酚类化合物,取代苯类化合物、聚氯联苯和稠环芳烃等。

这一类物质的主要污染特征之一是比较稳定,不易被微生物所分解,所以称之为难降解有机污染物,其另一污染特征是它们都有害于人类健康,只是危害程度和作用方式不同而已。这一类物质中有些是致癌、致畸、致突变物质。

有机氯农药,如六六六、DDT,毒性较缓慢,残留时间长,并且能在水生生物体内高度富集。

聚氯联苯是近年来新提出的一类有机有毒物质。稠环芳烃是早已发现的一类致癌物质,其中较主要的是苯并芘等。这些物质都具有较强的稳定性,很难由微生物分解,并且可以通过食物链高倍地富集于高营养级生物(鱼、家禽、家畜和人)中。

有机氰化物(腈)可在水中离解为氰离子和氰氢酛,因此其毒性与无机氰化物同样强烈。

五、其他污染物

(一)放射性物质

水中所含有的放射性核素构成一种特殊的污染,它们总称为放射性污染。水体中的放射性污染物质也是通过食物链进入人体的,因此对天然水体和饮用水都规定了放射性物质的容许浓度。

放射性污染物主要是放出 α、β、γ 等射线损害人体组织,并可以蓄积在人体内部造成长期危害,促成贫血,白血球增生、恶性肿瘤等各种放射性病,严重者可危及生命。

(二)生物污染物质

生物污染物质主要是动物和人排泄的粪便,其中含有的细菌、病菌及寄生虫等,它能引起各种疾病的传染。这类污染物质往往与耗氧有机物混合在一起,耗氧有机物能提供病原微生物生存所需的营养。

(三)热污染

水体热污染指天然水体接受“热流出物”而使水温升高的现象。热污染使水体温度升高,增加其化学反应速率,导致水中有毒物质的毒性作用加大;水温升高还会降低水生生物的繁殖率,并使氧的溶解度下降。

第五节 河流污染与自净作用

河流污染是指排入河水中的污染物在数量上超过了该物质在河水中的环境容量,从而导致河水发生物理、化学上的变化,使水质恶化,破坏了河水固有的生态系统,影响了河水的正常功能。

造成河水污染的因素主要有:未经妥善处理的城市污水和工业废水;施用化肥、农药的农田和城市污染地面的径流水;随大气扩散的毒物通过重力沉降或降水而进入河中等,均可引起河水的污染。

受污染的河流经过一段时间后,由于物理、化学、生物等方面的作用,使污染物浓度降低,水体恢复到原有的状态,或者从最初的超过水质标准到最后降低到等于或低于水质标准,这种现象称为水体自净作用。

水体自净机理,包括沉淀、稀释、混合、挥发等物理过程,氧化还原、分解化合、吸附、凝聚、离子交换等化学和物理化学过程,以及厌氧和好氧的生物同化过程。各种过程可同时或接续发生,并互相影响和交织地进行。

(一)物理净化过程

污水或污染物排于水体之后,可沉淀的固体逐渐沉至水底形成底泥。悬浮胶体和溶解性污染物则因混合稀释而逐渐降低其在水中的浓度。

污水稀释的程度用稀释度来表示。所谓稀释度或稀释比就是参与和污水混合的河水流量与污水流量之比。污水排入河流后需流经一定的距离或时间,才能达到与全部河水的完全混合,因此这一比值在不同的位置是不同的,达到完全混合所需的时间受许多因素影响,主要有:河水流量与污水流量之比、河流水文条件及污水排放口的位置(岸边或河中)和型式(单点或多点排放)等。至于湖泊、水库、海湾达到完全混合更加困难,影响稀释的因素更多,如水流方向和速度、风向和风速、水温和潮汐等。

(二)化学净化过程

水体中通过多种化学或物理化学过程能去除水中的污染物。例如,通过氧化作用可使一些难溶性的硫化物形成溶解的硫酸盐;可溶的二价铁和二价锰可氧化成几乎不溶的三价铁和四价锰的氢氧化物或水合氧化物而沉淀河底;含有硅铝氧化物的胶体或蒙脱土、伊利土、高岭土等胶体能吸附各种阳、阴离子,包括重金属和放射性离子,还能吸附油类等其他污染物并发生化学凝聚而沉淀;随污水进入水体的洗涤剂、肥皂等表面活性剂,不仅其自身能形成泡沫浮至水面上而从水中去除,而且它们还能通过离子浮选作用捕集和挟带其他污染物,如重金属、放射性物质等从水中除去,泡沫的这种富集污染物的作用,对水中放射性和重金属的富集倍数有时可达3~4个数量级。

(三)生物净化过程

河流中呈悬浮胶体和溶解状态的有机污染物,在有溶解氧的条件下,被好氧微生物氧化降解为简单的和稳定的无机物,如水、二氧化碳、氨氮和磷酸盐等。氨氮再由硝化菌作用转变成硝酸盐。好氧生物净化过程中所消耗的溶解氧,由水面复氧和水体中水生植物的光合作用产生的氧来补充,即耗氧和复氧过程同时进行。在有机污染物排入水体的前阶段,由于有机物浓度大和相应的耗氧量大而复氧量较小,导致水体中溶解氧(DO)浓度下降,后阶段由于复氧速率大于耗氧速率而使溶解氧浓度不断上升,如图 8-3 所示,对 BOD 变化曲线来说,当污水排入河中,在 0 点处 BOD 值急剧上升,高达 20 mg/L,随着河水的下流,有机污染物被分解,BOD 值逐渐降低,经过 7.5 d 后,又恢复到原来状态。

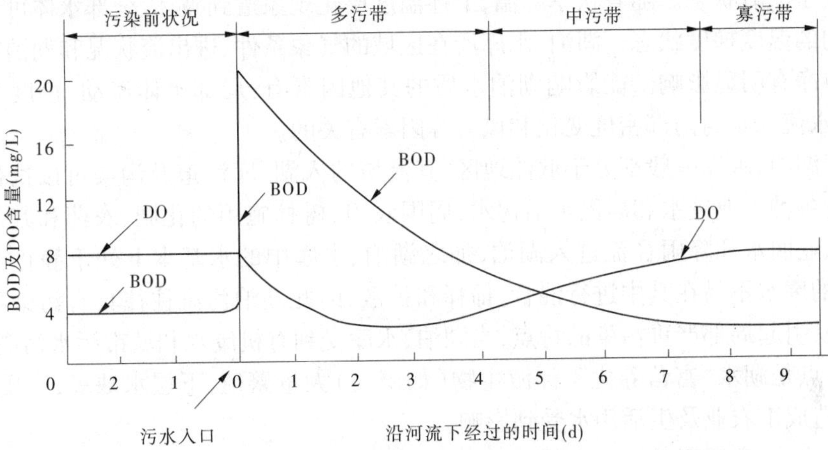

图 8-3　DO 与 BOD 变化曲线

对 DO 曲线来说,当污水排入河中,河水的溶解氧因有机物的好氧生化降解而逐渐下降,一直达到最小 DO 点(称为临界点或最大亏氧点)。在该点耗氧速率等于复氧速率;在该点之前,耗氧速率大于复氧速率,因而 DO 不断下降;而在该点之后,复氧速率大于耗氧速率,致使 DO 不断上升,以至最后恢复到原始值。

接纳大量有机污水的河流,从污水排放后,接 BOD 和 DO 曲线划分为三个相连接的河段(带),即严重污染的多污带、中等污染的中污带和污染较轻的寡污带,每一带除有各自的物理化学特点外,还有各自的生物学特点。

沉于水体底部的有机物则发生厌氧的生物降解过程,最后形成甲烷、二氧化碳、氨和硫化物等化合物。

第六节　湖泊、水库的污染和稀释扩散

湖泊是陆地上主要贮水洼地,是地面水的主要组成部分之一,它可分为天然湖泊和人工湖泊(水库)两大类型,俗称湖泊和水库。

我国面积在 1 km^2 以上的天然湖泊有 2 800 多个,总面积达 80 000 km^2 以上,与浙江省的面积相仿。新中国成立以来,全国兴建大、中、小型水库共计 86 000 多座,总库容量 4 080亿 m^3。我国天然湖泊和人工水库的淡水总贮量达 6 190 亿 m^3,占河川径流量的 22.9%。可见对这部分水的污染进行控制,具有重要意义。

湖泊、水库作为大的水体,其物理特性与溶解物质含量的变化都直接影响污染物的稀释扩散和自净能力。

水温和含盐量都可使水的密度发生变化,而温度的改变对水密度影响更为重要。随着水温的降低,水密度的变化与其他物质不同,不是连续不断的增加,而是在 4 ℃时出现最大值。另外,作为水体的温度变化,特别是在有年度季节性循环的温带地区,能够对水中各种物质的浓度产生显著影响。在深湖中,春季表面水层突然升温能产生水体的温度层化现象。最上层为湖面温水层,最下层为底温水层,中间有一温度突降的斜温水层;底温水层处于缺氧状态。随着秋季降温,上述温度层化现象遭到破坏,全部水体可认为处于比较均匀的温度梯度状态。湖泊、水库所在区域的气象条件、进出流状况和湖泊特性等都对水体自净有明显影响。能影响湖泊水质的其他因素有:局部水体流动、色度及透明度等,而湖水流动是与内部密度变化和风力等因素有关的。

由于湖泊、水库一般都处于低洼地区,其流域的入湖、库河道及沟渠可以携带流经地区厂矿的各种工业废水和居民生活污水,周围农田、树林施用的化肥、农药和其他污染物质可随农业回水和降雨径流进入湖泊,加之湖泊、水库中的水基本上处于静止或稳定状态,流入的废水不易在其中进行混合、稀释和扩散,因此湖泊污染往往具有污染物质种类复杂,且易引起局部严重污染的特点,当湖泊、水库受到有机废水和城市污水污染时,一个明显的特点是湖水"富营养化",浮游生物(如藻类)大量繁殖,下层水缺氧,水质变劣,水产下降,造成工农业及生活用水受到影响。

当湖泊、水库受到酸性废水(如酸雨、矿山等排水)污染时,则湖泊、水库的水质会发生酸化,不仅严重危害水生生物,甚至腐蚀其中的构筑物和管道。目前,北欧、北美的一些湖泊受到酸雨的影响而酸化,湖水的 pH 值降至 5.0 以下,使鱼类和其他水生生物死亡,从而变成死湖。另外,酸性湖水还使附近土壤溶出铁、锰、镁等金属,恶化地下水质。

当湖泊、水库受到重金属污染时,重金属一方面可在水生生物体内富集,经食物链危害人体;另一方面也可与一些阴离子反应沉淀进入湖底的底泥中。可见,进入湖内的污染物质可存在于水体、水生物和底部沉积物(底泥)三个相中。

废水入湖后,由于湖水基本处于静止或缓慢流动状态,且其密度一般较小,因此废水和湖泊、水库水混合缓慢,很易在受纳水体表面形成相当厚、相当大的污水场。为防止上述情况发生,使废水尽快在湖泊、水库中与之混合,可单独或合并使用下述各种方法:

(1)在许多不同地点排放少量废水。

(2)污水排放系统修建成许多个出口,每两个出口之间有适当距离,在设计时考虑尽量获得好的混合。

(3)出水口做成淹没式,使污水在湖(库)水中,尽量充分地进行垂直和水平分散。污水场的面积和形状是下列物理因素的函数:流量、出口喷嘴的直径、排出水的流速和方向及淹没深度、水流速度等,上述因素控制着污水场的厚度、水平分散以及稀释、混合的情况。

一、湖泊、水库的"富营养化"

(一)定义

听谓"富营养化",就是湖泊、水库水中所含营养物质增加到使该水体失去正常功能的程度。其实"富营养化"过程是湖泊演化过程的一种自然现象。在无人工干预的情况下，该过程十分缓慢，而人类活动则加速了其进程。

“富营养化”主要是由于向湖泊和水库中输入过多营养物（主要是氮、磷）造成的。一般认为，当湖泊、水库中总磷浓度高于0.02 mg/L，总氮浓度达0.2～0.5 mg/L以上时，即被视为“富营养化”水体。在“富营养化”时，水体中藻类异常增殖，水的透明度下降，下层水溶解氧降低并缺氧，水质恶化，以致湖泊水库的水资源无法利用。

从获得的水产品来看，在达“富营养化”之前的一定阶段，水体增加营养物质是一种有益的过程。适度营养型的湖泊或水库较富营养化型和贫营养型的湖泊或水库有较高的水产指标。

“富营养化”使水体出现“水华”，它是生态系统自行调节过程被破坏的结果，也就是生物群落中一种或几种藻类转变为优势种的结果。形成“水华”的藻类能分泌对水生生物乃至人类有害的毒物，且在其生命过程中，可使水环境碱化，死亡和转化为植物碎屑状态后，会影响水体深层充氧。因此，“水华”的出现，必然造成许多水生生物的死亡。

（二）营养物质的控制

作为一种自然生物过程，藻类繁殖本身似乎是不足以被人们注意的，然而事实却并非如此。我们知道藻类在光合作用时产氧，从而使水中溶解氧增高，并促使好氧生物氧化过程的进行和有机物的矿质化，最终对水体自净起良好作用。另外，藻类可从水体中吸取各种营养元素和被溶解的有机物，这对水体自净也是有利的。但当藻类过多时，便适得其反，水体由自净变成了自污。因此，必须控制藻类的过量增殖，其办法就是控制水中营养元素的含量。

一些人通过对蓝藻的研究，将藻类繁殖分成下述五个阶段：

（1）“水华”出现前，其生物量为2.5 g/m^3；

（2）“水华”初期繁殖阶段，其生物量为2.5～10 g/m^3；

（3）“水华”适度繁殖阶段，其生物量为50～500 g/m^3；

（4）“水华”过度繁殖阶段，其生物量为500～5 000 g/m^3；

（5）“水华”极盛繁殖阶段，藻类生物量超过5 000 g/m^3。

藻类利用过量营养元素，便繁殖强化，乃是湖泊和水库水生生态系统富集营养物质和有机物质反应的共同特征。为预防湖泊和水库“富营养化”，首先应当控制和减少营养物质进入其中，使营养物质限制在适于生物群落生长发育的最佳限度之内，即确定营养元素的最大容许浓度。

所谓营养元素的最大容许浓度，是可保证水生生态系统处于正常平衡状态，使浮游植物产量与所有消费者生物的年总消耗量相等时的浓度。营养元素的最大容许浓度，通常采用“未富营养化”湖泊和水库冬春季节到藻类大量繁殖之前的浓度。另外，不同生态地带的水域，某些营养元素的最大容许浓度是不同的。例如，苏联欧洲部分领土的湖泊、水库营养元素的容许浓度对贫营养型、中营养型和富营养型湖泊水库总氮平均值分别为0.3、0.6 mg/L和1.5 mg/L；总磷分别为0.02、0.08 mg/L和0.50 mg/L。

研究表明，水体环境中含量最少、最缺乏的那种营养元素的浓度，是浮游植物过度繁殖的限制性参数在水体中水生植物生长需要的营养元素氮和磷的比例是一定的，一般认为磷酸盐∶硝酸盐＝1∶8。因而确定在淡水湖泊、水库中，磷酸盐是限定因素。这是因为大多数水体中有蓝藻存在，蓝藻有固定大气中氮，从而增加水体中硝酸盐的作用。显然，磷酸盐靠陆地物质风化进入水体，难以达到与蓝藻生产的硝酸盐成所需比例的数量。在海水中因磷酸盐含量较多，氮往往为限制性营养物。在河口氮、磷两者均为限制性营养物。

日本湖泊氮、磷的环境标准如表8-5所示。

表8-5　日本湖泊氮和磷的环境标准

类型	利用目的	标准值（mg/L）	
		总氮	总磷
Ⅰ	自然环境保护	<0.1	<0.006
Ⅱ	自然水1、2、3级，水产3级，浴场	<0.2	<0.01
Ⅲ	水道3级（特殊的）	<0.4	<0.03
Ⅳ	农用水、水产3级、工业用水、环境保护	<0.6	<0.05

对已"富营养化"的湖泊水库要采取恢复措施，如排入湖泊水库的污水要进行三级处理，将富营养化的湖泊水库的水排出湖外，或引水入湖稀释，以及去除富含营养的底泥等。

二、底质污染

由于湖泊水库水流缓慢，甚至基本处于静止状态，入湖（库）的污染物很易随其他悬浮物一起沉于湖（库）底部。所以，湖泊水库底部的沉积物，包括流域的岩石风化产物、地面浸蚀物、生物有机残体、城市和工业废水的沉淀物以及人类活动产生的各种污染物。

湖泊、水库底质的主要成分有硅铝酸盐、黏土等无机悬浮物和有机悬浮物。重金属离子、腐殖质等。在底质中各种污染物以不同形式存在，例如重金属离子可能被吸附在黏土微粒上，可能与腐殖质螯合，也可能与磷酸根离子、铵离子和硫等反应形成难溶的沉淀物。

影响底质中污染物含量的主要因素如图8-4所示。

底质中的污染物对水体污染是一个不容忽视的问题。其中有机物质在微生物作用下，可向水体释放营养物质；无机物质如重金属在其环境发生变化时，也可能向水中逸出，例如沉积于底质中的无机汞，经生物作用发生甲基化，转化成甲基汞后溶于水中，并在水生食物链中富集。影响底质中污染物释放速度的条件主要有pH、溶解氧浓度，暴露面积等，但最主要的还是底质物质中的孔隙率多少和毛细孔的大小。

释放物质主要发生在底质上层大约10 cm范围内，以下部分则基本处于静止状态。当水中污染物得以去除时，由于底质与其上层水之间建立该污染物新的平衡，加速了底质中该污染物往水中的释放。

为此，控制底质对水体污染，必须控制底质中污染物的释放，其措施是：

（1）底质覆盖，即用薄膜覆盖或黏土覆盖；

（2）疏浚法，该法是控制湖泊或水库污染潜在危险的最积极方法；

（3）充氧法，因在厌氧条件下，底质释放出污染物的量比好氧条件约大10倍，所以充氧以减缓污染物的释放速度。最常用的是机械破坏层化技术，使底、面层水混合，防止底

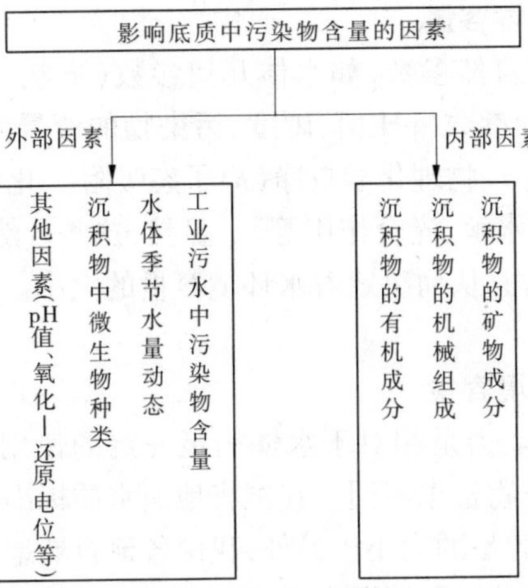

图 8-4　影响底质中污染物含量的主要因素

部水处于厌氧条件。

第七节　水环境容量基本概念

环境容量是指环境在满足特定功能下对污染的可承载负荷量,反映的是污染物在环境中的迁移、转化和积存规律。在实际应用中,环境容量是环境目标管理的基本依据,是环境规划的主要环境约束条件,也是污染物总量控制的关键参数。本节主要介绍环境容量中水环境容量的基本概念。

一、水环境容量的定义

水环境容量是指一定水体在使用功能不受破坏条件下所能容纳污染物的最大量。通常将在给定水域范围和水文水力条件,给定排污地点与方式,给定水质标准等条件,水域的允许纳污量(或排污口最大排放量)拟作水环境容量。

在理论上,水环境容量是水体自然特征参数和社会效益参数的多变量函数,可用函数关系表达为:

$$W_C = f(C_P、S、S'、Q、Q_E、t)$$

式中　W_C——水环境容量或允许纳污量,用污染物浓度乘水量表示,也可用污染总量表示;

C_P——水体中污染物的背景浓度;

S——水质标准;

S'——距离;

Q——水体流量;

Q_E——污水排放量;

t——时间。

水环境容量的大小与水体特征、水质目标和污染物特性等有关。

（一）水体特征与水环境容量

水体特征包含一系列自然参数，如水体几何参数（形状、大小）、水文参数（流量、流速、水温等）、地球化学背景参数（pH 值、硬度、污染物的背景值）、物理自净（挥发、稀释、扩散、沉降和分子态吸附等）、物理化学自净（离子态吸附）、化学自净（水解、氧化、光化学等）、生物降解（氧化还原、水解、光合作用等）。显然，这些自然参数决定着水体对污染物的扩散稀释能力和自净能力，从而决定着水环境容量的大小。因此，水环境容量是水体自然特征参数的函数。

（二）水质目标与水环境容量

水体对污染物的纳污能力是相对于水体满足一定的使用功能而言的。水的用途不同，允许存在于水体的污染物量也不同。我国将地面水质标准按用途分为五类，每类水体允许的标准影响着水环境容量的大小。另外，我国各地自然地理条件差异较大，经济技术水平亦不同，因此各地方应从实际情况出发，建立自己的切实可行的水质目标。水质标准的建立与水质目标的确定均带有明显的地方性、社会性，因此水环境容量又是社会效益参数的函数。

（三）污染物特性与水环境容量

一方面，污染物本身所具有的物化特性和在水体中的含量不同，水体对污染物的自净作用就不同；另一方面，不同污染物对水生生物的毒性作用及对人体健康的影响不同，允许存在于水体中的污染物量也不同。所以，针对不同的污染物有不同的水环境容量。

影响水环境容量除上述三种因素之外，还与污染物的排放位置和方式密切相关。当排污较集中时，水环境容量就相应减小；当排污位置分布均匀时，有较大的水环境容量。

二、水环境容量分类

根据不同应用机制，水环境容量分类如下。

（一）按水环境目标分类

（1）自然水环境容量。以污染物在水体中的标准值为水质目标，则水体的容许纳污量称为自然水环境容量。它反映了水体和污染物的客观性质，即反映水体以不造成对生态和人体健康不良影响为前提的污染物容纳能力，与人们的意愿无关，不受人为社会因素影响，具有客观性。

（2）管理水环境容量。以污染物在水体中的标准值为水质目标，则水体的允许纳污量称为管理水环境容量。它反映的是以满足人为规定的水质标准为约束条件，不仅与水体的自然属性有关，而且与技术、经济条件有关，具有主观性。

（二）按污染物降解机理分类

（1）稀释容量。污染物进入天然水体后，便在一定范围内两者相互混掺、污染物浓度由高变低，显然天然水体对污染物有一定的稀释纳污能力。水体这种通过物理稀释作用所能容纳污染物的量称为稀释容量。只要有稀释水量，就存在稀释容量。

稀释容量又分定常稀释容量和随机稀释容量两种。定常稀释容量是指在定常设计条件（包括水体流量、污水排放量和排放浓度等）下求得的稀释容量；随机稀释容量即考虑水文、排污量及排放浓度随机波动状况下，达到某一达标率的水环境容量。随机稀释容量比较真实地反映水文条件及污染源排放的随机波动状况,科学地给出了不同达标率的水体纳污能力和允许排放量。随机稀释容量是用一系列连续值来表示的,可以克服试图用一个(或有限个)数值来描述环境容量的弊端,突出了环境容量时空分布不均匀的特征,推进了环境风险决策,并为环境管理提供了更多选择和决策。

(2)自净容量。除稀释作用之外,水体通过物理、化学、物理化学、生物作用等对污染物所具有的降解或无害化能力,即表征为自净容量。自净容量反映水体对污染物的自净能力,若污染物主要为易降解有机物,则自净容量又称同化容量。只要污染物有衰减系数,就存在自净容量,即使在污水中也如此。

(三)按污染物性质分类

(1)耗氧有机物(或易降解有机物)水环境容量。耗氧有机物系指那些能被水体中的氧、氧化剂或微生物氧化分解变成简单的无毒物质的有机物,即能够比较容易被水体自净同化的有机物,例如 BOD、酚等。这类有机物显然有较大的水环境容量,通常所说的水环境容量主要指的就是这一部分容量。

(2)有毒有机物(或难降解有机物)水环境容量。这类有机物系指人工合成的毒性大、不易降解的有机物,例如有机氯农药、多氯联苯等合成有机物,它们的化学稳定性极高、在自然界中完全分解所需的时间长达 10 年以上。有毒有机物水环境容量的特点是同化容量甚微,一般只考虑稀释容量;这类污染物主要应消除其污染源,开发利用它们的水环境容量应慎重。

(3)重金属水环境容量。重金属可被水体稀释到阈值以下,从这个角度讲,重金属有水环境容量。但是,重金属是保守性污染物质,在水体中只存在形态变化与相的转移,不能被分解;所以,重金属没有同化容量。这类污染物不论排放去向和方式如何,均应严格控制在污染源。

(四)按容量的可再生性分类

可再生性是指水体对污染物的同化能力,而水体的稀释、迁移、扩散能力则属于非再生性。

(1)可更新容量。即水体对污染物的降解自净容量或无害化容量(如耗氧有机物水环境容量就是可更新容量),是可以不断再生的容量,如果控制和利用得当,又是可以永续利用的水环境容量。我们通常所说的利用水体自净能力,就是指这部分可更新容量。但是,可更新容量的超负荷开发利用,同样会造成水环境污染。因此,要合理利用这一部分水环境容量。

(2)不可更新容量。在自然条件下,水体对不可降解或长时期只能微量降解的污染物所具有的容量,称不可更新容量。这部分容量的恢复,只表现在污染物的迁移、吸附、沉积和相的转移,在大环境水体中的总数量不变。例如,重金属和许多人工合成有毒有机物的水环境容量就属于不可更新容量。对这部分容量应立足于保护,不宜强调开发利用。

另外,水环境容量还可以按容量的可分配性分为不可分配环境容量和可分配环境容量。在自然水体中,点污染源、面污染源、自然污染源等对水体中的总污染负荷都有所“贡献”,都要占用相应的水环境容量。但是,自然污染源非人为所能控制,因而所占用的环境容量也就不可再分配使用。面污染源要改变目前现状,往往需要花费很大的财力、物力和很长的时间，因而其所占用的环境容量实际上也是难以再分配使用的。点污染源实际上也不是全部都能被控制改变的，可控制的污染物主要是点污染源中的工业污染源和部分生活污染源。这种可控制的污染物所占用的环境容量即是可分配环境容量。总量控制负荷分配中实际可使用的容量也只有可分配环境容量。

三、水环境容量基本特征

（一）地带性

天然水体分布在不同的地理环境和地球化学环境中，在不同的水文、气象条件下运动，决定了不同地带的水体对污染物有着不同的物理自净、化学自净和生物自净能力。从而决定了水环境容量具有明显的地带性特征。例如，我国的南方地区，多处于丰水带和多水带，河网密集，水体总径流比北方的大，对污染物的物理稀释作用就比北方的强；而且，南方的气温和湿度都比北方高，水体的化学活性和生物活性也比北方强，因而水体对污染物的化学自净能力和生物自净能力也高于北方。所以，我国南方水体的耗氧有机物水环境容量一般多大于北方的水体。但由于北方水体的 pH 值大，硬度高，重金属活性微弱，迁移能力减弱，因此北方的水体有利于发挥对重金属的物理自净作用。

除自然环境地带性对水环境容量有影响外，人为社会环境特征对水环境容量的影响更为强烈。未受人类活动影响或影响甚微的地带，水体基本保持在背景浓度的水平、环境容量的丰度很大。而受人类活动影响较大的水体，如位于城市附近的大江大河局部江段，污染严重，水环境容量的丰度较低。就我国大多数位于城市附近的水体而言，水环境容量开发强度已经超过或接近水体纳污能力，水环境容量应立足于保护。

（二）资源性

自然资源是指为满足人类的生活和生产需要而被利用的一切自然物质和能量。水环境容量也是一种自然资源，因为它具有降解水中污染物的动能、化学能和生物能。既然是资源，就具有价值。水环境容量的价值具体表现为：通过容量所包含对污染物缓冲作用的潜能，水体中即使具有一定的污染物也能满足人类生活和生产活动的需要；可以部分地代替人工污水处理，减轻污水处理负担，从而降低了水污染治理的投资。

虽然水环境容量是一种资源，可以节省水污染控制费用，但它又是一种有限的资源，是可以被耗尽的，不能滥加开发利用。因为水环境容量资源中只有一部分可更新，并且它的更新与恢复主要依靠自然力，其人工可调性是很微弱的；容量资源开发一旦超过容许界限，也就是说，污染物流入天然水体的量超过了水体的自净作用，容量资源的恢复就十分困难，就会引起水体污染。所以，必须用保护、可持续利用的观点，适度开发利用水环境容量资源。

（三）不均衡性

水环境容量并不是一个抽象的概念，而是具体针对某一类污染物来说的。由于污染物在水体中的迁移转化途径多种多样，例如稀释、吸附沉淀、脱附、化学转化（光化学、水解、氧化还原、络合等）、生物转化（好氧、厌氧、兼性过程）等，不同性质的污染物对各类迁移转化的响应程度很大，决定了水环境容量对污染物的不均衡特征。例如，大多数耗氧有机物可被生物降解为无害物，耗氧有机物水环境容量的丰度很高；有毒有机物常吸附于颗粒物或底泥中，很多有毒有机物可转化为另一种有毒化合物，有一些则抗生物降解，产生生物富集有毒有机物，使水环境容量的丰度很低；对重金属，由于只存在形态变化与相的转移，它的水环境容量丰度甚微。

第八节　水体环境质量评价

一、环境质量评价概述

（一）环境质量评价及类型

环境保护所研究的环境，主要是指受到人为污染的环境。环境质量就是环境要素的洁净度或受到污染的程度。环境质量评价就是对环境要素的优劣进行定量的描述，通过评价以期能准确反映出环境污染的现状，摸清环境质量发展变化的规律，为环境治理和规划提供依据。

环境质量评价按照时间可分为回顾评价、现状评价和影响评价三种类型：

（1）回顾评价。根据一个地区历年积累的环境资料进行评价，据此可以回顾一个地区环境质量的发展演变过程。

（2）现状评价。根据环境监测资料及污染源调查等，对一个地区的环境质量现状进行评价。

（3）影响评价。根据一个地区的经济发展规划，预测该地区将来的环境质量变化，称为预断评价。通常把预估一个建设项目将来的环境影响，称为环境影响评价。国外在这方面已经做了大量研究工作，我国正在加速这项工作的进行。

按照环境要素分，环境质量评价包括大气环境质量评价、水体环境质量评价、土壤环境质量评价等。对一个地区的各环境要素进行综合评价称为区域环境质量评价。

（二）环境质量评价的原则和方法

环境质量评价是环境保护的一项基础工作和先行工作。开展环境质量评价工作，必须把握下述几条基本原则：

（1）环境保护是我国的一项基本国策，因此环境质量评价工作是一项严肃的工作，必须以国家宪法为依据，以环境保护法及有关环境保护的单项法规和条例等，作为环境质量评价的指导方针。

（2）国家颁布的各项环境质量标准和污染物排放标准，作为环境质量评价的等级尺度。

环境质量评价的方法如下：

（1）通过污染源等调查和实际监测数据，运用数学方法将表示环境质量的各个指标进行归纳整理，一般采用指数方法表示污染程度。这种方法能给人以直观简明的数量概念，但相对只能表示静态污染的状况。

（2）研究污染物的迁移转化规律，建立数学模型，进行预测和实时控制及规划。这种方法的特点是能够表示出环境污染的动态变化过程及规律。

（三）环境质量评价的基本步骤

（1）收集、整理分析环境的监测数据及污染源调查等资料。

（2）根据环境功能目标及评价目的，确定环境质量评价的要素或参数。

（3）选择评价方法或建立评价的数学模式，制定环境质量指数。

（4）利用制定的评价方法及环境质量指数，对环境质量进行等级划分或类型划分，提出环境质量评价的结论。

二、地表水环境质量现状评价

（一）评价依据

地表水环境质量现状评价，首先要根据评价的目的和要求，选用相应的评价标准作为评价依据，同时还要有相应的评价方法。由于国内外用于地表水环境质量现状评价的水质指数方法较多，因此如果所选评价标准和方法不同。那么对同一个水质的评价就很可能得出不同的结果，这不仅带来认识上的混乱，也使各地的水质监测资料难于进行统一的比较，因而影响环境的规划和管理工作。

国家标准《地表水环境质量标准》（GB 3838—2002）（见附录1）的颁布实施，为地表水环境质量评价提供了法定依据，它是具有法规性的技术指标和准则。

（二）评价分级

地表水环境质量分级，依据地表水水域环境功能和保护目标共划分为五类（各类水质要求详见附录1的表1～表5）。

Ⅰ类：主要适用于源头水、国家自然保护区；

Ⅱ类：主要适用于集中式生活饮用水地表水源地一级保护区、珍稀水生生物栖息地、鱼虾类产卵场、仔稚幼鱼的索饵场等；

Ⅲ类：主要适用于集中式生活饮用水地表水源地二级保护区、鱼虾类越冬场、洄游通道、水产养殖区等渔业水域及游泳区；

Ⅳ类：主要适用于一般工业用水区及人体非直接接触的娱乐用水区；

Ⅴ类：主要适用于农业用水区及一般景观要求水域。

（三）评价方法

对地表水环境质量进行评价，首先应该选取评价因子，即把影响评价区域地表水水质状况的各个重要因素作为评价指标，然后对所选取的指标逐一进行单因素评价，在此基础上再确定各评价样点所代表河段的综合水质指数。具体内容见《水质监测与评价》课程。

三、地表水环境影响评价

（一）环境影响评价概述

长期以来，人们对于人类活动所造成的环境影响，往往处于被动防治的局面。也就是环境被污染或破坏之后，再去采取补救措施。许多国家在区域经济开发过程中，就曾走过了这种先生产、后保护的弯路。尤其是第二次世界大战以来，许多国家急于恢复经济，偏重工业开发速度，过多追求微观经济效益，忽视环境保护，造成环境保护工作远远落后于经济开发的局面，结果导致了50年代举世震惊的污染公害的泛滥。工业发达国家在付出了沉重的代价及遭到公众的强烈抗议后,认识到环境保护的迫切性,采取了大量补救措施,取得了一些成效。发展中国家也起而效之,在区域开发的初期就多注意考虑经济发展与环境保护的相互协调,以免重蹈发达国家的覆辙。从当今世界各国区域开发建设过程来看,把环境保护作为一项基本发展目标,追求经济、社会与生态环境的协调发展,已成为普遍趋势。人们从实践中逐渐认识到:由于建设项目对环境的影响,有些属于不可逆变化,事后很难补救,因此人们便积极探索事先防止环境可能遭到污染破坏的种种途径和方法,环境影响评价正是适应这一需要应运而生的一种实用技术。

环境影响评价实质上是预测一个拟建项目对未来环境质量所造成的影响。环境影响评价作为制度,首先由美国于 1969 年提出,随后瑞典、法国、英国、日本、加拿大、澳大利亚、新西兰等国都建立了各自的环境影响评价制度;20 世纪 70 年代后期,一些发展中国家也纷纷建立了环境影响评价制度;现在世界上有 80 多个国家把环境影响评价技术用于污染防治、环境治理与规划等方面。

我国已经把环境影响评价作为一项制度纳入国家的环境保护法规,这就从法律上明确规定了环境影响评价是开发建设项目可行性研究的一个重要组成部分,因此对环境有影响的一切基本建设项目及改建、扩建都必须执行环境影响报告书(表)的审批制度。这样对建设项目不仅要进行经济效益论证,还必须要有环境效益的评价。

(二)地表水环境影响评价的工作程序

地表水环境影响评价实质上是对拟建项目投产后所造成的水体污染状况作出预估,又称预断评价,其工作程序如图 8-5 所示。

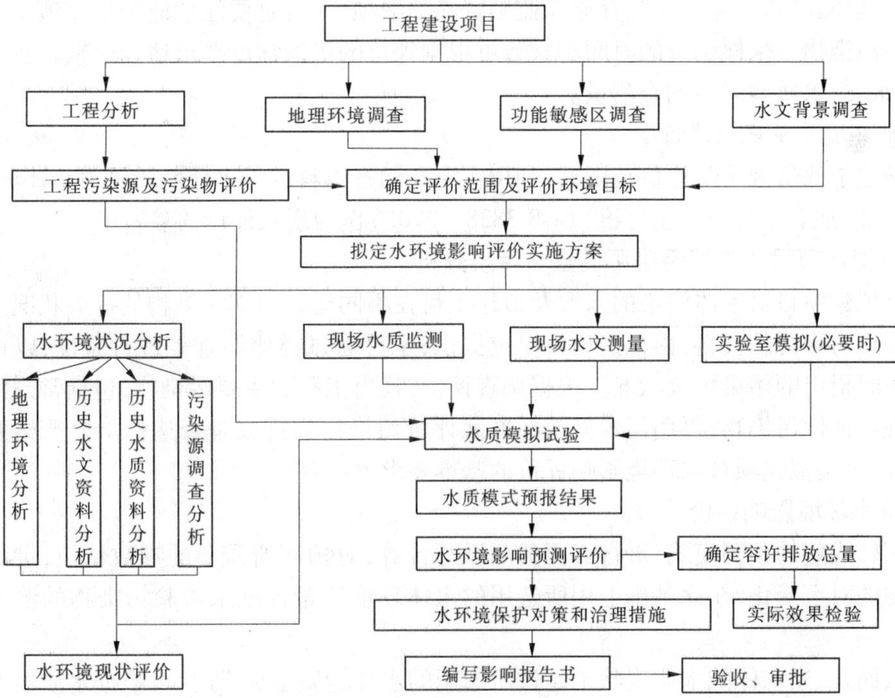

图 8-5 地表水环境影响评价工作程序

地表水环境评价的工作程序一般包括下列内容：

(1)评价区域的环境现状调查，包括：①地理环境调查；②水文水情要素背景调查；③污染源调查；④水质污染的现状调查；⑤水体功能和相应的环境标准的确定。

(2)拟建项目对水体的污染和预测评价，包括：①工程污染源及污染物评价；②根据调查审核工程申报时提出的污染排放状况；③污染预测；④水环境影响评价。

(3)编制水环境影响报告书，提出环境保护对策。

(三)水环境污染现状调查

1. 目的意义

(1)作为背景监测，摸清水环境容量。

(2)说明环境污染现状，以便拟建项目投产后，对环境作事后验证和回顾性评价，万一将来出了问题，亦可分清责任和原因。

2. 调查方法

(1)现有水文、水质等资料的调查收集。要尽可能利用有关监测单位现有的水质监测资料，监测资料的技术要求要基本一致；监测数据资料要有代表性，即枯水期、平水期、丰水期的水质监测资料及相应的水文资料都要具备。

(2)野外实地调查监测。如果现有资料欠缺，不能满足评价工作需要，则要进行实地监测以弥补不足。实地监测增补资料的重点应着重以下几个方面：

第一，在拟建项目对水环境可能影响的范围内，如果原先的监测布点不够，应增加监测点，进行实测，尤其在功能敏感区的采样布点要加强。

第二，监测的重点应放在弥补原先监测资料的缺项，尤其是要注意监测拟建项目的工程特征性污染物。采样调查的时间和次数可根据评价的等级深度要求适当增减。在监测过程中，水文、水质要同步调查测量。

3. 水环境质量现状评价

在确定了评价因子和评价范围后，利用实测和调查资料进行水环境质量现状评价，可以国家标准《地表水环境质量标准》(GB 3838—2002)作为现状评价的参考依据。

(四)拟建项目的工程污染源调查与污染分析

调查拟建项目对水体污染的来源及拟建项目在不同运转时期污染物的排放状况。拟建项目工程污染源的资料，由拟建项目单位提供；也可通过类比调查等进行验证，以审核工程申报时提出的污染排放状况。根据调查评价，找出工程的主要污染物，包括常规污染物和工程特征性污染物；再用污水排放标准来评价污染物的排放是否达标。要严格要求达标排放，这是拟建项目水环境影响评价的基本要求之一。

(五)水环境影响评价

选用较成熟的预测模式，进行必要的测试与计算，对预测所需要的参数估值，进而预侧污染物的时空变化，在此基础上用所选用的水体环境质量标准来检验污染物的浓度是否超标。

一般而言，当水体的水质现状未超过所选用的水环境质量标准时，可根据水质模型来预测推算拟建项目投产后所引起的水质污染状况是否超标，进而在确定水环境允许容量的基础上，严格规定拟建项目的污染物排放量。

当现有的水质污染状况已经达到或超过水环境质量标准时，原则上应该重点积极治理和改造现有的污染企业，同时严格控制有污染的建设项目上马。一般是利用水质模型作预测分析，按所选用的水环境质量标准来推求水体的纳污能力，由此确定控制水污染的污染排放总量。就有机污染而言，可根据最大的容许氧亏来推求计算河流的最大允许排污量，进而把应该消减的排污量分配到沿河流水体排污的各厂矿企业，同时严格控制新建项目的污染排放量，使水环境符合标准。

(六)环境污染的防治对策

根据建设项目对水体的污染分析以及水环境影响评价的结果，就建设项目对水体可能造成的污染，提出相应的环境对策和防治措施，并用环境经济学的方法，分析环境对策和措施的合理性与可行性。

思考题

8-1　什么是水污染？其主要危害有哪些方面？

8-2　城市水污染的主要原因是什么？

8-3　反映水污染的主要指标有哪些？各自含义是什么？

8-4　城市水体的点污染源和面污染源主要有哪些方面？

8-5　水体的污染物按性质分为哪几类？

8-6　什么是水体的自净作用？它是如何实现自净的？

8-7　什么是水体的“富营养化”？其后果如何？

8-8　什么是水环境容量？它有哪些基本特征？

8-9　什么是环境质量评价？地表水环境质量评价的等级标准是什么？

8-10　为什么要进行建设项目的水环境影响评价？评价的程序是什么？

第九章　城市水污染防治和水环境治理规划

学习目标与要求　学习了解城市水污染防治目标和任务，初步理解城市水环境治理规划的方法和指标体系，了解城市污水的处理途径，为专业课程学习奠定基础。

第一节　概　述

一、我国城市水污染状况

目前，水污染已经成为世界最严重的环境问题，引起全世界的普遍关注。我国的水资源紧缺已经严重制约着社会经济的可持续发展，日益严重的水污染更是给人民群众的日常生活带来了一个很大的难题。如何处置城市污水，使其得到再循环利用，是目前人们普遍关注的问题。

据环境部门监测，全国城镇每天至少有 1 亿 t 污水未经处理直接排入水体。全国七大水系中一半以上河段水质受到污染，全国 1/3 的水体不适于鱼类生存，1/4 的水体不适于灌溉，90% 的城市水域污染严重，50% 的城镇水源不符合饮用水标准，40% 的水源已不能饮用，南方城市总缺水量的 60% ~70% 是由于水源污染造成的。

截至 1996 年底，全国 600 余座城市年排水量为 353 亿 m^3，处理量为 83 亿 m^3，处理率仅 23%。城市市政系统年纳污水 209 亿 m^3，建有城市污水处理厂 153 座，集中处理量为 23.8 亿 m^3，处理率为 11.4%。尽管全国每年新增城市污水处理能力 3 亿 m^3，但仍以每年处理能力缺口 21 亿 m^3 的速度在不断增大。

《国家环境保护"九五"计划和 2010 年远景目标》要求，到 2002 年，全国要新增城市污水处理能力 2 000 万 t/d，集中处理率达 25%。据测算，仅污水处理厂的配套管网投资将达 850 亿元，至 2010 年，城市集中污水处理率将达 40%。预计将新增城市污水处理厂 1 000 余座。

我国每年约有 1/3 的工业废水和 90% 以上的生活污水未经处理就排入水域，全国有监测的 1 200 多条河流中，目前 850 多条受到污染，90% 以上的城市水域也遭到污染，致使许多河段鱼虾绝迹，符合国家一级和二级水质标准的河流仅占 32.2%。污染正由浅层向深层发展，地下水和近海域海水也正在受到污染，我们能够饮用和使用的水正在不知不觉地减少。

二、我国水污染防治的策略和采取的主要措施

水污染防治的基本策略是以防为主、防治结合、多管齐下。采取的主要技术措施有以下几个方面。

1. 推行清洁生产工艺、发展节水型工业

推行清洁生产工艺能减少污染，降低成本，节约能源，它不仅是防止水污染的最佳途径，而且是可持续发展的方向下工业生产发展所必须遵循的道路。

目前，我国的水资源利用一方面很紧张，另一方面浪费却十分惊人。同工业发达国家相比，单位产品耗水量很高。以钢铁工业为例，我国的平均吨钢产品耗水量为 70 ~ 100 t。首都钢铁公司和宝山钢铁公司是我国较先进的钢铁联合企业，其吨钢产品耗水量分别为 25 m^3 和 7 m^3，比平均耗水量节约 3/4 ~ 9/10。而法国、美国、日本三国的吨钢产品耗水量分别为 3.75 m^3、4 m^3、2.1 m^3，仅为我国平均水平的 1/50 ~ 1/18。由此可见，发展节水型工业是节约水资源、减少排污量、防止水污染的重要途径。

发展节水型工业的具体措施有以下三方面：

(1) 采用先进工艺技术。如以气冷设备代替水冷设备，以逆流漂洗系统代替顺流漂洗系统，以压力淋洗系统代替重力淋洗系统，可以使用水量节省 20% ~ 90%。

(2) 发展工业用水的重复使用和循环使用系统。工业冷却水、洗涤用水量大面广，其重复使用和循环使用已经有很多的成功经验应大力推广。

(3) 改进设备、加强管理、杜绝浪费。目前很多工厂设备老化，管理不善，跑冒滴漏现象严重。据估计其浪费水量占总耗水量的 20% ~ 30%。应予以高度重视。

2. 加快城市污水处理厂的建设

水污染主要是由城市生活污水和工业废水任意排放所造成的，修建城市污水处理设施对污水进行治理，是防止水污染，保护水资源的关键措施。

在世界工业发达国家，除了大型的集中工业或工业区采用独立的废水处理外，对于大量的中、小型工业企业的工业废水，大多倾向于采取综合治理方案，即与城市生活污水共同处理的方案，由市政部门设统一的城市污水处理厂。各工业企业的工业废水，在厂内经过必要的预处理，并达到排放标准后，排入城市下水道，与生活污水共同处理。这样做的优点是：建设与运行费用低、处理效果好、占地面积小，不影响环境卫生，易于管理，节省监理人员。借鉴国外的成功经验，加快城市污水处理厂的建设，是防治水污染的当务之急。

污水处理设施，特别是二级三级处理厂，其建设和运行费用都很高，对城市污水处理厂的建设应因地制宜，合理规划，优化设计，通过多方案在经济、技术、环境、社会等方面的对比研究，择优实施，以使污水治理的投入最小，环境效益和社会效益最佳。在有条件的地方应优先采用天然生物净化系统，合理利用环境的自然净化能力。

3. 大力发展城市污水资源化

我国是一个水资源贫乏的国家，大力发展城市污水资源化，是防治水污染、节约水资源的有效途径。城市污水水质较工业冷却水或洗涤水要复杂得多，但通过有效净化手段可以使其再生且回用于某些用途，如用于农业灌溉；用作工业冷却用水、洗涤用水或工艺用水；用于市政，如灌溉绿地和公园、浇洒道路、洗涤车辆、用作消防等；也可用来补给地下水，防止地下水位的下降或海水的入侵等。对于缺乏水资源的城市，城市污水资源化，往往比从丰水地区远距离引水更经济，且减轻了水环境的污染，缓解了水资源的紧张。

4. 积极研究和开发污水处理新技术

依靠科技进步，积极研究并不断开发处理功能强、出水水质好、基础投资少、能耗及运行费用低、操作维护简单、处理效果稳定的污水处理新技术和新流程，对于水污染防治具有至关重要的作用。

此外，水污染防治还必须加强和完善各项管理措施，包括水环境立法管理、水资源管理和水环境规划管理，设立专门机构，实施监督、执法的权力，是防止水污染、保护水资源必不可少的条件。

三、改善我国水环境的对策与措施

（一）走可持续发展之路，经济发展与资源、环境相协调

我国水环境总体恶化，形势严峻，其发展态势令人忧虑。实践证明，以环境换发展，先污染后治理的路是行不通的。必须在全社会树立水资源与水环境的忧患意识，走可持续发展之路，使经济发展水平与资源条件、环境状况相适应。对于污染严重地区，应将改善水环境作为区域社会发展的首要目标，果断地关停严重污染环境的小企业，加大污染治理力度。

（二）健全水环境监测网络，实行动态监测、区域联防

水环境监测网络是防治水污染、改善水环境的尖兵与耳目，应该优先建设，先行发展。重点加强现场测试能力与快速反应能力，在有条件地区建设自动测报与预警系统。对跨界河流与重大污染事故实行动态监测，定期向社会公布水环境信息。近期应加强省际边界水体的监测，积极开展跨省的污染防治。

（三）建立流域与区域相结合的管理系统，实现水量水质统一管理

流域是一个完整的水资源系统，水环境状况是流域水资源管理和重要指标。当前应加强流域水资源保护机构的作用，发挥水利部门水量水质同步监测、统一管理、联合调度、改善流域水环境。

（四）实施总量控制，严格排污管理

减少污染物排放是改善水环境的根本措施，最有效的办法是根据流域水环境容量制定污染物允许排放量，控制进入江河湖库的污染物。将排污总量指标层层分解，由县以上人民政府根据上级政府制订的污染物控制计划，组织制订辖区内排污总量控制计划，并将排污总量指标分解到每个排污单位，纳入目标责任制管理，同时加强对入河排污口的监督性监测与管理，控制退水中污染物总量不超过规定指标。

（五）依法治污，完善水环境治理的法规体系

依法治污是改善我国水环境的关键所在，应在《水法》、《水污染防治法》的指导下，比照淮河流域的模式，健全流域治理领导机构，制定流域及区域水污染规划及各种配套法规，使水环境工作法制化、制度化。

（六）团结协作，科学法理

水利、环保、农业、城建等各部门团结协作，是治理水污染、改善水环境的组织保证，应各司其职，各用所长，统一规划，统一目标，统一行动，统一调度。水环境是一个复杂的大系统，涉及自然、社会、环境诸多因素，增加治理措施的科技含量和理论依据是当务之急，应逐年安排关键问题与关键技术的科技攻关，指导治理工作。

第二节　城市水污染防治的目标与任务

一、城市水污染防治的目的意义

我国城市的水污染防治虽已走过了30多年的历程，实施了一些有效措施，一部分水污染问题得到了缓解和控制，从中也积累了许多宝贵经验。但是，仍然有许多亟待解决的问题，诸如：

(1)不少城市缺水严重，由于水环境污染仍未得到全面控制，优质水资源遭到污染，更加剧了可利用的水资源短缺、使城市的可持续发展受到制约，人民生活或受到严重影响。

(2)城市污水排放总量日益增长，而处理率很低，致使城市河、湖、水库严重污染，既影响城市供水水源地(地表的和地下的)的水质，又使城市景观、人民身体健康与生活的质量受到损害。

(3)尽管历年为控制工业废水污染采取了一些有效措施，加强了预处理和水的重复循环回用，对污染严重的工厂实行了限期治理及关、停、并、转，但工业废水仍然是水环境的重要污染源。

(4)随着城郊农村的发展，规模化畜禽养殖业的废物及废水、乡镇企业废水及生活污水排放量急速增加，成为新兴的重要污染源。

因此，制定适合城市具体情况的、全面的、优化的城市水资源保护与水污染防治规划是一项十分迫切而重要的任务，也是决定城市可持续发展的战略任务之一。城市水资源保护与水污染防治的总体规划将能使城市水污染防治的费用最省、效果最优，对改善城市水环境质量，逐步实现长期良好生态目标产生重大效益，从而确保城市可持续发展所需要的水资源和水环境。在研究和制定此总体规划时应紧紧抓住城市存在的重点问题，如对城市地表及地下饮用水源地的保护提出水质目标及各项保护对策和措施，并对所需费用及效益进行分析；确定工业污染源的污染物排放量、组分及其时空分布，提出防治工业污染的各种对策、措施与所需费用及效益；确定农村污染源(含化肥、农药、畜禽养殖业、乡镇企业废水及乡镇生活污水)的污染排放量、性质及时空分布，提出污染控制的各项对策、措施及效益；对城市雨洪水排水系统，城市污水(含工业废水和生活污水)排水系统，城市粪便收集、处理与处置系统，城市污水处理厂，以及处理后出水再利用等进行规划，提出建设顺序、规划、基建投资分配等。同时，在确定规划推荐方案时应考虑水质管理与水资源的开发和利用的协调，水污染防治与城市建设总体规划以及城市社会经济发展总体规划的协调，以及环境保护与水利、农业、工业、市政、环境卫生、公用事业、园林绿化等部门的协调，并应纳入城市建设总体规划之中，与上述各部门的专业规划同步实施。

二、制定城市水污染防治规划的指导思想

(1)应以可持续发展战略作为指导思想，贯彻国家有关经济建设、城镇建设与水资源合理开发利用、水污染防治及环境保护协调、发展的方针。

(2)应贯彻防治结合、预防为主的方针。对于已经受污染的水体,应尽快着手整治,对于尚未受污染或污染尚不严重的水体,则应加强预防措施。

(3)应特别重视水资源的合理开发与利用,这对缺水城市尤为重要。要把节水(城市节水、工业节水和农业节水),污水资源化及开发跨域引水工程结合起来,作为长期的重大战略措施。应重视把污水开发成为稳定可靠的水资源,加以再生利用。

(4)总体规划中确定的水质目标,既要考虑城市的近期要求,也要考虑到中长期的要求,还应根据财政支撑能力,对水污染防治与水质改善措施作出相应的分阶段规划方案与实施计划。

(5)制定规划既要研究、总结、吸收国外近40年来防治水污染的基本经验和科技进步成果,又要结合实际情况和条件,以便确定技术上行之有效、经济上合理的规划方案与对策、措施。

(6)对于工业废水污染,应强调源头控制,发展清洁生产,实施废物减量化和生产全过程控制,达到节水减污的目的,并与厂外集中处理相结合。

(7)要十分重视农村污染的防治,特别是那些位于重要饮用水源地的农村污染,应提倡化肥农药的合理利用,减少其对环境的污染。对畜禽排泄物、乡镇企业废水及村镇生活污水等应采取有效措施进行处理及利用,实现农村的良性生态循环。

(8)应贯彻集中处理与分散处理相结合的原则,把完善城市雨水污水收集系统和建设城市污水处理厂作为防治水污染的重要手段。应遵循上游下游的治理相结合、优先保护集中饮用水源地保护区的原则,城市污水处理厂应根据污水再生利用的需要规划建设。

三、城市水污染防治的目标

(1)加强地表和地下水源的保护,确保城市安全用水。

(2)还清于市区河道、湖泊的水质,恢复其美好观赡与景色。

(3)保护并恢复沿海城市海域水体的有效使用功能,如自然保护区、珍稀濒危海生动植物保护区、海产养殖区、公共浴泳区、海上娱乐休闲活动区、海水工业利用区、盐场等。

四、城市水污染防治的任务

(1)调查清楚各类污染源(工业、农业、生活、点源、非点源)排放的污染负荷及其分布与发展趋势(现状与预测)。

(2)提出控制各类污染源(如工业废水、生活污水、畜禽粪尿、农药、化肥、污泥、径流)的对策与措施。

(3)加强城市污水的收集、输送与集中处理和利用。对城市污水、雨水排水系统,污水处理厂及其出水的再生利用进行周密全面的规划与设计。

第三节　制定水污染防治规划的方法

制定城市水污染防治规划的基本方法是:在调查摸清城市水环境现状及各类污染源状况的基础上,运用系统工程的方法及数学模型,对城市水环境的水质及各类污染负荷在城市规划期内可能发生的变化进行预测,为实现城市既定的环境保护目标,对城市的水资源保护及水污染防治进行全面、系统的规划,并制订出系列专项规划方案,包括工业污染防治,农村污染防治、饮用水源地保护、城市水体污染防治、城市废水治理、水资源开发与利用规划等。这些规划方案均应与总体规划中的水质目标相一致,并通过水质模型及实测的水体水质进行验证。采用费用效益分析进行多方案比较与评价,在综合评价的基础上形成具有良好可操作性,且经济有效的最优规划方案。

制定城市水污染防治与水质管理规划的工作程序如图 9-1 所示,一般分为三个阶段进行:

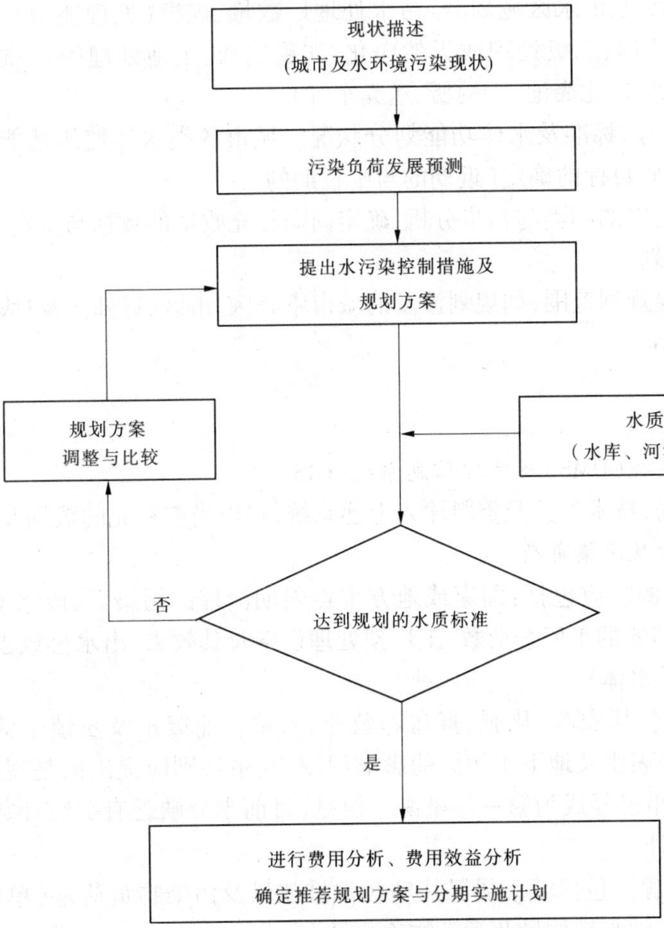

图 9-1　城市水污染防治与管理规划工作程序

一、第一阶段

第一阶段是收集现有的有关资料,并进行总结分析。

(1)城市自然条件。地理位置、地形地貌、气候、气温、降雨量、风向、面积与分区等。

(2)人口现状。市区人口、乡镇人口、常住人口、流动人口、人口密度与空间分布、自然增长率和迁移增长率、人口预测等。

(3)城市建设总体规划。城市的规模、性质,城镇体系(如规划市区、卫星城或县城、中心镇、一般建制镇等),城市建设用地性质(居民住宅、公共建筑、工业)等。

(4)社会经济发展现状及预测。包括国民生产总值、工业结构、产值分布特征、产业结构、不同产业的分布特征、工业发展速度(现状与预测值)、国内生产总值的发展速度(现状与预测值)等。

(5)环境污染与环境保护现状。污染源、污染物性质、污染途径、水体特征(水文的、水力的)、水质监测状况(布点、监测频率、监测项目)及历年统计资料、数据与结果。

(6)城市现有公共基础设施现状。合流制、分流制或半分流制的城市污水/雨水管道系统、管道长度、服务面积、汇水区域划分、污水处理厂数量、规模(处理能力)、处理水平(一级处理、一级强化处理、二级处理或天然净化,如稳定塘、土地处理等)、城市粪便收集、输送、处置与处理现状(化粪池、干厕所、送粪车等)。

(7)水环境质量目标、标准及水体功能划分状况。城市各类水体使用功能的划分现状、水体保护类别及水质目标的确定(近期的与中长期的)。

根据对收集现有资料的归类与初步分析,确定尚需补充收集的数据与资料,并制定补充取样分析、监测的计划。

在此阶段中应确定规划范围,如规划涉及的城市中心区、市区、近郊区及远郊区,确定各区的范围与面积大小。

二、第二阶段

1. 建立数据管理系统(DMS)及地理信息系统(GIS)

将适宜的有关数据、技术参数及资料输入上述系统,提出尚需补充的数据及资料。

2. 确定各类污染源及污染负荷

(1)工业废水污染源。应包括:国家或地方重点限期治理的污染源;废水 COD 负荷总量各为65%、75%、85%的工厂企业数;工厂预处理设备及其效果;出水排放去向(排入城市市政下水道系统或水体)。

(2)农村污染源。包括农药、化肥、畜禽养殖业、乡镇企业废水及乡镇生活污水等。需弄清各种污染源对地表水及地下水污染的影响程度,其中特别应提出的是规模化畜禽养殖业,在一些大中城市已经成为第一污染源。但是,目前十分缺乏有关统计数据,需进行详细调研、监测和统计。

(3)生活污水污染源。包括城市居民住宅污水排放量及污染物负荷量(单位人口水排放量),城市公共建筑污水排放量及污染物负荷量。

(4)城市粪便量。尚无城市下水道服务的居民公共厕所(干厕所)的数量、分布、粪尿排放量、收集与运输方式,处置与处理方式及最终出路等。

(5)雨水量及初期暴雨径流量挟带的污染物量,如 BOD_5、SS 等;雨水的排放系统(合流制下水道、分流制下水道及半分流半合流制下水道)及最终出路(进入水体,进入污水处理厂或部分进入污水处理厂等)。

3. 模型选择、采用、校正与检验

在水环境污染防治及水质管理规划中,需采用模型进行水质(及水量)预测并对推荐

规划方案进行优化决策以达到最小费用。如作为饮用水水源地的水库水质模型、河流水质模型及地下水水量和水质模型等。但模型必须利用所收集的大量实测和统计数据进行校正和验证;若缺乏必要的数据,则需及时进行补充实测,同时需反复进行计算机模拟,逐步校正,使之符合当地情况,以准确地进行水质预测。

此外,为达到水环境质量目标,应基于城市的各项技术参数及财务参数(如工程项目的基建投资、运行和维护管理费用、土地适宜性、工程项目的优先排序及其他各种经济因素等)对各种推荐规划方案进行评价分析,这也需要依靠模型,如目前所采用的多参数综合决策分析模型或最小费用模型等。

4. 制定方案、提出措施

酝酿制定可能的推荐规划方案,提出解决水环境污染及改善水质的战略、途径、方法与措施,对制定长期的水环境保护提出意见和建议。

三、第三阶段

第三阶段工作如图 9-2 所示。

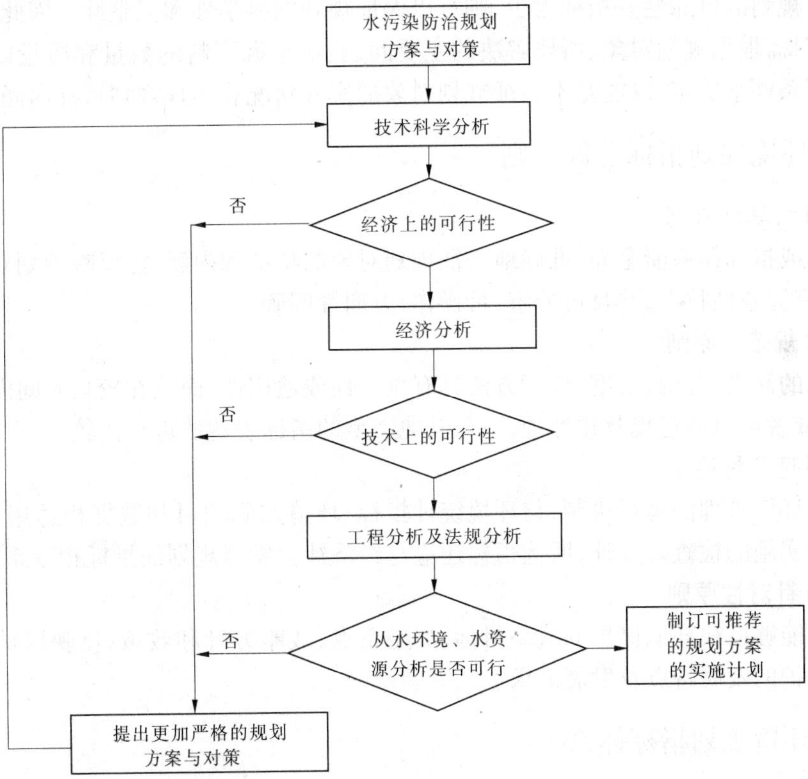

图 9-2　制定水污染防治规划方案的工作程序框图

(1)应提出各种战略、对策及解决问题的措施。

(2)对提出的规划方案进行技术、经济分析,以求达到技术上的可行与经济上的合理,如果通过模型的模拟分析计算,达不到既定水质目标,或技术、经济上不合理,则需提出在技术、经济上更为可行的规划方案,通过一次或多次计算,最后制订出较优的规划方案。

(3)应制定各工程项目实施的次序和实施计划(不同规划年各工程项目的实施计划)。

(4)应同时对水资源保护与水污染防治的管理提出体制、法规、标准、政策等方面的意见和建议。

最后还应考虑当地政府财政上的支撑能力以期获得批准和实施。

第四节　城市水环境整治规划的指标体系

指标是目标的具体内容、要素特征和数量的表达。城市水环境整治规划指标体系是由一系列相互联系、相对独立、互为补充的指标所构成的有机整体。从系统学的观点来看,一个规划所选择的指标越多,考察的范围越大,涉及的因素就越多,规划的效果就越好;但随着研究因素的增多,问题的复杂性将急剧增加,系统不确定性也将急剧增加,结果又降低了规划的可靠性。指标太少,则难以保证规划的科学性和完整性。因此,指标的选取要适当,需根据规划对象、所要解决的主要问题、所掌握资料的数量和质量以及经济技术力量等条件来决定,以能基本表征规划对象的实际状况和体现规划目标内涵为总原则。

一、环境规划指标选取原则

(一)科学性原则

指标或指标体系能全面、准确地表征规划对象的特征和内涵,能反映规划对象的动态变化,具有完整性特点,并且可分解,可操作,方向性明确。

(二)规范化原则

指标的涵义、范围、量纲、计算方法具有统一性或通用性,而且在较长时间内不会有大的改变,或者可以通过规范化处理,可与其他类型的指标表达法进行比较。

(三)适应性原则

体现环境管理的运行机制,与环境统计指标、环境监测项目和数据相适用,以便于规划和规划实施的检查。此外,所选指标还应与经济社会发展规划的指标相联系或相呼应。

(四)针对性原则

指标能够反映环境保护的战略目标、战略重点、战略方针和政策,反映区域经济社会和环境保护的发展特点及发展需求。

二、环境规划指标体系

环境规划指标按其表征对象、作用以及在环境规划中的重要度或相关性分为环境质量指标、污染物总量控制指标、环境规划措施与管理指标以及相关指标。

(一)环境质量指标

环境质量指标主要表征自然环境要素(大气、水)和生活环境(如安静)的质量状况。一般以环境质量标准为基本衡量尺度。环境质量指标是环境规划的出发点和归宿,所有其他指标的确定都是围绕环境质量指标进行的。

（二）污染物总量控制指标

污染物总量控制指标是根据一定地域的环境特点和容量来确定的，可分为容量总量控制和目标总量控制两种。前者体现环境的容量要求，是自然约束的反映；后者体现规划的目标要求，是人为约束的反映。我国现在执行的指标体系是将两者有机地结合起来，同时采用。

污染物总量控制指标将污染源与环境质量联系起来考虑，其技术关键是寻求源与汇（受纳环境）的输入响应关系，这是与目前盛行的浓度标准指标的根本区别。浓度标准指标虽对污染源的污染物排放浓度和环境介质中的污染物浓度作出规定，易于监测和管理，但此类指标体系对排入环境中的污染物量无直接约束，未将源与汇结合起来考虑。

（三）环境规划措施与管理指标

环境规划措施与管理指标是达到污染物总量控制指标进而达到环境质量指标的支持和保证性指标。这类指标有的由环保部门规划与管理，有的则属于城市总体规划。但这类指标的完成与否和环境质量的优劣密切相关，因而应将其列入环境规划中。

（四）相关指标

相关指标主要包括经济指标、社会指标和生态指标三类。相关指标大都包含在国民经济和社会发展规划中，都与环境指标有密切的联系，对环境质量有深刻影响，但又是环境规划所包容不了的。因此，环境规划将其作为相关指标列入，以便更全面地衡量环境规划指标的科学性和可行性。对于区域来说，生态类指标也为环境规划所特别关注，它们在环境规划中将占有越来越重要的位置。

三、水环境综合整治规划的指标体系

（一）指标选取

水环境综合整治规划是环境规划的主要内容之一。其指标的选取在遵循环境规划指标选取原则的基础上，还应结合本身的规划特点和内容，具体考虑如下几点：

（1）按控制污染最不利条件制定控制、管理指标。一般选年中水量最少、排污量最大、温度最高、扩散条件最差的组合作为控制水污染的最不利条件；但在组合时各参量的设计条件要一致。

（2）按污染单项指标分别选择总量控制单项指标。一般从水质标准项目出发，对应选出污染源排污指标，并在影响受纳水域水质的所有污染源中，一一选定单项控制指标。

（3）按控制断面水质浓度计算总量负荷指标。水质管理应在排污口控制排污量，在控制断面检验水质浓度。控制断面应选择在功能区与排污口最接近的位置，允许保留混合距离或混合区。

（4）按功能区范围和水质标准计算控制水域允许纳污量，考虑安全系数后，作为区域允许排污总量负荷指标。

（二）指标体系

在实际规划中，由于规划的层次、目的、要求、范围和内容等不同，规划指标体系也不尽相同。对于水环境综合整治规划，主要有下列指标。

1. 水环境质量指标

(1)地表水达到地表水水质标准的类别,生活饮用水水源水质达标率和饮用水源数。

(2)江河水质指标,包括 COD、酸、氰化物、酚化物、砷、汞、六价铬、BOD、氨氮、硝酸盐氮、亚硝酸盐氮、石油类和大肠杆菌等。

(3)地下水水质指标,包括矿化度、总硬度、酸、COD、硝酸盐氮、亚硝酸盐氮等,地下水位区域下降及地面下降量。

(4)近海海域水质指标,包括 COD、石油、氨氮、磷、重金属、悬浮物、pH 值、电导率、氧化还原电位等。

2. 水污染物总量控制指标

(1)工业用水方面,包括工业用水量、工业用水重复利用率、新鲜水用量。

(2)废水排放总量,包括工业废水总量和排放量、生活污水总量和排放量。

(3)万元产值工业废水排放量,外排工业废水达标量、达标率。

(4)废水中污染物(COD 和 BOD、重金属等)的产生量、排放量、去除量和削减量。

3. 规划措施与管理指标

(1)水域环境保护指标,包括工业废水、生活污水、COD 和 BOD、氨氮等纳入量。

(2)重点污染源治理指标,包括污染物处理量、削减量,工程建设年限、投资预算及来源。

(3)投资方面,包括环保投资总额占国民收入的百分数,环保投资占基本建设和更改资金的比例。

4. 相关指标

(1)经济指标,包括国民生产总值、工农业生产总值及年增长率、部门工业产值。

(2)社会指标,包括人口总量与自然增长率、人口分布、城市人口。

(3)水资源利用指标,包括区域水资源总量及其时空分布、河流径流量及其年际变化、各用水部门用水量和水质要求、取水点位置等。

第五节 国内城市水环境治理规划实例简介

一、南通市城市水环境治理规划简介

(一)规划构思

南通市位于江海交汇之所,古城依水而生,内外水网密布。千年古城河——濠河更以其独特的"水包城、城抱水"的形态,被誉为"少女脖子上的翡翠项链"。规划结合南通市特色,自始至终贯穿水这根主线,全面、透彻、细致地分析研究南通市水环境的现状与未来,规划依托于水、借助于水来塑造城市的品格,展现城市"城水相拥、文水交辉、绿水交融"的景观形象,力争做足"水文章"。

1. 规划原则

(1)保护水资源。坚持水资源开发利用与可持续发展相结合,正确处理好水资源开发利用与生态环境保护的关系,使水资源发挥最大的经济效益、社会效益和环境效益,同

时加强非传统水源的开发与利用，努力构建资源节约型社会。

(2)确保水安全。坚持预防为主、防治结合、标本兼治、综合治理。加强城市“保、截、治、管、用、引、排”等环节的控制和管理，达到保护自然资源，实现城市水环境改善的持续有效。

(3)强化城市个性。坚持水环境建设与城市特色形象塑造相结合，依托城市独特的自然地理风貌，完善滨水空间体系，将自然水景观与城市环境建设相互融合，塑造人与自然和谐发展的城市形象。

(4)延续历史文脉。坚持水生态环境建设与水文化建设相结合，大力挖掘历史水文化资源，打造现代水文化品牌，突出滨江滨河文化特色，构建环境友好型社会。

(5)持续协调发展。坚持政府主导与市场化运作相结合。充分发挥政府的主导作用，积极推进分期建设发展目标。同时探索市场化的水保护、开发、利用新途径，推进城市水资源保护和水环境建设，实现南通城市建设的健康发展和可持续发展。

2. 规划切入点

(1)水是城之源。水是城市发展的基础性自然资源和战略性经济资源，通过加强水环境治理，确保城市水安全，才能够保障南通市的可持续发展永续动力。

(2)水生城之态。水是城市环境的主要构成要素，规划着力以构建现代化的水生态城市、让水走进城市、让城市融入水，以提升城市品位，增强城市之魅力。

(3)水筑城之形。以改善河道水质，加强以两河两岸为主体的城市河道环境景观建设，完善和充实城市水空间格局，依托于水、借助于水来塑造城市的品格，展现城市“城水相拥、文水交辉、绿水交融”的景观形象，增添城市活力。

(4)水活城之魂。水是具有丰富的文化内涵的。通过“以水为脉、以绿为衣、以文为蕴、以人为本”的规划理念，较好地延续历史文脉，展现“城市水脉”内涵，有效提升南通市的城市功能和竞争力。

(二)空间布置

1. 水系网络优化

规划针对南通市水网密布的实际情况，提出港闸区“三横五纵”、崇川区“两横四纵”、开发区“四横四纵”的以城市三级及三级以上河道为控制的适宜城市水系格局，并明确河道间距以 0.8 ~ 1.0 km 为佳，以及各条河道的建设标准，既可保证城市水系的畅通，提高水体的自净能力，又可确保城市水系引、排、蓄、航、赏、游等综合功能的发挥。规划还针对在总体层面三级以下河道无法控制的情况，本着适度提高现有水面率的原则，分别对城市总体功能布局中生产性用地和生活性用地提出不同的水面率控制标准，有效指导城市开发建设的具体实施。

2. 水系生态修复

生态优先、持续发展是城市水环境治理中一项重要战略。规划通过生态廊道建设、生态河堤建设、生态湿地建设、水生态系统建设等于一体，形成紧密结合实际，可操作性强的城市水环境生态恢复系统规划方案，并提供多个生态断面形式的建设性方案，为规划落实的科学依据。

3. 城市景观结构

规划形成“两环、两脉、三带、六核”的城市水景观结构，以滨水自然、人文景点为依托，滨水绿化为机体，滨水建筑及开放空间为点缀，通过滨水旅游及滨水空间建设，将真实性、艺术性、观赏性和亲水性和谐统一，弘扬城市水文化，延续城市历史文脉。

两环(两环映古今)——内环为濠河风光带；外环为通吕运河和海港引河两岸水系生态圈的滨水空间。

两脉(两脉纳山水)——城市自然文化景观走廊及滨江生态景观风貌带。

三带(三带联江海)——以贯通江海的三条城市主要水系九圩港、通吕运河、通启运河的滨水生态绿廊建设。

六核——唐闸近代工业遗址景观核、五河公园生态景观核、濠河风景名胜景观核、五山风景名胜景观核、老洪港生态旅游景观核、苏通大桥休闲旅游景观核。

(三)创新与特色

1. 转变观念、创新理念

规划改变传统的所谓征服自然的治水观念，而是把城市水环境治理作为一项综合性的系统工程，采用更加科学的、更加理性的人与自然和谐的新型规划理念。强调以水为城市的灵魂，突出“以水为脉、以绿为衣、以文为蕴、以人为本”的科学治水、生态治水、持久治水、依法管水的综合治水理念，研究与探索出“以分析水问题、制定水目标、保障水安全、改善水环境、建设水景观、挖掘水文化、恢复水生态、实施水工程、发展水经济、加强水管理”等内容丰富、针对性强、系统全面的规划脉络。

2. 节约资源、持续发展

规划注重水资源开发利用与可持续发展相结合，着力在城市水源保护、城市节水等方面加以控制与引导，力争从根本上减少污染排放量；同时加强中水回用、雨水利用等非传统水源的开发与利用，使水资源发挥最大的经济效益、社会效益和环境效益，确保城市水安全，努力构建资源节约型社会。

3. 理论研究、科学支撑

通过建立城市水系模型，系统研究南通市水环境容量状况，明确现状、近期、远期理想水环境容量水平，合理确定引水活水方案及引水设施建设规模、引水周期等，为南通市水环境治理提供科学的技术支撑。

4. 文旅并蓄、景观建水

规划从景观风貌体系、文化风貌体系、旅游观光体系三方面入手，全面构建富有景观活力和文化魅力的城市水空间结构，使城市水环境治理从单纯的防洪排涝和引水工程拓展为与城市景观风貌塑造和城市文化建设息息相关的重要组成部分。

5. 应急系统、安全保障

结合我国城市水源污染事故频发的严重形势，提出通过建立以城市水安全为核心的应急救助系统，着力解决饮用水安全保障、防洪排涝安全保障、消防水源安全保障等问题，健全城市安全应急救援联动系统，提升城市应急救助能力。

6. 指导与示范

本规划内容丰富，针对性较强，同时结合了南通市各有关“十一五规划”的工作重点内容，科学制定分阶段的建设发展目标，做到细化与量化，可操作性强，因此对南通市水环境治理工作的展开具有较强地指导意义。

本规划作为江苏省第一个提交省级论证的城市水环境治理规划，在成果评审时得到专家和有关领导的高度评价：“该《规划》作为我省第一个提交省级论证的城市水环境治理规划，将对我省其他城市相关工作的开展具有一定的示范意义。”

二、常州市水环境治理专项规划简介

1. 前景展望

这份规划为人们展开了一幅美丽的江南水景图，2010 年前达到河网畅通、水系功能退化及弱化状况得到基本遏制，市区水环境恶化得以有效控制，水安全得以有力的保障，水生态得以较充分的恢复；2020 年达到水污染得到全面控制，水系功能明显改善，水资源得到充分利用，水生态得以一定的扩大，使常州市区成为经济生态高效、环境生态优美、社会生态文明，自然生态与人类文明高度和谐统一的现代化生态城市。

2. 规划理念

为从根本上治理好水环境，此次规划首先在工作策略上确立了 5 大转变：从注重水资源量向同时注重水资源量和质转变；从控制工业点源污染为主向控制工业和生活点源、农业面源与其他非点源污染相结合转变；从控制外源污染为主向控制外源与内源污染相结合转变；从注重城市绿化景观建设和水生态保护向注重城市与农村水生态保护和修复转变；从采用比较单一的水污染防治措施向采用综合性的水污染防治措施转变。

3. 编制模式

城市水环境治理是一个复杂的综合系统，需要协调水与岸、水与城、水物理空间与水生态系统之间的关系，进而需要统筹理顺环境保护、水利建设、市政建设、生态建设及经济文化等多领域的关系。

城市水环境治理规划对象在规划的内容上联系紧密，不可分割。如水系功能网络构建既是防洪排涝水安全规划依据，也是水污染控制环境容量计算依据；又如产业布局的优化既满足水污染控制需要又合理指导滨水空间整治。因此，城市水环境治理规划应将所涉及的规划对象相对集中，充分吸纳其他学科的优势，通过多学科的交叉互动，建立“以改善和保护城市水环境生态系统为基本目标，协调形成水环境与城市建设的友好互动，彰显地区水文化和现代生活城市魅力，体现城市可持续发展要求”的独特体系。

4. 建设措施

城市水环境规划主要是城市规划建设区范围内治理和综合利用水系规划，具体有六大内容：

(1) 紧密围绕防洪除涝、城市排水、水资源调配、水环境保护和生态保全、航运交通等基本功能，防洪减灾是基础，改善水环境是重点，构筑和健全城市水系。

(2) 以环境容量理论为基础，推广和应用水污染控制新技术。

(3) 大力推进产业结构与布局的合理调整，发展循环经济和清洁生产，并加强和完善污水处理系统建设。

(4) 建立针对性的水量水质模型，构筑较完整的引清调水体系，使污水不再回荡积存,实现河网水体的有序流动,促进良性循环。

(5)以杭江、抱湖的优势生态资源为基础,使城市外围自然生态资源通过水系生态廊道向城市建设区渗透、融合,形成较完整的城市水生态“点、线、面”丰富体系框架。

(6)结合水生态修复开展城市滨水空间整治,营造现代与历史相辉映的常州特色景观。

5. 保障措施

水环境治理是一项系统工程。从空间上看,这项工程具有社会性的特征,不仅涉及到城市的规划、建设、水利、环保等方面的工作,而且还涉及到资金、技术、管理以及政策、法律等方面的问题;从时间上说,这一工程是一项长期的建设任务,治理规划的实施要经过长期的努力,不能毕其功于一役。因此,水环境治理不仅强调相关的建设措施,更要建立一系列的保障措施,把水环境的治理纳入法制建设的轨道,依法治理,从根本上建立起长期有效的管理机制,标本结合,才能最终实现治理目标。常州市城市水环境治理应推进以下八大保障措施:强化法制推进、加强宣传教育、构建决策机制、现代化建设建立应急预案、确保供水安全、节水型社会建设、多元化筹措资金。

第六节　城市污水的处置

一、城市污水处置系统组成及作用

随着社会生产的飞速发展和人们生活水平的不断提高,人类不仅对水资源量有更大的需求,而且对水质亦有更高的要求,因此越来越多的污水需要处置。

城市污水处置系统就是城市水资源和水环境保护的一项最重要的工程性措施,它是城市生态循环中物质流动的重要环节,是维持城市有机体生命的主要网络之一。城市排出的工业废水和生活污水,通常含有较多的污染物,会造成环境污染,因此必须将其收集起来,进行妥善处置后才能排入环境。

虽然城市中的雨水和冰雪融化水比较清洁,但易积水为害,特别是下暴雨时,瞬间雨量较大,如不及时排除,会危及人们生产和生活的正常进行,所以城市中的雨水和冰雪融化水也必须加以排除。另外,在初降水中,由于含有较多的大气中和地面上的污染物,也应进行适当的处理后方能排放。所以,城市污水处置系统作用就是将城市中的污水和降水收集起来,通过完善的排水系统,有组织地加以提出或送至污水处置地点及利用场所,使其尽量妥善处置后再排放或再利用。

城市污水处置系统通常由三部分组成,即污水和降水收集设备、排水管道和污水处理厂或其他处置场所。污水和降水收集设备是城市污水处置系统的起端设备,其作用是将生活污水、工业废水或降水汇集并送入室外排水管道中。收集设备可分为室内污水收集设备和室外污水收集设备两类。室内污水收集设备包括住宅及公共建筑内的各种排水卫生设备、工矿企业内部排水设备等;室外降水收集设备主要为雨水口和雨水收集管(渠)等。排水管道系统可由街坊排水管道和街道排水管道两部分组成。街坊排水管道的作用是将室内排出的污水和街坊内的降水转送到街道排水管道中去;街道排水管道则用来将街坊内排水管道排出的污水和降水送到污水处理厂或排放地点。污水和降水一般以重力流排除比较轻济合理,但当受地形、地势等条件约束,使排水发生困难时,则需要设置泵站帮助排水。泵站按其设置的位置又可分为中途泵站和终点泵站。泵站出水如需要采用压力输送、则应设置压力管道,压力管道上不能接入无压管道。

城市污水的排出方式有分流制和合流制两大类。分流制是指将城市生活污水、工业废水和雨、雪水分别用两个或两个以上各自独立的管道来收集和运送。排除生活废水、工业污水的管渠系统称为污水排水系统,排除雨、雪水的管渠系统称为雨水排水系统。采用分流制排水方式,污水处理厂接受的污水,其水量、水质大致是一定的,因而容易处理,这种排水方式在防止污水污染自然水域方面是有利的。合流制是指将生活污水、工业废水和降水用同一管渠排出的方式。由于污水量同雨水量相比是非常小的,所以在一般情况下只需考虑雨水量,用一条口径宜于排放雨水的管渠同进排放污水。合流制多用于雨水难以排放而必须用于泵抽升排放的地区,近年来城市街道下面地下埋设物增多,若把地下管渠分为污水、雨水两根管道铺设,占地和修建费用都要增加,因此这种合流制排水措施为较多的城市采用。选择何种排水方式是一项复杂而重要的工作,应根据城市总体规划、环境卫生要求、污水利用情况、原有排水设施、地下建筑物交叉情况、水质、水量、地形、地质、水文、气象和受纳水体情况等条件综合考虑确定。

二、污水处置的途径

污水处置的基本途径主要有:污水处理厂的处置,污水海洋处置工程,污水江河湖泊处置工程,污水河口处置工程,污水土地处置工程,污水回灌处置工程及污水水坝过滤处置工程等。

(一)污水处理厂处置

污水处理厂的处置工程应用较为广泛,处理技术也较为成熟,环境效益较好,但是工程投资比较大。在西方工业发达国家,除了大型的集中工业或工业区采用独立的废水处理外,对于大量的中小型工业企业的工业废水,大多倾向于采取综合治理的方案,即与城市生活污水共同处理,由市政部门设统一的城市污水处理厂。各工业企业的工业废水,在厂内经过必要的预处理,达到排放标准后,排入城市下水道,与生活污水共同处理。这样可以降低建设与运行费用、而且处理效果好,不影响环境卫生,易于进行监督管理。

城市排水管道系统的末端是出水口,污水和降水经此口排入城市污水处理厂的受纳水体,出水口一般采用淹没式,即置出水口在水体常水位下面。城市污水处理厂是城市污水处理系统中最重要的组成部分,它是实现污水处理目标的主要手段,随着城市经济、人口的发展,过去单靠排水管道系统将未经处理的污水直接排放到江河的可能性已不再存在,即使位于大江和大河边的城市,也都需要经过一定的处理后才能排放。因此,城市污水处理厂对许多城市来说是必需的。城市污水处理厂主要包括建厂目标和处理级别等内容。其中建厂的目标是一系列技术经济措施的出发点和归宿,目标不明确,目标不合理,都会使污水处理厂不能取得最大的环境效益和经济效益,所以建厂目标对污水处理厂是极为重要的。

1. 建设城市污水处理厂的三个目标

(1)水源保护目标。当城市污水污染该地区或其下游的地下水源时,应先考虑这一建厂目标。

(2)水环境质量控制目标。当污水所污染的水环境虽不是饮用水水源,但它必须具有其他功能,例如渔业、旅游、工业冷却水源的水体时,应考虑建设污水处理厂以控制水环境质量。

(3)污水资源合理利用目标。当企图把处理后的城市污水再利用到农业、市政、低质用水工业等部门时,应考虑建设污水处理厂来实现这一目标。这种情况,对缺水地区更为重要。

对某个地区来说,上述建厂目标应根据具体城市来决定,而且这些目标绝不是互相排斥的,相反它们是可以结合的,只是各种不同目标所要求的处理程度不同而已。

2. 污水处理方法

污水处理一般利用物理、化学法及生物法来去除污水中的污染物质。以利用物理作用为主的各种处理方法称为物理单元操作:而借助于化学或生物反应去除各种污染物的污水处理方法称为单元过程。

1)物理法

物理法主要包括对污水进行筛滤、混合、絮凝、沉淀、浮选以及过滤等典型的物理单元操作去除污水中较大的漂浮和可沉淀固体,处理过程中不改变其化学性质。

(1)沉淀。利用污水中的悬浮物和水密度不同的原理,借重力沉降作用,使其从水中分离出来。用于沉淀的处理设备有沉砂池、沉淀池和隔油池等。

(2)浮选。浮选法是将空气打入水中,使其以微小气泡的形式由水中析出,使污水中比重近于水的微小颗粒状污染物粘附到空气泡上,并随着气泡上浮到水面,形成泡沫浮渣而除去。为了提高气浮的效果,有时需要向污水中添加混凝剂。

(3)筛滤。利用筛滤介质来截留污水中的悬浮物。筛滤介质有钢知、筛网、砂、布、微孔管等。届于筛滤处理的设备有:栅格、过滤机、压滤机、砂滤池等。

(4)反渗透。反渗透法是一种膜分离技术。在一定的压力作用下,将水分压过一种特殊的半渗透膜,溶解于水中的污染物则被膜所截留,而被压透过膜的水就是处理过的水。

2)化学法

化学法是通过投加化学剂或利用其他化学反应去除污水中的污染物质或使污染物转化为无害物质的各种处理方法。常用的化学方法有混凝法、电解法、氧化还原法、中和法等。

(1)混凝法。混凝法是利用胶体的带电性质来去除污染物的一种方法。水中胶体状态的污染物通常带有负电荷,由于分子引力作用发生凝聚,形成较大的颗粒下沉。常见的混凝剂有硫酸铝、硫酸亚铁、三氯化铁等。

(2)氧化还原法。通过向污水中投加氧化剂或还原剂,使污染物质发生氧化和还原作用,转化为无毒害的物质。常用的氧化剂有漂白粉、氯气等,常用的还原剂有铁屑、硫酸亚铁等。

(3)电解法。电解法中同样发生氧化还原作用,它是通过在废水中插入电极,通过电子的移动使阳极上发生氧化作用,产生氧气;阴极上发生还原作用,产生氢气。有毒害污染物在两极析出除去。可用于含铬及含氰的废水。

(4)中和法。利用酸碱中和原理,向酸性废水中投加如石灰、石灰石、氢氧化钠等碱性物质,向碱性废水中投加酸性物质或吹入 CO_2 等酸性气体进行中和。

3)生物法

生物法主要是利用生物的活动来去除污水中可生物降解的胶体态和溶解态的有机物质,该方法使有机物质基本上被转化为可逸散到大气中的各种气体及通过沉淀可以去除的细胞组织。生物法分为好氧生物处理和厌氧生物处理两大类。

(1)活性污泥法。活性污泥法是当前生物方法中最为广泛的一种。所谓的活性污泥是将空气连续注入曝气池的污水,经过一段时间后,水中形成繁殖有大量的好氧微生物的絮凝体。废水的有机物被吸附到活性污泥上,生活在活性污泥上的微生物以有机物为食物不断生长繁殖,微生物的代谢把有机物氧化分解和同化为微生物细胞质,再以微生物细胞质的自身氧化分解而去除有机物,最后经过沉淀与脱落的活性污泥分离,得到净水。分离后污泥作为种泥,部分回流曝气池。

(2)生物膜法。使污水连续流经的各种固体填料,如碎厂、炉渣等,在填料上形成污泥状的生物膜,生物膜上繁殖着大量的微生物来吸附与降解水中的有机污染物,其净化过程与活性污泥法相同。生物膜法有很多处理构筑物,如生物滤池、生物转盘、生物流化床等。

(3)厌氧消化法。厌氧消化法是利用兼性厌氧菌和专性厌氧菌的新陈代谢功能来净化污水,并可产生沼气,可以处理各种浓度的有机污水。主要的工艺和设备有:普通消化池、厌氧滤池、厌氧流化床、升流厌氧污泥床等。

3. 污水处理过程

以上的这些方法各有其适用的范围,对于生活污水和工业废水中多种多样的污染物,不可能只用一种方法就能够达到良好的治理效果,一种污水往往要通过由几种方法组成的处理系统进行处理,才能达到要求的处理程度。实际工作中,究竟采用哪些方法组成的系统进行处理,要根据污水的水质、水量、排放标准、废物回收的经济价值、设备运行的费用等条件以及各个地区或部门的不同情况,通过调查、研究、比较后确定。根据对污水的不同净化要求,污水处理的各种步骤可分为一级、二级和三级处理。

(1)一级处理。主要是去除水中漂浮物和部分悬浮状态的污染物质,调节 pH 值。一级处理可由筛滤、重力沉降、浮选等物理法串连组成,可以除去污水中大部分粒径在 100 mm 以上的大颗粒物质,减轻污水的腐化程度,降低后续处理工艺的负荷,经过一级处理的废水一般达不到排放标准,还必须进行二级处理。一级处理常用的方法有:筛滤法、沉淀法、浮选法等。

(2)二级处理。二级处理主要是大幅度除去污水呈胶态和溶解态的有机污染物质,采用的方法主要是以生化处理作为污水二级处理的主体工艺。按 BOD 去除率可分为两类,一类是去除 BOD 为 75% 左右(包括一级处理),处理出水的 BOD 可达到 60 mg/L,称为不完全二级处理;另一类是去除 BOD 达 85% ~95%(包括一级处理),出水 BOD 可达到 20 mg/L,称为完全二级处理。我国的二级处理主要采用生物法作为主体工艺。二级处理常用的方法有生物滤池法和活性污泥法。

(3)三级处理。三级处理是采用一些单元操作和单元过程联合装置来去除二级处理未能去除的污染物质,如氮、磷等。目的在于控制“富营养化”,并使废水能够重新回用。采用的方法多种多样,有生物脱氮法、混凝沉淀法、活性炭过滤、离子交换法和电渗析法等。三级处理能够除去大部分的氮和磷,能使 BOD 从 20 ~ 30 mg/L 降低到 5 mg/L 以下。完善的三级处理包括除磷、除氮、去除难降解的有机物、去除溶解盐和去除病原体等处理过程。

(二)江河湖海处置

城市污水,除了处理回用、渗入地下水和蒸发外,在大多数情况下,最终都将排入江河湖海。盲目无控制地排放污水是江河湖海环境恶化的重要原因。我国目前的城市污水只有少量的一部分经过正规的处理。大部分都未经处理就直接由岸边自由乱排,长江、近海沿岸水域已经受到了较为严重的污染;太湖等湖泊也存在着严重的“富营养化”。

城市污水要走自然净化和人工处理相结合的道路,要根据不同水域的实际情况合理利用江河湖海的同化自净能力来处置污水。

1. 污水江河湖海处置的概念

污水江河湖海处置是在严格控制排污混合区的位置和范围,符合排放水域的水质目标要求,不影响周围水域使用功能和生态平衡的前提下,选择合适的排放口位置,合理的污水排放方式,合理利用水体的同化自净能力来处置污水的一种工程技术措施。不是含有任何污染物的污水都可以进行江河湖海处置的,也不是在任何地点都可以进行的。污水必须经过预处理,满足规定的要求后才能进行处置。如除去工业废水中的重金属和放射性物质、可在水底沉积和水生生物中累积富集的有毒物质和生活污水中的过量固体悬浮物和漂浮物等,并达到一定的初始稀释度。然后通过铺设水底的放流管,离岸输送到一定的水下深度,再利用有相当长度、具备特殊构造的多孔扩散器,使污水与周围水体迅速混合,在尽可能小的范围内高倍数稀释,以达到要求的标准。

2. 污水江河处置的技术特点和要求

江河水系与海洋水体在水体密度、流动规律、水域范围、水体功能方面的主要区别决定了江河污水处置工程与海洋污水处置工程具有一些不同的要求。

(1)污水江河处置工程的扩散器长度不得超过江河宽度的 1/3,以满足航运、水生生物洄游及施工管理的要求。

(2)由于水深较浅,一般要求江河排污扩散器喷口的喷射角小于 45°,以增加射流轴线的长度。

(3)污水江河处置的混合计算一般不考虑浮力的作用,因为江河水体密度与排放的污水密度基本相同。

(4)污水江河处置工程布置必须远离取水口,尽量布置在取水口下游区。

3. 污水湖泊或水库处置的技术特点

(1)湖泊或水库的水质要求较高,必须提高污水处置的预处理标准,杜绝难降解的污染物质的排放。

(2)湖泊或水库水域水体流动缓慢,一船可近似设定为静止水域来计算排放混合区。

(3)应尽量避免岸边表面排放,采用离岸潜没多孔排放,增加排污的初始稀释度。

4. 污水海洋处置的类型及排海位置的选择

污水海洋处置按处理程度可分为简单预处理、一级处理、二级处理三类;按排放方式可分为岸边排放、离岸单孔排放、离岸多孔扩散器排放。其中离岸多孔扩散器排放是今后污水江河湖海处置的发展趋势。

污水海洋处置工程仅对排放的污水浓度进行限制显然是不够的,排海位置的选择是一个关键。从水动力学观点考虑,排海位置应选择在能够把排放污水输向外海,不对沿岸养殖水域、风景旅游区产生不良影响的海域。因此,我们必须注意一些问题。

(1)严格控制在海湾内排放城市污水,应尽可能将污水输送到海湾外适当的地方以及水交换活跃、具有向外沿岸流的地方排放,还要注意沿岸流的季节变化。

(2)要注意那些突出在海中的岬角所引起的岬角效应。往复的潮流运动会使岬角的两侧形成两个旋转方向不同的涡,使岬角两侧一定距离的地方产生向岸流。

(3)如果在一些水较浅、潮滩平缓的沿岸海域选择排放位置,还必须考虑由于波浪破碎形成的海滨流的影响,因为海滨流造成的泥沙输送会堵塞扩散器,因此排放位置应选择在离岸更远的地方。

目前,污水江河湖海处置已经是许多经济发达的沿海及河口地区广泛采用的工程措施,而且海洋处置已经出现了不少特大型(污水量超过百万吨/日)、超长管(放流管长度超过10 km)、超深水(水深超过50 m)、高标准(污水先经过二级处理)的工程。如到1985年,美国的排海管排放的污水大部分经过一级处理,少数已经过二级处理,排放口水深大多为20 ~ 40 m,最深处已达120 m。

国内从"六五"期间开始研究污水排海,"七五"期间在沿江、沿海地区进行了污水排海排江工程的研究设计,取得了一些成果,但还存在着许多不足,而且很少经历兴建、运行、管理的完整检验。即使如此,该处置已成为我国沿江沿海很多大城市优先考虑的处置城市污水的一种工程措施。据不完全统计,我国沿海沿江地区目前污水处置工程规模已超过200万t/d,沿海19个开放城市和特区大多数都计划和兴建了污水排海排江工程。当前迫切需要在总结国内外经验的基础上,建立一套污水江河湖海处置工程规划、设计、施工和运行等技术规范,以提高处置水平和效率。

(三)污水土地处置

污水土地处置系统是利用土壤-微生物-植物系统的陆地生态系统的自我调控机制和对污染物的综合净化功能处理城市污水,使水质得到不同程度的改善,同时通过营养物质和水分的生物化学循环,促进绿色植物生长并使其增产,实现污水资源化和无害化。

污水土地处置系统包括预处理、水量调节与贮存、配水和布水、土地处置、植物、排水以及监测等7个部分。土地处置是其中的核心部分。根据土壤渗透能力的大小,污水土地处置可分为慢速渗滤、快速渗滤、地表漫流三种基本工艺类型。若适当改变某些应用条件可构成与上述三种类型不同的改良型。如坡面较长、坡度较缓、淹水深度较大的、类似于地表温流的成为湿地处置系统;经人工改良和适当构造的快速渗滤系统为人工土层快速渗滤处置系统;布水系统敷设在地下土层中的慢速渗滤系统则构成地下渗滤处置系统。

国内外土地处置系统经历了漫长而曲折的发展过程,目前土地处理系统已发展成为可替代二级处理、甚至三级处理的重要水处理途径之一。据统计资料,仅在美国,目前正式运行的慢速渗滤系统就有800多个,湿地系统越来越受到重视。我国是发展中国家,在解决水污染与环境问题方面遇到严峻的挑战。过去的污灌遗留下不少问题,如何完成由传统的污灌向科学的污水生态工程土地处置系统转变,需要解决一系列的科学技术、思想认识和管理体制等问题。随着科学技术的进步,领导决策管理水平和全民生态环境意识的提高,污水土地处置系统将在发展中不断完善。

思考题

9-1　我国水污染防治的基本策略什么?

9-2　水污染防治的目标与任务是什么?

9-3　如何制定水污染防治规划?主要步骤有哪些?

9-4　选取水环境综合整治规划指标体系的原则是什么?有哪些主要指标?

9-5　控制污染物排放量的方法有哪些?

9-6　城市的污水处置的方法途径有哪些?

9-7　污水厂污水处理的主要方法有哪些?各自有何特点?

第十章 城市水功能区划与水资源保护

学习目标与要求 学习掌握城市水资源保护、水功能区划的基本概念、重要性以及水功能区划的基本方法和步骤。要求了解城市水功能区划的重要意义和原则，同时掌握水功能的分类和指标的划分以及城市水功能区的水质管理标准，熟悉水资源保护的具体措施和方法。

第一节 概 述

人类对环境的保护归根结底是基于保护地球上日益枯竭的资源，保护人类生存发展的最起码的条件，而保护水资源则首当其冲。水是地球生物赖以存在的物质基础，水资源是维系地球生态环境可持续发展的首要条件，因此保护水资源是人类最伟大的责任。

一、水资源保护的概念

水资源保护，从广义上讲包括水量保护与水质保护两个方面。也就是通过行政的、法律的、技术的、经济的等手段合理开发、管理和利用水资源，保护水资源的质量和供应，防止水污染、水源枯竭、水流阻塞和水土流失，以满足经济社会持续发展对淡水资源的需求。

水资源保护包括地表水和地下水的水量与水质保护。在水量方面应全面规划、统筹兼顾、综合利用、讲求效益，发挥水资源的多种功能。注意避免水源枯竭，过量开采。同时，也要顾及环境保护要求和改善生态环境的需要。在水质方面应防治污染和其他公害，维持水质良好状态。为此，要减少和消除有害物质进入水环境，加强对水污染防治的监督和管理。

总之，最终是为了保证资源的持续利用，促进人类与环境协调发展，以不断提高人类生存的环境质量和生活质量，造福人民，造福于子孙后代。

二、水资源保护的涵义

为了避免在水资源开发、规划、利用过程中的盲目性和局限性，对水资源保护应从更高的、更全面的层次来看待，即从生态学、环境学、经济学和卫生学等方面来全面理解水资源保护的涵义。

(1)从生态学观点看，水资源保护问题也是生态学问题，必须运用生态学的理论、方法和手段加以解决。当人类开发利用水资源时，必须遵循生态规律，要研究和解决开发过程对生态系统的结构及功能的影响。

(2)从环境学角度看，水资源保护的目的是为人类创造一个美好的生存环境。人类在有目的、有计划的利用和改造环境，使之在向更利于自身生存和发展的过程中取得了很多成绩,但同时也给环境带来了一些消极的破坏作用。这种人为的环境问题包括:不合理开发利用自然资源,使自然环境遭受破坏,如过量开采地下水,造成地面沉降;经济高速发展引起的环境问题,如工业污水和生活污水向水体滥排,造成水体污染,水质下降。所以,水资源保护一是要保护和改善水环境质量,保护人类健康;二是要合理开发和利用水资源,减少和消除有害物质进入环境,维护生物资源的生产能力。

(3)从经济学考虑,人类社会发展离不开水,地区的水资源状况已成为地区经济社会发展的制约条件。水作为资源有其直接的经济效益,为社会创造财富。水一旦受到污染会降低甚至损失其经济价值,造成资源浪费和损失,为了治理,又需要投入。

(4)从卫生学方面考虑,水是人体的重要组成部分,成人体内含水量约占体重的65%,每日每人生理需水量2~3 L。水质不良或受到污染,会通过饮用水或食物链危害人类健康。许多地方病和公害病就是典型的公共卫生问题。因此,水资源保护最终是为了人类的健康。

三、水资源保护的步骤

水资源保护工作主要包括以下几个步骤,如图10-1所示。

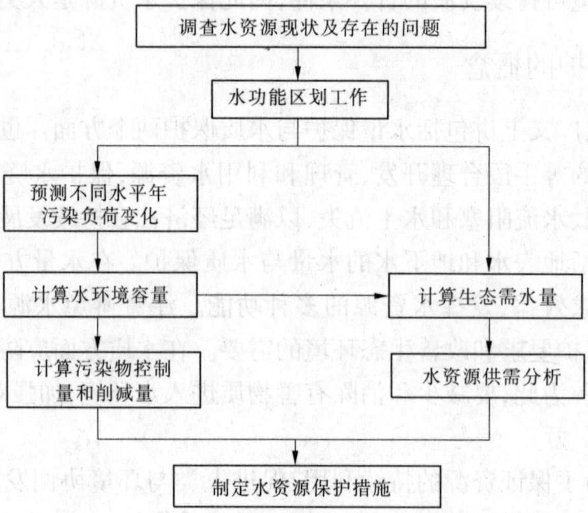

图10-1 水资源保护工作流程图

所以,区域的水功能区划分是水资源保护的重要先导工作,一定程度上决定了水资源保护工作的成败。

第二节 城市水功能区划的目的

水功能区是根据流域或区域的水资源状况,并考虑水资源开发利用现状和经济社会发展对水量和水质的需求,在相应水域划定的具有特定功能,有利于水资源的合理开发利用和保护,能够发挥最佳效益的区域。水功能区的功能又有主导功能与次要功能之分。在某一区域多种功能并存的情况下,按水资源的自然属性、开发利用现状及社会经济需求,既考虑各功能对水量的要求,又兼顾各功能对水质的要求,经功能重要性排序而拟定的首位功能即为该区的主导功能,其余是次要功能。

水域功能区划分(以下简称水功能区划)是一项水资源开发利用与保护的基础性工作。具体划分时要按各类水功能区的指标把某一区域划分为不同类型的水功能区单元。水功能区划是一项水资源保护规划的基础工作。

随着社会和国民经济的迅速发展、人口的增长、人民生活水平和城市化水平的提高,水资源短缺和水污染日益严重,为了促进国民经济可持续发展,全面贯彻《水法》的实施,加强水资源保护,履行国家水利部"三定"方案的职责,开展水功能区划工作是十分必要和紧迫的任务。根据流域的水资源开发利用现状,结合社会需求,确定各水域的主导功能及功能顺序,科学合理地划分水功能区,也是实现水资源综合规划、合理利用、积极保护和科学管理的依据。

一、水功能区划的目的和意义

水是人类生存和发展不可缺少的重要自然资源,水功能是水资源对人类生存和经济社会发展所具有的价值与作用的体现。随着我国经济社会的迅速发展、人民生活水平和城市化水平的提高以及人口的迅速增长,对水的需求愈来愈多,水资源短缺和水污染现象日益严重,水资源已成为经济社会可持续发展的制约因素。为了进一步加强管理与保护,合理开发利用水资源,以水资源的可持续利用来支撑经济社会持续发展,在注重水资源开发利用的同时,更要重视水资源的节约和保护,通过水资源优化配置提高用水的效率,实现水资源的可持续利用。

水功能区划的目的是依据国民经济发展规划和水资源综合利用规划,结合区域水资源开发利用现状和社会需求,科学合理地在相应水域划定具有特定功能、满足水资源合理开发利用和保护要求并能够发挥最佳效益的区域(即水功能区);确定各水域的主导功能及功能顺序,制定水域功能不遭破坏的水资源保护目标;通过各功能区水资源保护目标的实现,保障水资源的可持续利用。因此,水功能区划是全面贯彻《水法》、加强水资源保护的重要举措,是水资源保护措施实施和监督管理的依据,对实现以水资源可持续利用、保障经济社会可持续发展的战略目标具有重要意义。

进行水功能区划具有如下意义:

(1)确定水功能区划及其保护目标,为水资源保护按功能区划及其目标管理提供依据。在对流域水体进行调查研究和系统分析的基础上,确定水的主导功能,并据其划分水功能区,依据高功能水域高标准保护,低功能水域低标准保护,专业用水区按专业用水标准保护,补给地下水水源地的水域按地下水使用功能标准保护,使水资源保护可按功能区进行目标管理。

(2)进行水功能区划后,可按确定的水体保护目标计算纳污能力,从而对水体的纳污总量予以控制,使水资源保护由定性管理逐步转向定量管理,进而实现水环境标准的控制目标。

(3)按确定的水功能区划制定入河(湖、库)排污口、支流口污染物总量控制规划,对污染总量优化分配,对污染源布局、限期治理和综合整治提出意见,作为水污染防治的依据。

(4)按确定的水功能区划编制水资源保护规划和分期实施计划。科学的水资源保护规划和分期实施计划,是保证水功能区目标真正实现的依据。划分水功能区的整个过程与编制水资源保护规划、水污染防治规划及其分期实施计划相联系,最终确定的水功能区划及其保护目标是编制规划和计划的基础。

二、水功能区划的指导思想

水功能区划的指导思想是:结合流域、区域和城市地区水资源开发利用规划及经济社会发展规划,根据水资源的可再生能力和自然环境的可承受能力,科学、合理地开发和保护水资源,既满足当代和本区域对水资源的需求,又不损害后代和其他区域对水资源的需求。促进经济、社会和生态的协调发展,实现水资源可持续利用,保障经济社会的可持续发展。

第三节 城市水功能区划的原则和要求

一、水功能区划的原则

1.满足可持续发展,具有前瞻性原则

水功能区划应与区域水资源开发利用规划及经济社会发展规划相结合,并根据水资源的可再生能力和自然环境的可承受能力,以及国家有关保护环境资源的方针政策,使水功能区划能满足经济社会可持续发展需求,促进经济社会和生态的协调发展。

2.综合分析、统筹兼顾、突出重点的原则

水功能区划应将水系系统作为同一整体考虑,分析河流上下游、左右岸、省界间、市界间、县界间、湖泊水库的不同水域,近、远期社会发展需求对水域保护功能的要求,坚持水资源开发利用与保护并重的原则,统筹兼顾流域、区域水资源综合开发利用和国民经济发展的规划。上游水功能的划分,要考虑保障下游功能要求;支流功能的划分,要考虑保障干流水域的功能要求;当前功能区的划分,不能影响长远功能的开发。水资源不同目标的开发利用功能要求不同的水质标准,其中以城镇集中饮用水水源地、江河源头、自然保护区、珍贵鱼类保护区、鱼虾产卵场等为优先重点保护对象。水功能区划要优先考虑其达到功能水质保护标准,对于渔业用水、农业用水、工业用水等专业用水实行统筹安排,分别执行专业用水标准。

3.合理利用水环境容量原则

根据河流、湖泊和水库的水文特征。合理利用水环境容量,保证水功能区划中水质标准的合理性,既充分保护水资源质量,又有效利用环境容量,节省污水处理费用。

4.以水域规划主导使用功能为主,结合考虑现状使用功能和超前性原则

水功能区划要以水资源开发利用规划中确定的水资源主导使用功能为主,在人类活动和经济技术的发展对水域未提出新的功能要求之前,应保持现状使用功能。同时,水功能区划要体现社会发展的超前意识,结合未来社会发展需求,引入本领域和相关领域研究

的最新成果，要为将来引进高新技术和社会发展需要留有余地。

5. 相似性划分原则

应综合考虑江河、湖泊及水库自然条件、污染现状及使用目标的相似性，并按相似性原则进行功能区的划分。

(1)自然条件相似性。自然条件是制约水资源使用目标和使用方式的重要因素之一。水域自然条件不同，利用水资源的方向、方式和程度就有差异，对污染的净化能力也不同，改善环境的方向和措施也有区别，因此自然要素在水域中的数量和质量差异应成为划分水功能区的重要依据。

(2)污染现状相似性。由于人类活动方式和程度不同而形成不同的环境特征，造成不同程度的水污染。因此污染现状不同，需要控制水污染的参数不同，水环境的改善途径也不同，所以水质污染现状相似性也是划分水功能区的重要原因之一。

(3)使用目标相似性。由于水资源的用途是多方面的，使用目标一致水质要求就相同，水质标准也就一致，在水资源保护的管理方面也易于统一。因此，水域使用目标相似，也是水功能区划的重要原则之一。

6. 结合水域水资源综合利用规划，水质与水量统一考虑的原则

水质与水量是水资源的两个主要属性。水功能区划的水质功能与水量密切相关，水功能区划时将水质和水量统一考虑，是水资源开发利用与保护辩证统一关系的体现。既要考虑水资源的开发利用对水量的需要，又要考虑对水质的要求。

7. 便于管理，切实可行的原则

水功能区划的方案要切实可行，其分配界限应尽可能地与行政区界线一致，以便于行政管理，使保护和改善水环境的措施能得以贯彻和落实，也便于行政监督管理的实施。同时，必须将水功能区的划分与水域允许纳污、入河排污口的布局及其允许排放量结合起来，真正有利于强化水资源保护的目标管理。

8. 分级与分类相结合的原则

通过水功能区划在宏观上对流域水资源的保护和利用进行总体控制，协调地区间的用水关系；在整体功能布局确定的前提下，再在重点开发利用水域内详细划分各种用途的功能类别和水域界线，协调行业间的用水关系，建立功能区之间横向的并列关系和纵向的层次体系。

二、水功能区划的要求

1. 注意总结以往水功能区划工作的经验和成果

根据近几年水资源开发利用和保护工作中出现的新情况和新问题，采用新的基础资料、分析技术与手段，编制水功能区划报告。

2. 划分要紧密结合水系实际

分析研究与水功能区划相关的重要问题，划分应突出流域和区域的重点并具有可操作性。

3. 功能区划要充分考虑管理工作

尽量将控制断面置于行政交界处，并考虑管理信息系统建立的要求。

4. 总体目标与分期、分阶段目标相统一

应考虑实现水质目标的可行性及技术、经济制约因素，制定分阶段的水质目标和分期实施的计划。做到近期和长期相统一。

第四节 水功能分类及划分指标

水资源具有整体性的特点，它是以流域为单元，由水量与水质、地表水与地下水等几个相互依存的组分构成的统一体，每一组分的变化可影响其他组分，河流上下游、左右岸、干支流之间的开发利用亦会相互影响。有许多事情，在局部看来是可行的，但从整体看来则不可行；有的从本区看来是可行的，但从邻区看来是不可行的。另一方面，水资源还具有多种功能的特点，在国民经济各部门中用途广泛，可用来灌溉、发电、航运、供水、养殖、娱乐及维持生态等。但在水资源的开发利用中，各用途间往往存在矛盾，例如有时除害与兴利会发生矛盾等。因此，必须统一规划、统筹兼顾，实行综合利用，才能做到最合理地满足国民经济各部门的需要，并且把所有用户的利益进行最佳组合，以实现水资源的高效利用。

通过水功能区划在宏观上从流域角度对水资源的利用状况进行总体控制，合理解决地区间的用水矛盾。在整体功能布局确定的前提下，再在重点开发利用水域内详细划分多种用途的水功能区，以便为科学合理地开发利用和保护水资源提供依据。为此，全国范围内的水功能区划采用二级体系，即一级区划（流域级）、二级区划（省级、市级）。一级区划是宏观上解决水资源开发利用与保护的问题，主要协调地区间用水关系，从长远上考虑可持续发展的需求；二级区划主要协调各省、市、自治区及其内部用水部门之间的关系。

水功能一级区划分为四类，即保护区、缓冲区、开发利用区、保留区；水功能二级区划在一级区划的开发利用区内进行，共分七类，包括饮用水源区、工业用水区、农业用水区、渔业用水区、景观娱乐用水区、过渡区、排污控制区。一级区划宏观上解决水资源开发利用与保护的问题，主要协调地区间关系，并考虑发展的需求；二级区划主要协调用水部门之间的关系。

水功能区划技术路线如图 10-2 所示。水功能区划分级分类体系如图 10-3 所示。

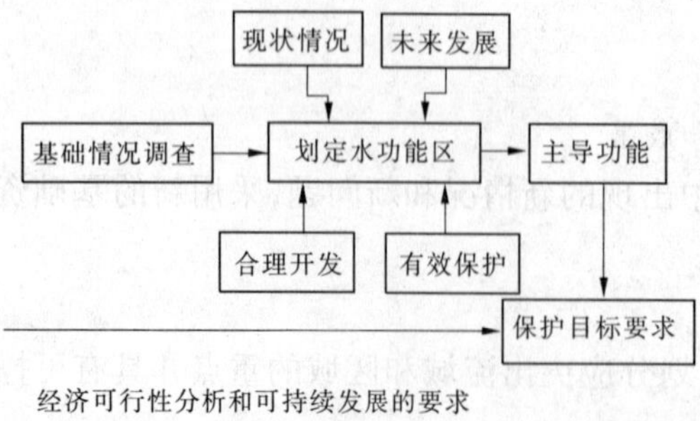

图 10-2 水功能区划技术路线

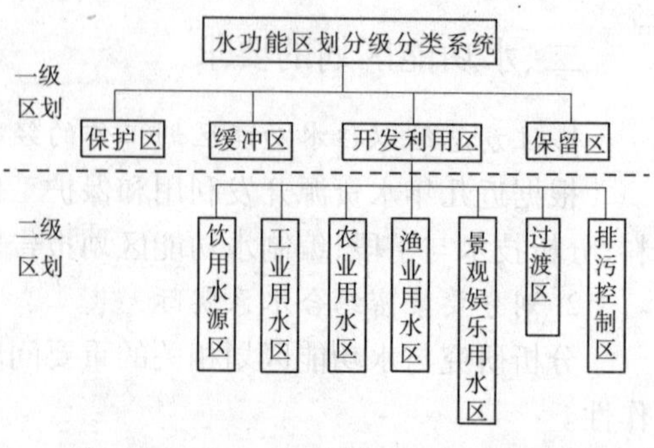

图 10-3 水功能区划分级分类体系

一、水功能一级区分类及划分指标

1. 保护区

保护区是指对水资源保护、饮用水保护、生态环境及珍稀濒危物种的保护具有重要意义的水域。保护区划分指标包括集水面积、保护级别、可(供)水量等。划区条件如下:

(1)源头水保护区,系指以保护水资源为目的,在重要河流的源头河段划出专门涵养保护水源的区域。

(2)国家级和省级自然保护区范围内的水域。

以上两种情况的功能区和水质标准:执行《地表水环境质量标准》(GB3838—2002)Ⅰ、Ⅱ类水质标准(因自然、地质原因,不满足Ⅰ、Ⅱ类水质标准的,应维持水质现状)。

(3)已建和规划水平年内建成的跨流域、跨省区的大型调水工程水源地及其调水线路;省内重要的饮用水源地。功能区水质标准:执行《地表水环境质量标准》(GB3838—2002)Ⅰ、Ⅱ类水质标准或用水区用水功能相应的水质标准。

(4)对典型生态、自然环境保护具有重要意义的水域。执行对该类保护区议定的水量、水质指标。

2. 缓冲区

缓冲区是指为协调省际间、矛盾突出的地区间用水关系,协调内河功能区划与海洋功能区划关系,以及在保护区与开发利用区相接时,为满足保护区水质要求需划定的水域。功能区划分指标包括跨界区域及相邻功能区间水质差异程度。

划区的条件为:跨省、自治区、直辖市行政区域河流、湖泊的边界水域;省际边界河流、湖泊的边界附近水域;用水矛盾突出地区之间的水域。

功能区水质标准:按实际需要执行相关水质标准或按现状控制。

3. 开发利用区

开发利用区主要指满足工农业生产、城镇生活、渔业、娱乐和净化水体污染等多种需水要求的水域和水污染控制、治理的重点水域。功能区划分指标包括水资源开发利用程度、产值、人口、水质及排污情况等。

划区的条件为:取(排)水口较集中,取(排)水量较大的水域(如流域内重要城市江段、具有一定灌溉用水量和渔业用水要求的水域等)。

功能区水质标准:按二级区划分类分别执行相应的水质标准。

4. 保留区

保留区是指目前开发利用程度不高,为今后开发利用和保护水资源而预留的水域。为今后开发利用和保护水资源而预留的水域。该区内水资源应维持现状不遭破坏。功能区划指标包括水资源开发利用程度、产值、人口、水量、水质等。

划区的条件为:受人类活动影响较少,水资源开发利用程度较低的水域;目前不具备开发条件的水域;考虑到可持续发展的需要,为今后的发展预留的水域。

功能区水质标准:按现状水质类别控制。

二、水功能二级区分类及划分指标

1. 饮用水源区

饮用水源区是指城市生活用水的水域。功能区划分指标包括人口、取水总量、取水口分布等。

划区的条件为：已有的城市生活用水取水口分布较集中的水域，或在规划水平年内城市发展设置的供水水源区；每个用水户取水量须符合水行政主管部门实施取水许可制度的细则规定。

2. 工业用水区

工业用水区指城镇工业用水需要的水域。功能区划分指标包括工业产值、取水总量、取水口分布等。

划区的条件为：现有的或规划水平年内需设置的工矿企业生产用水取水点集中的水域；每个用水户取水量须符合水行政主管部门实施取水许可制度的细则规定。

3. 农业用水区

农业用水区指灌溉用水需要的水域。功能区划分指标包括灌区的面积、取水总量、取水口分布等。

划区的条件为：已有的或规划水平年内需要设置的农业灌溉用水取水点集中的水域；每个用水户取水量须符合水行政主管部门实施取水许可制度的细则规定。

4. 渔业用水区

渔业用水区指具有鱼、虾、蟹、贝类产卵场、索饵场、越冬场及洄游通道功能的水域，养殖鱼、虾、蟹、贝、藻类等水生动植物的水域。功能区划分指标：渔业生产条件及生产状况。

划区的条件为：具有一定规模的主要经济鱼类的产卵场、索饵场、洄游通道，历史悠久或新辟人工放养和保护的渔业水域；水文条件良好，水交换畅通，有合适的地形、底质。

5. 景观娱乐用水区

景观娱乐用水区指以景观、疗养、度假和娱乐需要为目的的水域。功能区划分指标：景观娱乐类型及规模。

6. 过渡区

过渡区指为使水质要求有差异的相邻功能区顺利衔接而划定的区域。功能区划分指标：水质与水量。

划区的条件为：下游用水要求高于上游水质状况；有双向水流的水域，且位于水质要求不同的相邻功能区之间。

7. 排污控制区

排污控制区指接纳生活、生产污废水比较集中，所接纳的污废水对水环境无重大不利影响的区域。功能区划分指标：排污量、排污口分布。

划区的条件为：接纳废水中污染物可稀释降解，水域的稀释自净能力较强，其水文、生态特性适宜于作为排污区。

第五节 城市水功能区水质管理标准

根据水域不同的使用功能对水质要求各异的特点，制定出相应的水质管理标准，并给出断面设置原则。

一、饮用水源区

饮用水源区的一级保护范围按Ⅱ类水质标准、二级保护范围按Ⅲ类水质标准进行管理。Ⅱ类水质标准的功能区应设置在已有和规划的生活饮用水一级保护区内，该区范围为：集中取水的第一个取水口上游1 000 m，至最末取水口下游100 m；潮汐水域上、下游均为1 000 m；湖泊、水库的范围为取水口周围1 000 m以内。Ⅲ类水质标准的功能区应设置在现有和规划的生活饮用水二级保护范围内。生活饮用水二级保护区其下游功能区界应设置在生活饮用水一级保护区、珍贵鱼类保护区、鱼虾产卵场水域下游功能区界上，其功能区范围为根据水域下游功能区界处的水质标准，采用水质模型反推至上游水质达到Ⅲ类功能区水质标准中Ⅲ类标准最高浓度限值时的范围。也可以根据水质常年监测资料，综合分析评价后确定Ⅲ类水质标准功能区的范围。

二、工业用水区

工业用水区按Ⅳ类水质标准进行管理。Ⅳ类水质标准的功能区应设置在工业用水区的已有或规划的工业取水口上游，保证取水口水质能达到Ⅳ类水质标准处至取水口下游100 m。

根据地表水资源的用途及保护要求，湖泊、水库不设Ⅳ类水质标准的功能区。

三、农业用水区

农业用水区按Ⅴ类水质标准进行管理。Ⅴ类水质标准的功能区设置在已有或规划的农业用水区，其范围应根据农业用水第一个取水口上游500 m至最末一个取水口下游100 m处。考虑农业用水区下游功能区水质要求和河流水资源保护要求，河流的农业用水水质以执行《地表水环境质量标准》(GB 3838—2002)中的Ⅴ类水质标准为主，参照《农田灌溉水质标准》(GB 5084—92)执行。

四、渔业用水区

珍贵鱼类保护区范围内及鱼虾产卵范围内的水域按Ⅱ类水质标准进行管理。一般鱼类保护区，按Ⅲ类水质标准进行管理。断面设置应与Ⅰ类和Ⅱ类水质标准的水域相协调。

五、景观娱乐用水区

景观和人体非直接接触的娱乐用水区按Ⅳ类水质标准进行管理。人体非直接接触的娱乐用水区设置在已有或规划的市级以上政府批准的娱乐用水区范围内。

六、过渡区

过渡区应设置在下游水质要求较上游水质要求高的功能区之间,如排污控制区下游至其他功能区的上游段,该区的长短取决于排污控制区和其他功能区的浓度梯度,由数学模拟计算确定。如果计算出来的结果太长,那么就要对排污控制区的水质进行重新限制。

七、排污控制区

排污控制区应设置在河流干、支流的入河排污口或支流汇入口所在区域,城市排污明渠,利用污水灌溉的干渠。入河排污口所在的排污控制区范围为该河段上游第一个排污口上游 100 m 至最末一个排污口下游 200 m。该区内污染物浓度可以超Ⅴ类水质标准,但必须小于地面水排放标准的限制,并保证通过过渡区后达到下游的功能区水质要求。

第六节　水资源保护的主要措施

一般来讲,水资源保护措施主要分为工程性措施和非工程性措施两大类。

一、工程措施

水资源保护可采取的工程措施包括水利工程、农林工程、市政工程、生物工程等措施。

1. 水利工程措施

通过水利工程的调蓄水、进水、江河湖底的疏浚、引水、排水等各种工程措施,可以改善或破坏水资源状况。

1)调蓄水工程措施

通过在江河湖泊上修建一系列的水利工程(如水库和闸坝),改变天然水系的丰、枯水期水量不平衡状况,控制河川径流量,使河流在枯水期具有一定的生态用水量来稀释净化污染物质,改善水质状况。

2)进水工程措施

从汇水区流出的水一般要经过若干沟、渠、支河而后流入湖泊、水库,在其进入湖库之前可设置渗滤沟、渗滤池、小型水库等工程措施来沉淀、过滤掉有害物质,确保水质达标后,再进入到湖库中。

3)江河湖库的底泥疏浚工程措施

通过对江河湖库的底泥疏浚,可以将底泥中的营养元素、重金属等有害物质直接除去,这是解决河道底泥污染物释放的有效措施。

2. 农林工程措施

1)减少面源污染

在汇流区域内,应科学管理农田,控制施肥量,加强水土保持,减少化肥的流失。在有条件的地方,宜建立缓冲带,改变耕种方式,以减少肥料的施用量与流失量。

2)植树造林,涵养水源

通过森林的综合作用,发挥其涵养水源和调节径流的效能。

3)发展生态农业

建立养殖业、种植业、林果业相结合的生态工程,将畜禽养殖业排放的粪便有效利用于种植业和林果业,形成一个封闭系统,使生态系统中产生的营养物质在系统中循环利用,而不排入水体,减少对水环境的污染和破坏。

3. 市政工程措施

1)加强污染源的综合治理

对于工业污染源,对环境危害严重的应优先安排资金、技术力量给予治理,确保污染物的排放满足总量控制要求。

此外,在水环境综合整治中,还要坚持走集中与分散相结合的道路,在广大乡村设置小型的垃圾回收和处理设施,减小面源污染带来的危害。

在工业污染源治理的同时,还要重视对城市生活污水、粪便以及垃圾的治理,逐步兴建生活污水处理厂和城市垃圾处理站,将污染物统一集中处理。

2)建设城市污水和雨水截流工程

为了有效地控制水体污染,应对合流下水道的溢流进行严格控制,采取改合流制为分流制(即污水、雨水分别由不同下水道系统收集输送),优化排水系统,积极利用雨水资源等措施与办法。

3)建设城市污水处理厂并提高其处理效率

考虑城市的自然、地理、经济及人文等实际情况,城市水污染防治的需要以及经济上的可行性等多方面因素的影响,对污水处理厂进行规划。

4. 生物工程措施

生物工程措施主要考虑利用水生生物及其食物链系统达到去除水体中氮、磷和其他污染物质的目的。

二、非工程措施

(1)加强水质监测、监督、预测及水资源评价工作。

(2)做好地表饮用水源地和地下饮用水源地的保护工作。

(3)积极实施污染物排放总量控制,逐步推行排污许可证制度。

(4)工农业产业结构的合理调整。

(5)水资源保护法律法规的建设。

(6)加大水资源和环境保护的宣传力度,号召全民节约和保护水资源。

思考题

10-1 什么是水功能区和水功能区划?

10-2 如何进行水资源保护工作?

10-3 水功能区划的原则有哪些?

10-4 城市水功能区有哪些水质管理标准?

附　表

附表 1　皮尔逊Ⅲ型曲线的离均系数 Φ_P 值

C_s	$P(\%)$														
	0.01	0.1	0.2	0.33	0.5	1	2	5	10	20	50	75	90	95	99
0.0	3.72	3.09	2.88	2.71	2.58	2.33	2.05	1.64	1.28	0.84	0.00	-0.67	-1.28	-1.64	-2.33
0.1	3.94	3.23	3.00	2.82	2.67	2.40	2.11	1.67	1.29	0.84	-0.02	-0.68	-1.27	-1.62	-2.25
0.2	4.16	3.38	3.12	2.92	2.76	2.47	2.16	1.70	1.30	0.83	-0.03	-0.69	-1.26	-1.59	-2.18
0.3	4.38	3.52	3.24	3.03	2.86	2.54	2.21	1.73	1.31	0.82	-0.05	-0.70	-1.24	-1.55	-2.10
0.4	4.61	3.67	3.36	3.14	2.95	2.62	2.26	1.75	1.32	0.82	-0.07	-0.71	-1.23	-1.52	-2.03
0.5	4.83	3.81	3.48	3.25	3.04	2.68	2.31	1.77	1.32	0.81	-0.08	-0.71	-1.22	-1.49	-1.96
0.6	5.05	3.96	3.60	3.35	3.13	2.75	2.35	1.80	1.33	0.80	-0.10	-0.72	-1.20	-1.45	-1.88
0.7	5.28	4.10	3.72	3.45	3.22	2.82	2.40	1.82	1.33	0.79	-0.12	-0.72	-1.18	-1.42	-1.81
0.8	5.50	4.24	3.85	3.55	3.31	2.89	2.45	1.84	1.34	0.78	-0.13	-0.73	-1.17	-1.38	-1.74
0.9	5.73	4.39	3.97	3.65	3.40	2.96	2.50	1.86	1.34	0.77	-0.15	-0.73	-1.15	-1.35	-1.66
1.0	5.96	4.53	4.09	3.76	3.49	3.02	2.54	1.88	1.34	0.76	-0.16	-0.73	-1.13	-1.32	-1.59
1.1	6.18	4.67	4.20	3.86	3.58	3.09	2.58	1.89	1.34	0.74	-0.18	-0.74	-1.10	-1.28	-1.52
1.2	6.41	4.81	4.32	3.95	3.66	3.15	2.62	1.91	1.34	0.73	-0.19	-0.74	-1.08	-1.24	-1.45
1.3	6.64	4.95	4.44	4.05	3.74	3.21	2.67	1.92	1.34	0.72	-0.21	-0.74	-1.06	-1.20	-1.38
1.4	6.87	5.09	4.56	4.15	3.83	3.27	2.71	1.94	1.33	0.71	-0.22	-0.73	-1.04	-1.17	-1.32
1.5	7.09	5.23	4.68	4.24	3.91	3.33	2.74	1.95	1.33	0.69	-0.24	-0.73	-1.02	-1.13	-1.26
1.6	7.31	5.37	4.80	4.34	3.99	3.39	2.78	1.96	1.33	0.68	-0.25	-0.73	-0.99	-1.10	-1.20
1.7	7.54	5.50	4.91	4.43	4.07	3.44	2.82	1.97	1.32	0.68	-0.27	-0.72	-0.97	-1.06	-1.14
1.8	7.76	5.64	5.01	4.52	4.15	3.50	2.85	1.98	1.32	0.64	-0.28	-0.72	-0.94	-1.02	-1.09
1.9	7.98	5.77	5.12	4.61	4.23	3.55	2.88	1.99	1.31	0.63	-0.29	-0.72	-0.92	-0.98	-1.04

续附表 1

C_s	P(%)														
	0.01	0.1	0.2	0.33	0.5	1	2	5	10	20	50	75	90	95	99
2.0	8.21	5.91	5.22	4.70	4.30	3.61	2.91	2.00	1.30	0.61	-0.31	-0.71	-0.895	-0.949	-0.989
2.1	8.43	6.04	5.33	4.79	4.37	3.66	2.93	2.00	1.29	0.59	-0.32	-0.71	-0.869	-0.914	-0.945
2.2	8.65	6.17	5.43	4.88	4.44	3.71	2.96	2.00	1.28	0.57	-0.33	-0.70	-0.844	-0.879	-0.905
2.3	8.87	6.30	5.53	4.97	4.51	3.76	2.99	2.00	1.27	0.55	-0.34	-0.69	-0.820	-0.849	-0.867
2.4	9.08	6.42	5.63	5.05	4.58	3.81	3.02	2.01	1.26	0.54	-0.35	-0.68	-0.795	-0.820	-0.831
2.5	9.30	6.55	5.73	5.13	4.65	3.85	3.04	2.01	1.25	0.52	-0.36	-0.67	-0.772	-0.791	-0.800
2.6	9.51	6.67	5.82	5.20	4.72	3.89	3.06	2.01	1.23	0.50	-0.37	-0.66	-0.748	-0.764	-0.769
2.7	9.72	6.79	5.92	5.28	4.78	3.93	3.09	2.01	1.22	0.48	-0.37	-0.65	-0.726	-0.736	-0.740
2.8	9.93	6.91	6.01	5.36	4.84	3.97	3.11	2.01	1.21	0.46	-0.38	-0.64	-0.702	-0.710	-0.714
2.9	10.14	7.03	6.10	5.44	4.90	4.01	3.13	2.01	1.20	0.44	-0.39	-0.63	-0.680	-0.687	-0.690
3.0	10.35	7.15	6.20	5.51	4.96	4.05	3.15	2.00	1.18	0.42	-0.39	-0.62	-0.658	-0.665	-0.667
3.1	10.56	7.26	6.30	5.59	5.02	4.08	3.17	2.00	1.16	0.40	-0.40	-0.60	-0.639	-0.644	-0.645
3.2	10.77	7.38	6.39	5.66	5.08	4.12	3.19	2.00	1.14	0.38	-0.40	-0.59	-0.621	-0.624	-0.625
3.3	10.97	7.49	6.48	5.74	5.14	4.15	3.21	1.99	1.12	0.36	-0.40	-0.58	-0.604	-0.606	-0.606
3.4	11.17	7.60	6.56	5.80	5.20	4.18	3.22	1.98	1.11	0.34	-0.41	-0.57	-0.587	-0.588	-0.588
3.5	11.37	7.72	6.65	5.86	5.25	4.22	3.23	1.97	1.09	0.32	-0.41	-0.55	-0.570	-0.571	-0.571
3.6	11.57	7.83	6.73	5.93	5.30	4.25	3.24	1.96	1.08	0.30	-0.41	-0.54	-0.555	-0.556	-0.556
3.7	11.77	7.94	6.81	5.99	5.35	4.28	3.25	1.95	1.06	0.28	-0.42	-0.53	-0.540	-0.541	-0.541
3.8	11.97	8.05	6.89	6.05	5.40	4.31	3.26	1.94	1.04	0.26	-0.42	-0.52	-0.526	-0.526	-0.526
3.9	12.16	8.15	6.97	6.11	5.45	4.34	3.27	1.93	1.02	0.24	-0.41	-0.506	-0.513	-0.513	-0.513
4.0	12.36	8.25	7.05	6.18	5.50	4.37	3.27	1.92	1.00	0.23	-0.41	-0.495	-0.500	-0.500	-0.500
4.1	12.55	8.35	7.13	6.24	5.54	4.39	3.28	1.91	0.98	0.21	-0.41	-0.484	-0.488	-0.488	-0.488
4.2	12.74	8.45	7.21	6.30	5.59	4.41	3.29	1.90	0.96	0.19	-0.41	-0.473	-0.476	-0.476	-0.476
4.3	12.93	8.55	7.29	6.36	5.63	4.44	3.29	1.88	0.94	0.17	-0.41	-0.462	-0.465	-0.465	-0.465
4.4	13.12	8.65	7.36	6.41	5.68	4.46	3.30	1.87	0.92	0.16	-0.40	-0.453	-0.455	-0.455	-0.455

续附表 1

C_s	P(%)														
	0.01	0.1	0.2	0.33	0.5	1	2	5	10	20	50	75	90	95	99
4.5	13.30	8.75	7.43	6.46	5.72	4.48	3.30	1.85	0.90	0.14	-0.40	-0.444	-0.444	-0.444	-0.444
4.6	13.49	8.85	7.50	6.52	5.76	4.50	3.30	1.84	0.88	0.13	-0.40	-0.435	-0.435	-0.435	-0.435
4.7	13.67	8.95	7.57	6.57	5.80	4.52	3.30	1.82	0.86	0.11	-0.39	-0.426	-0.426	-0.426	-0.426
4.8	13.85	9.04	7.64	6.63	5.84	4.54	3.30	1.80	0.84	0.09	-0.39	-0.417	-0.417	-0.417	-0.417
4.9	14.04	9.13	7.70	6.68	5.88	4.55	3.30	1.78	0.82	0.08	-0.38	-0.408	-0.408	-0.408	-0.408
5.0	14.22	9.22	7.77	6.73	5.92	4.57	3.30	1.77	0.80	0.06	-0.379	-0.400	-0.400	-0.400	-0.400
5.1	14.40	9.31	7.84	6.78	5.95	4.58	3.30	1.75	0.78	0.05	-0.374	-0.392	-0.392	-0.392	-0.392
5.2	14.57	9.40	7.90	6.83	5.99	4.59	3.30	1.73	0.76	0.03	-0.369	-0.385	-0.385	-0.385	-0.385
5.3	14.75	9.49	7.96	6.87	6.02	4.60	3.30	1.72	0.74	0.02	-0.363	-0.377	-0.377	-0.377	-0.377
5.4	14.92	9.57	8.02	6.91	6.05	4.62	3.29	1.70	0.72	0.00	-0.358	-0.370	-0.370	-0.370	-0.370
5.5	15.10	9.66	8.08	6.96	6.08	4.63	3.28	1.68	0.70	-0.01	-0.353	-0.364	-0.364	-0.364	-0.364
5.6	15.27	9.71	8.14	7.00	6.11	4.64	3.28	1.66	0.67	-0.03	-0.349	-0.357	-0.357	-0.357	-0.357
5.7	15.45	9.82	8.21	7.04	6.14	4.65	3.27	1.65	0.65	-0.04	-0.344	-0.351	-0.351	-0.351	-0.351
5.8	15.62	9.91	8.27	7.08	6.17	4.67	3.27	1.63	0.63	-0.05	-0.339	-0.345	-0.345	-0.345	-0.345
5.9	15.78	9.99	8.32	7.12	6.20	4.68	3.26	1.61	0.61	-0.06	-0.334	-0.339	-0.339	-0.339	-0.339
6.0	15.94	10.07	8.38	7.15	6.23	4.68	3.25	1.59	0.59	-0.07	-0.329	-0.333	-0.333	-0.333	-0.333
6.1	16.11	10.15	8.43	7.19	6.26	4.69	3.24	1.57	0.57	-0.08	-0.325	-0.328	-0.328	-0.328	-0.328
6.2	16.28	10.22	8.49	7.23	6.28	4.70	3.23	1.55	0.55	-0.09	-0.320	-0.323	-0.323	-0.323	-0.323
6.3	16.45	10.30	8.54	7.26	6.30	4.70	3.22	1.53	0.53	-0.10	-0.315	-0.317	-0.317	-0.317	-0.317
6.4	16.61	10.38	8.60	7.30	6.32	4.71	3.21	1.51	0.51	-0.11	-0.311	-0.313	-0.313	-0.313	-0.313

附表 2　皮尔逊Ⅲ型曲线模比系数 K_P 值

(1) $C_s = C_v$

C_v	P(%)															C_s
	0.01	0.1	0.2	0.33	0.5	1	2	5	10	20	50	75	90	95	99	
0.05	1.19	1.16	1.15	1.14	1.13	1.12	1.11	1.09	1.07	1.04	1.00	0.97	0.94	0.92	0.89	0.05
0.10	1.39	1.32	1.30	1.28	1.27	1.24	1.21	1.17	1.13	1.08	1.00	0.93	0.87	0.84	0.78	0.10
0.15	1.61	1.50	1.46	1.43	1.41	1.37	1.32	1.26	1.20	1.13	1.00	0.90	0.81	0.77	0.67	0.15
0.20	1.83	1.68	1.62	1.58	1.55	1.49	1.43	1.34	1.26	1.17	0.99	0.86	0.75	0.68	0.56	0.20
0.25	2.07	1.86	1.80	1.74	1.70	1.63	1.55	1.43	1.33	1.21	0.99	0.83	0.69	0.61	0.47	0.25
0.30	2.31	2.06	1.97	1.91	1.86	1.76	1.66	1.52	1.39	1.25	0.98	0.79	0.63	0.54	0.37	0.30
0.35	2.57	2.26	2.16	2.08	2.02	1.91	1.78	1.61	1.46	1.29	0.98	0.76	0.57	0.47	0.28	0.35
0.40	2.84	2.47	2.34	2.26	2.18	2.05	1.90	1.70	1.53	1.33	0.97	0.72	0.51	0.39	0.19	0.40
0.45	3.13	2.69	2.54	2.44	2.35	2.19	2.03	1.79	1.60	1.37	0.97	0.69	0.45	0.33	0.10	0.45
0.50	3.42	2.91	2.74	2.63	2.52	2.34	2.16	1.89	1.66	1.40	0.96	0.65	0.39	0.26	0.02	0.50
0.55	3.72	3.14	2.95	2.82	2.70	2.49	2.29	1.98	1.73	1.44	0.95	0.61	0.34	0.20	-0.06	0.55
0.60	4.03	3.38	3.16	3.01	2.88	2.65	2.41	2.08	1.80	1.48	0.94	0.57	0.28	0.13	-0.13	0.60
0.65	4.36	3.62	3.38	3.21	3.07	2.81	2.55	2.18	1.87	1.52	0.93	0.53	0.23	0.07	-0.20	0.65
0.70	4.70	3.87	3.60	3.42	3.25	2.97	2.68	2.27	1.93	1.55	0.92	0.50	0.17	0.01	-0.27	0.70
0.75	5.05	4.13	3.84	3.63	3.45	3.14	2.82	2.37	2.00	1.59	0.91	0.46	0.12	-0.05	-0.33	0.75
0.80	5.40	4.39	4.08	3.84	3.65	3.31	2.96	2.47	2.07	1.62	0.90	0.42	0.06	-0.10	-0.39	0.80
0.85	5.78	4.67	4.33	4.07	3.86	3.49	3.11	2.57	2.14	1.66	0.88	0.37	0.01	-0.16	-0.44	0.85
0.90	6.16	4.95	4.57	4.29	4.06	3.66	3.25	2.67	2.21	1.69	0.86	0.34	-0.04	-0.22	-0.49	0.90
0.95	6.56	5.24	4.83	4.53	4.28	3.84	3.40	2.78	2.28	1.73	0.85	0.31	-0.09	-0.27	-0.55	0.95
1.00	6.96	5.53	5.09	4.76	4.49	4.02	3.54	2.88	2.34	1.76	0.84	0.27	-0.13	-0.32	-0.59	1.00

续附表 2

(2) $C_s = 2C_v$

C_v	P(%)															C_s
	0.01	0.1	0.2	0.33	0.5	1	2	5	10	20	50	75	90	95	99	
0.05	1.20	1.16	1.15	1.14	1.13	1.12	1.11	1.08	1.06	1.04	1.00	0.97	0.94	0.92	0.89	0.10
0.10	1.42	1.34	1.31	1.29	1.27	1.25	1.21	1.17	1.13	1.08	1.00	0.93	0.87	0.84	0.78	0.20
0.15	1.67	1.54	1.48	1.46	1.43	1.38	1.33	1.26	1.20	1.12	0.99	0.90	0.81	0.77	0.69	0.30
0.20	1.92	1.73	1.67	1.63	1.59	1.52	1.45	1.35	1.26	1.16	0.99	0.86	0.75	0.70	0.59	0.40
0.22	2.04	1.82	1.75	1.70	1.66	1.58	1.50	1.39	1.29	1.18	0.98	0.84	0.73	0.67	0.56	0.44
0.24	2.16	1.91	1.83	1.77	1.73	1.64	1.55	1.43	1.32	1.19	0.98	0.83	0.71	0.64	0.53	0.48
0.25	2.22	1.96	1.87	1.81	1.77	1.67	1.58	1.45	1.33	1.20	0.98	0.82	0.70	0.63	0.52	0.50
0.26	2.28	2.01	1.91	1.85	1.80	1.70	1.60	1.46	1.34	1.21	0.98	0.82	0.69	0.62	0.50	0.52
0.28	2.40	2.10	2.00	1.93	1.87	1.76	1.66	1.50	1.37	1.22	0.97	0.79	0.66	0.59	0.47	0.56
0.30	2.52	2.19	2.08	2.01	1.94	1.83	1.71	1.54	1.40	1.24	0.97	0.78	0.64	0.56	0.44	0.60
0.35	2.86	2.44	2.31	2.22	2.13	2.00	1.84	1.64	1.47	1.28	0.96	0.75	0.59	0.51	0.37	0.70
0.40	3.20	2.70	2.54	2.42	2.32	2.16	1.98	1.74	1.54	1.31	0.95	0.71	0.53	0.45	0.30	0.80
0.45	3.59	2.98	2.80	2.65	2.53	2.33	2.13	1.84	1.60	1.35	0.93	0.67	0.48	0.40	0.26	0.90
0.50	3.98	3.27	3.05	2.88	2.74	2.51	2.27	1.94	1.67	1.38	0.92	0.64	0.44	0.34	0.21	1.00
0.55	4.42	3.58	3.32	3.12	2.97	2.70	2.42	2.04	1.74	1.41	0.90	0.59	0.40	0.30	0.16	1.10
0.60	4.85	3.89	3.59	3.37	3.20	2.89	2.57	2.15	1.80	1.44	0.89	0.56	0.35	0.26	0.13	1.20
0.65	5.33	4.22	3.89	3.64	3.44	3.09	2.74	2.25	1.87	1.47	0.87	0.52	0.31	0.22	0.10	1.30
0.70	5.81	4.56	4.19	3.91	3.68	3.29	2.90	2.36	1.94	1.50	0.85	0.49	0.27	0.18	0.08	1.40
0.75	6.33	4.93	4.52	4.19	3.93	3.50	3.06	2.46	2.00	1.52	0.82	0.45	0.24	0.15	0.06	1.50
0.80	6.85	5.30	4.84	4.47	4.19	3.71	3.22	2.57	2.06	1.54	0.80	0.42	0.21	0.12	0.04	1.60
0.90	7.98	6.08	5.51	5.07	4.74	4.15	3.56	2.78	2.19	1.58	0.75	0.35	0.15	0.08	0.02	1.80

续附表 2

(3) $C_s = 3C_v$

C_v	P(%)															C_s
	0.01	0.1	0.2	0.33	0.5	1	2	5	10	20	50	75	90	95	99	
0.20	2.02	1.79	1.72	1.67	1.63	1.55	1.47	1.36	1.27	1.16	0.98	0.86	0.76	0.71	0.62	0.60
0.25	2.35	2.05	1.95	1.88	1.82	1.72	1.61	1.46	1.34	1.20	0.97	0.82	0.71	0.65	0.56	0.75
0.30	2.72	2.32	2.19	2.10	2.02	1.89	1.75	1.56	1.40	1.23	0.96	0.78	0.66	0.60	0.50	0.90
0.35	3.12	2.61	2.46	2.33	2.24	2.07	1.90	1.66	1.47	1.26	0.94	0.74	0.61	0.55	0.46	1.05
0.40	3.56	2.92	2.73	2.58	2.46	2.26	2.05	1.76	1.54	1.29	0.92	0.70	0.57	0.50	0.42	1.20
0.42	3.75	3.06	2.85	2.69	2.56	2.34	2.11	1.81	1.56	1.31	0.91	0.69	0.55	0.49	0.41	1.26
0.44	3.94	3.19	2.97	2.80	2.65	2.42	2.17	1.85	1.59	1.32	0.91	0.67	0.54	0.47	0.40	1.32
0.45	4.04	3.26	3.03	2.85	2.70	2.46	2.21	1.87	1.60	1.32	0.90	0.67	0.53	0.47	0.39	1.35
0.46	4.14	3.33	3.09	2.90	2.75	2.50	2.24	1.89	1.61	1.33	0.90	0.66	0.52	0.46	0.39	1.38
0.48	4.34	3.47	3.21	3.01	2.85	2.58	2.31	1.93	1.65	1.34	0.89	0.65	0.51	0.45	0.38	1.44
0.50	4.55	3.62	3.34	3.12	2.96	2.67	2.37	1.98	1.67	1.35	0.88	0.64	0.49	0.44	0.37	1.50
0.52	4.76	3.76	3.46	3.24	3.06	2.75	2.44	2.02	1.69	1.36	0.87	0.62	0.48	0.42	0.36	1.56
0.54	4.98	3.91	3.60	3.36	3.16	2.84	2.51	2.06	1.72	1.36	0.86	0.61	0.47	0.41	0.36	1.62
0.55	5.09	3.99	3.66	3.42	3.21	2.88	2.54	2.08	1.73	1.36	0.86	0.60	0.46	0.41	0.36	1.65
0.56	5.20	4.07	3.73	3.48	3.27	2.93	2.57	2.10	1.74	1.37	0.85	0.59	0.46	0.40	0.35	1.68
0.58	5.43	4.23	3.86	3.59	3.38	3.01	2.64	2.14	1.77	1.38	0.84	0.58	0.45	0.40	0.35	1.74
0.60	5.66	4.38	4.01	3.71	3.49	3.10	2.71	2.19	1.79	1.38	0.83	0.57	0.44	0.39	0.35	1.80
0.65	6.26	4.81	4.36	4.03	3.77	3.33	2.88	2.29	1.85	1.40	0.80	0.53	0.41	0.37	0.34	1.95
0.70	6.90	5.23	4.73	4.35	4.06	3.56	3.05	2.40	1.90	1.41	0.78	0.50	0.39	0.36	0.34	2.10
0.75	7.57	5.68	5.12	4.69	4.36	3.80	3.24	2.50	1.96	1.42	0.76	0.48	0.38	0.35	0.34	2.25
0.80	8.26	6.14	5.50	5.04	4.66	4.05	3.42	2.61	2.01	1.43	0.72	0.46	0.36	0.34	0.34	2.40

续附表 2

(4) $C_s = 3.5C_v$

C_v	P(%)															C_s
	0.01	0.1	0.2	0.33	0.5	1	2	5	10	20	50	75	90	95	99	
0.20	2.06	1.82	1.74	1.69	1.64	1.56	1.48	1.36	1.27	1.16	0.98	0.86	0.76	0.72	0.64	0.70
0.25	2.42	2.09	1.99	1.91	1.85	1.74	1.62	1.46	1.34	1.19	0.96	0.82	0.71	0.66	0.58	0.88
0.30	2.82	2.38	2.24	2.14	2.06	1.92	1.77	1.57	1.40	1.22	0.95	0.78	0.67	0.61	0.53	1.05
0.35	3.26	2.70	2.52	2.39	2.29	2.11	1.92	1.67	1.47	1.26	0.93	0.74	0.62	0.57	0.50	1.22
0.40	3.75	3.04	2.82	2.66	2.53	2.31	2.08	1.78	1.53	1.28	0.91	0.71	0.58	0.53	0.47	1.40
0.42	3.95	3.18	2.95	2.77	2.63	2.39	2.15	1.82	1.56	1.29	0.90	0.69	0.57	0.52	0.46	1.47
0.44	4.16	3.33	3.08	2.88	2.73	2.48	2.21	1.86	1.59	1.30	0.89	0.68	0.56	0.51	0.46	1.54
0.45	4.27	3.40	3.14	2.94	2.79	2.52	2.25	1.88	1.60	1.31	0.89	0.67	0.55	0.50	0.45	1.58
0.46	4.37	3.48	3.21	3.00	2.84	2.56	2.28	1.90	1.61	1.31	0.88	0.66	0.54	0.50	0.45	1.61
0.48	4.60	3.63	3.35	3.12	2.94	2.65	2.35	1.95	1.64	1.32	0.87	0.65	0.53	0.49	0.45	1.68
0.50	4.82	3.78	3.48	3.24	3.06	2.74	2.42	1.99	1.66	1.32	0.86	0.64	0.52	0.48	0.44	1.75
0.52	5.06	3.95	3.62	3.36	3.16	2.83	2.48	2.03	1.69	1.33	0.85	0.63	0.51	0.47	0.44	1.82
0.54	5.30	4.11	3.76	3.48	3.28	2.91	2.55	2.07	1.71	1.34	0.84	0.61	0.50	0.47	0.44	1.89
0.55	5.41	4.20	3.83	3.55	3.34	2.96	2.58	2.10	1.72	1.34	0.84	0.60	0.50	0.46	0.44	1.92
0.56	5.55	4.28	3.91	3.61	3.39	3.01	2.62	2.12	1.73	1.35	0.83	0.60	0.49	0.46	0.43	1.96
0.58	5.80	4.45	4.05	3.74	3.51	3.10	2.69	2.16	1.75	1.35	0.82	0.58	0.48	0.46	0.43	2.03
0.60	6.06	4.62	4.20	3.87	3.62	3.20	2.76	2.20	1.77	1.35	0.81	0.57	0.48	0.45	0.43	2.10
0.65	6.73	5.08	4.58	4.22	3.92	3.44	2.94	2.30	1.83	1.36	0.78	0.55	0.46	0.44	0.43	2.28
0.70	7.43	5.54	4.98	4.56	4.23	3.68	3.12	2.41	1.88	1.37	0.75	0.53	0.45	0.44	0.43	2.45
0.75	8.16	6.02	5.38	4.92	4.55	3.92	3.30	2.51	1.92	1.37	0.72	0.50	0.44	0.43	0.43	2.62
0.80	8.94	6.53	5.81	5.29	4.87	4.18	3.49	2.61	1.97	1.37	0.70	0.49	0.44	0.43	0.43	2.80

续附表 2

(5) $C_s = 4C_v$

C_v	P(%)															C_s
	0.01	0.1	0.2	0.33	0.5	1	2	5	10	20	50	75	90	95	99	
0.20	2.10	1.85	1.77	1.71	1.66	0.58	1.49	1.37	1.27	1.16	0.97	0.85	0.77	0.72	0.65	0.80
0.25	2.49	2.13	2.02	1.94	1.87	1.76	1.64	1.47	1.34	1.19	0.96	0.82	0.72	0.67	0.60	1.00
0.30	2.92	2.44	2.30	2.18	2.10	1.94	1.79	1.57	1.40	1.22	0.94	0.78	0.68	0.63	0.56	1.20
0.35	3.40	2.78	2.60	2.45	2.34	2.14	1.95	1.68	1.47	1.25	0.92	0.74	0.64	0.59	0.54	1.40
0.40	3.92	3.15	2.92	2.74	2.60	2.36	2.11	1.78	1.53	1.27	0.90	0.71	0.60	0.56	0.52	1.60
0.42	4.15	3.30	3.05	2.86	2.70	2.44	2.18	1.83	1.56	1.28	0.89	0.70	0.59	0.55	0.52	1.68
0.44	4.38	3.46	3.19	2.98	2.81	2.53	2.25	1.87	1.58	1.29	0.88	0.68	0.58	0.55	0.51	1.76
0.45	4.49	3.54	3.25	3.03	2.87	2.58	2.28	1.89	1.59	1.29	0.87	0.68	0.58	0.54	0.51	1.80
0.46	4.62	3.62	3.32	3.10	2.92	2.62	2.32	1.91	1.61	1.29	0.87	0.67	0.57	0.54	0.51	1.84
0.48	4.86	3.79	3.47	3.22	3.04	2.71	2.39	1.96	1.63	1.30	0.86	0.66	0.56	0.53	0.51	1.92
0.50	5.10	3.96	3.61	3.35	3.15	2.80	2.45	2.00	1.65	1.31	0.84	0.64	0.55	0.53	0.50	2.00
0.52	5.36	4.12	3.76	3.48	3.27	2.90	2.52	2.04	1.67	1.31	0.83	0.63	0.55	0.52	0.50	2.08
0.54	5.62	4.30	3.91	3.61	3.38	2.99	2.59	2.08	1.69	1.31	0.82	0.62	0.54	0.52	0.50	2.16
0.55	5.76	4.39	3.99	3.68	3.44	3.03	2.63	2.10	1.70	1.31	0.82	0.62	0.54	0.52	0.50	2.20
0.56	5.90	4.48	4.06	3.75	3.50	3.09	2.66	2.12	1.71	1.31	0.81	0.61	0.53	0.51	0.50	2.24
0.58	6.18	4.67	4.22	3.89	3.62	3.19	2.74	2.16	1.74	1.32	0.80	0.60	0.53	0.51	0.50	2.32
0.60	6.45	4.85	4.38	4.03	3.75	3.29	2.81	2.21	1.76	1.32	0.79	0.59	0.52	0.51	0.50	2.40
0.65	7.18	5.34	4.78	4.38	4.07	3.53	2.99	2.31	1.80	1.32	0.76	0.57	0.51	0.50	0.50	2.60
0.70	7.95	5.84	5.21	4.75	4.39	3.78	3.18	2.41	1.85	1.32	0.73	0.55	0.51	0.50	0.50	2.80
0.75	8.76	6.36	5.65	5.13	4.72	4.03	3.36	2.50	1.88	1.32	0.71	0.54	0.51	0.50	0.50	3.00
0.80	9.62	6.90	6.11	5.53	5.06	4.30	3.55	2.60	1.91	1.30	0.68	0.53	0.50	0.50	0.50	3.20

附表 3　瞬时单位线 S 曲线查用表(一)

t/K	n																				
	1.0	1.1	1.2	1.3	1.4	1.5	1.6	1.7	1.8	1.9	2.0	2.1	2.2	2.3	2.4	2.5	2.6	2.7	2.8	2.9	3.0
0	0	0	0	0	0	0	0	0	0	0	0	0	0	0	0	0	0	0	0	0	0
0.1	0.095	0.072	0.054	0.041	0.030	0.022	0.017	0.012	0.009	0.007	0.005	0.003	0.002	0.002	0.001	0.001	0.001	0	0	0	0
0.2	0.181	0.147	0.118	0.095	0.075	0.060	0.047	0.036	0.029	0.022	0.018	0.014	0.010	0.008	0.006	0.004	0.003	0.002	0.002	0.001	0.001
0.3	0.259	0.218	0.182	0.152	0.126	0.104	0.086	0.069	0.057	0.045	0.037	0.030	0.024	0.019	0.015	0.012	0.010	0.007	0.006	0.005	0.004
0.4	0.330	0.285	0.244	0.209	0.178	0.150	0.127	0.107	0.089	0.074	0.061	0.051	0.042	0.034	0.028	0.023	0.019	0.015	0.012	0.010	0.008
0.5	0.393	0.346	0.305	0.266	0.230	0.198	0.171	0.146	0.126	0.106	0.090	0.076	0.065	0.054	0.045	0.037	0.031	0.025	0.022	0.018	0.014
0.6	0.451	0.403	0.360	0.318	0.281	0.237	0.216	0.188	0.164	0.142	0.122	0.104	0.090	0.076	0.065	0.055	0.046	0.039	0.033	0.028	0.023
0.7	0.503	0.456	0.411	0.369	0.331	0.294	0.261	0.231	0.200	0.178	0.156	0.136	0.117	0.101	0.088	0.075	0.065	0.056	0.044	0.039	0.034
0.8	0.551	0.505	0.461	0.418	0.378	0.340	0.306	0.273	0.243	0.216	0.191	0.169	0.149	0.130	0.113	0.098	0.086	0.074	0.064	0.056	0.047
0.9	0.593	0.549	0.505	0.464	0.423	0.385	0.349	0.315	0.285	0.255	0.228	0.202	0.180	0.160	0.141	0.124	0.109	0.096	0.084	0.073	0.063
1.0	0.632	0.589	0.547	0.506	0.466	0.428	0.392	0.356	0.324	0.293	0.264	0.238	0.213	0.190	0.170	0.151	0.134	0.118	0.104	0.092	0.080
1.1	0.667	0.626	0.585	0.545	0.506	0.468	0.431	0.396	0.363	0.331	0.301	0.273	0.247	0.222	0.200	0.179	0.160	0.143	0.127	0.113	0.100
1.2	0.699	0.660	0.621	0.582	0.544	0.506	0.470	0.436	0.400	0.368	0.337	0.308	0.281	0.255	0.231	0.219	0.188	0.169	0.151	0.135	0.121
1.3	0.728	0.691	0.654	0.616	0.579	0.543	0.506	0.471	0.447	0.405	0.373	0.343	0.315	0.288	0.262	0.239	0.216	0.196	0.171	0.159	0.143
1.4	0.753	0.719	0.684	0.648	0.612	0.577	0.541	0.507	0.473	0.440	0.408	0.378	0.348	0.321	0.294	0.269	0.246	0.224	0.203	0.184	0.167
1.5	0.777	0.744	0.711	0.677	0.643	0.608	0.574	0.540	0.507	0.474	0.442	0.411	0.382	0.353	0.326	0.300	0.275	0.252	0.231	0.210	0.191
1.6	0.798	0.768	0.736	0.704	0.671	0.638	0.605	0.572	0.539	0.507	0.475	0.444	0.414	0.385	0.357	0.331	0.305	0.281	0.258	0.237	0.217
1.7	0.817	0.789	0.759	0.729	0.698	0.666	0.634	0.602	0.570	0.538	0.507	0.476	0.446	0.417	0.389	0.361	0.335	0.310	0.287	0.264	0.243
1.8	0.835	0.808	0.781	0.752	0.722	0.692	0.661	0.630	0.599	0.568	0.537	0.507	0.477	0.448	0.419	0.392	0.365	0.330	0.315	0.292	0.269
1.9	0.850	0.826	0.800	0.773	0.745	0.716	0.687	0.657	0.627	0.596	0.566	0.536	0.507	0.478	0.449	0.421	0.395	0.368	0.343	0.319	0.296
2.0	0.865	0.842	0.818	0.792	0.766	0.739	0.710	0.682	0.653	0.623	0.594	0.565	0.536	0.507	0.478	0.451	0.423	0.397	0.372	0.347	0.323
2.1	0.878	0.856	0.834	0.810	0.785	0.759	0.733	0.706	0.679	0.649	0.620	0.592	0.565	0.535	0.507	0.479	0.452	0.425	0.400	0.375	0.350
2.2	0.890	0.870	0.849	0.826	0.803	0.778	0.753	0.727	0.700	0.673	0.645	0.618	0.590	0.562	0.534	0.507	0.480	0.453	0.427	0.402	0.377
2.3	0.900	0.882	0.862	0.841	0.819	0.796	0.772	0.748	0.722	0.696	0.669	0.642	0.615	0.588	0.560	0.533	0.507	0.480	0.454	0.429	0.404
2.4	0.909	0.895	0.875	0.855	0.835	0.813	0.790	0.767	0.742	0.717	0.692	0.665	0.639	0.613	0.586	0.559	0.533	0.507	0.481	0.455	0.430

续附表 3

t/K	n																				
	1.0	1.1	1.2	1.3	1.4	1.5	1.6	1.7	1.8	1.9	2.0	2.1	2.2	2.3	2.4	2.5	2.6	2.7	2.8	2.9	3.0
2.5	0.918	0.902	0.886	0.868	0.849	0.828	0.807	0.784	0.761	0.737	0.713	0.688	0.662	0.636	0.610	0.584	0.558	0.532	0.506	0.481	0.456
2.6	0.926	0.912	0.896	0.879	0.861	0.842	0.822	0.801	0.779	0.756	0.733	0.708	0.684	0.659	0.634	0.608	0.582	0.557	0.532	0.506	0.482
2.7	0.933	0.920	0.905	0.890	0.873	0.855	0.836	0.816	0.796	0.774	0.751	0.728	0.704	0.680	0.656	0.631	0.606	0.581	0.556	0.531	0.506
2.8	0.939	0.928	0.914	0.899	0.884	0.867	0.849	0.831	0.811	0.790	0.769	0.747	0.724	0.701	0.677	0.653	0.629	0.604	0.579	0.555	0.531
2.9	0.945	0.934	0.922	0.908	0.894	0.878	0.862	0.844	0.825	0.806	0.785	0.764	0.742	0.720	0.697	0.674	0.650	0.626	0.602	0.578	0.554
3.0	0.950	0.940	0.929	0.916	0.903	0.888	0.873	0.856	0.839	0.820	0.801	0.781	0.760	0.738	0.716	0.694	0.671	0.648	0.624	0.600	0.577
3.1	0.955	0.946	0.935	0.924	0.911	0.898	0.883	0.868	0.851	0.834	0.815	0.796	0.776	0.756	0.734	0.713	0.691	0.668	0.645	0.622	0.599
3.2	0.959	0.951	0.941	0.930	0.919	0.906	0.893	0.878	0.863	0.846	0.829	0.811	0.792	0.772	0.752	0.731	0.709	0.688	0.665	0.643	0.620
3.3	0.963	0.955	0.946	0.936	0.926	0.914	0.902	0.888	0.873	0.858	0.841	0.824	0.806	0.787	0.768	0.748	0.727	0.706	0.685	0.663	0.641
3.4	0.967	0.959	0.951	0.942	0.932	0.921	0.910	0.897	0.883	0.869	0.853	0.837	0.820	0.802	0.783	0.764	0.744	0.724	0.703	0.682	0.660
3.5	0.970	0.963	0.956	0.947	0.938	0.928	0.917	0.905	0.892	0.879	0.864	0.849	0.832	0.815	0.798	0.779	0.760	0.741	0.721	0.700	0.679
3.6	0.973	0.967	0.960	0.952	0.944	0.934	0.924	0.913	0.901	0.888	0.874	0.860	0.844	0.828	0.811	0.794	0.776	0.757	0.738	0.718	0.697
3.7	0.975	0.970	0.963	0.956	0.948	0.940	0.930	0.920	0.909	0.897	0.884	0.870	0.856	0.840	0.824	0.807	0.790	0.772	0.753	0.734	0.715
3.8	0.978	0.973	0.967	0.960	0.953	0.945	0.936	0.926	0.916	0.905	0.893	0.880	0.866	0.851	0.846	0.820	0.804	0.786	0.768	0.750	0.731
3.9	0.980	0.975	0.970	0.964	0.957	0.950	0.941	0.932	0.923	0.912	0.901	0.889	0.876	0.862	0.848	0.834	0.817	0.800	0.783	0.765	0.747
4.0	0.982	0.977	0.973	0.967	0.961	0.954	0.946	0.938	0.929	0.919	0.908	0.897	0.885	0.872	0.858	0.844	0.829	0.813	0.796	0.779	0.762
4.2	0.985	0.981	0.977	0.973	0.967	0.962	0.955	0.948	0.940	0.931	0.922	0.912	0.901	0.890	0.877	0.864	0.851	0.837	0.822	0.806	0.790
4.4	0.988	0.985	0.981	0.977	0.973	0.968	0.962	0.956	0.949	0.942	0.934	0.925	0.915	0.905	0.894	0.883	0.870	0.857	0.844	0.830	0.815
4.6	0.990	0.987	0.985	0.981	0.975	0.973	0.963	0.963	0.957	0.951	0.944	0.936	0.928	0.919	0.909	0.899	0.888	0.876	0.864	0.851	0.837
4.8	0.992	0.990	0.987	0.985	0.981	0.978	0.974	0.969	0.964	0.958	0.952	0.946	0.938	0.930	0.922	0.913	0.903	0.892	0.881	0.870	0.857
5.0	0.993	0.992	0.990	0.987	0.984	0.981	0.978	0.974	0.970	0.965	0.960	0.954	0.947	0.940	0.933	0.925	0.916	0.907	0.897	0.886	0.875
5.5	0.996	0.995	0.994	0.992	0.990	0.988	0.986	0.983	0.980	0.977	0.973	0.969	0.965	0.960	0.955	0.949	0.942	0.935	0.928	0.920	0.912
6.0	0.998	0.997	0.996	0.995	0.994	0.993	0.991	0.989	0.987	0.985	0.983	0.980	0.977	0.973	0.969	0.965	0.961	0.956	0.950	0.944	0.938
7.0	0.999	0.999	0.998	0.998	0.998	0.997	0.996	0.996	0.995	0.994	0.993	0.991	0.990	0.988	0.986	0.984	0.982	0.980	0.977	0.974	0.970
8.0	1.000	1.000	0.999	0.999	0.999	0.999	0.999	0.998	0.998	0.997	0.997	0.996	0.996	0.995	0.994	0.993	0.992	0.991	0.989	0.988	0.986
9.0	1.000	1.000	1.000	1.000	1.000	1.000	1.000	0.999	0.999	0.999	0.999	0.999	0.998	0.998	0.997	0.997	0.997	0.996	0.995	0.995	0.994

附表 4 瞬时单位线 S 曲线查用表(二)

t/K	n = 3.0	3.1	3.2	3.3	3.4	3.5	3.6	3.7	3.8	3.9	4.0	4.1	4.2	4.3	4.4	4.5	4.6	4.7	4.8	4.9	5.0
0	0	0	0	0	0	0	0	0	0	0	0	0	0	0	0	0	0	0	0	0	0
0.5	0.014	0.012	0.010	0.008	0.006	0.005	0.004	0.003	0.003	0.002	0.002	0.001	0.001	0.001	0.001	0.001	0	0	0	0	0
1.0	0.080	0.070	0.061	0.053	0.046	0.040	0.035	0.030	0.026	0.022	0.019	0.016	0.014	0.012	0.010	0.009	0.007	0.006	0.005	0.004	0.004
1.1	0.100	0.088	0.077	0.068	0.060	0.052	0.045	0.040	0.034	0.030	0.026	0.022	0.019	0.016	0.014	0.012	0.010	0.009	0.008	0.006	0.005
1.2	0.121	0.107	0.095	0.084	0.074	0.066	0.058	0.051	0.044	0.039	0.034	0.029	0.026	0.022	0.019	0.017	0.014	0.012	0.011	0.009	0.008
1.3	0.143	0.128	0.114	0.102	0.091	0.081	0.071	0.063	0.056	0.049	0.043	0.038	0.033	0.029	0.025	0.022	0.019	0.017	0.014	0.012	0.011
1.4	0.167	0.150	0.135	0.121	0.109	0.097	0.087	0.077	0.069	0.061	0.054	0.047	0.042	0.037	0.032	0.028	0.025	0.022	0.019	0.016	0.014
1.5	0.191	0.173	0.157	0.142	0.128	0.115	0.103	0.092	0.083	0.074	0.066	0.058	0.052	0.046	0.040	0.036	0.031	0.028	0.024	0.021	0.019
1.6	0.217	0.198	0.180	0.164	0.148	0.134	0.121	0.109	0.098	0.088	0.079	0.070	0.063	0.056	0.050	0.044	0.039	0.035	0.031	0.027	0.024
1.7	0.243	0.223	0.204	0.186	0.170	0.154	0.140	0.127	0.115	0.103	0.093	0.084	0.075	0.067	0.060	0.054	0.048	0.043	0.038	0.033	0.030
1.8	0.269	0.248	0.228	0.210	0.192	0.175	0.160	0.146	0.132	0.120	0.109	0.098	0.089	0.080	0.072	0.064	0.058	0.051	0.046	0.041	0.036
1.9	0.296	0.274	0.253	0.234	0.215	0.197	0.181	0.166	0.151	0.138	0.125	0.114	0.103	0.093	0.084	0.076	0.068	0.061	0.055	0.049	0.044
2.0	0.323	0.301	0.279	0.258	0.239	0.220	0.203	0.186	0.171	0.156	0.143	0.130	0.119	0.108	0.098	0.089	0.080	0.072	0.065	0.059	0.053
2.1	0.350	0.327	0.305	0.283	0.263	0.244	0.225	0.208	0.191	0.176	0.161	0.148	0.135	0.123	0.112	0.102	0.093	0.084	0.076	0.069	0.062
2.2	0.377	0.354	0.331	0.309	0.287	0.267	0.248	0.230	0.212	0.196	0.181	0.166	0.153	0.140	0.128	0.117	0.107	0.097	0.088	0.080	0.072
2.3	0.404	0.380	0.356	0.334	0.312	0.291	0.271	0.252	0.234	0.217	0.201	0.185	0.171	0.157	0.144	0.132	0.121	0.111	0.101	0.092	0.084
2.4	0.430	0.406	0.382	0.359	0.337	0.316	0.295	0.275	0.256	0.238	0.221	0.205	0.190	0.175	0.161	0.149	0.137	0.125	0.115	0.105	0.096
2.5	0.456	0.432	0.408	0.385	0.362	0.340	0.319	0.299	0.279	0.260	0.242	0.225	0.209	0.194	0.179	0.166	0.153	0.141	0.129	0.119	0.109
2.6	0.482	0.457	0.433	0.410	0.387	0.364	0.343	0.322	0.302	0.283	0.264	0.246	0.229	0.213	0.198	0.183	0.170	0.157	0.145	0.133	0.123
2.7	0.506	0.482	0.458	0.434	0.411	0.389	0.367	0.346	0.325	0.305	0.286	0.268	0.250	0.233	0.217	0.202	0.187	0.174	0.161	0.149	0.137
2.8	0.531	0.506	0.482	0.459	0.436	0.413	0.391	0.369	0.348	0.328	0.308	0.289	0.271	0.253	0.237	0.221	0.206	0.191	0.178	0.165	0.152
2.9	0.554	0.530	0.506	0.483	0.460	0.437	0.414	0.392	0.371	0.350	0.330	0.311	0.292	0.274	0.257	0.240	0.224	0.209	0.195	0.181	0.168
3.0	0.577	0.553	0.530	0.506	0.483	0.460	0.438	0.416	0.394	0.373	0.353	0.333	0.314	0.295	0.277	0.260	0.244	0.228	0.213	0.198	0.185
3.1	0.599	0.576	0.552	0.529	0.506	0.483	0.461	0.439	0.417	0.396	0.375	0.355	0.335	0.316	0.298	0.280	0.263	0.246	0.231	0.216	0.202
3.2	0.620	0.603	0.574	0.552	0.528	0.506	0.484	0.462	0.440	0.418	0.397	0.377	0.357	0.338	0.319	0.301	0.283	0.266	0.250	0.234	0.219

续附表 4

t/K	n																				
	3.0	3.1	3.2	3.3	3.4	3.5	3.6	3.7	3.8	3.9	4.0	4.1	4.2	4.3	4.4	4.5	4.6	4.7	4.8	4.9	5.0
3.3	0.641	0.618	0.596	0.573	0.551	0.528	0.506	0.484	0.462	0.441	0.420	0.399	0.379	0.359	0.340	0.321	0.304	0.286	0.269	0.253	0.237
3.4	0.660	0.638	0.616	0.594	0.572	0.550	0.528	0.506	0.484	0.463	0.442	0.421	0.400	0.380	0.361	0.342	0.324	0.306	0.289	0.272	0.256
3.5	0.679	0.658	0.636	0.615	0.593	0.571	0.549	0.528	0.506	0.485	0.462	0.442	0.442	0.404	0.382	0.363	0.344	0.326	0.308	0.291	0.275
3.6	0.697	0.677	0.656	0.634	0.613	0.592	0.570	0.549	0.527	0.506	0.484	0.464	0.443	0.423	0.403	0.384	0.365	0.346	0.328	0.311	0.293
3.7	0.715	0.695	0.674	0.653	0.633	0.612	0.590	0.569	0.548	0.527	0.506	0.485	0.464	0.444	0.424	0.404	0.385	0.366	0.348	0.330	0.313
3.8	0.731	0.712	0.692	0.672	0.651	0.631	0.610	0.589	0.568	0.547	0.527	0.506	0.485	0.465	0.445	0.425	0.406	0.387	0.368	0.350	0.332
3.9	0.747	0.728	0.709	0.689	0.670	0.649	0.629	0.609	0.588	0.567	0.548	0.526	0.506	0.485	0.465	0.446	0.426	0.407	0.388	0.370	0.352
4.0	0.762	0.744	0.725	0.706	0.687	0.667	0.647	0.627	0.607	0.587	0.567	0.546	0.526	0.506	0.486	0.466	0.446	0.427	0.403	0.389	0.371
4.2	0.790	0.773	0.756	0.738	0.720	0.701	0.682	0.663	0.644	0.624	0.605	0.585	0.565	0.545	0.525	0.506	0.486	0.467	0.448	0.429	0.410
4.4	0.815	0.799	0.783	0.767	0.750	0.733	0.715	0.697	0.678	0.660	0.641	0.621	0.602	0.582	0.563	0.544	0.525	0.506	0.486	0.468	0.449
4.6	0.837	0.823	0.809	0.793	0.778	0.761	0.745	0.728	0.710	0.692	0.674	0.656	0.637	0.619	0.600	0.581	0.562	0.543	0.524	0.505	0.487
4.8	0.857	0.845	0.831	0.817	0.803	0.788	0.772	0.756	0.740	0.723	0.706	0.688	0.671	0.653	0.634	0.616	0.598	0.579	0.560	0.542	0.524
5.0	0.875	0.864	0.851	0.838	0.825	0.811	0.797	0.782	0.767	0.751	0.735	0.718	0.702	0.683	0.667	0.650	0.632	0.614	0.596	0.578	0.560
5.2	0.891	0.881	0.870	0.858	0.846	0.833	0.820	0.806	0.792	0.777	0.762	0.746	0.731	0.714	0.698	0.681	0.664	0.647	0.629	0.612	0.594
5.4	0.905	0.896	0.886	0.875	0.864	0.852	0.840	0.828	0.814	0.801	0.787	0.772	0.757	0.742	0.726	0.710	0.694	0.678	0.661	0.644	0.627
5.6	0.918	0.909	0.900	0.891	0.880	0.870	0.859	0.847	0.835	0.822	0.809	0.796	0.782	0.768	0.753	0.738	0.722	0.707	0.691	0.674	0.658
5.8	0.928	0.921	0.913	0.904	0.895	0.885	0.875	0.865	0.854	0.842	0.830	0.818	0.805	0.791	0.777	0.763	0.749	0.734	0.719	0.703	0.687
6.0	0.938	0.930	0.924	0.916	0.908	0.899	0.890	0.881	0.870	0.860	0.849	0.837	0.825	0.813	0.800	0.787	0.773	0.759	0.745	0.730	0.715
6.5	0.957	0.952	0.947	0.941	0.935	0.927	0.921	0.913	0.905	0.897	0.888	0.879	0.869	0.859	0.848	0.837	0.826	0.814	0.802	0.789	0.776
7.0	0.970	0.967	0.963	0.958	0.954	0.949	0.943	0.938	0.932	0.925	0.918	0.911	0.903	0.895	0.887	0.878	0.868	0.859	0.848	0.838	0.827
7.5	0.980	0.977	0.974	0.971	0.968	0.964	0.960	0.956	0.951	0.946	0.941	0.935	0.929	0.923	0.916	0.911	0.602	0.894	0.886	0.877	0.868
8.0	0.986	0.984	0.982	0.980	0.978	0.975	0.972	0.969	0.965	0.962	0.958	0.953	0.949	0.944	0.939	0.933	0.927	0.921	0.915	0.908	0.900
9.0	0.994	0.993	0.991	0.990	0.989	0.988	0.986	0.985	0.983	0.981	0.979	0.976	0.974	0.971	0.968	0.965	0.961	0.958	0.954	0.950	0.945
10.0	0.997	0.997	0.996	0.996	0.995	0.994	0.994	0.993	0.992	0.991	0.990	0.988	0.987	0.985	0.984	0.982	0.980	0.978	0.976	0.973	0.971
11.0	0.999	0.999	0.998	0.998	0.998	0.997	0.997	0.997	0.996	0.996	0.995	0.994	0.994	0.993	0.992	0.991	0.990	0.989	0.988	0.986	0.985
12.0	1.000	1.000	0.999	0.999	0.999	0.999	0.999	0.998	0.998	0.998	0.998	0.997	0.997	0.997	0.996	0.996	0.995	0.994	0.994	0.993	0.992

附表5　瞬时单位线 S 曲线查用表(三)

t/K	n																				
	5.0	5.1	5.2	5.3	5.4	5.5	5.6	5.7	5.8	5.9	6.0	6.1	6.2	6.3	6.4	6.5	6.6	6.7	6.8	6.9	7.0
0	0	0	0	0	0	0	0	0	0	0	0	0	0	0	0	0	0	0	0	0	0
0.5	0	0	0	0	0	0	0	0	0	0	0	0	0	0	0	0	0	0	0	0	0
1.0	0.004	0.003	0.003	0.002	0.002	0.002	0.001	0.001	0.001	0.001	0.001	0	0	0	0	0	0	0	0	0	0
1.5	0.019	0.016	0.014	0.012	0.011	0.009	0.008	0.007	0.006	0.005	0.004	0.004	0.003	0.003	0.002	0.002	0.002	0.001	0.001	0.001	0.001
2.0	0.053	0.047	0.042	0.038	0.034	0.030	0.027	0.024	0.021	0.019	0.017	0.015	0.013	0.011	0.010	0.009	0.008	0.007	0.006	0.005	0.004
2.5	0.109	0.100	0.091	0.083	0.076	0.069	0.063	0.057	0.051	0.047	0.042	0.038	0.034	0.031	0.028	0.025	0.022	0.020	0.018	0.016	0.014
3.0	0.185	0.172	0.160	0.148	0.137	0.127	0.117	0.108	0.099	0.091	0.084	0.077	0.071	0.065	0.059	0.054	0.049	0.045	0.041	0.037	0.034
3.2	0.219	0.205	0.192	0.179	0.166	0.155	0.144	0.133	0.123	0.114	0.105	0.098	0.090	0.083	0.076	0.070	0.064	0.059	0.053	0.049	0.045
3.4	0.256	0.240	0.226	0.211	0.198	0.185	0.173	0.161	0.150	0.139	0.129	0.120	0.111	0.103	0.095	0.088	0.081	0.075	0.069	0.063	0.058
3.6	0.294	0.217	0.261	0.246	0.231	0.217	0.204	0.191	0.179	0.167	0.156	0.146	0.135	0.126	0.117	0.109	0.100	0.093	0.086	0.080	0.073
3.8	0.332	0.315	0.298	0.282	0.266	0.251	0.237	0.223	0.210	0.197	0.184	0.173	0.162	0.151	0.141	0.132	0.122	0.114	0.106	0.098	0.091
4.0	0.371	0.353	0.336	0.319	0.303	0.287	0.271	0.256	0.242	0.228	0.215	0.202	0.190	0.178	0.167	0.157	0.146	0.137	0.128	0.119	0.111
4.1	0.391	0.373	0.355	0.338	0.321	0.305	0.289	0.274	0.259	0.244	0.231	0.218	0.205	0.193	0.181	0.170	0.159	0.149	0.139	0.130	0.121
4.2	0.410	0.392	0.374	0.357	0.340	0.323	0.307	0.291	0.276	0.261	0.247	0.233	0.220	0.208	0.195	0.184	0.172	0.162	0.151	0.142	0.133
4.3	0.430	0.411	0.393	0.375	0.358	0.341	0.325	0.309	0.293	0.278	0.263	0.249	0.236	0.223	0.210	0.198	0.186	0.175	0.164	0.154	0.144
4.4	0.449	0.430	0.412	0.394	0.377	0.360	0.343	0.327	0.311	0.295	0.280	0.266	0.251	0.238	0.225	0.212	0.200	0.189	0.177	0.167	0.156
4.5	0.468	0.449	0.431	0.413	0.395	0.378	0.361	0.345	0.328	0.312	0.297	0.282	0.268	0.254	0.240	0.227	0.214	0.203	0.191	0.180	0.169
4.6	0.487	0.469	0.450	0.432	0.414	0.397	0.379	0.363	0.346	0.330	0.314	0.299	0.284	0.270	0.256	0.243	0.229	0.217	0.205	0.193	0.182
4.7	0.505	0.487	0.469	0.451	0.433	0.415	0.398	0.381	0.364	0.348	0.332	0.316	0.301	0.286	0.272	0.258	0.244	0.232	0.219	0.207	0.195
4.8	0.524	0.505	0.487	0.469	0.451	0.433	0.416	0.399	0.382	0.365	0.349	0.333	0.318	0.303	0.288	0.274	0.260	0.247	0.234	0.221	0.209
4.9	0.542	0.524	0.505	0.487	0.469	0.452	0.434	0.417	0.400	0.383	0.366	0.350	0.335	0.320	0.304	0.290	0.276	0.262	0.249	0.236	0.223
5.0	0.560	0.541	0.523	0.505	0.487	0.470	0.452	0.435	0.418	0.401	0.384	0.368	0.352	0.336	0.321	0.306	0.292	0.278	0.264	0.251	0.238
5.1	0.577	0.559	0.541	0.523	0.505	0.488	0.470	0.453	0.435	0.418	0.402	0.385	0.369	0.353	0.338	0.323	0.308	0.294	0.279	0.266	0.253
5.2	0.594	0.576	0.558	0.541	0.523	0.505	0.488	0.470	0.453	0.436	0.419	0.403	0.386	0.370	0.354	0.339	0.324	0.310	0.395	0.281	0.268
5.3	0.610	0.593	0.575	0.558	0.540	0.523	0.505	0.488	0.471	0.453	0.437	0.420	0.403	0.387	0.371	0.356	0.340	0.326	0.311	0.297	0.283

续附表5

t/K	n																				
	5.0	5.1	5.2	5.3	5.4	5.5	5.6	5.7	5.8	5.9	6.0	6.1	6.2	6.3	6.4	6.5	6.6	6.7	6.8	6.9	7.0
5.4	0.627	0.609	0.592	0.575	0.557	0.540	0.522	0.505	0.488	0.471	0.454	0.437	0.421	0.404	0.388	0.373	0.357	0.342	0.327	0.313	0.298
5.5	0.642	0.626	0.608	0.591	0.574	0.557	0.539	0.522	0.505	0.488	0.471	0.454	0.438	0.421	0.405	0.389	0.374	0.358	0.343	0.328	0.314
5.6	0.658	0.641	0.624	0.607	0.590	0.573	0.556	0.539	0.522	0.505	0.488	0.471	0.455	0.438	0.422	0.406	0.390	0.375	0.359	0.345	0.330
5.7	0.673	0.656	0.640	0.623	0.606	0.590	0.573	0.556	0.539	0.522	0.505	0.488	0.472	0.455	0.439	0.423	0.407	0.391	0.376	0.361	0.346
5.8	0.687	0.671	0.655	0.639	0.622	0.606	0.589	0.572	0.555	0.538	0.522	0.505	0.488	0.472	0.456	0.439	0.423	0.408	0.392	0.377	0.362
5.9	0.701	0.686	0.670	0.654	0.638	0.621	0.605	0.588	0.571	0.555	0.538	0.522	0.505	0.489	0.472	0.456	0.440	0.424	0.408	0.393	0.378
6.0	0.715	0.700	0.684	0.668	0.652	0.636	0.620	0.604	0.587	0.571	0.554	0.538	0.521	0.505	0.489	0.472	0.456	0.440	0.425	0.409	0.394
6.2	0.741	0.726	0.712	0.696	0.681	0.666	0.650	0.634	0.618	0.602	0.586	0.570	0.553	0.537	0.521	0.505	0.489	0.473	0.457	0.441	0.426
6.4	0.765	0.751	0.737	0.723	0.708	0.693	0.678	0.663	0.648	0.632	0.616	0.600	0.585	0.568	0.553	0.537	0.521	0.505	0.489	0.473	0.458
6.6	0.787	0.774	0.761	0.748	0.734	0.720	0.705	0.690	0.676	0.661	0.645	0.630	0.614	0.597	0.583	0.568	0.552	0.536	0.520	0.505	0.489
6.8	0.808	0.796	0.783	0.771	0.758	0.744	0.730	0.716	0.702	0.688	0.673	0.658	0.643	0.628	0.613	0.597	0.582	0.566	0.551	0.536	0.520
7.0	0.827	0.816	0.804	0.792	0.780	0.767	0.754	0.741	0.727	0.713	0.699	0.685	0.671	0.656	0.641	0.626	0.611	0.596	0.581	0.566	0.550
7.2	0.844	0.834	0.823	0.812	0.800	0.788	0.776	0.764	0.751	0.738	0.724	0.710	0.697	0.682	0.668	0.654	0.639	0.624	0.610	0.595	0.580
7.4	0.860	0.851	0.841	0.830	0.819	0.808	0.797	0.785	0.773	0.760	0.747	0.734	0.721	0.708	0.694	0.680	0.666	0.652	0.637	0.623	0.608
7.6	0.875	0.866	0.857	0.845	0.837	0.826	0.816	0.805	0.793	0.781	0.769	0.757	0.744	0.732	0.718	0.705	0.691	0.678	0.664	0.650	0.635
7.8	0.888	0.880	0.871	0.862	0.853	0.843	0.833	0.823	0.812	0.801	0.790	0.778	0.766	0.754	0.741	0.729	0.716	0.702	0.689	0.675	0.662
8.0	0.900	0.893	0.885	0.877	0.868	0.859	0.850	0.840	0.830	0.819	0.809	0.798	0.786	0.775	0.763	0.751	0.738	0.725	0.713	0.700	0.637
8.5	0.926	0.920	0.913	0.907	0.899	0.892	0.884	0.876	0.868	0.859	0.850	0.841	0.831	0.821	0.811	0.800	0.790	0.778	0.767	0.755	0.744
9.0	0.945	0.940	0.935	0.930	0.924	0.918	0.912	0.906	0.899	0.892	0.884	0.876	0.869	0.860	0.851	0.842	0.833	0.823	0.814	0.804	0.793
9.5	0.960	0.956	0.952	0.948	0.943	0.938	0.933	0.928	0.923	0.917	0.911	0.905	0.898	0.891	0.884	0.877	0.869	0.861	0.853	0.844	0.835
10.0	0.971	0.968	0.965	0.962	0.958	0.955	0.951	0.946	0.942	0.938	0.933	0.928	0.922	0.917	0.911	0.905	0.898	0.892	0.885	0.877	0.870
11.0	0.985	0.983	0.982	0.979	0.978	0.975	0.973	0.971	0.968	0.965	0.962	0.959	0.956	0.952	0.949	0.945	0.940	0.936	0.931	0.926	0.921
12.0	0.992	0.992	0.991	0.990	0.988	0.981	0.986	0.985	0.983	0.981	0.980	0.978	0.976	0.974	0.971	0.969	0.966	0.963	0.961	0.957	0.954
13.0	0.996	0.995	0.995	0.995	0.994	0.993	0.993	0.992	0.991	0.990	0.989	0.988	0.987	0.986	0.984	0.983	0.981	0.980	0.978	0.976	0.974
14.0	0.998	0.998	0.998	0.997	0.997	0.997	0.996	0.996	0.996	0.995	0.994	0.994	0.993	0.993	0.992	0.991	0.990	0.989	0.988	0.987	0.986
15.0	0.999	0.999	0.999	0.999	0.999	0.998	0.998	0.998	0.998	0.997	0.997	0.997	0.997	0.996	0.996	0.995	0.995	0.994	0.994	0.993	0.992

附 录

附录1 地表水环境质量标准(GB 3838—2002)(部分)

1 范围

1.1 本标准按照地表水环境功能分类和保护目标,规定了水环境质量应控制的项目及限值,以及水质评价、水质项目的分析方法和标准的实施与监督。

1.2 本标准适用于中华人民共和国领域内江河、湖泊、运河、渠道、水库等具有使用功能的地表水水域。具有特定功能的水域,执行相应的专业用水水质标准。

2 引用标准

《生活饮用水卫生规范》(卫生部,2001年)和本标准表4~表6所列分析方法标准及规范中所含条文在本标准中被引用即构成为本标准条文,与本标准同效。当上述标准和规范被修订时,应使用其最新版本。

3 水域功能和分类标准

依据地表水水域环境功能和保护目标,按功能高低依次划分为五类:

Ⅰ类 主要适用于源头水、国家自然保护区;

Ⅱ类 主要适用于集中式生活饮用水地表水源地一级保护区、珍稀水生生物栖息地、鱼虾类产卵场、仔稚幼鱼的索饵场等;

Ⅲ类 主要适用于集中式生活饮用水地表水源地二级保护区、鱼虾类越冬场、洄游通道、水产养殖区等渔业水域及游泳区;

Ⅳ类 主要适用于一般工业用水区及人体非直接接触的娱乐用水区;

Ⅴ类 主要适用于农业用水区及一般景观要求水域。

对应地表水上述五类水域功能,将地表水环境质量标准基本项目标准值分为五类,不同功能类别分别执行相应类别的标准值。水域功能类别高的标准值严于水域功能类别低的标准值。同一水域兼有多类使用功能的,执行最高功能类别对应的标准值。实现水域功能与达功能类别标准为同一含义。

4 标准值

4.1 地表水环境质量标准基本项目标准限值见表1。

4.2 集中式生活饮用水地表水源地补充项目标准限值见表2。

4.3 集中式生活饮用水地表水源地特定项目标准限值见表3。

表1　地表水环境质量标准基本项目标准限值　　（单位：mg/L）

序号	项目		分类				
			Ⅰ类	Ⅱ类	Ⅲ类	Ⅳ类	Ⅴ类
1	水温（℃）		人为造成的环境水温变化应限制在： 周平均最大温升≤1 周平均最大温降≤2				
2	pH值（无量纲）		6～9				
3	溶解氧	≥	饱和率90%（或7.5）	6	5	3	2
4	高锰酸盐指数	≤	2	4	6	10	15
5	化学需氧量（COD）	≤	15	15	20	30	40
6	五日生化需氧量（BOD_5）	≤	3	3	4	6	10
7	氨氮（NH_3-N）	≤	0.15	0.5	1.0	1.5	2.0
8	总磷（以P计）	≤	0.02（湖、库0.01）	0.1（湖、库0.025）	0.2（湖、库0.05）	0.3（湖、库0.1）	0.4（湖、库0.2）
9	总氮（湖、库，以N计）	≤	0.2	0.5	1.0	1.5	2.0
10	铜	≤	0.01	1.0	1.0	1.0	1.0
11	锌	≤	0.05	1.0	1.0	2.0	2.0
12	氟化物（以F^-计）	≤	1.0	1.0	1.0	1.5	1.5
13	硒	≤	0.01	0.01	0.01	0.02	0.02
14	砷	≤	0.05	0.05	0.05	0.1	0.1
15	汞	≤	0.000 05	0.000 05	0.000 1	0.001	0.001
16	镉	≤	0.001	0.005	0.005	0.005	0.01
17	铬（六价）	≤	0.01	0.05	0.05	0.05	0.1
18	铅	≤	0.01	0.01	0.05	0.05	0.1
19	氰化物	≤	0.005	0.05	0.2	0.2	0.2
20	挥发酚	≤	0.002	0.002	0.005	0.01	0.1
21	石油类	≤	0.05	0.05	0.05	0.5	1.0
22	阴离子表面活性剂	≤	0.2	0.2	0.2	0.3	0.3
23	硫化物	≤	0.05	0.1	0.2	0.5	1.0
24	粪大肠菌群（个/L）	≤	200	2 000	10 000	20 000	40 000

表2　集中式生活饮用水地表水源地补充项目标准限值　（单位：mg/L）

序号	项目	标准值
1	硫酸盐（以 SO_4^{2-} 计）	250
2	氯化物（以 Cl^- 计）	250
3	硝酸盐（以 N 计）	10
4	铁	0.3
5	锰	0.1

表3　集中式生活饮用水地表水源地特定项目标准限值　（单位：mg/L）

序号	项目	标准值	序号	项目	标准值
1	三氯甲烷	0.06	20	甲苯	0.7
2	四氯化碳	0.002	21	乙苯	0.3
3	三溴甲烷	0.1	22	二甲苯①	0.5
4	二氯甲烷	0.02	23	异丙苯	0.25
5	1,2-二氯乙烷	0.03	24	氯苯	0.3
6	环氧氯丙烷	0.02	25	1,2-二氯苯	1.0
7	氯乙烯	0.005	26	1,4-二氯苯	0.3
8	1,1-二氯乙烯	0.03	27	三氯苯②	0.02
9	1,2-二氯乙烯	0.05	28	四氯苯③	0.02
10	三氯乙烯	0.07	29	六氯苯	0.05
11	四氯乙烯	0.04	30	硝基苯	0.017
12	氯丁二烯	0.002	31	二硝基苯④	0.5
13	六氯丁二烯	0.000 6	32	2,4-二硝基甲苯	0.000 3
14	苯乙烯	0.02	33	2,4,6-三硝基甲苯	0.5
15	甲醛	0.9	34	硝基氯苯⑤	0.05
16	乙醛	0.05	35	2,4-二硝基氯苯②	0.5
17	丙烯醛	0.1	36	2,4-二氯苯酚	0.093
18	三氯乙醛	0.01	37	2,3,6-三氯苯酚	0.2
19	苯	0.01	38	五氯酚	0.009

续表3

序号	项目	标准值	序号	项目	标准值
39	苯胺	0.1	60	敌百虫	0.05
40	联苯胺	0.000 2	61	内吸磷	0.03
41	丙烯酰胺	0.000 5	62	百菌清	0.01
42	丙烯腈	0.1	63	甲萘威	0.05
43	邻苯二甲酸二丁酯	0.003	64	溴氰菊酯	0.02
44	邻苯二甲酸二(2-乙基己基)酯	0.008	65	阿特拉津	0.003
45	水合肼	0.01	66	苯并(a)芘	2.8×10^{-6}
46	四乙基铅	0.000 1	67	甲基汞	1.0×10^{-6}
47	吡啶	0.2	68	多氯联苯⑥	2.0×10^{-5}
48	松节油	0.2	69	微囊藻毒素-LR	0.001
49	苦味酸	0.5	70	黄磷	0.003
50	丁基黄原酸	0.005	71	钼	0.07
51	活性氯	0.01	72	钴	1.0
52	滴滴涕	0.001	73	铍	0.002
53	林丹	0.002	74	硼	0.5
54	环氧七氯	0.000 2	75	锑	0.005
55	对硫磷	0.003	76	镍	0.02
56	甲基对硫磷	0.002	77	钡	0.7
57	马拉硫磷	0.05	78	钒	0.05
58	乐果	0.08	79	钛	0.1
59	敌敌畏	0.05	80	铊	0.000 1

注:①二甲苯指对-二甲苯、间-二甲苯、邻-二甲苯。

②三氯苯指1,2,3-三氯苯、1,2,4-三氯苯、1,3,5-三氯苯。

③四氯苯指1,2,3,4-四氯苯、1,2,3,5-四氯苯、1,2,4,5-四氯苯。

④二硝基苯指对-二硝基苯、间-二硝基苯、邻-二硝基苯。

⑤硝基氯苯指对-硝基氯苯、间-硝基氯苯、邻-硝基氯苯。

⑥多氯联苯指PCB-1016、PCB-1221、PCB-1232、PCB-1242、PCB-1248、PCB-1254、PCB-1260。

表4　地表水环境质量标准基本项目分析方法

序号	项目	分析方法	最低检出限（mg/L）	方法来源
1	水温	温度计法		GB 13195—91
2	pH 值	玻璃电极法		GB 6920—86
3	溶解氧	碘量法	0.2	GB 7489—87
		电化学探头法		GB 11913—89
4	高锰酸盐指数		0.5	GB 11892—89
5	化学需氧量	重铬酸盐法	10	GB 11914—89
6	五日生化需氧量	稀释与接种法	2	GB 7488—87
7	氨氮	纳氏试剂比色法	0.05	GB 7479—87
		水杨酸分光光度法	0.01	GB 7481—87
8	总磷	钼酸铵分光光度法	0.01	GB 11893—89
9	总氮	碱性过硫酸钾消解紫外分光光度法	0.05	GB 11894—89
10	铜	2,9－二甲基－1,10－菲啰啉分光光度法	0.06	GB 7473—87
		二乙基二硫代氨基甲酸钠分光光度法	0.010	GB 7474—87
		原子吸收分光光度法(螯合萃取法)	0.001	GB 7475—87
11	锌	原子吸收分光光度法	0.05	GB 7475—87
12	氟化物	氟试剂分光光度法	0.05	GB 7483—87
		离子选择电极法	0.05	GB 7484—87
		离子色谱法	0.02	HJ/T 84—2001
13	硒	2,3－二氨基萘荧光法	0.000 25	GB 11902—89
		石墨炉原子吸收分光光度法	0.003	GB/T 15505—1995
14	砷	二乙基二硫代氨基甲酸银分光光度法	0.007	GB 7485—98
		冷原子荧光法	0.000 06	①
15	汞	冷原子吸收分光光度法	0.000 05	GB 7468—87
		冷原子荧光法	0.000 05	①
16	镉	原子吸收分光光度法(螯合萃取法)	0.001	GB 7475—87
17	铬(六价)	二苯碳酰二肼分光光度法	0.004	GB 7467—87
18	铅	原子吸收分光光度法(螯合萃取法)	0.01	GB 7475—87
19	氰化物	异烟酸－吡唑啉酮比色法	0.004	GB 7487—87
		吡啶－巴比妥酸比色法	0.002	GB 7487—87
20	挥发酚	蒸馏后4－氨基安替比林分光光度法	0.002	GB 7490—87
21	石油类	红外分光光度法	0.01	GB/T 16488—1996
22	阴离子表面活性剂	亚甲蓝分光光度法	0.05	GB/T 7494—87
23	硫化物	亚甲基蓝分光光度法	0.005	GB/T 16489—1996
		直接显色分光光度法	0.004	GB/T 17133—1997
24	粪大肠菌群	多管发酵法、滤膜法		

注：暂采用下列分析方法，待国家方法标准发布后，执行国家标准。

①《水和废水监测分析方法(第三版)》，中国环境科学出版社，1989年。

表 5　集中式生活饮用水地表水源地补充项目分析方法

序号	项目	分析方法	最低检出限（mg/L）	方法来源
1	硫酸盐	重量法	10	GB 11899—89
		火焰原子吸收分光光度法	0.4	GB 13196—91
		铬酸钡光度法	8	①
		离子色谱法	0.09	HJ/T 84—2001
2	氯化物	硝酸银滴定法	10	GB 11896—89
		硝酸汞滴定法	2.5	①
		离子色谱法	0.02	HJ/T 84—2001
3	硝酸盐	酚二磺酸分光光度法	0.02	GB 7480—87
		紫外分光光度法	0.08	①
		离子色谱法	0.08	HJ/T 84—2001
4	铁	火焰原子吸收分光光度法	0.03	GB 11911—89
		邻菲啰啉分光光度法	0.03	①
5	锰	高碘酸钾分光光度法	0.02	GB 11906—89
		火焰原子吸收分光光度法	0.01	GB11911—89
		甲醛肟光度法	0.01	①

注：暂采用下列分析方法，待国家方法标准发布后，执行国家标准。

①《水和废水监测分析方法（第三版）》，中国环境科学出版社，1989 年。

表 6　集中式生活饮用水地表水源地特定项目分析方法

序号	项目	分析方法	最低检出限（mg/L）	方法来源
1	三氯甲烷	顶空气相色谱法	0.000 3	GB/T 17130—1997
		气相色谱法	0.000 6	②
2	四氯化碳	顶空气相色谱法	0.000 05	GB/T 17130—1997
		气相色谱法	0.000 3	②
3	三溴甲烷	顶空气相色谱法	0.001	GB/T 17130—1997
		气相色谱法	0.006	②
4	二氯甲烷	顶空气相色谱法	0.008 7	②
5	1,2－二氯乙烷	顶空气相色谱法	0.012 5	②
6	环氧氯丙烷	气相色谱法	0.02	②
7	氯乙烯	气相色谱法	0.001	②

续表6

序号	项目	分析方法	最低检出限（mg/L）	方法来源
8	1,1-二氯乙烯	吹出捕集气相色谱法	0.000 018	②
9	1,2-二氯乙烯	吹出捕集气相色谱法	0.000 012	②
10	三氯乙烯	顶空气相色谱法	0.000 5	GB/T 17130—1997
		气相色谱法	0.003	②
11	四氯乙烯	顶空气相色谱法	0.000 2	GB/T 17130—1997
		气相色谱法	0.001 2	②
12	氯丁二烯	顶空气相色谱法	0.002	②
13	六氯丁二烯	气相色谱法	0.000 02	②
14	苯乙烯	气相色谱法	0.01	②
15	甲醛	乙酰丙酮分光光度法	0.05	GB/T 13197—91
		4-氨基-3-联氨-5-巯基-1,2,4-三氮杂茂(AHMT)分光光度法	0.05	②
16	乙醛	气相色谱法	0.24	②
17	丙烯醛	气相色谱法	0.019	②
18	三氯乙醛	气相色谱法	0.001	②
19	苯	液上气相色谱法	0.005	GB 11890—89
		顶空气相色谱法	0.000 42	②
20	甲苯	液上气相色谱法	0.005	GB 11890—89
		二硫化碳萃取气相色谱法	0.05	GB 11890—89
		气相色谱法	0.01	②
21	乙苯	液上气相色谱法	0.005	GB 11890—89
		二硫化碳萃取气相色谱法	0.05	GB 11890—89
		气相色谱法	0.01	②
22	二甲苯	液上气相色谱法	0.005	GB 11890—89
		二硫化碳萃取气相色谱法	0.05	GB 11890—89
		气相色谱法	0.01	②
23	异丙苯	顶空气相色谱法	0.003 2	②
24	氯苯	气相色谱法	0.01	HJ/T 74—2001
25	1,2-二氯苯	气相色谱法	0.002	GB/T 17131—1997
26	1,4-二氯苯	气相色谱法	0.005	GB/T 17131—1997

续表 6

序号	项目	分析方法	最低检出限(mg/L)	方法来源
27	三氯苯	气相色谱法	0.000 04	②
28	四氯苯	气相色谱法	0.000 02	②
29	六氯苯	气相色谱法	0.000 02	②
30	硝基苯	气相色谱法	0.000 2	GB 13194—91
31	二硝基苯	气相色谱法	0.2	②
32	2,4-二硝基甲苯	气相色谱法	0.000 3	GB 13194—91
33	2,4,6-三硝基甲苯	气相色谱法	0.1	②
34	硝基氯苯	气相色谱法	0.000 2	GB 13194—91
35	2,4-二硝基氯苯	气相色谱法	0.1	②
36	2,4-二氯苯酚	电子捕获-毛细色谱法	0.000 4	②
37	2,4,6-三氯苯酚	电子捕获-毛细色谱法	0.000 04	②
38	五氯酚	气相色谱法 电子捕获-毛细色谱法	0.000 04 0.000 024	GB 8972—88 ②
39	苯胺	气相色谱法	0.002	②
40	联苯胺	气相色谱法	0.000 2	③
41	丙烯酰胺	气相色谱法	0.000 15	②
42	丙烯腈	气相色谱法	0.10	②
43	邻苯二甲酸二丁酯	液相色谱法	0.000 1	HJ/T 72—2001
44	邻苯二甲酸二(2-乙基己基)酯	气相色谱法	0.000 4	②
45	水合肼	对二甲氨基苯甲醛直接分光光度法	0.005	②
46	四乙基铅	双硫腙比色法	0.000 1	②
47	吡啶	气相色谱法 巴比土酸分光光度法	0.031 0.05	GB/T 14672—93 ②
48	松节油	气相色谱法	0.02	②
49	苦味酸	气相色谱法	0.001	②
50	丁基黄原酸	铜试剂亚铜分光光度法	0.002	②
51	活性氯	N,N-二乙基对苯二胺(PDP)分光光度法 3,3′,5,5′-四甲基联苯胺比色法	0.01 0.005	② ②
52	滴滴涕	气相色谱法	0.000 2	GB 7492—87

续表6

序号	项目	分析方法	最低检出限（mg/L）	方法来源
53	林丹	气相色谱法	4×10^{-6}	GB 7492—87
54	环氧七氯	液液萃取气相色谱法	0.000 083	②
55	对硫磷	气相色谱法	0.000 54	GB 13192—91
56	甲基对硫磷	气相色谱法	0.000 42	GB 13192—91
57	马拉硫磷	气相色谱法	0.000 64	GB 13192—91
58	乐果	气相色谱法	0.000 57	GB 13192—91
59	敌敌畏	气相色谱法	0.000 06	GB 13192—91
60	敌百虫	气相色谱法	0.000 051	GB 13192—91
61	内吸磷	气相色谱法	0.002 5	②
62	百菌清	气相色谱法	0.000 4	②
63	甲萘威	高效液相色谱法	0.01	②
64	溴氰菊酯	气相色谱法	0.000 2	②
		高效液相色谱法	0.002	②
65	阿特拉津	气相色谱法		③
66	苯并(a)芘	乙酰化滤纸层析荧光分光光度法	4×10^{-6}	GB 11895—89
		高效液相色谱法	1×10^{-6}	GB 13198—91
67	甲基汞	气相色谱法	1×10^{-8}	GB/T 17132—1997
68	多氯联苯	气相色谱法		③
69	微囊藻毒素－LR	高效液相色谱法	0.000 01	②
70	黄磷	钼－锑－抗分光光度法	0.002 5	②
71	钼	无火焰原子吸收分光光度法	0.002 31	②
72	钴	无火焰原子吸收分光光度法	0.001 91	②
73	铍	铬菁 R 分光光度法	0.000 2	HJ/T 58—2000
		石墨炉原子吸收分光光度法	0.000 02	HJ/T 59—2000
		桑色素荧光分光光度法	0.000 2	②
74	硼	姜黄素分光光度法	0.02	HJ/T 49—1999
		甲亚胺－H 分光光度法	0.2	②
75	锑	氢化原子吸收分光光度法	0.000 25	②
76	镍	无火焰原子吸收分光光度法	0.002 48	②
77	钡	无火焰原子吸收分光光度法	0.006 18	②

续表 6

序号	项目	分析方法	最低检出限（mg/L）	方法来源
78	钒	钽试剂（BPHA）萃取分光光度法	0.018	GB/T 15503—1995
		无火焰原子吸收分光光度法	0.006 98	②
79	钛	催化示波极谱法	0.000 4	②
		水杨基荧光酮分光光度法	0.02	②
80	铊	无火焰原子吸收分光光度法	1×10^{-6}	②

注：暂采用下列分析方法，待国家方法标准发布后，执行国家标准。

②《生活饮用水卫生规范》，中华人民共和国卫生部，2001 年。

③《水和废水标准检验法（第 15 版）》，中国建筑工业出版社，1985 年。

附录2 污水综合排放标准 （GB 8978—1996）

（GB 8978—1996代替GB 8978—88）

为贯彻《中华人民共和国环境保护法》、《中华人民共和国水污染防治法》和《中华人民共和国海洋环境保护法》，控制水污染，保护江河、湖泊、运河、渠道、水库和海洋等地面水以及地下水水质的良好状态，保障人体健康，维护生态平衡，促进国民经济和城乡建设的发展，特制定本标准。

1 主题内容与适用范围

1.1 主题内容

本标准按照污水排放去向，分年限规定了69种水污染物最高允许排放浓度及部分行业最高允许排水量。

1.2 适用范围

本标准适用于现有单位水污染物的排放管理，以及建设项目的环境影响评价、建设项目环境保护设施设计、竣工验收及其投产后的排放管理。

按照国家综合排放标准与国家行业排放标准不交叉执行的原则，造纸工业执行《造纸工业水污染物排放标准（GB 3544—92）》，船舶执行《船舶污染物排放标准（GB 3552—83）》，船舶工业执行《船舶工业污染物排放标准（GB 4286—84）》，海洋石油开发工业执行《海洋石油开发工业含油污水排放标准（GB 4914—85）》，纺织染整工业执行《纺织染整工业水污染物排放标准（GB 4287—92）》，肉类加工工业执行《肉类加工工业水污染物排放标准（GB 13457—92）》，合成氨工业执行《合成氨工业水污染物排放标准（GB 13458—92）》，钢铁工业执行《钢铁工业水污染物排放标准（GB 13456—92）》，航天推进剂使用执行《航天推进剂水污染物排放标准（GB 14374—93）》，兵器工业执行《兵器工业水污染物排放标准（GB 14470.1～14470.3—93 和 GB 4274～4279—84）》，磷肥工业执行《磷肥工业水污染物排放标准（GB 15580—95）》，烧碱、聚氯乙烯工业执行《烧碱、聚氯乙烯工业水污染物排放标准（GB 15581—95）》，其他水污染物排放均执行本标准。

1.3 本标准颁布后，新增加国家行业水污染物排放标准的行业，按其适用范围执行相应的国家水污染物行业标准，不再执行本标准。

2 引用标准

下列标准所包含的条文，通过在本标准中引用而构成为本标准的条文。

GB 3097—82 海水水质标准

GB 3838—88 地面水环境质量标准

GB 8703—88 辐射防护规定

3 定义

3.1 污水：指在生产与生活活动中排放的水的总称。

3.2 排水量：指在生产过程中直接用于工艺生产的水的排放量。不包括间接冷却水、厂区锅炉、电站排水。

3.3 一切排污单位：指本标准适用范围所包括的一切排污单位。

3.4 其他排污单位：指在某一控制项目中，除所列行业外的一切排污单位。

4 技术内容

4.1 标准分级

4.1.1 排入 GB 3838 中Ⅲ类水域(划定的保护区和游泳区除外)和排入 GB 3097 中二类海域的污水,执行一级标准。

4.1.2 排入 GB 3838 中Ⅳ、Ⅴ类水域和排入 GB 3097 中三类海域的污水,执行二级标准。

4.1.3 排入设置二级污水处理厂的城镇排水系统的污水,执行三级标准。

4.1.4 排入未设置二级污水处理厂的城镇排水系统的污水,必须根据排水系统出水受纳水域的功能要求,分别执行 4.1.1 和 4.1.2 的规定。

4.1.5 GB 3838 中Ⅰ、Ⅱ类水域和Ⅲ类水域中划定的保护区,GB 3097 中一类海域,禁止新建排污口,现有排污口应按水体功能要求,实行污染物总量控制,以保证受纳水体水质符合规定用途的水质标准。

4.2 标准值

4.2.1 本标准将排放的污染物按其性质及控制方式分为二类。

4.2.1.1 第一类污染物,不分行业和污水排放方式,也不分受纳水体的功能类别,一律在车间或车间处理设施排放口采样,其最高允许排放浓度必须达到本标准要求(采矿行业的尾矿坝出水口不得视为车间排放口)。

4.2.1.2 第二类污染物,在排污单位排放口采样,其最高允许排放浓度必须达到本标准要求。

4.2.2 本标准按年限规定了第一类污染物和第二类污染物最高允许排放浓度及部分行业最高允许排水量,分别为:

4.2.2.1 1997 年 12 月 31 日之前建设(包括改、扩建)的单位,水污染物的排放必须同时执行表 1、表 2、表 3 的规定。

4.2.2.2 1998 年 1 月 1 日起建设(包括改、扩建)的单位,水污染物的排放必须同时执行表 1、表 4、表 5 的规定。

4.2.2.3 建设(包括改、扩建)单位的建设时间,以环境影响评价报告书(表)批准日期为准划分。

4.3 其他规定

4.3.1 同一排放口排放两种或两种以上不同类别的污水,且每种污水的排放标准又不同时,其混合污水的排放标准按附录 A 计算。

4.3.2 工业污水污染物的最高允许排放负荷量按附录 B 计算。

4.3.3 污染物最高允许年排放总量按附录 C 计算。4.3.4 对于排放含有放射性物质的污水,除执行本标准外,还须符合《辐射防护规定》(GB 8703—88)。

表1　第一类污染物最高允许排放浓度

序号	污染物	最高允许排放浓度
1	总汞	0.05 mg/L
2	烷基汞	不得检出
3	总镉	0.1 mg/L
4	总铬	1.5 mg/L
5	六价铬	0.5 mg/L
6	总砷	0.5 mg/L
7	总铅	1.0 mg/L
8	总镍	1.0 mg/L
9	苯并(a)芘	0.000 03 mg/L
10	总铍	0.005 mg/L
11	总银	0.5 mg/L
12	总 α 放射性	1 Bq/L
13	总 β 放射性	10 Bq/L

表2　第二类污染物最高允许排放浓度

（1997 年 12 月 31 日之前建设的单位）　　（单位：mg/L）

序号	污染物	适用范围	一级标准	二级标准	三级标准
1	pH 值	一切排污单位	6～9	6～9	6～9
2	色度（稀释倍数）	染料工业	50	180	—
		其他排污单位	50	80	—
3	悬浮物（SS）	采矿、选矿、选煤工业	100	300	—
		脉金选矿	100	500	—
		边远地区砂金选矿	100	800	—
		城镇二级污水处理厂	20	30	—
		其他排污单位	70	200	400
4	五日生化需氧量（BOD_5）	甘蔗制糖、苎麻脱胶、湿法纤维板工业	30	100	600
		甜菜制糖、酒精、味精、皮革、化纤浆粕工业	30	150	600
		城镇二级污水处理厂	20	30	—
		其他排污单位	30	60	300
5	化学需氧量（COD）	甜菜制糖、焦化、合成脂肪酸、湿法纤维板、染料、洗毛、有机磷农药工业	100	200	1 000
		味精、酒精、医药原料药、生物制药、苎麻脱胶、皮革、化纤浆粕工业	100	300	1 000
		石油化工工业（包括石油炼制）	100	150	500
		城镇二级污水处理厂	60	120	—
		其他排污单位	100	150	500

续表 2

序号	污染物	适用范围	一级标准	二级标准	三级标准
6	石油类	一切排污单位	10	10	30
7	动植物油	一切排污单位	20	20	100
8	挥发酚	一切排污单位	0.5	0.5	2.0
9	总氰化合物	电影洗片(铁氰化合物)	0.5	5.0	5.0
		其他排污单位	0.5	0.5	1.0
10	硫化物	一切排污单位	1.0	1.0	2.0
11	氨氮	医药原料药、染料、石油化工工业	15	50	—
		其他排污单位	15	25	—
12	氟化物	黄磷工业	10	20	20
		低氟地区(水体含氟量 <0.5 mg/L)	10	20	30
13	磷酸盐(以 P 计)	其他排污单位	0.5	1.0	20
14	甲醛	一切排污单位	1.0	2.0	5.0
15	苯胺类	一切排污单位	1.0	2.0	5.0
16	硝基苯类	一切排污单位	2.0	3.0	5.0
17	阴离子表面活性剂(LAS)	合成洗涤剂工业	5.0	15	20
		其他排污单位	5.0	10	20
18	总铜	一切排污单位	0.5	1.0	2.0
19	总锌	一切排污单位	2.0	5.0	5.0
20	总锰	合成脂肪酸工业	2.0	5.0	5.0
		其他排污单位	2.0	2.0	5.0
21	彩色显影剂	电影洗片	2.0	3.0	5.0
22	显影剂及氧化物总量	电影洗片	3.0	6.0	6.0
23	元素磷	一切排污单位	0.1	0.3	0.3
24	有机磷农药(以 P 计)	一切排污单位	不得检出	0.5	0.5
25	粪大肠菌群数	医院[*]、兽医院及医疗机构含病原体污水	500 个/L	1 000 个/L	5 000 个/L
		传染病、结核病医院污水	100 个/L	500 个/L	1 000 个/L
26	总余氯(采用氯化消毒的医院污水)	医院[*]、兽医院及医疗机构含病原体污水	<0.5[**]	>3(接触时间≥1 h)	>2(接触时间≥1 h)
		传染病、结核病医院污水	<0.5[**]	>6.5(接触时间≥1.5 h)	>5(接触时间≥1.5 h)

注：* 指 50 个床位以上的医院。

* * 指加氯消毒后须进行脱氯处理，达到本标准。

表3 部分行业最高允许排水量

（1997 年 12 月 31 日之前建设的单位）

序号	行业类别			最高允许排水量或最低允许水重复利用率
1	矿山工业	有色金属系统选矿		水重复利用率 75%
1	矿山工业	其他矿山工业采矿、选矿、选煤等		水重复利用率 90%（选煤）
1	矿山工业	脉金选矿	重选	16.0 m^3/t（矿石）
1	矿山工业	脉金选矿	浮选	9.0 m^3/t（矿石）
1	矿山工业	脉金选矿	氰化	8.0 m^3/t（矿石）
1	矿山工业	脉金选矿	碳浆	8.0 m^3/t（矿石）
2	焦化企业（煤气厂）			1.2 m^3/t（焦炭）
3	有色金属冶炼及金属加工			水重复利用率 80%
4	石油炼制工业（不包括直排水炼油厂） 加工深度分类： A. 燃料型炼油厂 B. 燃料 + 润滑油型炼油厂 C. 燃料 + 润滑油型 + 炼油化工型炼油厂 （包括加工高含硫原油页岩油和石油添加剂生产基地的炼油厂）	A		>500 万 t，1.0 m^3/t（原油） 250 万 ~ 500 万 t，1.2 m^3/t（原油） <250 万 t，1.5 m^3/t（原油）
4		B		>500 万 t，1.5 m^3/t（原油） 250 万 ~ 500 万 t，2.0 m^3/t（原油） <250 万 t，2.0 m^3/t（原油）
4		C		>500 万 t，2.0 m^3/t（原油） 250 万 ~ 500 万 t，2.5 m^3/t（原油） <250 万 t，2.5 m^3/t（原油）
5	合成洗涤剂工业	氯化法生产烷基苯		200.0 m^3/t（烷基苯）
5	合成洗涤剂工业	裂解法生产烷基苯		70.0 m^3/t（烷基苯）
5	合成洗涤剂工业	烷基苯生产合成洗涤剂		10.0 m^3/t（产品）
6	合成脂肪酸工业			200.0 m^3/t（产品）
7	湿法生产纤维板工业			30.0 m^3/t（板）
8	制糖工业	甘蔗制糖		10.0 m^3/t（甘蔗）
8	制糖工业	甜菜制糖		4.0 m^3/t（甜菜）
9	皮革工业	猪盐湿皮		60.0 m^3/t（原皮）
9	皮革工业	牛干皮		100.0 m^3/t（原皮）
9	皮革工业	羊干皮		150.0 m^3/t（原皮）
10	发酵、酿造工业	酒精工业	以玉米为原料	100.0 m^3/t（酒精）
10	发酵、酿造工业	酒精工业	以薯类为原料	80.0 m^3/t（酒精）
10	发酵、酿造工业	酒精工业	以糖蜜为原料	70.0 m^3/t（酒精）
10	发酵、酿造工业	味精工业		600.0 m^3/t（味精）
10	发酵、酿造工业	啤酒行业（排水量不包括麦芽水部分）		16.0 m^3/t（啤酒）
11	铬盐工业			5.0 m^3/t（产品）
12	硫酸工业（水洗法）			15.0 m^3/t（硫酸）
13	苎麻脱胶工业			500 m^3/t（原麻）或 750 m^3/t（精干麻）
14	化纤浆粕			本色：150 m^3/t（浆） 漂白：240 m^3/t（浆）

续表 3　部分行业最高允许排水量

序号	行业类别		最高允许排水量或 最低允许水重复利用率
15	粘胶纤维工业 （单纯纤维）	短纤维（棉型中长纤维、毛型中长纤维）	300 m^3/t（纤维）
		长纤维	800 m^3/t（纤维）
16	铁路货车洗刷		5.0 m^3/辆
17	电影洗片		5 m^3/1 000 m（35 mm 的胶片）
18	石油沥青工业		冷却池的水循环利用率 95%

表 4　第二类污染物最高允许排放浓度

（1998 年 1 月 1 日后建设的单位）　（单位：mg/L）

序号	污染物	适用范围	一级标准	二级标准	三级标准
1	pH 值	一切排污单位	6～9	6～9	6～9
2	色度（稀释倍数）	一切排污单位	50	80	—
3	悬浮物（SS）	采矿、选矿、选煤工业	70	300	—
		脉金选矿	70	400	—
		边远地区砂金选矿	70	800	—
		城镇二级污水处理厂	20	30	—
		其他排污单位	70	150	400
4	五日生化需氧量（BOD_5）	甘蔗制糖、苎麻脱胶、湿法纤维板、染料、洗毛工业	20	60	600
		甜菜制糖、酒精、味精、皮革、化纤浆粕工业	20	100	600
		城镇二级污水处理厂	20	30	—
		其他排污单位	20	30	300
5	化学需氧量（COD）	甜菜制糖、合成脂肪酸、湿法纤维板、染料、洗毛、有机磷农药工业	100	200	1 000
		味精、酒精、医药原料药、生物制药、苎麻脱胶、皮革、化纤浆粕工业	100	300	1 000
		石油化工工业（包括石油炼制）	60	120	500
		城镇二级污水处理厂	60	120	—
		其他排污单位	100	150	500
6	石油类	一切排污单位	5	10	20
7	动植物油	一切排污单位	10	15	100
8	挥发酚	一切排污单位	0.5	0.5	2.0

续表 4

序号	污染物	适用范围	一级标准	二级标准	三级标准
9	总氰化合物	一切排污单位	0.5	0.5	1.0
10	硫化物	一切排污单位	1.0	1.0	1.0
11	氨氮	医药原料药、染料、石油化工工业	15	50	—
		其他排污单位	15	25	—
12	氟化物	黄磷工业	10	15	20
		低氟地区（水体含氟量 < 0.5 mg/L）	10	20	30
		其他排污单位	10	10	20
13	磷酸盐（以 P 计）	一切排污单位	0.5	1.0	—
14	甲醛	一切排污单位	1.0	2.0	5.0
15	苯胺类	一切排污单位	1.0	2.0	5.0
16	硝基苯类	一切排污单位	2.0	3.0	5.0
17	阴离子表面活性剂（LAS）	一切排污单位	5.0	10	20
18	总铜	一切排污单位	0.5	1.0	2.0
19	总锌	一切排污单位	2.0	5.0	5.0
20	总锰	合成脂肪酸工业	2.0	5.0	5.0
		其他排污单位	2.0	2.0	5.0
21	彩色显影剂	电影洗片	1.0	2.0	3.0
22	显影剂及氧化物总量	电影洗片	3.0	3.0	6.0
23	元素磷	一切排污单位	0.1	0.1	0.3
24	有机磷农药（以 P 计）	一切排污单位	不得检出	0.5	0.5
25	乐果	一切排污单位	不得检出	1.0	2.0
26	对硫磷	一切排污单位	不得检出	1.0	2.0
27	甲基对硫磷	一切排污单位	不得检出	1.0	2.0
28	马拉硫磷	一切排污单位	不得检出	5.0	10
29	五氯酚及五氯酚钠（以五氯酚计）	一切排污单位	5.0	8.0	10
30	可吸附有机卤化物（AOX）（以 Cl 计）	一切排污单位	1.0	5.0	8.0
31	三氯甲烷	一切排污单位	0.3	0.6	1.0
32	四氯化碳	一切排污单位	0.03	0.06	0.5

续表4

序号	污染物	适用范围	一级标准	二级标准	三级标准
33	三氯乙烯	一切排污单位	0.3	0.6	1.0
34	四氯乙烯	一切排污单位	0.1	0.2	0.5
35	苯	一切排污单位	0.1	0.2	0.5
36	甲苯	一切排污单位	0.1	0.2	0.5
37	乙苯	一切排污单位	0.4	0.6	1.0
38	邻－二甲苯	一切排污单位	0.4	0.6	1.0
39	对－二甲苯	一切排污单位	0.4	0.6	1.0
40	间－二甲苯	一切排污单位	0.4	0.6	1.0
41	氯苯	一切排污单位	0.2	0.4	1.0
42	邻－二氯苯	一切排污单位	0.4	0.6	1.0
43	对－二氯苯	一切排污单位	0.4	0.6	1.0
44	对－硝基氯苯	一切排污单位	0.5	1.0	5.0
45	2,4－二硝基氯苯	一切排污单位	0.5	1.0	5.0
46	苯酚	一切排污单位	0.3	0.4	1.0
47	间－甲酚	一切排污单位	0.1	0.2	0.5
48	2,4－二氯酚	一切排污单位	0.6	0.8	1.0
49	2,4,6－三氯酚	一切排污单位	0.6	0.8	1.0
50	邻苯二甲酸二丁脂	一切排污单位	0.2	0.4	2.0
51	邻苯二甲酸二辛脂	一切排污单位	0.3	0.6	2.0
52	丙烯腈	一切排污单位	2.0	5.0	5.0
53	总硒	一切排污单位	0.1	0.2	0.5
54	粪大肠菌群数	医院*、兽医院及医疗机构含病原体污水	500 个/L	1 000 个/L	5 000 个/L
		传染病、结核病医院污水	100 个/L	500 个/L	1 000 个/L
55	总余氯(采用氯化消毒的医院污水)	医院*、兽医院及医疗机构含病原体污水	<0.5**	>3(接触时间≥1 h)	>2(接触时间≥1 h)
		传染病、结核病医院污水	<0.5**	>6.5(接触时间≥1.5 h)	>5(接触时间≥1.5 h)
56	总有机碳(TOC)	合成脂肪酸工业	20	40	—
		苎麻脱胶工业	20	60	—
		其他排污单位	20	30	—

注:其他排污单位:指除在该控制项目中所列行业以外的一切排污单位。

* 指50个床位以上的医院。

** 指加氯消毒后须进行脱氯处理,达到本标准。

表5　部分行业最高允许排水量

（1998年1月1日后建设的单位）

序号	行业类别			最高允许排水量或最低允许水重复利用率
1	矿山工业	有色金属系统选矿		水重复利用率75%
		其他矿山工业采用、选矿、选煤等		水重复利用率90%（选煤）
		脉金选矿	重选	16.0 m^3/t（矿石）
			浮选	9.0 m^3/t（矿石）
			氰化	8.0 m^3/t（矿石）
			碳浆	8.0 m^3/t（矿石）
2	焦化企业（煤气厂）			1.2 m^3/t（焦炭）
3	有色金属冶炼及金属加工			水重复利用率80%
4	石油炼制工业（不包括直排水炼油厂） 加工深度分类： A. 燃料型炼油厂 B. 燃料＋润滑油型炼油厂 C. 燃料＋润滑油型＋炼油化工型炼油厂 （包括加工高含硫原油页岩油和石油添加剂生产基地的炼油厂）		A	＞500万t，1.0 m^3/t（原油） 250万～500万t，1.2 m^3/t（原油） ＜250万t，1.5 m^3/t（原油）
			B	＞500万t，1.5 m^3/t（原油） 250万～500万t，2.0 m^3/t（原油） ＜250万t，2.0 m^3/t（原油）
			C	＞500万t，2.0 m^3/t（原油） 250万～500万t，2.5 m^3/t（原油） ＜250万t，2.5 m^3/t（原油）
5	合成洗涤剂工业	氯化法生产烷基苯		200.0 m^3/t（烷基苯）
		裂解法生产烷基苯		70.0 m^3/t（烷基苯）
		烷基苯生产合成洗涤剂		10.0 m^3/t（产品）
6	合成脂肪酸工业			200.0 m^3/t（产品）
7	湿法生产纤维板工业			30.0 m^3/t（板）
8	制糖工业	甘蔗制糖		10.0 m^3/t（甘蔗）
		甜菜制糖		4.0 m^3/t（甜菜）
9	皮革工业	猪盐湿皮		60.0 m^3/t（原皮）
		牛干皮		100.0 m^3/t（原皮）
		羊干皮		150.0 m^3/t（原皮）
10	发酵、酿造工业	酒精工业	以玉米为原料	100.0 m^3/t（酒精）
			以薯类为原料	80.0 m^3/t（酒精）
			以糖蜜为原料	70.0 m^3/t（酒精）
		味精工业		600.0 m^3/t（味精）
		啤酒行业（排水量不包括麦芽水部分）		16.0 m^3/t（啤酒）
11	铬盐工业			5.0 m^3/t（产品）
12	硫酸工业（水洗法）			15.0 m^3/t（硫酸）
13	苎麻脱胶工业			500 m^3/t（原麻）
				750 m^3/t（精干麻）

续表5

序号	行业类别		最高允许排水量或最低允许水重复利用率
14	粘胶纤维工业单纯纤维	短纤维(棉型中长纤维、毛型中长纤维)	300.0 m^3/t(纤维)
		长纤维	800.0 m^3/t(纤维)
15	化纤浆粕		本色:150 m^3/t(浆);漂白:240 m^3/t(浆)
16	制药工业医药原料药	青霉素	4 700 m^3/t(青霉素)
		链霉素	1 450 m^3/t(链霉素)
		土霉素	1 300 m^3/t(土霉素)
		四环素	1 900 m^3/t(四环素)
		洁霉素	9 200 m^3/t(洁霉素)
		金霉素	3 000 m^3/t(金霉素)
		庆大霉素	20 400 m^3/t(庆大霉素)
		维生素 C	1 200 m^3/t(维生素 C)
		氯霉素	2 700 m^3/t(氯霉素)
		新诺明	2 000 m^3/t(新诺明)
		维生素 B_1	3 400 m^3/t(维生素 B_1)
		安乃近	180 m^3/t(安乃近)
		非那西汀	750 m^3/t(非那西汀)
		呋喃唑酮	2 400 m^3/t(呋喃唑酮)
		咖啡因	1 200 m^3/t(咖啡因)
17	有机磷农药工业*	乐果**	700 m^3/t(产品)
		甲基对硫磷(水相法)**	300 m^3/t(产品)
		对硫磷(P_2S_5 法)**	500 m^3/t(产品)
		对硫磷($PSCl_3$ 法)**	550 m^3/t(产品)
		敌敌畏(敌百虫碱解法)	200 m^3/t(产品)
		敌百虫	40 m^3/t(产品)(不包括三氯乙醛生产废水)
		马拉硫磷	700 m^3/t(产品)
18	除草剂工业*	除草醚	5 m^3/t(产品)
		五氯酚钠	2 m^3/t(产品)
		五氯酚	4 m^3/t(产品)
		2 甲 4 氯	14 m^3/t(产品)
		2,4-D	4 m^3/t(产品)
		丁草胺	4.5 m^3/t(产品)
		绿麦隆(以 Fe 粉还原)	2 m^3/t(产品)
		绿麦隆(以 Na_2S 还原)	3 m^3/t(产品)
19	火力发电工业		3.5 m^3/(MW·h)
20	铁路货车洗刷		5.0 m^3/辆
21	电影洗片		5 m^3/1 000 m(35 mm 胶片)
22	石油沥青工业		冷却池的水循环利用率 95%

注:* 产品按 100% 浓度计。

** 不包括 P_2S_5、$PSCl_3$、PCl_3 原料生产废水。

附录3 污水排入城市下水道水质标准(CJ 3082—99)

序号	项目名称	单位	最高允许浓度	序号	项目名称	单位	最高允许浓度
1	pH值		6.0~9.0	19	总铅	mL/L	1.0
2	悬浮物	mL/L	150(400)	20	总铜	mL/L	2.0
3	易沉固体	mL/L·15 min	10	21	总锌	mL/L	5.0
4	油脂	mL/L	100	22	总镍	mL/L	1.0
5	矿物油类	mL/L	20.0	23	总锰	mL/L	2.0(5.0)
6	苯系物	mL/L	2.5	24	总铁	mL/L	10.0
7	氰化物	mL/L	0.5	25	总锑	mL/L	1.0
8	硫化物	mL/L	1.0	26	六价铬	mL/L	0.5
9	挥发性酚	mL/L	1.0	27	总铬	mL/L	1.5
10	温度	℃	35	28	总硒	mL/L	2.0
11	生化需氧量(BOD_5)	mL/L	100(300)	29	总砷	mL/L	0.5
12	化学需氧量(COD_{cr})	mL/L	150(500)	30	硫酸盐	mL/L	600
13	溶解性固体	mL/L	2 000	31	硝基苯类	mL/L	5.0
14	有机磷	mL/L	0.5	32	阴离子表面活性剂(LAS)	mL/L	10.0(20.0)
15	苯胺	mL/L	5.0	33	氨氮	mL/L	25.0(35.0)
16	氟化物	mL/L	20.0	34	磷酸盐(以P计)	mL/L	1.0(8.0)
17	总汞	mL/L	0.05	35	色度	倍	80
18	总镉	mL/L	0.1				

注: 括号内数值适用于有城市污水处理厂的城市下水道系统。

附录4 水环境保护标准目录

（2008-07-01 实施）

类别	标准编号	标准名称	实施日期（年-月-日）
水环境质量标准	GB 3838—2002	地表水环境质量标准	2002-06-01
	GB 3097—1997	海水水质标准	1998-07-01
	GB/T 14848—93	地下水质量标准	1994-10-01
	GB 5084—92	农田灌溉水质标准	1992-10-01
	GB 11607—89	渔业水质标准	1990-03-01
水污染物排放标准	GB 21523—2008	杂环类农药工业水污染物排放标准	2008-07-01
	GB 3544—2008	制浆造纸工业水污染物排放标准	2008-08-01
	GB 21900—2008	电镀污染物排放标准	2008-08-01
	GB 21901—2008	羽绒工业水污染物排放标准	2008-08-01
	GB 21902—2008	合成革与人造革工业污染物排放标准	2008-08-01
	GB 21903—2008	发酵类制药工业水污染物排放标准	2008-08-01
	GB 21904—2008	化学合成类制药工业水污染物排放标准	2008-08-01
	GB 21905—2008	提取类制药工业水污染物排放标准	2008-08-01
	GB 21906—2008	中药类制药工业水污染物排放标准	2008-08-01
	GB 21907—2008	生物工程类制药工业水污染物排放标准	2008-08-01
	GB 21908—2008	混装制剂类制药工业水污染物排放标准	2008-08-01
	GB 21909—2008	制糖工业水污染物排放标准	2008-08-01
	GB 20425—2006	皂素工业水污染物排放标准	2007-01-01
	GB 20426—2006	煤炭工业污染物排放标准	2006-01-01
	GB 18466—2005	医疗机构水污染物排放标准	2006-01-01
	GB 19821—2005	啤酒工业污染物排放标准	2006-01-01
	GB 19430—2004	柠檬酸工业污染物排放标准	2004-04-01
	GB 19431—2004	味精工业污染物排放标准	2004-04-01
	GB 18918—2002	城镇污水处理厂污染物排放标准	2003-07-01
	GB 14470.1—2002	兵器工业水污染物排放标准　火炸药	2003-07-01
	GB 14470.2—2002	兵器工业水污染物排放标准　火工药剂	2003-07-01
	GB 14470.3—2002	兵器工业水污染物排放标准　弹药装药	2003-07-01
	GB 13458—2001	合成氨工业水污染物排放标准	2002-01-01
	GB 18486—2001	污水海洋处置工程污染控制标准	2002-01-01
	GB 18596—2001	畜禽养殖业污染物排放标准	2003-01-01
	GB 8978—1996	污水综合排放标准	1998-01-01
	GB 15580—1995	磷肥工业水污染物排放标准	1996-07-01
	GB 15581—1995	烧碱、聚氯乙烯工业水污染物排放标准	1996-07-01
	GB 14374—93	航天推进剂水污染物排放标准	1993-12-01
	GB 13456—92	钢铁工业水污染物排放标准	1992-07-01
	GB 13457—92	肉类加工工业水污染物排放标准	1992-07-01
	GB 4287—92	纺织染整工业水污染物排放标准	1992-07-01
	GB 4914—85	海洋石油开发工业含油污水排放标准	1985-08-01
	GB 4286—84	船舶工业污染物排放标准	1985-03-01
	GB 3552—83	船舶污染物排放标准	1983-10-01

续附录4

类别	标准编号	标准名称	实施日期（年-月-日）
相关监测规范、方法、标准	HJ 442—2008	近岸海域环境监测规范	2009-01-01
	HJ/T 341—2007	水质　汞的测定　冷原子荧光法(试行)	2007-05-01
	HJ/T 342—2007	水质　硫酸盐的测定　铬酸钡分光光度法(试行)	2007-05-01
	HJ/T 343—2007	水质　氯化物的测定　硝酸汞滴定法(试行)	2007-05-01
	HJ/T 344—2007	水质　锰的测定　甲醛肟分光光度法(试行)	2007-05-01
	HJ/T 345—2007	水质　铁的测定　邻菲啰啉分光光度法(试行)	2007-05-01
	HJ/T 346—2007	水质　硝酸盐氮的测定　紫外分光光度法(试行)	2007-05-01
	HJ/T 347—2007	水质　粪大肠菌群的测定　多管发酵法和滤膜法(试行)	2007-05-01
	HJ/T 353—2007	水污染源在线监测系统安装技术规范(试行)	2007-08-01
	HJ/T 354—2007	水污染源在线监测系统验收技术规范(试行)	2007-08-01
	HJ/T 355—2007	水污染源在线监测系统运行与考核技术规范(试行)	2007-08-01
	HJ/T 356—2007	水污染源在线监测系统数据有效性判别技术规范(试行)	2007-08-01
	HJ/T 372—2007	水质自动采样器技术要求及检测方法	2008-01-01
	HJ/T 373—2007	固定污染源监测质量保证与质量控制技术规范(试行)	2008-01-01
	HJ/T 399—2007	水质　化学需氧量的测定　快速消解分光光度法	2008-03-01
	HJ/T 195—2005	水质　氨氮的测定　气相分子吸收光谱法	2006-01-01
	HJ/T 196—2005	水质　凯氏氮的测定　气相分子吸收光谱法	2006-01-01
	HJ/T 197—2005	水质　亚硝酸盐氮的测定　气相分子吸收光谱法	2006-01-01
	HJ/T 198—2005	水质　硝酸盐氮的测定　气相分子吸收光谱法	2006-01-01
	HJ/T 199—2005	水质　总氮的测定　气相分子吸收光谱法	2006-01-01
	HJ/T 200—2005	水质　硫化物的测定　气相分子吸收光谱法	2006-01-01
	HJ/T 164—2004	地下水环境监测技术规范	2004-12-09
	HJ/T 132—2003	高氯废水　化学需氧量的测定　碘化钾碱性高锰酸钾法	2004-01-01
	HJ/T 86—2002	水质　生化需氧量(BOD)的测定　微生物传感器快速测定法	2002-07-01
	HJ/T 91—2002	地表水和污水监测技术规范	2003-01-01
	HJ/T 92—2002	水污染物排放总量监测技术规范	2003-01-01
	HJ/T 70—2001	高氯废水　化学需氧量的测定　氯气校正法	2001-12-01
	HJ/T 71—2001	水质　总有机碳的测定　燃烧氧化-非分散红外吸收法	2002-01-01
	HJ/T 72—2001	水质　邻苯二甲酸二甲(二丁、二辛)酯的测定　液相色谱法	2002-01-01
	HJ/T 73—2001	水质　丙烯睛的测定　气相色谱法	2002-01-01
	HJ/T 74—2001	水质　氯苯的测定　气相色谱法	2002-01-01
	HJ/T 83—2001	水质可吸附有机卤素(AOX)的测定离子色谱法	2002-04-01
	HJ/T 84—2001	水质无机阴离子的测定离子色谱法	2002-04-01
	HJ/T 58—2000	水质　铍的测定　铬箐R分光光度法	2001-03-01
	HJ/T 59—2000	水质　铍的测定　石墨炉原子吸收分光光度法	2001-03-01
	HJ/T 60—2000	水质　硫化物的测定　碘量法	2001-03-01
	HJ/T 49—1999	水质　硼的测定　姜黄素分光光度法	2000-01-01
	HJ/T 50—1999	水质　三氯乙醛的测定　吡唑啉酮分光光度法	2000-01-01
	HJ/T 51—1999	水质　全盐量的测定　重量法	2000-01-01
	HJ/T 52—1999	水质　河流采样技术指导	2000-01-01
	GB/T 17130—1997	水质　挥发性卤代烃的测定　顶空气相色普法	1998-05-01
	GB/T 17131—1997	水质　1,2-二氯苯、1,4-二氯苯、1,2,4-三氯苯的测定　气相色谱法	1998-05-01
	GB/T 17132—1997	环境　甲基汞的测定　气相色谱法	1998-05-01
	GB/T 17133—1997	水质　硫化物的测定　直接显色分光光度法	1998-05-01
	GB/T 16488—1996	水质　石油类和动植物油的测定　红外光度法	1997-01-01
	GB/T 16489—1996	水质　硫化物的测定　亚甲基蓝分光光度法	1997-01-01
	GB/T 15440—1995	环境中有机污染物遗传毒性检测的样品前处理规范	1995-08-01

续附录4

类别	标准编号	标准名称	实施日期（年-月-日）
相关监测规范、方法标准	GB/T 15441—1995	水质　急性毒性的测定　发光细菌法	1995-08-01
	GB/T 15503—1995	水质　钒的测定　钽试剂（BPHA）萃取分光光度法	1995-08-01
	GB/T 15504—1995	水质　二氧化碳的测定　二乙胺乙酸铜分光光度法	1995-08-01
	GB/T 15505—1995	水质　硒的测定 石墨炉原子吸收分光光度法	1995-08-01
	GB/T 15506—1995	水质　钡的测定　原子吸收分光光度法	1995-08-01
	GB/T 15507—1995	水质　肼的测定　对二甲氨基苯甲醛分光光度法	1995-08-01
	GB/T 15959—1995	水质　可吸附有机卤素（AOX）的测定　微库仑法	1996-08-01
	GB/T 14204—93	水质　烷基汞的测定　气相色谱法	1993-12-01
	GB/T 14375—93	水质　一甲基肼的测定　对二甲氨基苯甲醛分光光度法	1993-12-01
	GB/T 14376—93	水质　偏二甲基肼的测定　氨基亚铁氰化钠分光光度法	1993-12-01
	GB/T 14377—93	水质　三乙胺的测定溴酚蓝分光光度法	1993-12-01
	GB/T 14378—93	水质　二乙烯烷三胺的测定　水杨醛分光光度法	1993-12-01
	GB/T 14552—93	水和土壤质量　有机磷农药的测定　气相色谱法	1994-01-15
	GB/T 14581—93	水质　湖泊和水库采样技术指导	1994-04-01
	GB/T 14671—93	水质　钡的测定　电位滴定法	1994-05-01
	GB/T 14672—93	水质　吡啶的测定　气相色谱法	1994-05-01
	GB/T 14673—93	水质　钒的测定　石墨炉原子吸收分光光度法	1994-05-01
	GB/T 13898—92	水质　铁(Ⅱ、Ⅲ)氰络合物的测定　原子吸收分光光度法	1993-09-01
	GB/T 13896—92	水质　铅的测定 示波极普法	1993-09-01
	GB/T 13897—92	水质　硫氰酸盐的测定　异烟酸－吡唑啉酮分光光度法	1993-09-01
	GB/T 13899—92	水质　铁(Ⅱ、Ⅲ)氰络合物的测定　三氯化铁分光光度法	1993-09-01
	GB/T 13900—92	水质　黑索金的测定　分光光度法	1993-09-01
	GB/T 13901—92	水质　二硝基甲苯　示波极谱法	1993-09-01
	GB/T 13902—92	水质　硝化甘油的测定　示波极谱法	1993-09-01
	GB/T 13903—92	水质　梯恩梯的测定	1993-09-01
	GB/T 13904—92	水质　梯恩梯、黑索金、地恩梯的测定　气相色谱法	1993-09-01
	GB/T 13905—92	水质　梯恩梯的测定　亚硫酸钠分光光度法	1993-09-01
	GB/T 12990—91	水质　微型生物群落监测 PFU 法	1992-04-01
	GB/T 12997—91	水质采样方案设计规定	1992-03-01
	GB/T 12998—91	水质采样技术指导	1992-03-01
	GB/T 12999—91	水质采样样品的保存和管理技术规定	1992-03-01
	GB/T 13192—91	水质　有机磷农药的测定　气相色普谱法	1992-06-01
	GB/T 13193—91	水质　总有机碳（TOC）的测定　非色散红外线吸收法	1992-06-01
	GB/T 13194—91	水质　硝基苯、硝基甲苯、硝基氯苯、二硝基甲苯的测定　气相色谱法	1992-06-01
	GB/T 13195—91	水质　水温的测定　温度计或颠倒温度计测定法	1992-06-01
	GB/T 13196—91	水质　硫酸盐的测定 火焰原子吸收分光光度法	1992-06-01
	GB/T 13197—91	水质　甲醛的测定　乙酰丙酮分光光度法	1992-06-01
	GB/T 13198—91	水质　六种特定多环芳烃的测定　高效液相色谱法	1992-06-01
	GB/T 13199—91	水质　阴离子洗涤剂测定　电位滴定法	1992-06-01
	GB/T 13266—91	水质物质对蚤类（大型蚤）急性毒性测定方法	1992-08-01
	GB/T 13267—91	水质　物质对淡水鱼（斑马鱼）急性毒性测定方法	1992-08-01
	GB/T 13200—91	水质　浊度的测定	1992-06-01
	GB/T 11889—89	水质　苯胺类化合物的测定 N－（1－萘基）乙二胺偶氮分光光度法	1990-07-01
	GB/T 11890—89	水质　苯系物的测定　气相色谱法	1990-07-01
	GB/T 11891—89	水质　凯氏氮的测定	1990-07-01

续附录4

类别	标准编号	标准名称	实施日期（年-月-日）
相关监测规范、方法、标准	GB/T 11892—89	水质　高锰酸盐指数的测定	1990-07-01
	GB/T 11893—89	水质　总磷的测定 钼酸铵分光光度法	1990-07-01
	GB/T 11894—89	水质　总氮的测定　碱性过硫酸钾消解紫外分光光度法	1990-07-01
	GB/T 11895—89	水质　苯并(a)芘的测定　乙酰化滤纸层析荧光分光光度法	1990-07-01
	GB/T 11896—89	水质　氯化物的测定　硝酸银滴定法	1990-07-01
	GB/T 11897—89	水质　游离氯和总氯的测定　N,N－二乙基－1,4－苯二胺滴定法	1990-07-01
	GB/T 11898—89	水质　游离氯和总氯的测定　N,N－二乙基－1,4－苯二胺分光光度法	1990-07-01
	GB/T 11899—89	水质　硫酸盐的测定　重量法	1990-07-01
	GB/T 11900—89	水质　痕量砷的测定　硼氢化钾－硝酸银分光光度法	1990-07-01
	GB/T 11901—89	水质　悬浮物的测定　重量法	1990-07-01
	GB/T 11902—89	水质　硒的测定　2,3－二氨基萘荧光法	1990-07-01
	GB/T 11903—89	水质　色度的测定	1990-07-01
	GB/T 11904—89	水质　钾和钠的测定　火焰原子吸收分光光度法	1990-07-01
	GB/T 11905—89	水质　钙和镁的测定　原子吸收分光光度法	1990-07-01
	GB/T 11906—89	水质　锰的测定　高碘酸钾分光光度法	1990-07-01
	GB/T 11907—89	水质　银的测定　火焰原子吸收分光光度法	1990-07-01
	GB/T 11908—89	水质　银的测定　镉试剂2B分光光度法	1990-07-01
	GB/T 11909—89	水质　银的测定　3,5－Br2－PADAP分光光度法	1990-07-01
	GB/T 11910—89	水质　镍的测定　丁二酮肟分光光度法	1990-07-01
	GB/T 11911—89	水质　铁、锰的测定　火焰原子吸收分光光度法	1990-07-01
	GB/T 11912—89	水质　镍的测定　火焰原子吸收分光光度法	1990-07-01
	GB/T 11913—89	水质　溶解氧的测定　电化学探头法	1990-07-01
	GB/T 11914—89	水质　化学需氧量的测定　重铬酸盐法	1990-07-01
	GB/T 8972—88	水质　五氯酚的测定　气相色谱法	1988-08-01
	GB/T 9803—88	水质　五氯酚的测定 藏红T分光光度法	1988-12-01
	GB/T 7466—87	水质　总铬的测定	1987-08-01
	GB/T 7467—87	水质　六价铬的测定　二苯碳酰二肼分光光度法	1987-08-01
	GB/T 7468—87	水质　总汞的测定　冷原子吸收分光光度法	1987-08-01
	GB/T 7469—87	水质　总汞的测定　高锰酸钾－过硫酸钾消解法　双硫腙分光光度法	1987-08-01
	GB/T 7470—87	水质　铅的测定　双硫腙分光光度法	1987-08-01
	GB/T 7471—87	水质　镉的测定　双硫腙分光光度法	1987-08-01
	GB/T 7472—87	水质　锌的测定　双硫腙分光光度法	1987-08-01
	GB/T 7473—87	水质　铜的测定　2,9－二甲基－1,10－菲罗啉分光光度法	1987-08-01
	GB/T 7474—87	水质　铜的测定　二乙基二硫代氨基甲酸钠分光光度法	1987-08-01
	GB/T 7475—87	水质　铜、锌、铅、镉的测定　原子吸收分光光度法	1987-08-01
	GB/T 7476—87	水质　钙的测定 EDTA滴定法	1987-08-01
	GB/T 7477—87	水质　钙和镁总量的测定 EDTA滴定法	1987-08-01
	GB/T 7478—87	水质　铵的测定　蒸馏和滴定法	1987-08-01
	GB/T 7479—87	水质　铵的测定　纳氏试剂比色法	1987-08-01
	GB/T 7480—87	水质　硝酸盐氮的测定　酚二磺酸分光光度法	1987-08-01
	GB/T 7481—87	水质　铵的测定　水杨酸分光光度法	1987-08-01
	GB/T 7482—87	水质　氟化物的测定　茜素磺酸锆目视比色法	1987-08-01
	GB/T 7483—87	水质　氟化物的测定　氟试剂分光光度法	1987-08-01
	GB/T 7484—87	水质　氟化物的测定　离子选择电极法	1987-08-01
	GB/T 7485—87	水质　总砷的测定　二乙基二硫代氨基甲酸银分光光度法	1987-08-01
	GB/T 7486—87	水质　氰化物的测定 第一部分　总氰化物的测定	1987-08-01

续附录 4

类别	标准编号	标准名称	实施日期（年-月-日）
相关监测规范、方法、标准	GB/T 7487—87	水质　氰化物的测定　第二部分　氰化物的测定	1987-08-01
	GB/T 7488—87	水质　五日生化需氧量(BOD5)的测定　稀释与接种法	1987-08-01
	GB/T 7489—87	水质　溶解氧的测定　碘量法	1987-08-01
	GB/T 7490—87	水质　挥发酚的测定　蒸馏后 4-氨基安替比林分光光度法	1987-08-01
	GB/T 7491—87	水质　挥发酚的测定　蒸馏后溴化容量法	1987-08-01
	GB/T 7492—87	水质　六六六、滴滴涕的测定　气相色谱法	1987-08-01
	GB/T 7493—87	水质　亚硝酸盐氮的测定　分光光度法	1987-08-01
	GB/T 7494—87	水质　阴离子表面活性剂的测定　亚甲蓝分光光度法	1987-08-01
	GB/T 6920—86	水质　pH 值的测定　玻璃电极法	1987-03-01
	GB/T 4918—85	工业废水　总硝基化合物的测定　分光光度法	1985-08-01
	GB/T 4919—85	工业废水　总硝基化合物的测定　气相色谱法	1985-08-01
相关标准	环境保护部公告 2008 年第 14 号	地震灾区饮用水安全保障应急技术方案(暂行)	2008-05-20
	环境保护部公告 2008 年第 14 号	地震灾区集中式饮用水水源保护技术指南(暂行)	2008-05-20
	HJ/T 433—2008	饮用水水源保护区标志技术要求	2008-06-01
	HJ/T 338—2007	饮用水水源保护区划分技术规范	2007-02-01
	HJ/T 191-2005	紫外(UV)吸收水质自动在线监测仪技术要求	2005-11-01
	HJ/T 96—2003	pH 水质自动分析仪技术要求	2003-07-01
	HJ/T 97—2003	电导率水质自动分析仪技术要求	2003-07-01
	HJ/T 98—2003	浊度水质自动分析仪技术要求	2003-07-01
	HJ/T 99—2003	溶解氧(DO)水质自动分析仪技术要求	2003-07-01
	HJ/T 100—2003	高锰酸盐指数水质自动分析仪技术要求	2003-07-01
	HJ/T 101—2003	氨氮水质自动分析仪技术要求	2003-07-01
	HJ/T 102—2003	总氮水质自动分析仪技术要求	2003-07-01
	HJ/T 103—2003	总磷水质自动分析仪技术要求	2003-07-01
	HJ/T 104—2003	总有机碳(TOC)水质自动分析仪技术要求	2003-07-01
	HJ/T 82—2001	近岸海域环境功能区划分技术规范	2002-04-01
	GB/T 11915—89	水质　词汇　第三部分～第七部分	1990-07-01
	GB 3839—83	制订地方水污染物排放标准的技术原则与方法	1984-04-01
已被替代标准	GB 4274—84	梯恩梯工业水污染物排放标准	
	GB 4275—84	黑索金工业水污染物排放标准	
	GB 4276—84	火炸药工业硫酸浓缩污染物排放标准	
	GB 4277-84	雷汞工业水污染物排放标准	
	GB 4278-84	二硝基重氮酚工业水污染物排放标准	
	GB 4279—84	叠氮化铅、三硝基间苯二酚铅、D·S 共晶工业水污染物排放标准	
	GB 3838—88	地表水环境质量标准	
	HJ/T 15—1996	超声波明渠污水流量计	
	GHZB 1—1999	地表水环境质量标准	
	GWPB 2—1999	造纸工业水污染物排放标准	
	GWPB 4—1999	合成氨工业水污染物排放标准	
	GB 14470.1～14470.3—1999	兵器工业水污染物排放标准	
	GWKB 4—2000	污水海洋处置工程污染控制标准	
	GB 3544—2001	造纸工业水污染物排放标准	

附录5　水质常用专业术语

BOD——生化需氧量
BOD_5——五日生化需氧量
BOD_{20}——二十日生化需氧量
BOD_n——总生化需氧量
COD——化学需氧量
DO——溶解氧
SDI——污泥密度指数
SBR——硫酸盐还原菌
SRT——固体停留时间
SS——悬浮物固体
SVI——污泥容积指数
TN——总氮
TOC——总有机碳
TOD——总需氧量
TP——总磷
TS——总固体
VSS——挥发性悬浮物

参考文献

[1] 张子贤. 工程水文及水利计算[M]. 2 版. 北京:中国水利水电出版社,2008.

[2] 朱岐武,拜存有. 水文与水利水电规划[M]. 郑州:黄河水利出版社,2008.

[3] 高建峰. 工程水文与水资源评价管理[M]. 北京. 北京大学出版社,2006.

[4] 朱元甡,金光炎. 城市水文学[M]. 南京:河海大学出版社,1993.

[5] 霍尔 M J. 城市水文学[M]. 詹道江,译. 南京:河海大学出版社,1989.

[6] 周乃晟,贺宝根. 城市水文学概论[M]. 上海:华东师范大学出版社, 1995.

[7] 石玉波. 城市化地区水资源问题及对策[M]. 北京水利,2001 (1).

[8] 国家统计局. 我国城市化水平继续提高——"九五"时期国民经济和社会发展系列分析报告之十二[R]. 2001.

[9] 王蜀南,曾道先. 环境水利[M]. 北京:水利电力出版社, 1987.

[10] 冯尚友. 水资源持续利用与管理导论[M]. 北京:科学出版社, 2000.

[11] 石振华,李传尧. 城市地下水工程与管理手册[M]. 北京:中国建筑工业出版社,1993.

[12] 太原工业大学. 建筑给水排水工程[M]. 北京:中国建筑工业出版社,1991.

[13] 姚雨霖,等. 城市给水排水[M]. 北京:中国建筑工业出版社,1986.

[14] 吴季松. 水务知识读本[M]. 北京:中国水利水电出版社,2003.

[15] 吴季松. 现代水资源管理概论[M]. 北京:中国水利水电出版社,2002.

[16] 吴季松,袁弘任. 水资源保护知识问答[M]. 北京:中国水利水电出版社,2000.

[17] 吴文桂,洲世华. 城市水资源评价及开发利用[M]. 南京:河海大学出版社,1988.

[18] 水利电力部水文局,河海大学,北京市水文总站. 城市雨洪水文译文集[M]. 水利电力部水文局1987.

[19] 周淑贞,张超. 城市气候学导论[M]. 上海:华东师范大学出版社,1985.

[20] 韩群. 城市水资源规划[M],北京:中国建筑工业出版社,1992.

[21] 侯捷. 中国城市节 2010 年技术进步发展规划[M]. 北京:文雁出版社,1998.

[22] 杨凯,袁雯. 环境水文与城市雨洪[M]. 北京:气象出版社,1993.

[23] 张忠祥,钱易. 城市可持续发展与水污染防治对策[M]. 北京:中国建筑工业出版社, 1998.

[24] 翁焕新. 城市水资源控制与管理[M]. 杭州:浙江大学出版社,1998.

[25] 曹型荣. 城市水资源的调查利用和预测[M]. 北京:中国环境科学出版社,1998.

[26] 刘文祥,耿世刚,刘金浩,等. 水资源危机(中国 21 世纪环境观察丛书)[M]. 贵阳:贵州科技出版社,2001. 9

[27] 吕明强,都金康. 城市水文与水资源导论[M]. 北京:中国科技出版社,1993.

[28] 张林祥. 水资源保护[M]. 北京:水利电力出版社,1987.

[29] 任光照,杨继孚,黄永基,等. 城市用水[M]. 北京:水利电力出版社,1989.

[30] 杨士弘,等. 城市生态环境学[M]. 北京:科学出版杜,1997.

[31] 王超. 污水处置理论及技术[M]. 南京:河海大学出版社, 1998.

[32] 曲耀光. 保护人类生命之源[M]. 北京:中国环境科学出版社,2001.

[33] 和田健. 水环境指标[M]. 金浩,等,译. 北京:中国环境科学出版社. 1989.

[34] 夏青,张旭辉,等. 水质标准手册[M]. 北京:中国环境科学出版社,1990.

[35] 陆雍森. 环境评价[M]. 上海:同济大学出版社, 1999.

[36] 中华人民共和国建设部. GB 14—87 室外排水设计规范[S]. 北京:中国计划出版社,1987.
[37] 中华人民共和国行业标准. CJJ 50—92. 城市防洪工程设计规范[S]. 北京:中国计划出版社,1992.
[38] 刘培桐. 环境学概论[M]. 2 版. 北京:高等教育出版社,1995.
[39] 关伯仁. 环境科学基础教程[M]. 北京:中国环境科学出版社, 1997.
[40] 杨存信,崔广柏. 城市水资源与水环境保护[M]. 南京:河海大学出版社, 1996.
[41] 朱莉·斯托弗. 水危机——寻找解决淡水污染的方案[M]. 张康生,韩建国,译. 北京:科学出版社,2000.
[42] 李焰. 环境科学导论[M]. 北京:中国电力出版社, 2000.
[43] 高廷耀. 水污染控制工程(下册)[M]. 北京:高等教育出版社,2000.
[44] 王宝贞. 水污染控制工程[M]. 北京:高等教育出版社,1990.
[45] 张秋望,等. 化工环境污染及防治技术[M]. 杭州:浙江大学出版社,1990.
[46] 夏青,贺珍. 水环境综合整治规划[M]. 北京:中国科学技术出版社,1993.
[47] 叶常明. 水污染理论与控制[M]. 北京:学术书刊出版社. 1989.
[48] 许有鹏,等. 城市水资源与水环境[M]. 贵阳:贵州人民出版社,2003.
[49] 左其亭,等. 城市水资源承载能力理论·方法·应用[M]. 北京:化学工业出版社,2005.
[50] 田禹. 城市水资源管理[M]. 北京:中国环境科学出版社,2003.
[51] 夏岑岭. 城市防洪理论与实践[M]. 合肥:安徽科学技术出版社,2001.
[52] 陈晓宏,江涛,陈俊合. 水环境评价与规划[M]. 广州:中山大学出版社,2001.
[53] 方子云. 水资源保护工作手册[M]. 南京:河海大学出版社,1988.
[54] 张希衡. 水污染控制工程[M]. 北京:冶金工业出版社,1993.
[55] 曹风中,戴天有. 地表水污染及其控制[M]. 北京:中国环境科学出版社. 1993.
[56] 中国科学院地理研究所. 水污染与水体保护[M]. 北京:科学出版社,1976.
[57] 黄铭荣,胡沦萃. 水污染治理工程[M]. 北京:高等教育出版社,1995.
[58] 董雅文,等. 小城镇水污染控制[M]. 合肥:中国科技大学出版社. 1991.
[59] 蒋维,金磊. 中国城市综合减灾对策[M]. 北京:中国建筑工业出版社,1992.
[60] 许自达,关业祥. 洪涝灾害对策及其效应评估[M]. 南京:河海大学出版社,1997.